“十三五”
国家重点图书

新型城镇化　规划与设计丛书

新型城镇街道广场设计

骆中钊　陈黎阳　李亚林　等编著

化学工业出版社
·北京·

本书是《新型城镇化 规划与设计丛书》中的一个分册，阐述了我国传统聚落街道和广场的历史演变和作用，分析了传统聚落街道和广场的空间特点；在剖析当代城镇街道和广场的发展现状和主要问题的基础上，结合当代城镇环境空间设计的相关理论，提出了现代城镇街道和广场的设计理念；分别对城镇的街道和广场设计进行了系统阐述，分析了城镇街道和广场的功能与作用，街道和广场设计的影响因素以及相应的设计要点；针对我国城镇中的历史文化街区的保护与发展做了深入的探讨，以引导传统城镇在新型城镇化建设中进行较为合理的保护与更新；同时分类对城镇街道和广场环境设施设计做了介绍。为便于读者参考，还分别编入历史文化街区保护、城镇广场和城镇街道道路设计实例。

本书内容丰富、观念新颖，具有通俗易懂和实用性、文化性、可读性强的特点，可供从事城镇建设规划设计和管理的建筑师、规划师和管理人员工作中参考，也可供高等学校相关专业师生教学参考，还可作为对从事城镇建设的管理人员进行培训的教材。

图书在版编目（CIP）数据

新型城镇街道广场设计/骆中钊等编著．—北京：化学工业出版社，2017.3
（新型城镇化 规划与设计丛书）
ISBN 978-7-122-24669-1

Ⅰ.①新… Ⅱ.①骆… Ⅲ.①城镇-城市道路-建筑设计②城镇-广场-建筑设计 Ⅳ.①TU984.191②TU984.18

中国版本图书馆CIP数据核字（2015）第166345号

责任编辑：刘兴春 卢萌萌　　装帧设计：史利平
责任校对：吴 静

出版发行：化学工业出版社（北京市东城区青年湖南街13号 邮政编码100011）
印　　装：大厂聚鑫印刷有限责任公司
787mm×1092mm 1/16 印张20 字数512千字 2017年3月北京第1版第1次印刷

购书咨询：010-64518888（传真：010-64519686） 售后服务：010-64518899
网　　址：http://www.cip.com.cn
凡购买本书，如有缺损质量问题，本社销售中心负责调换。

定　　价：80.00元　

"十三五"国家重点图书

《新型城镇化　规划与设计丛书》编委会

《新型城镇街道广场设计》编著人员

骆中钊　陈黎阳　李亚林　张惠芳　骆　伟　陈　磊

冯惠玲　张　磊　夏晶晶　任剑锋　方朝锋　骆集莹

韩春平　陶茉莉　骆　毅　庄　耿　黄　山　柳碧波

丛书前言

从20世纪80年代费孝通提出“小城镇，大问题”到国家层面的“小城镇，大战略”，尤其是改革开放以来，以专业镇、重点镇、中心镇等为主要表现形式的特色镇，其发展壮大、联城进村，越来越成为做强镇域经济，壮大县区域经济，建设社会主义新农村，推动工业化、信息化、城镇化、农业现代化同步发展的重要力量。特色镇是大中小城市和小城镇协调发展的重要核心，对联城进村起着重要作用，是城市发展的重要梯度增长空间，是小城镇发展最显活力与竞争力的表现形态，是以“万镇千城”为主要内容的新型城镇化发展的关键节点，已成为城镇经济最具代表性的核心竞争力，是我国数万个镇形成县区城经济增长的最佳平台。特色与创新是新型城镇可持续发展的核心动力，生态文明、科学发展是中国新型城镇永恒的主题。发展中国新型城镇化是坚持和发展中国特色社会主义的具体实践。建设美丽新型城镇是推进城镇化、推动城乡发展一体化的重要载体与平台，是丰富美丽中国内涵的重要内容，是实现“中国梦”的基础元素。新型城镇的建设与发展，对于积极扩大国内有效需求，大力发展服务业，开发和培育信息消费、医疗、养老、文化等新的消费热点，增强消费的拉动作用，夯实农业基础，着力保障和改善民生，深化改革开放等方面，都会产生现实的积极意义。而对新型城镇的发展规律、建设路径等展开学术探讨与研究，必将对解决城镇发展的模式转变、建设新型城镇化、打造中国经济的升级版，起着实践、探索、提升、影响的重大作用。

随着社会进步和经济发展，城镇规模不断扩大，城镇化进程日益加快。党的十五届三中全会明确提出：“发展小城镇，是带动农村经济和社会发展的一个大战略”。党的十六届五中全会通过的《中共中央关于制定国民经济和社会发展第十一个五年规划的建议》中明确提出了建设社会主义新农村的重大历史任务。2012年11月党的十八大第一次明确提出了“新型城镇化”概念，新型城镇化是以城乡统筹、城乡一体、产城互动、节约集约、生态宜居、和谐发展为基本特征的城镇化，是大中小城市、小城镇、新型农村社区协调发展、互促共进的城镇化。2013年党的十八届三中全会则进一步阐明新型城镇化的内涵和目标，即“坚持走中国特色新型城镇化道路，推进以人为核心的城镇化，推动大中小城市和小城镇协调发展”。稳步推进新型城镇化建设，实现新型城镇的可持续发展，其社会经济发展必须要与自然生态环境相协调，必须重视新型城镇的环境保护工作。

中共十八大明确提出坚持走中国特色的新型工业化、信息化、城镇化、农业现代化道路，推动信息化和工业化的深度融合、工业化和城镇化的良性互动、城镇化和农业现代化的相互协调，促进工业化、信息化、城镇化、农业现代化同步发展。以改善需求结构、优化结构、促进区域协调发展、推进城镇化为重点，科学规划城市群规模和布局，增强中小城市和小城镇产业发展、公共服务、吸纳就业、人口集聚功能，推动城乡发展一体化。

城镇化对任何国家来说，都是实现现代化进程中不可跨越的环节，没有城镇化就不可能有现代化。城镇化水平是一个国家或地区经济发展的重要标志，也是衡量一个国家或地区社会组织强度和管理水平的标志，城镇化综合体现一国或地区的发展水平。

十八届三中全会审议通过的《中共中央关于全面深化改革若干重大问题的决定》中，明确提出完善城镇化体制机制，坚持走中国特色新型城镇化道路，推进以人为核心的城镇化，成为中国新一轮持续发展的新形势下全面深化改革的纲领性文件。发展中国新型城镇也是全面深化改革不可缺少的内容之一。正如习近平同志所指出的“当前城镇化的重点应该放在使中小城市、小城镇得到良性的、健康的、较快的发展上”，由“小城镇，大战略”到“新型城镇化”，发展中国新型城镇是坚持和发展中国特色社会主义的具体实践，中国新型城镇的发展已成为推动中国特色的新型工业化、信息化、城镇化、农业现代化同步发展的核心力量之一。建设美丽新型城镇是推动城镇化、推动城乡一体化的重要载体与平台，是丰富美丽中国内涵的重要内容，是实现“中国梦”的基础元素。实现中国梦，需要走中国道路、弘扬中国精神、凝聚中国力量，更需要中国行动与中国实践。建设、发展中国新型城镇，就是实现中国梦最直接的中国行动与中国实践。

2013 年 12 月 12～13 日，中央城镇化工作会议在北京举行。在本次会议上，中央对新型城镇化工作方向和内容做了很大调整，在城镇化的核心目标、主要任务、实现路径、城镇化特色、城镇体系布局、空间规划等多个方面，都有很多新的提法。新型城镇化成为未来我国城镇化发展的主要方向和战略。

新型城镇化指农村人口不断向城镇转移，第二、第三产业不断向城镇聚集，从而使城镇数量增加，城镇规模扩大的一种历史过程，它主要表现为随着一个国家或地区社会生产力的发展、科学技术的进步以及产业结构的调整，其农村人口居住地点向城镇的迁移和农村劳动力从事职业向城镇第二、第三产业的转移。城镇化的过程也是各个国家在实现工业化、现代化过程中所经历社会变迁的一种反映。新型城镇化的核心在于不以牺牲农业和粮食、生态和环境为代价，着眼农民，涵盖农村，实现城乡基础设施一体化和公共服务均等化，促进经济社会发展，实现共同富裕。

2015 年 12 月 20～21 日，中央城市工作会议提出：要提升规划水平，增强城市规划的科学性和权威性，促进“多规合一”，全面开展城市设计，完善新时期建筑方针，科学谋划城市“成长坐标”。2016 年 2 月 21 日，新华社发布了与中央城市工作会议配套文件《中共中央　国务院关于进一步加强城市规划建设管理工作的若干意见》，在第三节以“塑造城市特色风貌”为题目，提出了“提高城市设计水平、加强建筑设计管理、保护历史文化风貌”三条内容，其中关于提高城市设计水平提出“城市设计是落实城市规划、指导建筑设计、塑造城市特色风貌的有效手段。”

在化学工业出版社支持下，特组织专家、学者编写了《新型城镇化　规划与设计丛书》（共 6 个分册）。丛书的编写坚持 3 个原则。

（1）弘扬传统文化　中华文明是世界四大文明中唯一没有中断而且至今依然生机勃勃的人类文明，是中华民族的精神纽带和凝聚力所在。中华文化中的“天人合一”思想，是最传统的生态哲学思想。丛书各分册开篇都优先介绍了我国优秀传统建筑文化中的精华，并以科学历史的态度和辩证唯物主义的观点来认识和对待，取其精华，去其糟粕，运用到城镇生态建设中。

（2）突出实用技术　城镇化涉及广大人民群众的切身利益，城镇规划和建设必须让群众得到好处，才能得以顺利实施。丛书各分册注重实用技术的筛选和介绍，力争通过简单的理论介绍说明原理，通过详实的案例和分析指导城镇的规划和建设。

（3）注重文化创意　随着城镇化建设的突飞猛进，我国不少城镇建设不约而同地大拆大建，缺乏对自然历史文化遗产的保护，形成“千城一面”的局面。但我国幅员辽阔，区域气候、地形、资源、文化乃至传统差异大，社会经济发展不平衡，城镇化建设必须因地制宜，分类实施。丛书各分册注重城镇建设中的区域差异，突出因地制宜原则，充分运用当地的资源、风俗、传统文化等，给出不同的建设规划与设计实用技术。

发展新型城镇化是面向21世纪国家的重要发展战略，要建设好城镇，规划是龙头。城镇规划涉及政治、经济、文化、建筑、技术、艺术、生态、环境和管理等诸多领域，是一个正在发展的综合性、实践性很强的学科。建设管理即是规划编制、设计、审批、建设及经营等管理的统称，是城镇建设全过程顺利实施的有效保证。新型城镇化建设目标要清晰、特色要突出，这就要求规划观念要新、起点要高。在《新型城镇建设总体规划》中，提出了繁荣新农村，积极推进新型城镇化建设；系统地阐述了城镇与城镇规划、城镇镇域体系规划、城镇建设规划的各项规划的基本原理、原则、依据和内容；针对当前城镇建设中亟待解决的问题特辟专章对城镇的城市设计规划、历史文化名镇（村）的保护与发展规划以及城镇特色风貌规划进行探讨，并介绍了城镇建设管理。同时还编入规划案例。

住宅是人类赖以生存的基本条件之一，住宅必然成为一个人类关心的永恒话题。城镇有着规模小、贴近自然、人际关系密切、传统文化深厚的特点，使得城镇居民对住宅的要求是一般的城市住宅远不能满足的，也是城市住宅所不能替代的。新型城镇化建设目标要清晰、特色要突出，这就要求城镇住宅的建筑设计观念要新、起点要高。《新型城镇住宅建筑设计》一书，在分析城镇住宅的建设概况和发展趋向中，重点阐明了弘扬中华建筑家居环境文化的重要意义；深入地对城镇住宅的设计理念、城镇住宅的分类和城镇住宅的建筑设计进行了系统的探索；编入城镇住宅的生态设计，并特辟专章介绍城镇低层、多层、中高层、高层住宅的设计实例。

住宅小区规划是城镇详细规划的主要组成部分，是实现城镇总体规划的重要步骤。现在人们已经开始追求适应小康生活的居住水平，这不仅要求住宅的建设必须适应可持续发展的需要，同时还要求必须具备与其相配套的居住环境，城镇的住宅建设必然趋向于小区开放化。在《新型城镇住宅小区规划》中，扼要地介绍了城镇住宅小区的演变和发展趋向，综述了弘扬优秀传统融于自然的聚落布局意境的意义；分章详细地阐明了城镇住宅小区的规划原则和指导思想、城镇住宅小区住宅用地的规划布局、城镇公共服务设施的规划布局、城镇住宅小区道路交通规划和城镇住宅小区绿化景观设计；特辟专章探述了城镇生态住区的规划与设计，并精选历史文化名镇中的住宅小区、城镇小康住宅小区和福建省村镇住宅小区规划实例以及住宅小区规划设计范例进行介绍。

城镇的街道和广场，作为最能直接展现新型城镇化特色风貌的具体形象，在城镇建设的规划设计中必须引起足够的重视，不但要使各项设施布局合理，为居民创造方便、合理的生产、生活条件，同时亦应使它具有优美的景观，给人们提供整洁、文明、舒适的居住环境。在《新型城镇街道广场设计》中，试图针对城镇街道和广场设计的理念和方法进行探讨，以期能够对新型城镇化建设中的街道和广场设计有所帮助。书中阐述了我国传统聚落街道和广场的历史演变和作用，分析了传统聚落街道和广场的空间特点；在剖析当代城镇街道和广场的发展现状和主要问题的基础上，结合当代城镇环境空间设计的相关理论，提出了现代城镇街道和广场的设计理念；分别对城镇的街道和广场设计进行了系统阐述，分析了城镇街道和广场的功能和作用，街道和广场设计的影响因素以及相应的设计要点；针对我国城镇中的历史文化街区的保护与发展做了深入的探讨，以引导传统城镇在新型城镇化建设中进行较为合理地保护与更新；同时分类对城镇街道和广场环境设施设计做了介绍。为了方便读者参考，还分别编入历史文化街区保护、城镇广场和城镇街道道路设计实例。

城镇园林景观建设是营造优美舒适的生活环境和特色的重要途径。城镇园林景观是农村与城市景观的过渡与纽带，城镇的园林景观建设必须与住区、住宅、街道、广场、公共建筑和生产性建筑的建设紧密配合，形成统一和谐、各具特色的城镇风貌。做好城镇园林景观建设是社会进步的展现，是城镇统筹发展的需要，是城市人回归自然的追崇，是广大群众的强烈愿望。在《新型城镇园林景观设计》中，系统地介绍了城镇园林景观建设的特点及发展趋势；阐述了世界园林景观探异；探述了传统聚落乡村园林的弘扬与发展；深入地分析了城镇园林景观设计的指导思想与设计原则、提出了城镇园林景观设计的主要模式和设计要素；着重地探析了城镇园林景观中住宅小区、道路、街旁绿地、水系、山地等与自然景观紧密结合的城镇园林景观的设计方法与设计要点以及城镇园林景观建设的管理；并分章推荐了一些规划设计实例。

新型城镇生态环境保护是城镇可持续发展的前提条件和重要保障。因此，在城镇建设规划中，应充分利用环境要素和资源循环利用规律，科学设计水资源保护、能源利用、交通、建筑、景观和固废处置的基础设施，力求城镇生态环境建设做到科学和自然人文特色的完整结合。在《新型城镇生态环保设计》中，明确了城镇的定义和范围，介绍了国内外的城镇生态环保建设概况；分章阐述了城镇生态建设的理论基础、城镇生态功能区划、可持续生态城镇的指标体系和城镇生态环境建设；系统探述了城镇环境保护规划与环境基础设施建设、城镇水资源保护与合理利用以及城镇能源系统规划与建设。该书亮点在于，从实用技术角度出发，以理论结合生动的实例，集中介绍了城镇化建设过程中，如何从水、能源、交通、建筑、景观和固废处置等具体环节实现污染防治和资源高效利用的双赢目标，从而保证新型城镇化建设的可持续发展。

《新型城镇化　规划与设计丛书》的编写，得到很多领导、专家、学者的关心和指导，借此特致以衷心的感谢！

《新型城镇化　规划与设计丛书》编委会

2016年夏于北京

前言 FOREWORD

改革开放给中国城乡经济发展带来了蓬勃的生机，城镇和乡村的建设也随之发生了日新月异的变化。特别是在沿海较发达地区，星罗棋布的城镇生机勃勃，如雨后春笋，迅速成长。从一度封闭状态下开放的人们，无论是城市、城镇或者是乡村最敏感、最关注、最热衷、最时髦、最向往的发展形象标志就是现代化。至于什么是现代化则盲目地追求“国际化”，很多城市从城市规划、决策到实施处处沉溺于靠“国际化”来摘除“地方落后帽子”的宏伟规划，不切实际地一味与国外城市的国际化攀比。城镇的建设盲目地照搬城市的发展模式，导致了在对历史文化和自然环境、生态环境严重破坏的同时，热衷于修建宽阔的大道、空旷的大广场和连片的大草坪的“政绩工程”，使得城镇应有的视觉尺度感，几乎完全丧失在对大城市的刻意模仿之中，影响了城镇空间形态的持续发展。

十八届三中全会审议通过的《中共中央关于全面深化改革若干重大问题的决定》中，明确提出完善城镇化体制机制，坚持走中国特色新型城镇化道路，推进以人为核心的城镇化。2013年12月12～13日，中央城镇化工作会议在北京举行。在本次会议上，中央对新型城镇化工作方向和内容做了很大调整，在城镇化的核心目标、主要任务、实现路径、城镇化特色、城镇体系布局、空间规划等多个方面都有很多新的提法。新型城镇化成为未来我国城镇化发展的主要方向和战略。

新型城镇化是指农村人口不断向城镇转移，第二、第三产业不断向城镇聚集，从而使城镇数量增加、城镇规模扩大的一种历史过程；它主要表现为随着一个国家或地区社会生产力的发展、科学技术的进步以及产业结构的调整，其农村人口居住地点向城镇的迁移和农村劳动力从事职业向城镇第二、第三产业的转移。城镇化的过程也是各个国家在实现工业化、现代化过程中所经历社会变迁的一种反映。新型城镇化则是以城乡统筹、城乡一体、产城互动、节约集约、生态宜居、和谐发展为基本特征的城镇化，是大中小城市、城镇、新型农村社区协调发展、互促共进的城镇化。新型城镇化的核心在于不以牺牲农业和粮食、生态和环境为代价，着眼农民，涵盖农村，实现城乡基础设施一体化和公共服务均等化，促进经济社会发展，实现共同富裕。

城镇的街道和广场是构成城镇空间的重要组成要素，也是城镇环境景观的重要组成部分，是最能体现城镇活力的城镇空间。不仅在美化城镇方面发挥着作用，更重要的是满足了现代社会中人与人之间越来越多交流的需要，满足了人们对现代城镇公共活动场所的需求，因此便成为最能体现城镇特色风貌的空间形象。

城镇外部空间处于广阔的原野之中，具有不同于大中城市的特点，因此城镇街道和广场设计一定要体现它的特点才能具有生命力，才能形成城镇的个性；而城镇的个性是城镇最有价值的特性。

城镇环境景观建设是营造城镇特色风貌的神气的所在，城镇的街道和广场，作为最能直接展现城镇特色风貌的具体形象，在城镇建设的规划设计中必须引起足够的重视，不但要使各项设施布局合理，为居民创造方便、合理的生产、生活条件，同时亦应使它具有优美的景观，给人们提供整洁、文明、舒适的居住环境。

本书是《新型城镇化　规划与设计丛书》中的一分册，试图针对城镇街道和广场设计的理念和方法进行探讨，以期能够对新型城镇化建设中的街道和广场设计有所帮助。书中阐述了我国传统聚落街道和广场的历史演变和作用，分析了传统聚落街道和广场的空间特点；在剖析当代城镇街道和广场的发展现状和主要问题的基础上，结合相关的当代城镇环境空间设计的相关理论，提出了现代城镇街道和广场的设计理念；分别对城镇的街道和广场设计进行了系统阐述，分析了城镇街道和广场的功能和作用，街道和广场设计的影响因素以及相应的设计要点；针对我国城镇中的历史文化街区的保护与发展做了深入的探讨，以引导传统城镇在新型城镇化建设中进行较为合理的保护与更新；同时分类对城镇街道和广场环境设施设计做了介绍。为了方便读者参考，还分别编入历史文化街区保护、城镇广场和城镇街道设计实例。

本书内容丰富、观念新颖，具有通俗易懂和实用性、文化性、可读性强的特点，是一本较为全面、系统地介绍新型城镇化街道和广场设计的专业性读物，可供从事城镇建设规划设计和管理的建筑师、规划师和管理人员工作中参考，也可供高等学校相关专业师生教学参考，还可作为对从事城镇建设的管理人员进行培训的教材。

在本书的编著中，得到很多领导、专家、学者的支持和指导；也参考了很多专家、学者编纂的专著和论文，借此一并致以衷心的感谢。

限于水平和编著时间，不足和疏漏之处在所难免，敬请广大读者批评指正。

骆中钊

2016年夏于北京什刹海畔滋善轩乡魂建筑研究学社

目录
CONTENTS

1 城镇街道和广场的设计理念

城镇又叫市镇，广义而言包括城市和集镇。集镇是介于城市与乡村之间的、以非农业人口为主并具有一定工商业的居民点。我国的城镇，包括县级建制地区（市辖区、县级市、县城）、建制镇（乡）以及没有行政建制的集镇，其人口规模在2000～10万人之间，非农业人口占50%以上。

通常看来，县级建制地区的形态更接近于城市，而集镇则更像乡村。与各个层级的聚落形态之间的转化一样，不同层级的城镇也在发生不断的变化。

我国目前处于城镇化加速发展时期，城镇化的主要目的是适当改变产业结构、适度改善生活方式，达到提高生活质量、使人民安居乐业的目的。“十二五”规划纲要提出，我国的城镇化水平从47.5%提高到51.5%，这意味着城镇化得到快速的发展。

我国目前的一些集镇会进一步发展为城市，一部分会保持集镇的规模，还有一部分会更明确地形成城镇，而部分乡村也会发展为城镇甚至向更大规模的集镇、城市发展。因此，清晰的定位对于一个居民点的发展是非常重要的。并不是说，所有的乡村、集镇都要向城市发展。在这一发展过程中，大城市的诸多弊病也暴露了出来。许多乡村还尚未达到城镇化，就一夜之间被推平建成了城市。人们发现，其实并非所有的乡村都必须城市化，有些只要达到城镇化就可以了，它们当中的一部分应该以发展城镇为定位。西方经济发达国家在城市化发展过程当中，出现了大量农村人口盲目涌进城市，造成城市外围形成大量贫民区的不良后果。我国近30多年的城镇化发展过程，也出现了这样的迹象。实践证明，这条完全西方式的城市化发展道路是应当反思的，当前必须加强城镇的发展，走有中国特色的城镇化发展道路，避免重犯西方国家的错误（图1-1）。

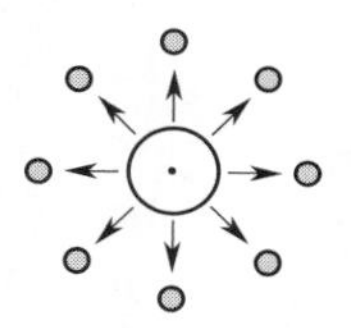

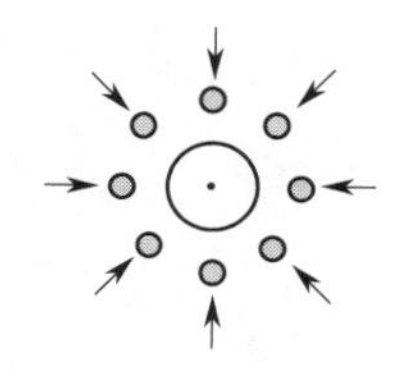

乡村
已有城镇或城市居民点
城镇
城市

图1-1 城镇演变的五种方式示意

由上至下：城市分散式、向城市聚集式、城市内部分化式、集镇转化式、乡村生成式

城镇的发展模式与城市和集镇都不完全相同，城镇的建设要随着时代的发展，不断探索、不断调整、不断进步。

城镇不同于城市、集镇和乡村的特殊地位决定了它自身的形态模式。街道和广场是城镇形态模式的重要体现，是城镇物质建设基本内容的重要组成部分，必然要适应城镇的需要，达到一定的建设标准，充分地服务于城镇的需要。

1.1 我国城镇街道和广场的建设现状

1.1.1 现代交通对城镇街道和广场建设的影响

随着现代交通工具的日渐发达，街道两侧的高楼林立，城市的街道越建越宽，出现了立交桥、高架路、地铁、轻轨等现代化的新型交通形式，使得街道的尺度和空间形态随之发生了巨大的变化，改变了城镇的整体街道环境（图 1-2）。现代化的交通确实给人们带来了方便，改变了人们的出行方式、生活习惯、价值观和审美观，同时也产生了很多的负面影响。

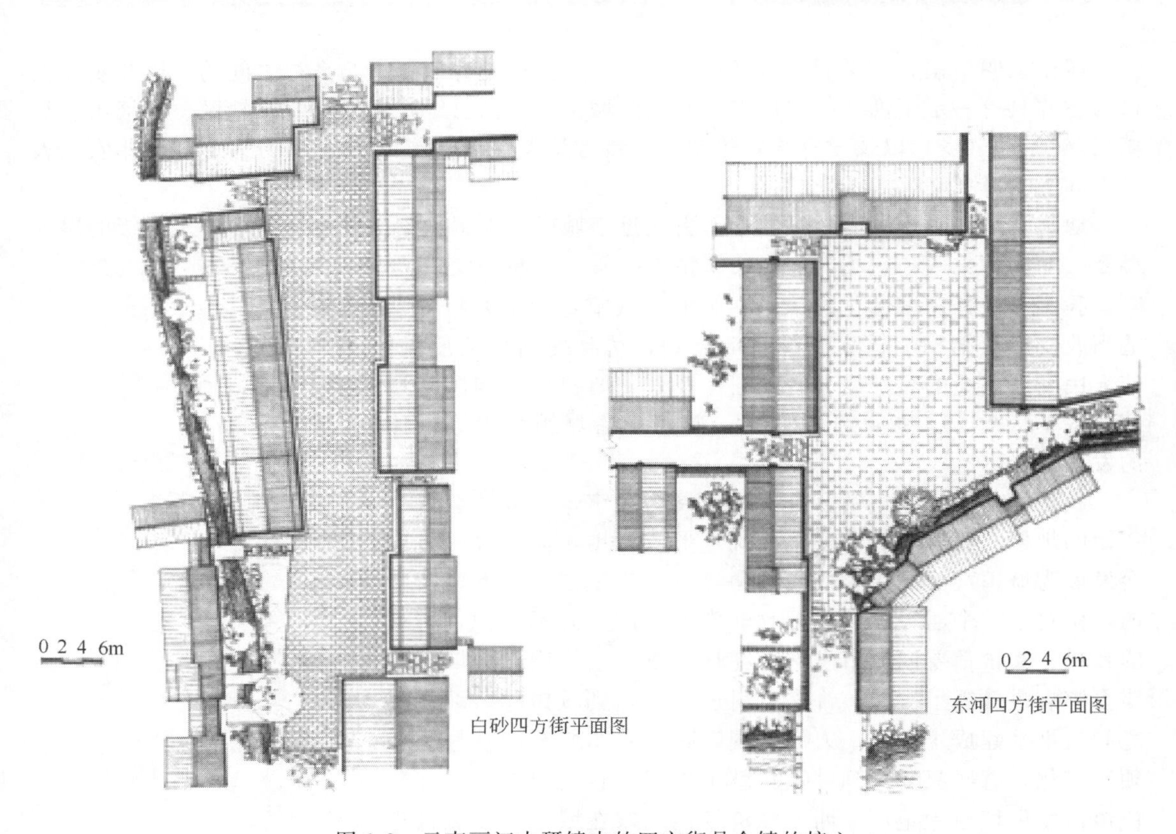

图 1-2　云南丽江大研镇中的四方街是全镇的核心

(1) 现代道路交通对城镇建设的影响　从马车时代到汽车时代，城镇景观的变化令人叹为观止。在大城市中，高速路、立交桥、地铁、轻轨、宽阔的道路、大面积的停车场和各种方式的交通等新型景观在城市景观的构成中占据了越来越重要的地位。而现代交通工具对城镇空间形态的影响也是巨大的，传统村镇中以步行为主要交通形式的空间格局正在发生巨大变化。

同时，人们对景观的感受也发生了变化，由于不同的交通工具带来了不同速度的运动，使人们的视点和视野都处于一种连续的流动中，相应地城镇景观也显现出一种流动的变化。而且现代交通工具运动速度的加快，缩短了人们的距离感，使相距较远的建筑物和城镇景观的印象串成一体而形成新的城镇印象。从这个意义上讲，现代道路交通为城镇景观注入了新的内容。

但是，快速发展起来的现代城镇大多忽视了功能背后的景观与环境问题。因人口增加造成了纵横交错的交通干道笔直地穿越镇区，缺乏变化和可识别性，因此过去自在、安宁、美丽、富于人情味的城镇景观和街道生活已难觅踪影（图 1-3）。

(a)

(b)

图 1-3 北京市某城镇

（2）现代交通对城镇空间尺度的影响 随着现代道路交通发展，城镇规模的扩大，需要更多的街道和广场，形成了更加多样化的结构。人们在城镇中运动的速度变快带来了人们对城镇景观要素尺度的变化。在高速运动中，视野范围中尺寸较小的物体在一闪即逝中被忽略掉，感受到的只有尺寸较大的物体的外形，或同构的一组较小体量的群体。因此，速度的增加要求城镇景观元素的尺度也相应增大（表 1-1）；同时，交通量的增加需要城镇提供更宽的道路、更大的停车场、更大的交通广场，大量的人流疏散也需要大尺度的步行广场。于是，在城镇建设中出现了以汽车尺度取代人的尺度的状况。同时，“街道”逐渐变成了公路，“广场”变成了巨大而空旷的场地。

表 1-1 驾驶员前方视野中能清晰辨认的距离

车速/(km/h)	60	80	100	120	140
前方视野中能清晰辨认的距离/m	370	500	660	820	1000
前方视野中能清晰辨认的物体尺寸/cm	110	150	200	250	300

1.1.2 我国城镇街道和广场建设存在的主要问题

经过 20 世纪后 20 年的迅猛发展，从大城市到城镇，我国几乎所有城镇的面貌都发生了翻天覆地的变化，城市建设速度之快令人目不暇接。作为城镇面貌的主要体现，城镇的街道和广场更是建设中的重中之重。但是，由于各方面因素的制约，我国城镇建设的整体水平不高，一方面传统的城镇面貌逐渐丧失；另一方面又未能形成具有时代特色的新型城镇形象。主要存在以下几个问题。

（1）城镇街道和广场设计缺乏个性和可识别性 由于工业化生产方式的城镇建设，造成新的城镇景观雷同，建筑设计风格采用生硬的照抄照搬，失去了传统的特征，千街一面、万楼一貌的现象普遍存在。某些城镇不顾城镇历史背景，不顾城镇的整体风貌，一味模仿欧式建筑，使得街道失去了个性。

由于交通运输事业的发展，公用设施的敷设对道路的要求往往是取直与拓宽，从而构成的城市空间常常是畅通有余，变化不足。宽阔直通的马路、格调划一的住宅、缺乏特定的空间形象，难以启发人们的空间意象，甚至难以判定自己所处的空间位置。

(2) 缺乏对人的关怀，空间尺度不适宜　一方面，道路交通环境的设计因过于考虑机动车的通行，很少考虑为居民提供交往场所。缺乏步行空间和缺乏街头广场，人们在城镇街道上找不到可以安全停留的场所，更谈不上举办丰富多彩的活动了。另一方面，城镇广场追求大尺度和气派，而不考虑通过人性化的设计让居民驻足使用，人在其中显得十分渺小（图 1-4）。

图 1-4　大尺度的城镇广场

图 1-5　街道设施不完善

(3) 街道设施不完善，景观混乱　在我国许多城镇中的道路交通环境现状，仅仅只考虑道路交通的基本要求——对路面的要求，而忽视街道各种设施的建设以及其他供行人使用的多种设施，从而不能满足人们的使用要求。例如，街道照明不足；步行道地面铺装材料耐久性低，施工质量差，不能满足步行者基本的行走要求；辅助设施严重短缺，为街道上行人服务的设施，如公共厕所、街路标牌、交通图展示板、公共电话亭及必要的休息空间等严重短缺；街道绿化系统不健全，对缺损绿化修补不及时；缺乏为残疾人、老人、推儿童车的妈妈提供方便的无障碍设计等（图 1-5）。

另外，因为缺乏妥善的管理，使得街道景观混乱。沿街建筑形式杂乱无章，没有特色；围墙多为没有修饰的实墙，墙上广告随意乱贴。街道设施缺乏系列化、标准化设计，整体性较差。

1.2 传统聚落街道和广场的特色风貌

1.2.1　传统聚落街道和广场的形成与发展

1.2.1.1　传统聚落的发展演变

城市、集镇、城镇和乡村都是不同形式的聚落。

聚落，是人类因居住而聚集的相对固定的场所。根据我国的考古发现，在距今六七千年前的母系氏族社会后期，就已经有了固定的聚落。聚居的意义在于它有很强的人工建设的痕迹，不同于自然界。《汉书·沟洫志》："或久无害，稍筑室宅，遂成聚落。"当时的聚落形态比较接近现在的村寨，大致以部落祭堂或首领住所为中心，其他房舍围聚在周围。有集中的墓葬区，房舍的周围有供种植和圈养牲畜的土地。例如陕西临潼姜寨半坡文明遗址等。

姜寨半坡文明遗址分为居住区、窑场和墓地三个部分。居住区略呈圆形，布局较整齐，总面积约为 2 万平方米。中间为一块空地（可能是一块广场），所有房屋都围绕这块空地形成一个圆圈，门户也向中央开。房屋按大小可分为小型、中型、大型三种，按位置可分为地面建筑、半地穴和地穴式三种。房屋有 100 多座，分为 5 个群体，每个群体都有一个较大的房子。在这个大房子的前面也有一小块空地，相当于建筑的前院。在居住地内外有许多陶窑。墓地主要在居住地区外东南方，墓葬有 600 多座（图 1-6）。

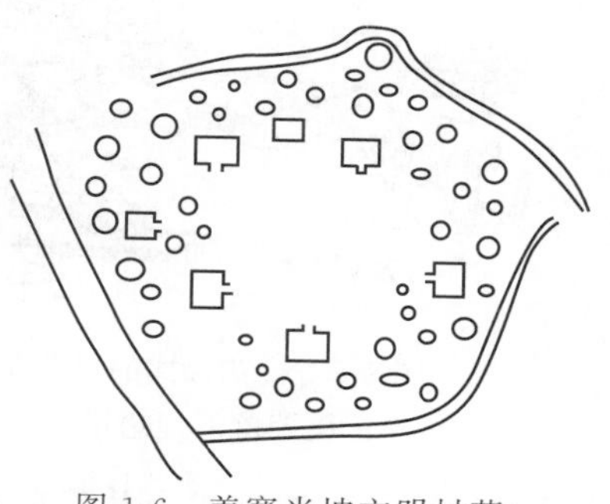
图 1-6 姜寨半坡文明村落遗址布局图

姜寨遗址出土生产工具和生活用具有 1 万多件，生产工具以磨制石器为主，还有许多骨器，生活用具主要为陶器，彩陶器中有许多件葫芦形鱼鸟纹彩陶瓶，表现了精湛的技艺。

可以大致看出，聚落内部的中央广场承担着整个族群的公共活动。每个建筑组团中的大房子前面的小空地可能承担着小规模集合的需要。广场呈星形布局。

图 1-7 福建民居土楼聚落内景

福建土楼作为一个自成体系的聚落。土楼的布局绝大多数都以厅堂为核心。楼楼有厅堂，且有主厅。以厅堂为中心组织院落，以院落为中心进行群体组合。即使是圆楼，主厅的位置亦十分突出。中轴线鲜明，殿堂式围屋、五凤楼、府第式方楼、方形楼等尤为突出。厅堂、主楼、大门都建在中轴线上，横屋和附属建筑分布在左右两侧，整体两边对称极为严格。圆楼亦相同，大门、中心大厅、后厅都置于中轴线上。廊道贯通全楼，四通八达（图 1-7）。

乡村布局受地形、地貌、气候、水文等因素影响很大，一般的村落内向型特征较为明显，相对封闭、有一定的独立性，村落与人们赖以生息的农田（或牧场）的关联很密切，反映出聚落对生产方式的依赖。

另外，聚落结构与宗族、礼制关系也比较契合。

东晋诗人陶渊明《桃花源记》中所描写的溪流峡谷深处的世外桃源“土地平旷，屋舍俨然，有良田美池桑竹之属。阡陌交通，鸡犬相闻。其中往来种作，男女衣着，悉如外人；黄发垂髫，并怡然自乐”，使传统聚落体现出来理想的生产生活形态（图 1-8）。

传统聚落是在长期的历史演变和文化沉积的基础上逐步形成和发展的。它根植于农业文明，其聚落选址、布局、街道和广场的设计等均具有丰富的文化内涵，极富人情味和地方特色。

村落与城市不同，它很少以一个专业设计人员参与的“理想的规划”为基础，而是与地形及农耕这一特定的产业形式相关联，是由村民发挥独立与自助精神自由建设而成的，是“没有建筑师的建筑”。

传统聚落形态的演变，都有一个定居、发展、改造和定型的过程。从全国范围看，村庄的定居区分布受气候、资源和地貌等自然因素的影响很大。村庄大多分布在江河流域的平原、河谷和丘陵，其次是草原和山地。村庄的自然形态，一般沿江河的呈条形，丘陵地区的

图 1-8 桃花源式的村落是传统聚落的理想形态

成扇形、平原呈圆形、山地呈点状布局。千百年来，村民们日出而作、日落而息，耕种着周围的土地，多以同姓、同族为村，从同一地区看，村庄多为“自由式”的布置方式，可谓“一去二三里，沿途四五家；店铺七八座，遍地是人家”。它是生产力低下的小农经济产物。

聚落的最初形态多是分散的组团型住宅，这些组团型单元慢慢以河流、溪流或道路为骨架聚集，成为带形聚落，带形聚落发展到一定程度则在短向开辟新的道路，这种平行的长向道路经过巷道或街道的连接则成为井干形或日字形道路骨架，进一步发展为网络形骨架和网络形聚落（图 1-9～图 1-11）。

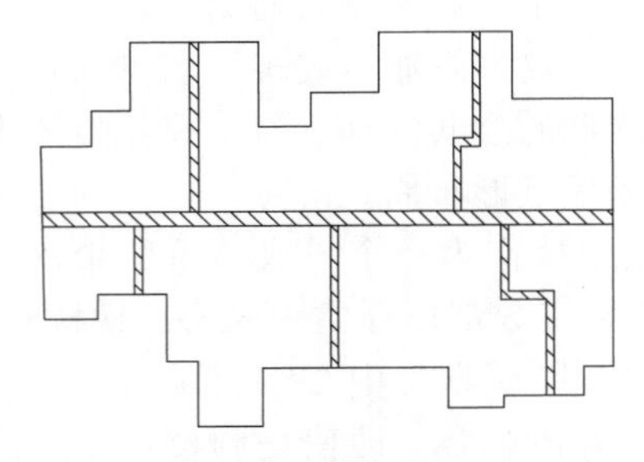

图 1-9 带形结构

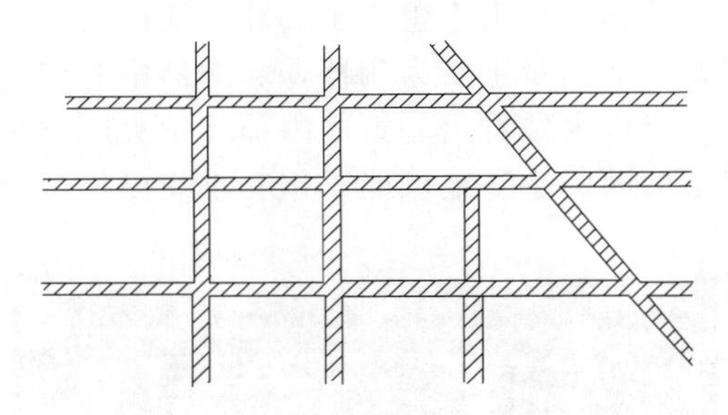

图 1-10 井干形结构

乡村社会生活中的血缘和地缘关系使其聚落具有内向型的特点，再加上住宅的型制早有先例，以及住宅组合中受到功能机制的制约，村落群体组合必然具有某种潜在的结构性和秩序感。村落的发展方向和基本秩序是通过地域原型建立的。原型的存在使得村落形态结构的发展演变在没有专业人员参与的情况下，表现出一种自在的和谐与秩序。相似的村落布局，相似的院落空间……村落住宅的建设大多是由各家各户间的相互模仿实现的。村落整体形态大多是在漫长历史时期聚落社会组织的影响下逐渐形成的。

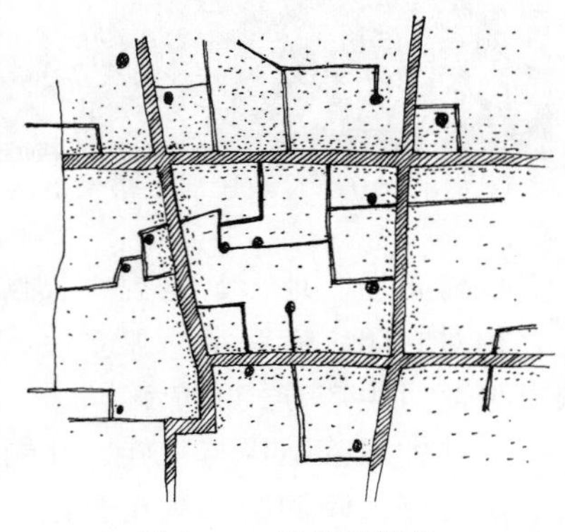

图 1-11 网络形结构

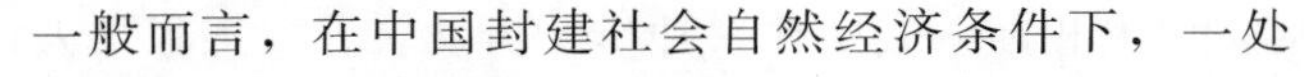

一般而言，在中国封建社会自然经济条件下，一处村落就是一个独立的宗法共同体，是一个自治单位。尤其是许多单姓的血缘村落，宗族组织管理着一切，建立并维持着村落社会生活各方面的秩序，如村落选址、规划建设、伦理教化、社会规范以及环境保护和公共娱乐等。在这种单一的社会组织绝对控制之下，乡村文化、乡村生活与村落建筑和规划体系有着一种十分契合的对应关系，并通过村落的布局、分区、礼制及文教建筑体系、园林和公共娱乐设施等体现出来。其村落物质环境主要构成要素，如住宅、祠堂、街巷、砖塔、廊桥、池坝、园林、庙宇、书院等的组织和安排等也表现出一种条理清晰的有序性。分布于村落之中大大小小不同层次的祠堂，表明了某个宗族从开始迁徙到多个支派的发展过程和这些支派的层次系统。各支派的住宅一般聚拢在它们所属宗祠的周围，形成团块，再以这些团块为单位组成整个村落。于是，传统聚落就在漫长的历史时期逐渐形成、发展和壮大。

1.2.1.2 传统聚落街道和广场的发展历程

传统聚落的街道是随着聚落的发展而逐步形成的。街道的发展与聚落的发展密切相关。

一些小的村落仅三五户或十几户人家，稀疏散落地分布于地头田边。但是随着聚落规模的逐渐扩大，住户密集程度的提高，村民之间的交通联系便成了问题。于是，村民沿着一条交通路线的两侧盖房子，自然就形成了街道。由于聚落的发展是一个缓慢的过程，因此街的形成也不是一蹴而就的，加之建造过程的自发性，自然聚落的街并不像城市街道那样整齐，从而形成了一条狭长、封闭的带状空间。因此，处于发展过程中的街道，从空间的限定方面看，总给人以不完整的感觉，但也因此形成了很多空间变化丰富的街道(图 1-12)。

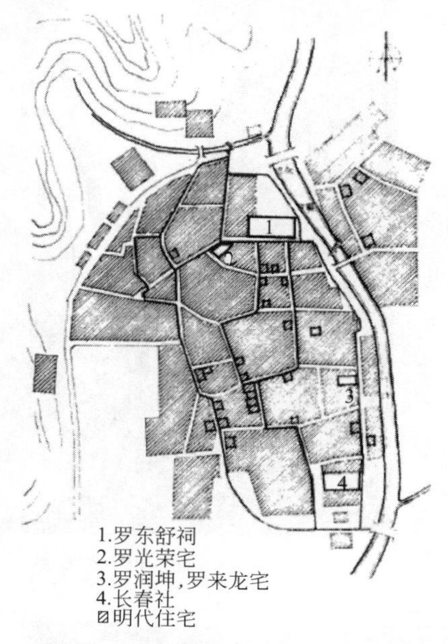

图 1-12 安徽歙县呈坎村平面图

(1) 街道的形成与格局

1) 街道的形成 街道产生于聚落的交通需求。防洪或排水通道（明渠或暗沟）一般也会与街道结合起来布置。

街道指城市、乡村中的道路，根据道路等级不同分为干路和支路。一般主干路称为“路”或“街”，分支的小路称为“巷”“胡同”等。街道的一侧或两侧有房屋、广场、绿化、小品等设施。

城市街道与乡村街道的景象有着很大的差别。城市街道往往比较宽阔和笔直，两侧的建筑物比较高大，街边的公共设施较多。乡村街道比较自由，尺度较小，两侧的建筑较为低矮，街边的公共设施较少。

从感受来说，乡村街道的尺度更易让人感到亲切，有质朴的美感。城市街道则容易产生冰冷感，使人感觉自身渺小。

2) 街道的类型 传统聚落街道一般分为居住性街道和商业性街道两类。居住性街道构成村落的大部分道路系统；而商业性街道除了一般居住性街道外的道路系统，常有一条或数条热闹的商业街，商业街上集中分布着公共设施和商铺，但这种商业性街道多在集镇或县城中出现。

① 居住性街道 聚落中的居住性街道总有一种简朴、宁静、亲切、自然的气氛。这种气氛的形成主要与下列因素有关。

a. 街道曲直、宽窄因地制宜。无论是在地形复杂的山区，还是在平原地区的村落，一些主要街道常顺应地势做曲折变化（图 1-13），或者采取丁字交接，使街景步步展开，形成路虽通而景不透的效果，避免一眼望穿，使街道的宁静气氛大为增强。这样不仅省工又有利于排水，而且使街景自然多变。局部地段的宽窄变化则使得长街的空间景观富有变化而显得丰富生动（图 1-14）。小块墙角边地也为村民停留、交往提供了合适的空间。

b. 小巷的尽端多为“死胡同”。这类通向局部宅院的人行小巷，有的不足 2m 宽，仅能通行一般的架子车，但它具有明确的内向性和居住气氛（图 1-15）。它们与主要街道形成树枝状路网结构，避免了公共交通穿行，保持了居住地段的安宁。

c. 建筑临街面富有变化。通常三合院及四合院式的宅院布局，使住房有的纵墙顺街，有的山墙朝外，因而有长短、直斜、高低错落等变化，加上临街墙面的“实”与各户入口的“虚”，交替出现，多样处理，使街景既简朴又丰富。

图 1-13　韩城党家村街巷

图 1-14　英国伦敦温莎小镇

图 1-15　北京某四合院胡同

图 1-16　北京后海四合院

d. 尺度亲切近人。传统聚落街道宽与房高比一般多小于 1∶1。在一些小巷，房高通常比巷宽大，但由于巷道短，加上两边临巷建筑墙面的变化与院内绿化的穿插等，在观感上使人并不感到压抑（图 1-16、图 1-17）。山区聚落的巷道结合自然地形的高低曲折变化和山石的铺砌，使建筑、道路、山坡等浑然一体，更增添了自然情趣。

e. 绿化有疏有密。传统聚落街道没有一般城镇中整齐成排、高低划一的行道树，而是用散散点点的绿化增加了自然情趣和空间变化（图 1-18～图 1-20），并使街道的阳光落影变化丰富生动，使许多实墙面看起来也不显得单调。

② 商业性街道。集镇中的商业性街道，其沿街商店、铺面多数顺街的一侧或两侧成线状布置，一侧的商业街多见于沿公路一侧或因受山川地形限制的聚落。规模大些的县城，常

图 1-17　安徽宏村尺度亲切的街巷

图 1-18　瓷器口古镇街巷

图 1-19　步行商业街上的绿化

常形成十字交叉的商业街，有的还有一定规模的广场，成为市镇集市和人们活动集中的繁华场所。以下是传统聚落商业性街道的特点。

a. 传统的集镇商业街宽度较窄（一般为 5～7m），而且都是人车合流。在过去没有机动车辆和人流不多的情况下，矛盾还不突出。随着生产生活的发展和现代机动交通的频繁，特别是逢集、过节，交通为之拥塞。由于不可能大拆大建地进行拓宽，一般采取保持原红线宽度和两侧建筑现状，把机动交通引向外围，保持传统商业街平时以步行交通为主的方式，以保持商业街的传统风貌。

b. 商业街的店铺建筑大多为 1～2 层，虽然是连排布置的，但往往在统一中求变化。利用开间的大小多少、建筑外立面的细部、高低变化加以区分。店铺底层一般敞开，货摊临街展示，商品、招牌、棚架五光十色，能增添繁华的气氛（图 1-21）。店铺建筑有的做成挑檐的（图 1-22），还有的利用二层挑出，这样不但可以扩大使用空间，还会起到遮阳、防雨的作用，同时丰富了街景的变化（图 1-23）。至于建筑在局部地段的错落、进退，则既有缓解人流拥塞的作用，又使纵长街道不显得单调（图 1-24）。

3）街巷的格局　街道具有明确的指向性，是聚落联系外部和沟通内部的路径，其最主要的作用就是承载交通。街道的宽度与交通类型和交通量有关。交通类型，主要有人、牲

图 1-20　意大利奥维尔托古镇街巷的绿化

图 1-21　瓷器口古镇商业街繁华气氛

图 1-22　四川上里古镇

图 1-23　贵州青岩古镇

畜、车辆。农耕社会中，社会生活节奏比较缓慢，一般聚落的交通压力都不大。因此我们看到的街巷尺度都比较小，属于人车混行，也不考虑分道双向行驶（图 1-25）。

图 1-24 湖南靖港古镇

图 1-25 云南丽江白沙镇街道所呈现的传统聚落的尺度

① 城镇的干道通常称为“主街”，它是城镇的核心，也是城镇通往外部的主要通路。其形态主要因城镇自身所处的环境条件而不同，主要有条形（一字形）、交叉形（如十字形、三叉形）、并列形（两路平行）、回形、格网形等。支路是干道以下的、联系城镇各个单体建筑和其他场所的道路，一些较小的末级支路被称为巷、夹道等。

② 交叉口是人流汇集的地方，因而也是传统店铺竞相聚集之地。在发展形成过程中，这些地段在建筑的性质、布局和体形处理上，较一般街段变化要多，因此更能吸引人们的视线，成为长街中重要的点和面，使街道有段落、节奏变化。交叉口的建筑多自由错落，很少是刻板对称的布局，加上临街墙面的交接变化，因此显得自然生动。交叉口建筑的重点处理也增强了街段的可识别性（图 1-26）。

图 1-26 四川仙市古镇

③ 重视街道对景的组织，也是传统聚落街道富于变化的处理手法。

其主要街道常利用自然景观或建筑、塔、庙等作为端景、借景。如西安的大雁塔、钟楼、鼓楼等（图 1-27～图 1-29）；延安的宝塔山；榆林的星民楼、钟楼、万佛楼（图 1-30）；韩城的陵园塔；旬邑县的泰塔（图 1-31）；党家村东的文星塔（图 1-32）等，都是组织得很好的街道对景。这类对景建筑多半选址高处、显处，造型优美。这对于丰富长街的纵向空间，增强街道的公共性和易识别性，突出城镇的立体轮廓和地方特色，都有良好的效果。另外，一些丰富的建筑细部装饰和入口处理，多种多样的建筑小品，如牌楼、影壁、碑刻、牌坊、门墩石、上马石墩、拴马桩等，对丰富街景的变化、增加街段的可识别性等，都起到很大作用。

图 1-27　西安大雁塔

图 1-28　西安钟楼街道对景

图 1-29　西安鼓楼

图 1-30　榆林县万佛楼街道对景

（2）广场的形成和布置

① 广场的形成　由于中国传统文化中更多地体现出内敛的特点，在传统聚落中作为公共活动场所的广场多是自发形成的。

我国农村由于长期处于以自给自足为特点的小农经济支配之下，加之封建礼教、宗教、血缘等关系的束缚，总的来说公共性交往活动并不受到人们的重视；反映在聚落形态中，严格意义上的广场并不多。随着经济的发展，特别是手工业的兴旺，商品交换才逐渐成为人们生活中不可缺少的要求。在这种情况下，某些富庶的地区如江南一带，便相继出现了一些以商品交换为特色的集市。这种集市开始时出现在某些大的集镇，后来才逐渐扩散到比较偏

图 1-31 旬邑县的泰塔

图 1-32 党家村东的文星塔

僻的农村。与此相适应，在一部分聚落中便形成以商品交换为主要内容的集市广场，主要是依附于街巷或建筑，成为它们的一部分（图 1-33）。广场空间或是街巷与建筑的围合空间，或是街巷局部的扩张空间，或是街巷交叉处的汇集空间。其形成一般是被动式的，是因地制宜、利用剩余空间的结果，所以占地面积大小不一，形状灵活自由，边界模糊不清（图 1-34）。

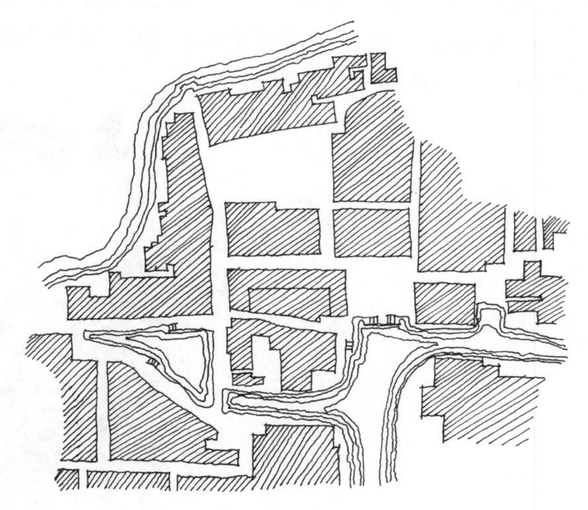
图 1-33 浙江靳县梅墟镇

② 广场的布置　聚落当中都有供人们聚集的场地，起源于生产、商业、宗教和军事的需要。例如场院、祖庙、寺院、教堂、集市、驿站、戏台等场所一般形成满足聚落社会活动的广场。这些广场既承担聚落日常的生产和生活需要（如农事、日常交往等），又满足阶段性的集体活动需要（如集市、集会、节庆、仪式、民俗等）。

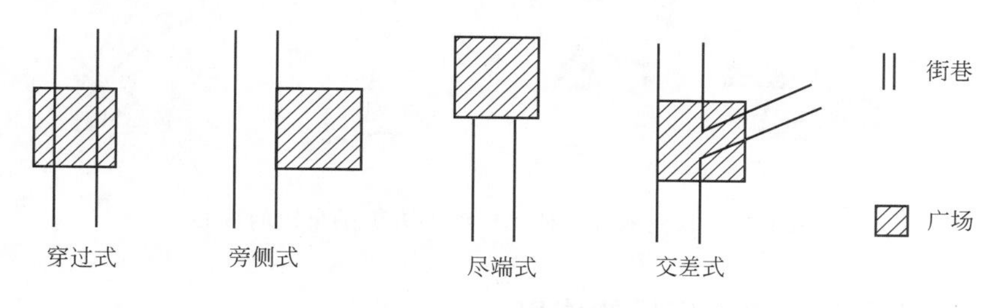

图 1-34 广场的形式

在现代城镇中，广场特指室外具有硬质铺装的场地，与绿地、公园等有植被的公共场地既有一定的联系与结合，又有所区别。

广场的尺度与聚落的规模是相互匹配的，以不超过聚落生活中可能出现的最大规模活动需要为前提，可供整个聚落大部分人聚集在一起。

城镇广场可分为主广场和次要广场以及建筑与道路之间的边角地。次要广场的规模通常都很小，都是因地制宜，这些“自发”形成的空地，供与之密切联系的周边活动的需要，承载着不同的日常活动。

由于广场在传统聚落中的存在，因此在现代城镇设计时，广场也成为必需的项目。城镇街道和广场应当保持适当的尺度，才能体现出亲切感和美感。有些现代广场和聚落生活并不完全匹配，规模过大，大广场、大马路、高楼林立，并不是一般城镇所应追求的，这会导致使用效果出现偏差，造成很大浪费。

广场和街道是有机地联系在一起的，相辅相成。广场以街道为骨架，合理分布。

城镇的主要公共活动设施应与主广场和干道相结合，相对集中布置，形成城镇中心区，主广场是城镇的灵魂。

被列入世界遗产的丽江古城，包括了大研、束河、白沙等几座古镇。大研镇即丽江县城，处于山川流水环抱之中，相传因形似一方大砚而得名“大研镇”。古城风貌整体保存完好的典范。依托三山而建的古城，与大自然产生了有机而完整的统一，古城瓦屋，鳞次栉比，四周苍翠的青山，把紧连成片的古城紧紧环抱。城中民居朴实生动的造型、精美雅致的装饰是纳西族文化与技术的结晶。古城所包含的艺术来源于纳西人民对生活的深刻理解，体现人民群众的聪明智慧。

在这几座古镇中，都有中心广场，称为“四方街”。广场形状近似方形，并不追求完全规整（图 1-35）。

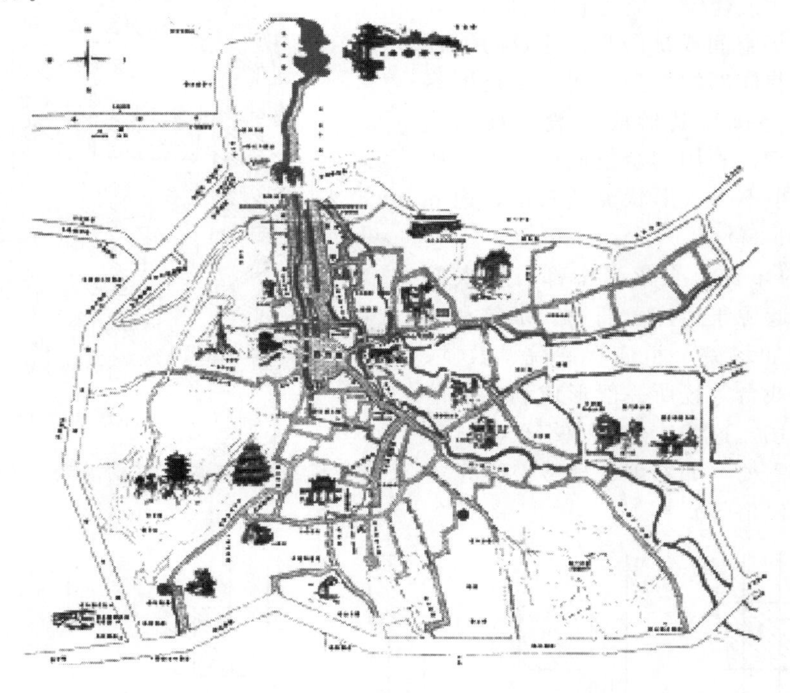

图 1-35　云南丽江大研镇中的四方街是全镇的核心

1.2.2　传统聚落街道和广场的作用

街道和广场的作用是供交通和人群集散。

在聚落中，街道及广场空间构成聚落中重要的外部空间，它与民居的实体形态具有图形反转性，体现了传统聚落极富变化的空间形态。

（1）传统聚落街道的作用　街道是聚落形态的骨骼和支撑，是聚落空间的重要组成部分，但它从不单独存在，而是伴随着聚落的建筑和四周的环境而共存。它根据人们走向的需要并结合地形特征，构成了主次分明、纵横有序的聚落交流空间。次要街巷沿主要街道的两侧或聚落中心地带向四周扩展延伸，至每幢建筑或院落的门口处。就像一片树叶的叶脉那样，主脉牵连着条条支脉，支脉又牵连着每一个叶片细胞。聚落的街巷牵连着聚落中的每一栋建筑、广场（晒坝）以及聚落中的各组成部分，影响着它们的布局、方位和形式，并使聚落生活井然有序、充满活力。街巷延伸到哪里，聚落建筑及公用设施也会跟随到哪里。聚落街巷起到了聚落形体的骨架作用，其现状及发展都将决定着聚落形态的现在和未来。

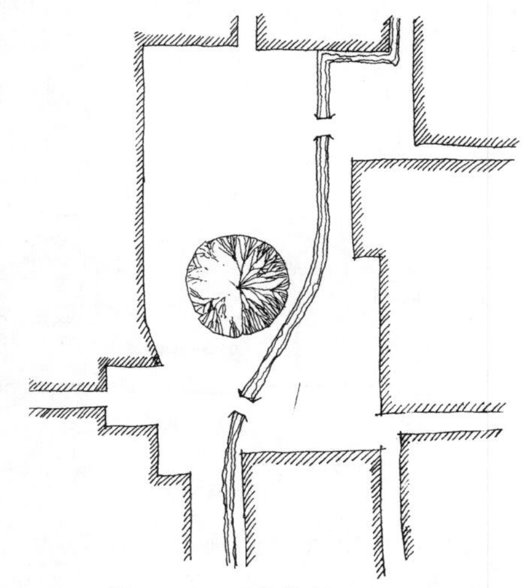

图 1-36　云南某村次要广场

（2）传统聚落广场的作用　从构成的角度看，广场可以被看做聚落空间节点的一种，主要是用来进行公共交往活动的场所。广场有时可以作为聚落的中心和标志。在传统聚落中的广场承担着宗教集会、商业贸易和日常生活聚会等功能，很多广场都具有多功能的性质。广场一般作为聚落公共建筑的扩展，通过与道路空间的融合而存在，成为聚落中居民活动的中心场所；若与井边小空间相结合则往往成为公共空间与私人空间的过渡，起到使住宅边界柔和的作用。对于某些聚落来讲，广场的功能还不限于宗教祭祀、公共交往以及商品交易等活动，而且还要起到交通枢纽的作用。特别是对于规模较大、布局紧凑的某些聚落来讲，由于以街巷空间交织成的交通网络比较复杂，如果遇到几条路口汇集于一处，便不期而然地形成了一个广场，并以它作为全村的交通枢纽。它同时具有道路连接和人流集中的特点，如图 1-36所示。

1.2.3　传统聚落街道和广场的空间特点

由于受到外界客观因素的制约，传统聚落协调自然环境、社会结构与乡民生活的居住环境，体现出结合地方条件与自然共生的建造思想。它们结合地形、节约用地、考虑气候条件、节约能源、注重生态环境及景观塑造，运用手工技艺、当地材料及地方化的建造方式，以最小的花费塑造极具居住质量的聚居场地，形成自然朴实的建筑风格，体现了人与自然的和谐景象。可以说，因地制宜、顺应自然是传统聚落空间营造的一个主导思想。

由聚落屋顶组合而成的天际轮廓线，民居单体细胞组合成的团组结构，以街、巷、路为骨架构成了丰富的内向型空间结构，通过路的转折、收放，水塘、井台等地形地貌形成亲切自然的交往空间，体现出自然的结构形态。传统聚落街道和广场更是创造了多义的空间功能、尺度宜人的空间结构、丰富多变的景观序列和结合自然的空间变化。

（1）多义性的空间功能　传统聚落是一定意义上的功能综合体，其空间意义也是多层次的。人通过感知空间要素的意义而形成一定的空间感受，传统聚落空间形态及其内涵的丰富性导致了空间感受的复合性和多义性。从限定方式上来讲，空间之间限定方式的多样性使得空间相互交流较多，进一步丰富了空间感受；从功能上说，复合空间具有多种用途，进一步丰富了空间的层次感。

从传统聚落中街道和广场空间的处理形式来看，可以发现许多空间并不具有清晰明确的空间边界和形式，很难说明它起始与结束的界线在哪里。有一些空间是由其他一些空间相互接合、包容而成，包含了不止一种的空间功能，本身即是一种多义的复合空间。

① 传统聚落街道的复合空间　传统聚落的商业性街道是一种比较典型的复合空间。白天，街道两侧店铺的木门板全部卸下，店面对外完全开敞，虽然有门槛作为室内室外的划分标志，但实际上无论是在空间上还是从视线上，店内空间的性质已由私密转为公共，成为街道空间的组成部分（图 1-37）。人们通常所说的逛街，就是用街来指代商店，在意识上已经把店作为了街的一部分。晚上，木门板装上后，街道呈现出封闭的线性形态，成为单纯的交通空间。

(a) 白天景象　(b) 夜间景象

图 1-37　商业街道的复合空间

同时，传统聚落的街道还作为居民从事家务的场所，只要搬个凳子坐在家门口的屋檐下，就限定出一小块半私用空间，在家务活动的同时与周围人来人往的居民和谐共处，还可参与街道上丰富的交往活动。南方许多聚落的街道上都有骑楼、廊棚，有些连成了片，下雨天人们在街上走都不用带伞，十分方便舒适。骑楼及廊棚下的空间是一种复合空间的典型代表，具有半室内的空间性质，实际上有很多人家也正是将这里作为自己家的延续，在廊下做家务、进行交往，使公共的街道带有很强的私用性。

② 传统聚落广场的多功能性　传统聚落中除了主要街道外，在村头街巷交接处或居住群组之间，分布着大小不等的广场，构成聚落中的主要空间节点。广场往往是聚落中公共建筑外部空间的扩展，并与街道空间融为一体，构成有一定容量的多功能性外延公共空间，承担着固有的性质和特征。

广场一般面积不大，多为因地制宜地自发形成，呈不对称形式，很少是规则的几何图形。曲折的道路由角落进入广场，周围建筑依性质不同或敞向广场或以封闭的墙面避开广场的喧嚣。规模不大的聚落，只有一两处广场，平时作为人们交往、老人休息、儿童游戏的地方，节日在这里聚会、赛歌，具备了多功能性质。

在聚落中一些重要的公共建筑和标志物周围，都设有广场，承担着多种功能，如戏台广场、庙前广场、家族祠堂前的广场，它们是聚落的中心。例如，土家族地区的中心聚落设摆手堂，堂前有较宽阔的场坝，这是一种与聚落公共建筑有密切关系的广场。皖南青阳县九华山为我国四大佛教名山之一，山上居民大部分信仰佛教，从事经营佛教用品、土特商品，并开设旅馆、饭店以接待香客食宿。山上九华街广场位于居民区的中心，是主要寺院——化城寺寺前广场的扩展，广场四周由饭店、酒楼等一些商业建筑围合，广场中有放生池、旗杆、塔等，其中部地坪高于两侧街道，呈现出一种台地式构成。这一广场充分地将宗教性、商业性和生活性结合起来。白族人把高山椿树看成是生命和吉祥的象征，称之为“风水树”，差不多每个村落都把这种树当作标志加以崇拜和保护。这种高山椿树异常高大且枝叶繁茂，带有硕大如伞的树冠，以这种树为主体，再配置主庙、戏台及广场，使其形成村民公共活动的中心。平时村民可以在树荫下纳凉、交往或从事集市贸易，每到节日还可以举行宗教庆典活动和庙会。

③ 传统聚落节点空间的不明确性　街道串联起的许多节点空间，如共用水埠、桥头、小广场、绿地等都与街道空间有着密不可分的联系，这些节点与街道之间并不明确空间限定，对街道连续的线性空间或扩充或打断，成为街道的一部分。从而对空间的性质、活动、气氛、意义都产生了影响，丰富了人的空间感受。

商业性广场更是多与街道相结合，即在主要街道相交汇的地方，稍稍扩展街道空间从而形成广场。由于街道和巷道空间均为封闭、狭长的带状空间。人们很难从中获得任何开敞或舒展的感觉，而穿过街巷一旦来到广场，尽管它本身并不十分开阔，但也可借对比作用而产生豁然开朗的感觉。例如，四川罗城的广场与街道完全融合为一体，平面呈梳形，两侧均由弧形的建筑所界定，中间宽，向两端逐渐收缩，在比较适中的位置还设有戏台。从总体布局看，整个集镇几乎完全围绕着广场而形成，因而给人以统一、集中和紧凑的感觉。

总之，传统聚落总体空间形态表现出因自然生长、发展而产生的功能混合、无明确分区的形态特点。聚落的空间区域主要有街道、广场、寺庙、住宅等几种，但从来都没有界限分明的情况出现，各功能区域之间有机结合，街道中常常插进几幢住宅，寺庙边往往是聚落内最热闹的商业区，街道的节点即成为广场，这就使得传统聚落中的空间感受显得格外丰富多变。

传统聚落空间形态复合性和多义性的特点使得人们可以从不同的角度去认识它，并能不断地发掘出新的东西，有常见常新之感。

(2) 尺度宜人的空间结构　传统聚落中的街道和广场空间组成了适应不同功能的空间结构序列，尺度不同，富于变化。

聚落街道密布整个聚落，是主要交通空间。这个网络由主要街道、街、巷、弄等逐级构成。就像人体的各种血管将血液送到各种组织细胞一样，街巷最基本的功能是保证居民能够进入各个居住单元。街巷节点是街巷空间发生交汇、转折、分岔等转化的空间。因为节点的存在，才使各段街巷联结在一起，构成完整的街巷网，将街巷的各种形态——树形、回路、盲端等统一成整体，而在放大的街巷节点处形成了广场。因此，传统聚落中一般的空间结构序列可以分为：广场-街巷节点广场-街巷节点空间-街-巷。

① 传统聚落中的广场空间尺度　传统聚落中的广场因要承担着人们聚集的功能，因此是聚落中尺度较大的空间，包括入口广场、庙会集市广场、生活广场、街巷节点广场等几种形式。

对于大型聚落，入口广场大多结合牌坊、照壁、商业街等形成的相对开阔的空间，是人流集散的空间。

庙会集市广场是定期或不定期集市贸易的场所，一般与寺庙、桥头、农贸市场等空间紧密结合。例如，太湖流域朱家角镇的城隍庙，以戏台为中心的空间和庙前的桥头空间共同组成了远近闻名的朱家角庙市广场。

生活广场也在聚落空间中发挥着重要的作用。皖南宏村“月塘”广场，广场中部为水塘，广场周围是妇女洗菜、洗衣聚集的场所。广场长向50余米，短向30余米，广场与周围道路的连接以拱门界定，四周具有清晰的硬质界面，两侧立面高度在7m左右，形成1：(4.5～7) 的广场比例，符合古典广场1：(4～6) 的比例要求，有良好的围合感和广场景观。

街巷节点广场也是居民的交通广场，是石桥、街道、巷弄等交叉、互相联系的空间，一般规模比街巷节点空间尺度大，可供行人驻足休息。

② 传统聚落中的街道空间尺度　为适应聚落街道的不同功能要求，街道的空间尺度也不尽相同。在大型聚落中，街区内的道路系统可分为三等级：主要街道，宽 4～6m；次要街道，宽 3～5m；巷道，宽 2～4m（图 1-38）。

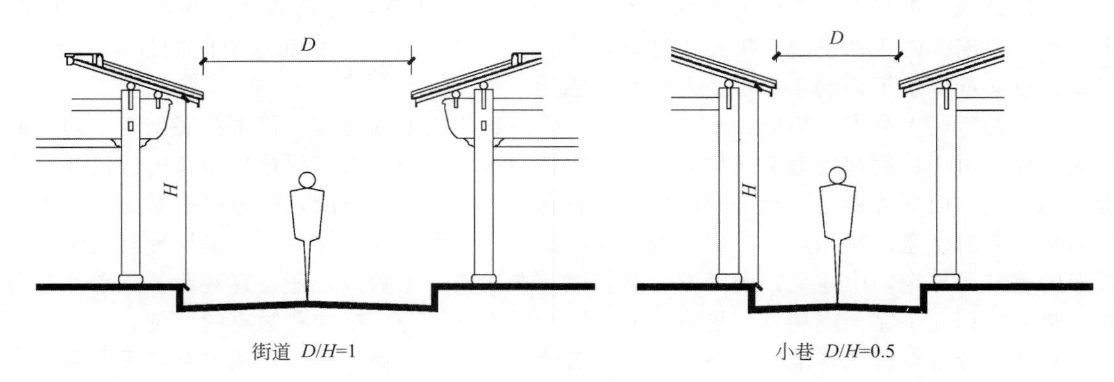

图 1-38　不同等级街道的空间尺度

以湘西聚落为例，街一般是聚落的主要道路，两侧由店铺或住宅围合，成为封闭的线形空间。街道宽度与两边建筑高度之比，一般小于 1，尺度宜人。巷是比街还窄的邻里通道，两侧多以住宅或住户的院墙围合，两端通畅，与街相接。如果说街是聚落的交通通道和村民进行购物、交往、集会等活动的热闹场所，那么巷则是安静的，是邻里彼此联系的纽带；如果街具有公共性质，那么巷则具有居住性质。巷的宽度与两边建筑高度之比在 0.5 左右，给人以安定、亲切的感受。

在水乡聚落中，街道的空间层次多为河道-沿河街道-垂直于河岸的街道-巷道-弄。从“河道”到“弄”是空间尺度逐渐减小的过程，这一系列空间形成了整体的交通空间序列。河道空间的宽高比远远大于 1；沿河街市空间和普通街道空间宽高比一般小于 1，而大于 1∶3；到了巷弄空间宽高比有的甚至小于 1∶10，例如浙江西塘镇的石皮弄宽仅为 0.8m，而两侧山墙高达 11.0m。

（3）丰富多变的景观序列

① 街道的变化增加了空间的可识别性　由于聚落中的街道因其建造过程的自发性，不可能做到整齐划一。从某种意义说，街道空间是两边建筑限定的剩余空间，两侧的建筑往往是参差不齐，这必然会使街道变得忽宽忽窄，甚至还会出现小的转折。笔直的街道和平整的界面显然有利于交通，但其景观却十分单调。而我国聚落街道由于曲折凹凸的变化，增添了街道空间的韵味，有助于景观的可识别性。

从日常的经验中可以体验到，空间的宽窄变化给人的感官和心理上留下的印象远比立面变化来得深刻。空间的转折会强迫人们改变自己的行进路线和方向，具有很强的标志性，因而通过上述的空间变化必然会大大地提高街道空间的可识别性。

长长的街道空间被分为几个不同段落，每一段落都具有特定的空间形象，人们可以随时随地判断自己所在的空间位置。

② 街道的节奏变化增强了空间的层次感　通过打破街道连续性线性空间，利用节奏变化，使得街巷空间变得开合有序，层次十分丰富。从构成角度看，“合”是指街道两侧界面所形成的较封闭的狭长空间，“开”则指围合界面的一边或两边开敞。街道中的开合变化赋予了街道划分段落的意味，使长向线性空间不再单调，这种开合处理有时是因自然因素的隔

断而形成的，有些是有意处理的。

四川资中县罗泉镇依山沿球溪河而建，街道形态受地形限制自然曲折，街道长约2.5km，两侧建筑为二层。为避免线性空间的单调，布局中采取了三开三合的手法，每隔一段街道空间由封闭转为通透，由狭窄转为宽敞（图1-39）。具体来看，当地人将街道比喻为龙，开合的位置也与龙的构造相应。

一个聚落的空间有着不同的标志物，因此出现了不同的功能空间和层次，使得空间形象和性格形成不同的变化。转向小巷的过街楼或门楼，对于导向起到了标志性的作用。在人们的心目中，越过门楼即进入小巷或大街，而门楼却是开放的空间，使两边的空间渗透、沟通，巧妙地使空间转折过渡。标志物标志着一个空间的开始或结束，给人以明确的空间节奏感。例如从广场进入街道，由大街进入小巷，由小巷进入住宅的大门，再到居室的门，如同乐曲中的不同音阶及节拍，构成音域上的差异，形成和谐优美的乐曲。

设在道路不同位置的标志物不仅对人在道路中的行走起到一定的强化作用，而且不同标志物的自然变换也为行人提供了丰富的节奏感。从人的行为规律看，轻松步行的最远距离为200～300m，每隔200～300m设置清晰的标志物可以引起行人的注意，加强道路的空间层次感。由于传统聚落的尺度较小，标志物的设置密度较高，巷道中一般以25m为限设定目标，巷道中一般以这个距离为转折点。唐模村由水口亭到高阳桥一段不到100m范围内布置5个标志物，使村口到村边一段空间景观十分丰富（图1-40）。

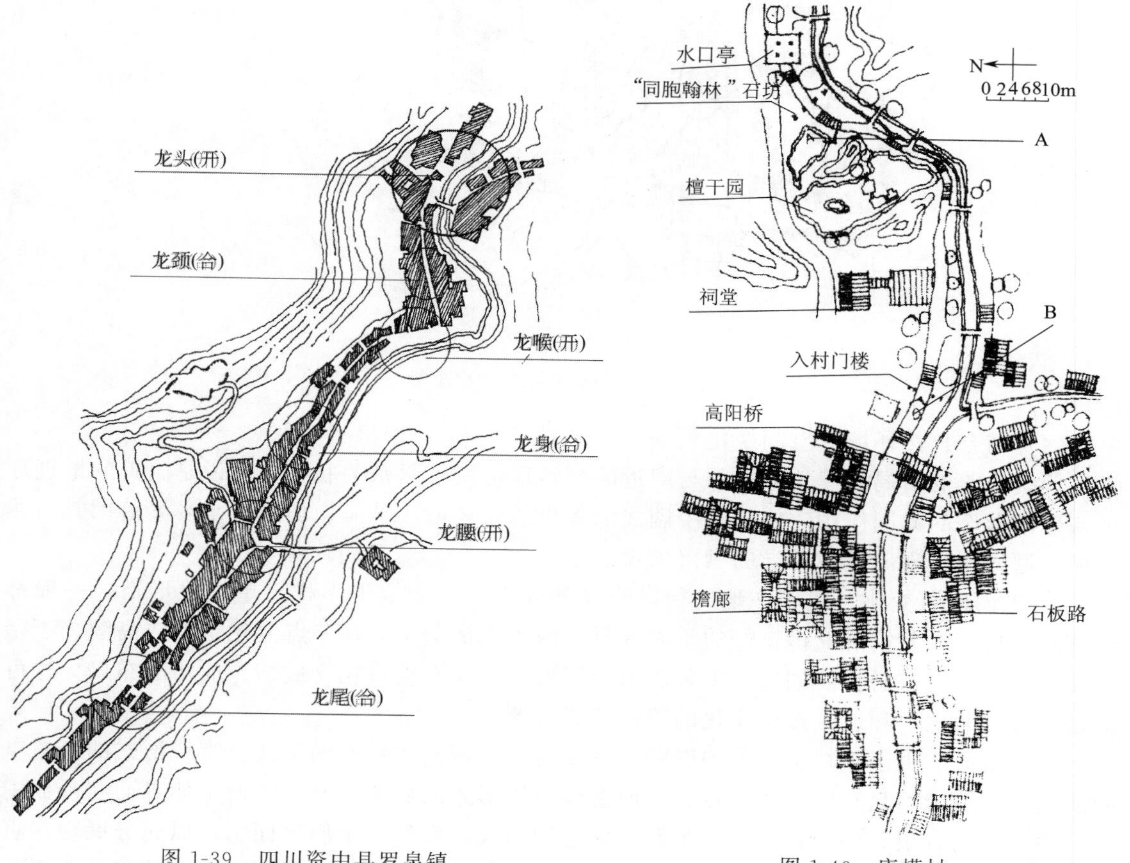

图1-39　四川资中县罗泉镇　　图1-40　唐模村

③ 节点空间的对景处理进一步丰富了景观序列　在直线性街巷中，竖向的对景景观往

往把线性空间收拢，这种效果相当于音乐中的暂停，使人的视线处于停留状态，留下阶段性印象，这时街道侧面墙壁上的门或窗所带来的光亮，会给封闭的线性空间带来有韵律的点状开口，产生震动效果，使街巷的边界柔和多变。聚落巷道的转折频率较大，在巷道对景的院墙或建筑侧墙上也可以看到很多对景处理，以此来丰富巷道空间。

借助某些体形高大、突出的建筑作为街道空间的底景，可以起到丰富景观变化的作用。特别是在街道空间的交汇处，利用错位相交时所出现的拐角，建造带有宗教、祭祀或其他公共性的建筑，以其高大、突出的体量或独特的外轮廓线变化而起到街道空间的底景作用，不仅可以形成视觉的焦点和高潮，同时也可以大大地提高街道景观的可识别性（图 1-41）。

图 1-41 空间节点的对景处理

（4）结合自然环境的空间变化

传统聚落的布局和建筑布局都与附近的自然环境发生紧密关联，可以说是附近的地理环境与聚落形态的共同作用才构成了中国式的理想居住环境。平原、山地、水乡聚落因其自然环境的迥异，呈现出魅力各异的聚落景观。

① 平面曲折变化 建于平地的街，为弥补先天不足而取形多样。单一线形街，一般都以凹凸曲折、参差错落取得良好的景观效果。两条主街交叉，在节点上建筑形成高潮。丁字交叉的则注意街道对景的创造。多条街道交汇处几乎没有垂直相交成街、成坊的布局，这可能是由多变的地形和地方传统文化的浪漫色彩所致。

某些聚落，由于受特定地形的影响，其街道呈现弯曲或折线的形式。直线形式的街道空间从透视的情况看只有一个消失点，而曲折或折线形式的街道空间，其两个侧界面在画面中所占的地位则有很大差别：其中一个侧界面急剧消失，而另一个侧界面则得以充分展现。直线形式的街道空间其特点为一览无余，而弯曲或折线形式的街道空间则随视点的移动而逐一展现于人的眼帘，两相比较，前者较袒露，而后者则较含蓄，并且能使人产生一种期待的心理和欲望。

② 结合地形的高低变化　湘西、四川、贵州、云南等地多山，聚落常沿地理等高线布置在山腰或山脚。在背山面水的条件下，聚落多以垂直于等高线的街道为骨架组织民居，形成高低错落、与自然山势协调的聚落景观。

某些聚落的街道空间不仅从平面上看曲折蜿蜒，而且从高度方面看又有起伏变化，特别是当地形变化陡峻时还必须设置台阶，而台阶的设置又会妨碍人们从街道进入店铺，为此，只能避开店铺而每隔一定距离集中地设置若干步台阶，并相应地提高台阶的坡度，于是街道空间的底界面就呈现平一段、坡一段的阶梯形式。这就为已经弯曲了的街道空间增加了一个向量的变化，所以从景观效果看极富特色。处于这样的街道空间，既可以摄取仰视的画面构图，又可以摄取俯视的画面构图，特别是在连续运动中来观赏街景，视点忽而升高，忽而降低，间或又走一段平地，这就必然使人们强烈地感受到一种节律的变化。

③ 水街的空间渗透　在江苏、浙江以及华中等地的水网密集区，水系既是居民对外交通的主要航线，也是居民生活的必需。于是，聚落布局往往根据水系特点形成周围临水、引水进镇、围绕河道布局等多种形式。使聚落内部街道与河流走向平行，形成前朝街、后枕河的居住区格局。

由于临河而建，很多水乡聚落沿河设有用船渡人的渡口。渡口码头构成双向联系，把两岸构成互相渗透的空间。开阔的河面构成空间过渡，形成既非此岸、也非彼岸的无限空间。同时，河畔必然建有供洗衣、浣纱、汲水之用的石阶，使得水街两侧获得虚实、凹凸的对比与变化。

另外，兼作商业街的水街往往还设有披廊以防止雨水袭扰行人。或者于临水的一侧设置通廊，这样既可以遮阳，又可以避雨，方便行人。一般通廊临水的一侧全部敞开，间或设有坐凳或“美人靠”，人们在这里既可购买日用品，又可歇脚或休息，并领略水景和对岸的景色，进一步丰富了空间层次。

总之，传统乡土聚落是在中国农耕社会中发展完善的，它们以农业经济为大背景，无论是选址、布局和构成，还是单栋建筑的空间、结构和材料等，无不体现着因地制宜、因山就势、相地构屋、就地取材和因材施工的营建思想，体现出传统民居生态、形态、情态的有机统一。它们的保土、理水、植树、节能等处理手法充分体现了人与自然的和谐相处。既渗透着乡民大众的民俗民情——田园乡土之情、家庭血缘之情、邻里交往之情，又有不同的“礼”的文化层次。建立在生态基础上的聚落形态和情态，既具有朴实、坦诚、和谐、自然之美，又具有亲切、淡雅、趋同、内聚之情，神形兼备、情景交融。这种生态观体现着中国乡土建筑的思想文化，即人与建筑环境既相互矛盾又相互依存，人与自然既对立又统一和谐。这一思想文化是在小农经济的不发达生产力条件下产生的，但是其文化的内涵却反映着可持续发展最朴素的一面。

中国传统村落的设计思想和体系与中国传统城市设计相比较毫不逊色，甚至比后者更趋成熟老到，更具实用价值。

1.3 城镇空间设计的理论研究

为剖析城镇外部空间在城镇范围内的作用和它与周围建筑群的关系，形成了城镇外部空间设计的相关理论。传统的视觉艺术方法多从美学的角度考虑问题，而随着建筑行为学和环境心理学的快速发展，现代设计方法更多地从环境和行为的角度考虑问题，强调公众对城镇生活和环境的体验。

1.3.1 外部空间的形态构成

空间的图底关系可以用来分析成是外部空间的实体和空间构成。丹麦建筑师 S. E. 拉斯姆森在《建筑体验》一书中，利用了“杯图”来说明实体和空间的关系。人们在观察事物时，会将注意的对象——图（Figure）和对象以外的背景——底（Ground）分离开来。主与次、图与底、对象与背景在大多数情况下是非常明确的。有时，两者互换仍然可以被人明确地认知（图 1-42）。

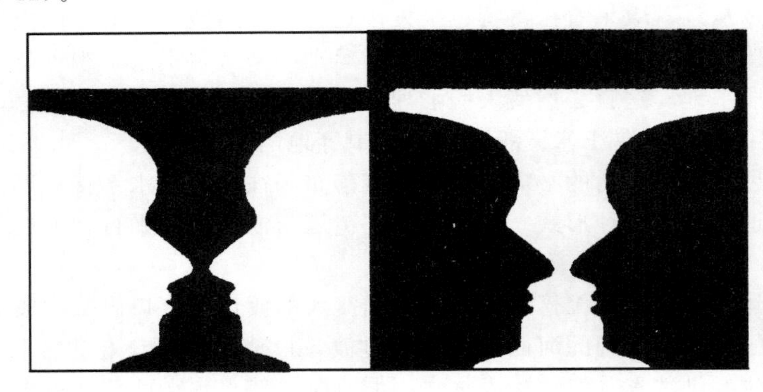

图 1-42 杯图

我们可以用这种图底关系来分析空间和实体的关系，一般情况下我们习惯将实体作为图，而将建筑周边的空地作为底，这样实体可以呈现出一种明确的关系和秩序。如果将图与底翻转，空间就成为了图，这样便于明确地掌握空间的形状和秩序（图 1-43）。

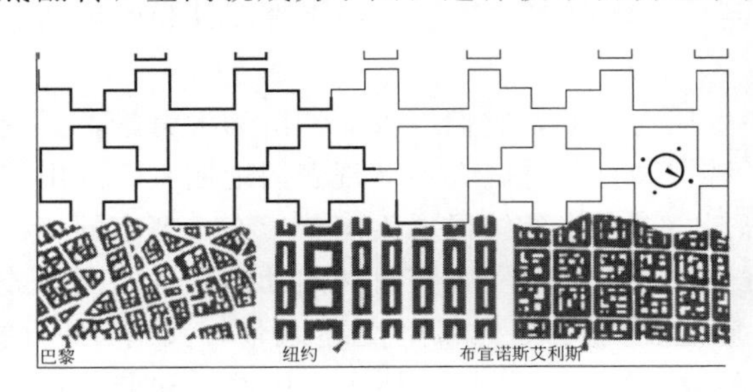

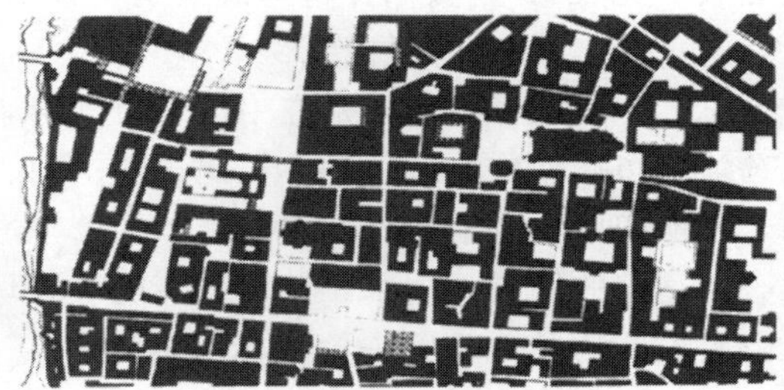

图 1-43 不同城市的图底比较

古典时期的城市设计贯彻的是“物质形态决定论”思想，设计思想以视线分析和视觉有序等古典美学为原则，对城市范围内的建筑进行三度形体控制，具有很强的浪漫主义色彩。这一时期的设计师对城市的兴趣“在于人造形式方面，而不是抽象组织方面”，他们提倡以设计建筑的手法和耐心设计城市。尽管这一时期流传下来的相关理论不多，但意大利的城市结构说明，城市街道、广场与建筑物的图底互换性非常强，很多城市是以室外空间的塑造为前提设计建造的，使古典的欧洲城市具有很强的外部空间系统。

另外，芦原义信在《外部空间设计》中将空间形态抽象为两种：积极空间和消极空间（图 1-44）。所谓空间的积极性就意味着空间满足人的意图，或者是有计划性。计划对空间论来说，就是首先确定外围边框并向内侧去整顿秩序。相反，空间的消极性是指空间是自然发生的、无计划性的。无计划性是指从内侧向外增加扩散性。因而前者是收敛性的，后者具有扩散性。芦原义信举的西欧油画和东方水墨画的对比是一个很好的例子：西欧的静物油画，经常是背景涂得一点空白不剩，因此可以将其视为积极空间；东方的水墨画，背景未必着色，空白是无限的、扩散的，所以可将其认为是消极空间。这两种不同的空间的概念，不是一成不变的，有时是相互涵盖和相互渗透的。

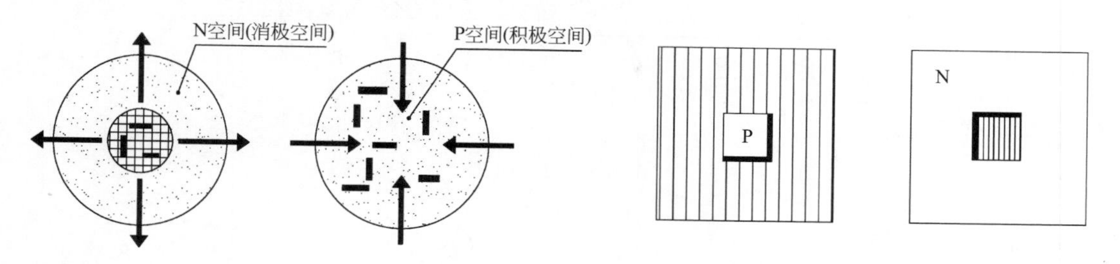

图 1-44 积极空间与消极空间

1.3.2 空间的尺度

空间为人所用，因此必须以人为尺度单位，考虑人身处其中的感受。尺度是空间具体化的第一步。

以人为尺度的度量，继而将人确定为可见的尺度。梅尔滕斯在 1877 年出版他的《造型艺术中的视觉尺度》一书时，设计了一座与尺度的计算数学相关的建筑，这个作品成为自那以后城市设计时研究尺度的基础。一般来说，我们对任何物体的视觉感知的范围，取决于物体轮廓线作用于眼睛的光线。视线的大致范围是两个交叠着的不规则的圆锥形。一般认为人的眼睛以大约 60°顶角的圆锥为视野范围，熟视时为 1°的圆锥。根据海吉曼（WernerHegemann）与匹兹（Elbert Peets）的《美国维特鲁威城市规划建筑师手册》，如果相距不到建筑高度 2 倍的距离，就不能看到建筑整体。正是这种几何学的限定，决定了城市尺度的多种多样。我们可以在 12m 的距离识别人；在 22.5m 的距离可以认出人；在 135m 的距离可以识别形体动作，这也是识别男人还是女人的最大距离；最终，我们同样可以在最远 1200m 的距离看见并认出人。

城市设计关注的是分析城市的形势以及为将来的发展进行设计，尺度分如下几层：人的私密空间 12m，这是一个水平方向的临界距离；一般人的尺度这种水平距离是 21～24m；公共空间的人的尺度是 1.5km，这是感知距离的上限；超人的或者是纪念性设计的精神尺度；最后，是野性自然景观的特大人类尺度，以及那些用来征服其疆域及利用其资源的结构和技术。城市设计的艺术就是合适地使用这些尺度，为尺度间的顺利转换创造机制，通过变换尺度取得优美效果，避免视觉的混乱。

芦原义信在《外部空间设计》中进一步探讨了在实体围合的空间中实体高度（H）和间距（D）之间的关系。当一个实体孤立时，是属于雕塑性的、纪念碑性的，在其周围存在着扩散性的消极空间。当几个实体并存时，相互之间产生封闭性的相互干涉作用。经过其观察总结的规律，$D/H=1$ 是一个界限，当 $D/H<1$ 时会有明显的紧迫感，$D/H>1$ 或者更大时就会形成远离之感。实体高度和间距之间有某种匀称存在。在设计当中，$D/H=1$、2、3 是较为常用的数值，当 $D/H>4$ 时实体之间相互影响已经薄弱了，形成了一种空间的离散，当 $D/H<1$ 时，其对面界面的材质、肌理、光影关系就成为了应当关心的问题（图 1-45）。

1.3.3 空间的限定

我们生活的这个空间，在某种意义上可以称为“原空间”，对外部空间的设计就是在原空间基础之上进行的，空间限定就是指使用各种空间造型手段在原空间之中进行划分（图 1-46）。

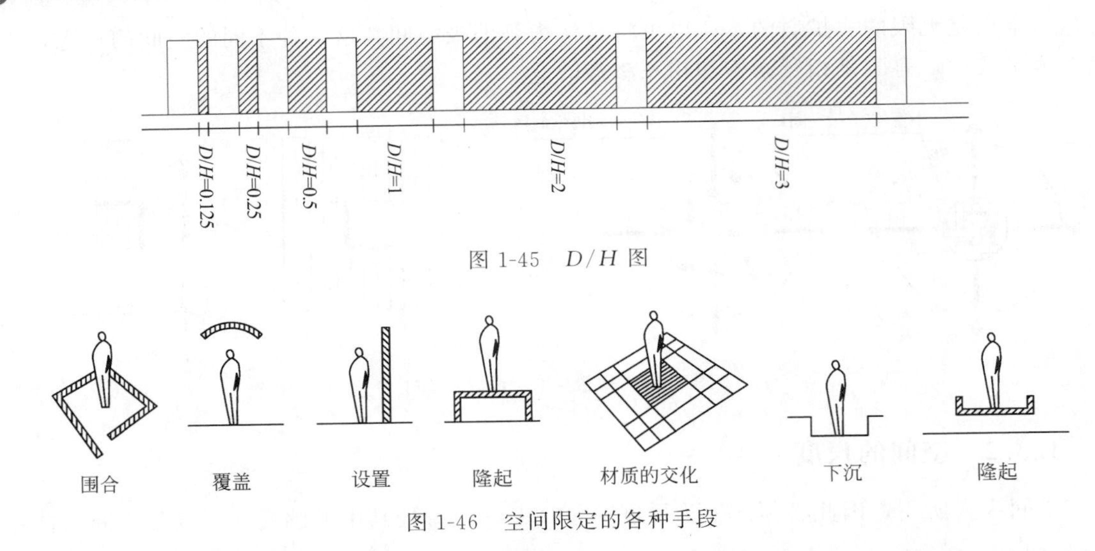

图 1-45 D/H 图

图 1-46 空间限定的各种手段

① 围合 也就是通过围起来的手法限定空间，中间被围起的空间是我们使用的主要空间。事实上，由于包围要素的不同，内部空间的状态也有很大不同，而且内外之间的关系也将大受影响。这种限定手法似乎简单，但是运用却极为广泛（图 1-47）。

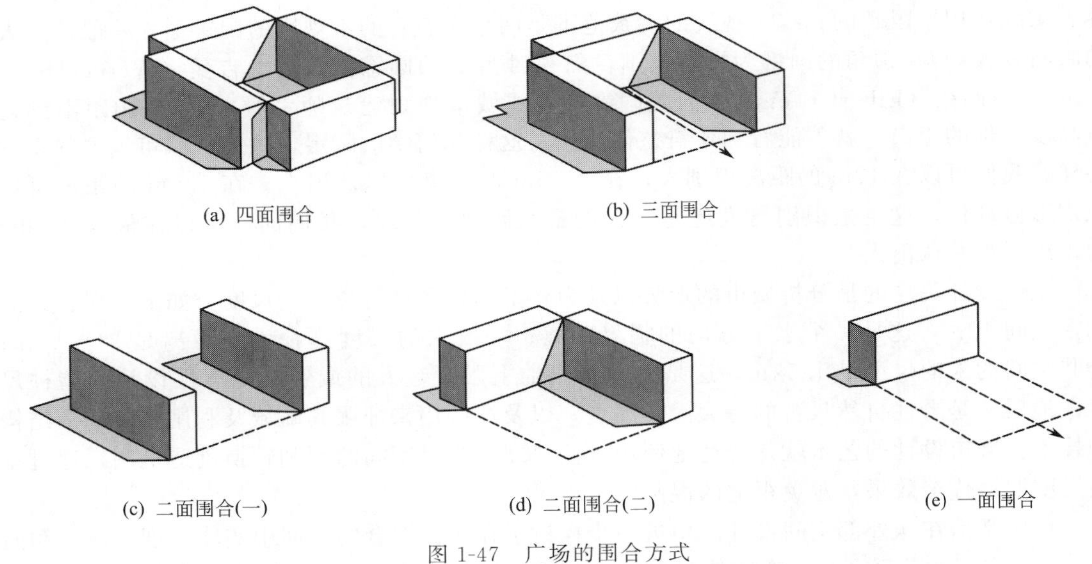

图 1-47 广场的围合方式

② 覆盖 在下雨天，大街上，撑起一把伞，伞下就形成了一个不同于街道的小空间，这个空间四周是开敞的，上部有构件限定。上部的限定要素可能是下面支撑，也可能是上面悬吊。

③ 设置 也称之为“中心的限定”。一个广阔的空间中有一棵树，这棵树的周围就限定了一个空间，人们可能会在树的周围聚会聊天……任何一个物体置于原空间中，它都起到了限定的作用。

④ 隆起与下沉 高差变化也是空间限定较为常见的手法，例如主席台、舞台都是运用这种手法使高起的部分突出于其他地方。下沉广场往往能形成一个与街道的喧闹相互隔离的独立空间。

⑤ 材质的变化 相对而言，变化地面材质对于空间的限定强度不如前几种，但是运用

也极为广泛。比如庭院中铺有硬地的区域和种有草坪的区域会显得不同，是两个空间，一个可供人行走，另一个却不一定。

通过多种手法对空间进行限定，可以形成不同的广场和街道类型，如图 1-48、图 1-49 所示。

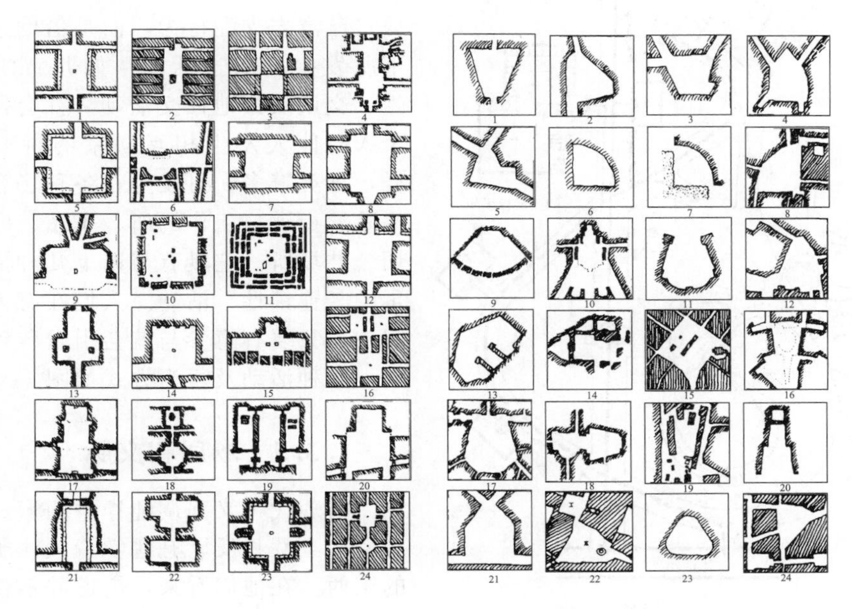

图 1-48　不同广场的类型

1.3.4　行为的多样性

人在空间中的行为虽有总的目标导向，但在活动的内容、特点、方式、秩序上受许多条件的影响，呈现一种不定性、随机性和错综复杂的现象，既有规律性，又有较大的偶发性。丹麦的杨·盖尔教授在其名著《交往与空间》中将公共空间中的户外活动划分为 3 种类型：必要性活动、自发性活动和社会性活动。

通过分析，我们可以将人的活动按照性质分为以下几种。

① 有直接目标的功能性活动　也就是必要性活动，这是一种强目的性行为，是指那些带任务性的、必须要做的活动，如上学、上班等。

② 有间接目标的准功能性活动　这属于半功能性的，是为某种功能目标做准备，依附于某种功能目标而存在，诸如购物、参观、看展览等活动内容。这种活动亦属于必要性活动，但带有一种可选择性和可改变性。

③ 自主性和自发性活动　即无固定的目标、线路、次序和时间的限制，而由主体随当时的

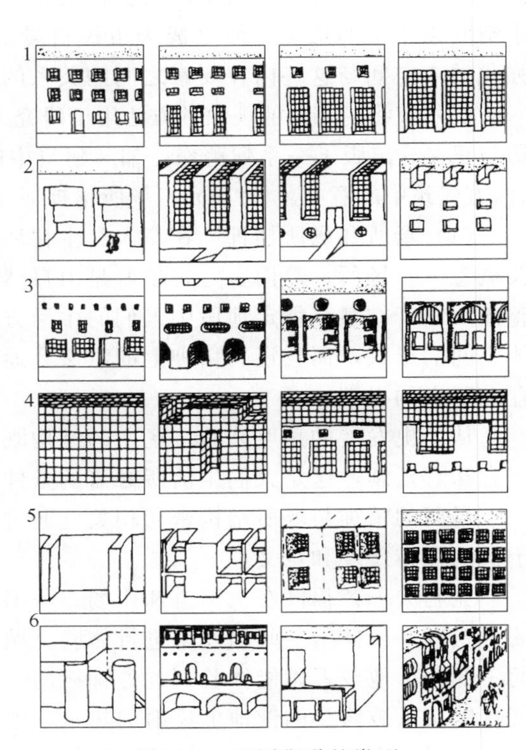

图 1-49　不同街道的类型

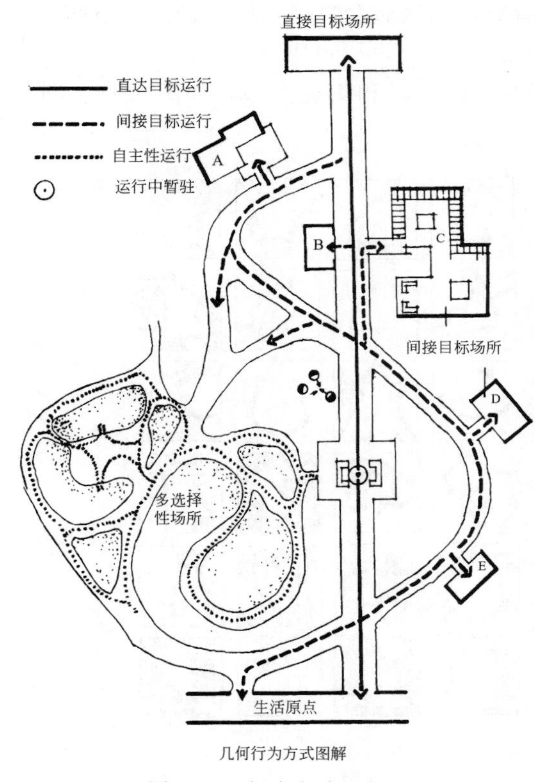

图 1-50　行为方式图解

时空条件的变化和心态，即兴发挥，随机选择所产生的行为，如散步、游览、休息等活动。

④ 社会性活动　即指行为主体不是单凭自己意志支配行为，而是借助于他人参与下所发生的双边活动。如儿童游戏、打招呼、交谈及其他社交活动。社会性活动，是个人与他人发生相互联系的桥梁，形式多样，种类繁多，可发生在各种场合，如家庭宅院、街道、工作场所、车站、电影院及一切公共场所。它具有与以上几种活动同时发生的“连锁性”活动。人们在有人活动的空间中，只要有意参与就会引发各种社会性活动。几种活动及行为方式如图 1-50 所示。

1.3.5　场所和文脉

与现代主义强调纯粹空间形式以及超凡脱俗的个性相反，有些学者关注于形式背后的东西。在他们看来，街道并不仅是供通行用的“动脉”，城市形式并不是一种简单的构图游戏。他们认为，形式背后蕴含着某种深刻的含义，这含义与城市的历史、文化、民族等一系列主题密切相关，这些主题赋予了城市空间以丰富的意义，使之成为市民喜爱的“场所”。因此，城市设计也就是挖掘、整理、强化城市空间与这些内在要素之间的关系的过程。

舒尔茨将胡塞尔的现象学方法用于研究人类生存环境，考察其基本属性以及人们的环境经历与意义，出版了一系列著作，如《建筑中的意象》(1956)、《存在、空间和建筑》(1971)、《西方建筑中的意义》(1975)、《场所精神》(1980)，从而构筑了一整套建筑现象学体系。

(1) 场所和场所精神　在对人类生存环境的结构和意义的考察中，舒尔茨提出了一个相关概念——场所。简而言之，场所是由自然环境和人造环境相结合的、有意义的整体。这个整体反映了在某一特定地段中人们的生活方式及其自身的环境特征。因此，场所不仅具有实体空间的形式，而且还有精神上的意义。通过建立人们与世界的联系，场所帮助人们获得了存在于世的根基。

从历史发展的角度来看，场所的结构既具有相对稳定性，又随着场所的发展而变化。稳定意味着延续，这是人们生活所必需的条件，也是场所得以发展的保证。

场所的精神与场所结构密切相关。通过提示人与环境的总体关系，场所体现出人们居住于世的存在尺度和意义。

克利夫·芒福汀在《街道和广场》一书中指出，城市体验必须成为新时尚，更应以步行的方式以及从休闲空间出发来进行体验。城市不能简单地被看作是一件人工品，观众是城市的一部分，他或者她能体验到远处钟声的喧闹、人行道上同伴的喋喋不休、烤咖啡豆的诱人气味以及从被烤热的铺地上反射的热量。他或者她探索小巷的黑暗，体验来自市场广场的突然明亮以及商务的匆忙。这种体验的模数是脚步，以步数来度量距离，这就是赋予城市比例的模数。能够以这种方法来欣赏的城市区域，大约是一段 20min 的步行或者是 1.5km 见方的区域，这是城市设计的最大空间单元，需要予以最高程度的关注。尺度和比例在城市设计中具有社会的内涵。一个领域被称为“家”，只有在它小的时候。要成为家，其总体和每个部分都必须保持在一个可想象的尺度范围内。正如舒尔茨所指出的：“对熟悉场所的尺度限定，自然地归总为聚集的形式。一个聚集的形式根本上意味着‘集中’。因而一个场所，基本上是‘圆的’”。

(2) 城市文脉　文脉是指局部与整体之间对话的内在联系。在城市设计领域，文脉就是人与建筑的关系、建筑与城市的关系、整个城市与其文化背景之间的关系。城市文脉是城市赖以生存的背景，是与城市内在本质相关联、相影响的那些背景。城市文脉包含着显形形态和隐形形态。

显形形态可概括为人、地、物三者。人，是指人的活动，即城市中的社会生活，如人的交谈、交往、约会、散步、娱乐等，这些活动已被传统习俗组织起来，成为城市重要的显形形态。地，是指人活动的领域，也就是适于上述活动的公共空间，这些公共空间如同一个“黏合剂”，将各种人、各种事黏合在一起，是城市中最具特色和最富感染力的场所。物，是指构成空间的要素，一幢建筑、一个雕塑、一根灯柱等每一个可见元素。

隐形形态是指那些对城市的形式与发展有着潜在的、深刻影响的因素，如政治、经济、历史、文化以及社会习俗、心理行为等，范围相当广泛。正如舒尔茨所说，“建筑师的任务就是创造有意味的场所，帮助人们栖居”。最成功的场所设计应该是使社会和物质环境达到最小冲突，而不是一种激进式的转化。城市空间从物质层面上讲，是一种经过限定的、具有某种形体关联性的“空间”，当空间中一定的社会、文化、历史事件与人的活动及所在地域的特定条件发生联系时，也就获得了某种文脉意义，空间也就成为“场所”——成为城市中的永恒。

1.3.6 城镇活力分析

20 世纪 60 年代以来，西方一些国家相继出现了比较严重的“城市病”。1961 年，美国学者简·雅各布以调查实证为手段，以美国一些大城市为对象进行剖析，出版了《美国大城市的生与死》一书。

在对城镇的观察和报道过程中，雅各布逐渐对现代主义的城镇设计观产生怀疑，尤其是对当时大规模的城镇改建项目持批判态度。她注意到这些浩大的工程投入使用后并未给城镇经济带来想象中的生机和活力，反而破坏了城镇原有的结构和生活秩序。

在雅各布看来，城镇是人类聚居的产物，成千上万的人聚集在城镇里，而这些人的兴趣、能力、需求、财富甚至口味都千差万别。城镇注定是复杂而多样的，城镇必须尽可能错综复杂，并且相互支持，以满足多种需求。因此，城镇多元化是城镇生命力、活泼和安全之源。“多样性是城镇的天性”(diversity is nature to big cities)。对城镇设计而言，唯一的解决办法是对传统空间的综合利用和进行小尺度的、有弹性的改造：保留老房子从而为传统的中小企业提供场所；保持较高的居住密度，从而产生复杂性；增加沿街小店铺以增加街道的活动；减小街区的尺度，从而增加居民的接触等。

城镇最基本的特征是人的活动。人的活动总是沿着线进行的，城镇中街道担负着特别重要的任务，是城镇中最富有活力的“器官”，也是最主要的公共场所。路在宏观上是线，但在微观上却是很宽的面，可分出步行道和车行道，而且也是城镇中主要的视觉感受的“发生器”。因此，街道特别是步行街区和广场构成的开敞空间体系，是雅各布分析评判城镇空间和环境的主要基点和规模单元。

现代派城市分析理论把城市视为一个整体，略去了许多具体细节，考虑人行交通通畅的需要，但却不考虑街道空间作为城市人际交往场所的需要，从而引起人们的不满。因此，现代城市更新改造的首要任务是恢复街道和街区“多样性”活力，而设计必须要满足四个基本条件，即：a. 街区中应混合不同的土地使用性质，并考虑不同时间、不同使用要求的共用；b. 大部分街道要短，街道拐弯抹角的机会要多；c. 街区中必须混有不同年代、不同条件的建筑，老房子应占相当比例；d. 人流往返频繁，密度和拥挤是两个不同的概念。

1.3.7 空间形式认知理论——城市意向

1960 年凯文·林奇所著的《城市意象》被认为是第二次世界大战后最重要的建筑理论著作之一。林奇以普通市民对城市的感受为出发点，研究他们如何认识和理解城市。他特别关注市民对城市印象的第一感受，通过对洛杉矶、波士顿和新泽西城市民的调查，建立城市印象性的组成要素，并且找出人们心理形象与真实环境之间的联系，从而找出城市设计的依据以及在城市新建和改建中的意义。其学术思想包括：用视觉形象来讨论城市的易读性和印象性，后者是作者开创的对形势评价的新标准；城市形象不仅由客观的物质形象和标准来判定，而且由观察者的主观感受来判定，那些被市民认知的城市印象，可以在城市重建中再利用；采用这种分析方法可以归纳出构成城市形象的五要素，即道路、边界、区域、节点与标志物（图 1-51)，其中道路和节点是构成城市意象的重要因素。

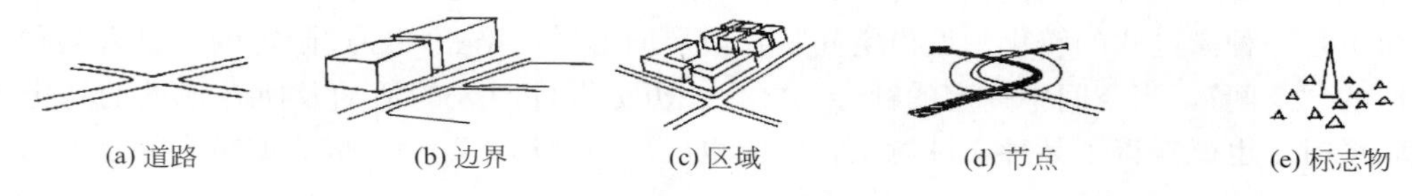

(a) 道路　(b) 边界　(c) 区域　(d) 节点　(e) 标志物

图 1-51　构成城市的五要素

（1）道路　道路系统是城镇空间形态的支撑和骨骼，是构成其空间的重要组成因素，也是人们实现动态观察的主要路线，因此道路是城镇景观的首要因素。

在城镇的交通网络中，主要由街道、街、巷（弄）等逐级构成。这就像人体的各种血管将血液送到各种组织细胞一样，街巷最基本的功能是保证居民能够进入每个居住单元。传统街巷既是组织交通的空间又是渲染生活气氛的场所，是邻里交往最频繁的空间，体现了一种场所人气的聚集。街道两侧的建筑一般都面向街道纵向布置，特别是沿街的店铺，成为城镇展示生活的空间，提供了现代都市生活所缺失的人文气氛。中国传统居住体系中住宅与街巷比例为 $H:D=(1:2.5)\sim(1:3)$，沿街住宅层数大多为 1～2 层。在这种尺度适中的空间里，建筑与建筑的细部，其中活动的人群，都可以在咫尺之间深切感受到街巷所营造出的温馨亲切、宜人、充满生气和趣味的生活交往空间（图 1-52)。

道路是观察者习惯地或可能沿其移动的路线，如街道、铁路、快速通道与步行道。路是构成城市形态的基本因素，其他环境因素多沿道路布局。

任何道路都以其连续性而具有特色。有些近代城市的街道只是一种交通联系的手段。街道上汽车成为主宰。近代街道既缺乏建筑形体上的限定，又缺乏建筑空间上的连续性，即使汽车与步行人各走各的道，步行人也只是在树木花丛中自由地移动，它替代不了建筑空间特有的气氛与感染力。街道是一种更易构成意象的形式，在过去常被作为城市的一种浓缩了的形式，呈现给外来的访问者。它代表着生活的一个断面，历史曾形成它的各种丰富的细节。街道本身必须具有形象特色，其两旁的房子可有变化，但应属于同一家族的具有某种统一的基调，有连续感、相似性，包括十字路口，突出的应是路口空间而不是建筑本身。

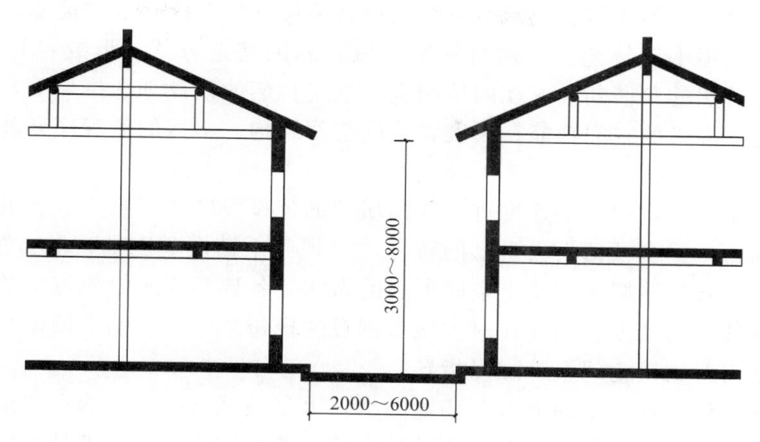

图 1-52　传统聚落街巷的尺度关系

同时，道路经常彼此相通，构成或多或少均匀一致的网络，形成城镇的主要骨架。根据人们的活动模式、交通工具、自然地形及城镇与其周围地区的联系，形成不同特色的格局，平原地区、填海造地地区、丘陵地区、山地城镇的道路模式都不一样；使用不同的交通工具，道路模式也不一样，由此构成不同的特色。有些街道的功能不仅是交通性的，还是有意义的交往空间，目的地反倒不那么重要，购物、交往的功能更显突出。

（2）节点　节点是城镇中的战略性地点，如广场、城镇道路十字交汇点或汇聚点、运输线的起始点等。城镇都有中心与节点。

中心经常是城镇里道路的汇聚点，是不同层次空间的焦点，也可能是交通的转换地，是城镇中人类活动集中、人群集聚的地点，如广场、街道等。总之是这区域的焦点与象征，是人能够进入、并被吸引到这里来参与活动的地点。

广场是公共聚会的空间，是城镇的起居厅。广场与街道是城镇空间最重要的因素，不仅是功能上的，还是形成城镇意象的主要因素。

场所若离开历史传统与现实生活中的人们的各色活动就会失去生机。场所的物质环境、建筑与空间的形象、尺度，加上生趣盎然的人们活动、一些有历史文化意义的时间，构成所谓的“场所精神”，铭刻在人们的记忆中，形成经过浓缩的城镇生活的动人意象。因此，城镇设计中要创造一系列像林奇说的“鲜明而有特色，令人难忘的地点”。在城镇结构中，广场与道路一样是最易形成意象的要素。

形成广场空间的要素在于有围合广场空间连续的面，而非突出环绕广场的每幢建筑的个体体量。要分清主角与配角、主体与背景，风格与时代感可以有差别，然而对比中要有呼应、整体上要有协调。广场上建筑物的立面造型是非常重要的，其主要建筑物由于其他陪衬建筑的烘托，加以广场空间提供的透视角度，其作为城镇标志物的作用更加突出了，往往成为城镇视觉经验中的高潮。

1.4 城镇街道和广场的设计原则

随着社会经济的不断发展，我国已经进入城镇化加速时期，城镇建设面临空前的发展机遇。作为其主要景观要素的街道和广场设计，自然就成为人们关注的一个焦点。

我国城镇分布地域广阔，历史文化环境不同，从而形成了各具地域文化特色的城镇。传统聚落是协调自然风景、人文环境与民俗风情的聚居群落，它浸透着融合地理环境与天人合一的设计理念。这些聚落既结合地形、节约用地、顺应气候条件、节约能源、注重环境生态及景观塑造，又运用手工技艺、当地材料及地域独到的建造方式，形成自然朴实的建筑风格，体现了人与自然的和谐共生。在因地制宜、顺应自然的设计理念指导下，传统聚落街道和广场更是创造了多义的空间功能、尺度宜人的空间结构、丰富的景观序列和融合自然的空间变化。

近年来随着城镇化进程的快速推进，我国城镇的建设发展取得重大成就的同时，也出现了不可忽视的问题，很多城镇失去自己的特色，出现“千镇同貌”的现象。更为严重的是，不少城镇中出现了盲目照搬大中城市空间形态的做法，各地热衷于修建宽阔的道路和空旷的广场，城镇应有的亲切尺度已消失在对大城市刻意的模仿之中，影响了城镇空间形态的健康发展。因此，急需对城镇空间设计加以指导。

街道和广场是构成城镇空间的首要环境因素，也是城镇城市设计的重要组成部分，是最能体现城镇活力的窗口。它们不仅在美化城镇方面发挥着作用，而且满足了现代社会中人际交往、购物休闲的需要。因此，在城镇街道和广场的设计中要充分考虑作为街道广场所固有的现代功能需求，同时还要结合城镇自身无可替代的特色，只有这样才能形成具有个性特色的有生命力的城镇。此外，还要正确处理好适用与经济、近期建设与远期发展以及整体与局部、重点与非重点的关系。城镇特色的创造要注重坚持以人为本，尊重自然、尊重历史，这样才能创造出优美的城镇街道广场的景观特色。

1.4.1 突出城镇的空间环境特色

（1）注重挖掘城镇特色　城镇的特色系其自身区别于其他城镇的个性特征，是城镇的生命力和影响力之所在。构成城镇特色的要素主要有自然环境、历史背景、历史文化、建筑传统、民俗风情、城镇职能和主导产业等多方面。特色设计应以区域差异为立足点。我国地域差异明显，自然环境、区位条件、经济发展水平、文化背景、民风民俗等各方面的差异为各地城镇特色的设计提供了丰富的素材。设计工作者应善于从区域大背景中去挖掘城镇街道和广场的独特内涵和品位，把一些潜在的、最具有开发价值的特色在规划设计中表现出来。

同时，城镇特色的设计应注重整体和综合。在特色设计中要从自然环境和文化背景出发，强调城镇特色的完整性，既要设计城镇建设方面的特色，也要设计产业发展的特色，不能片面追求单一方面。单纯的、独立的某一景观和某一产业构不成城镇整体的特色，必须要有相关的自然条件、历史文化传统、建筑风格、基础设施等环境背景以及社会支撑体系和相关产业的发展与之配套。

（2）充分利用自然环境　自然环境是影响城镇特色的基础因素。自然环境对城镇特色的作用可以从自然环境背景和城镇场地环境条件两个方面考察。前者主要指城镇在大尺度自然环境中所拥有的地理气候、水环境等；后者指城镇区位的地形地貌和建筑空间等环境特征。

在以往的城市建设中，人们往往强调要改造自然，即以人工建筑环境取代自然环境，由此带来了对自然生态的破坏。近年来，人们逐渐认识到城市中自然要素的宝贵，因而寻求城市与自然、人工建筑与自然山水生态环境的融合与呼应，在城镇的城市设计中更加注重利用自然环境特征来创造空间特色。例如，在长江中下游地区，河网密布，或丘陵起伏或一马平川。据此，在城镇街道和广场设计中，就应将山丘、水体和水系作为一个重要的环境要素来塑造其环境与空间，借以体现江南水乡城镇的特色。诸如依山傍水城镇、滨湖城镇、河网城镇等。而在山地城镇设计中则要强调城镇与山体的关系，依山就势布置建筑，活化建筑空间，集约利用平地，从而形成完全不同于江南水乡城镇的形象。

1.4.2　创造城镇的优美整体景观

（1）运用城市设计理念，规划整体形象　城镇的总体规划往往对城镇形态与城镇主要空间的形成起着决定性的影响。因此必须以城市设计的理念来指导城镇的街道和广场设计。具体做法是：规划一开始，就要给城镇中心、主要街道、公共广场合理定位，并对标志性建筑、边界、空间、建筑小品和绿化、水体等环境要素统筹安排，从而为塑造城镇优美的街道和广场创造条件。

要重视街道空间设计。在不少城镇中，城镇空间可能主要是围绕某一条街道发展起来的。街道又与街坊相连，相互咬合渗透；沿街道建设居住、办公、商店等建筑。街道把周围的自然与人工环境景观、对外交通等与城镇连接起来，从而形成完整的街道空间。当人们漫步在这一或直或曲的街道中，领略街道空间时，就会感受到形色纷呈、步移景异和地域特色的城镇风貌。街与坊的空间组织和景观设计要处理好以下几个问题：城镇街道与周围自然地形地貌的关系；沿街用地功能、环境要素的组织；街道末端对景的处理；沿街建筑造型尺度、风格与色彩以及街道绿化和小品的配置设计等。

要重视节点设计。节点是城镇空间形态的一个重要组成部分，包括道路交叉点、广场、标志性建筑或构筑物等，这些节点通常是城镇不同空间的结合点或控制点，是人们对城镇形象记忆的关键所在。近年来城镇的景观节点设计已经受到公众的关注和政府的高度重视，但遗憾的是节点设计手法大都照搬大中城市的设计手法——不锈钢雕塑、大理石或花岗石铺地、几何形规则图案，与城镇物质空间形态很不协调，丧失了城镇的地域特色。这是应当引以为戒的。城镇的景观节点设计应结合城镇独有的地域特色和环境条件，采用适宜的手法，利用当地材料、传统建筑符号，并融合社会、文化传统，展现地方自然风貌和风土人情，以此来达到景观节点的实用性、观赏性、地方性与艺术性的高度统一。

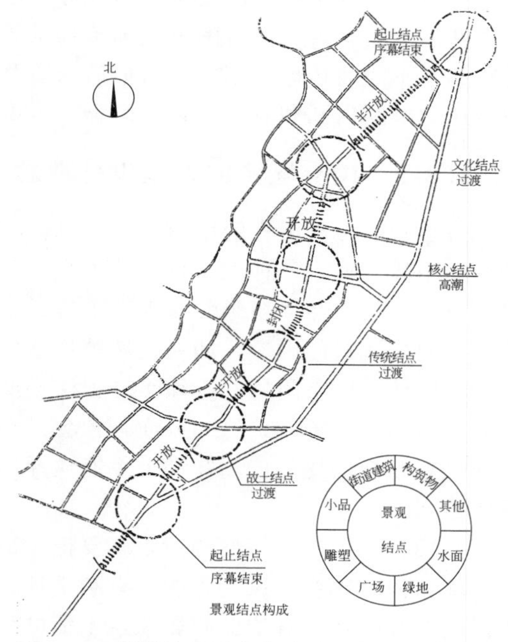

图 1-53　螺城镇建设大街收放自如的景观序列

（2）有序组织城镇轴线，创造景观序列　为了丰富城镇空间环境，可以通过对建筑物及构筑物等小品建筑的精心设计和巧妙安排来创造出一个又一个的景点。同时用街道和广场把它们联系起来，使其形成序列，让它们建立起相互的空间联系，功能与视觉上的共生互补的肌理，最终成为美好城镇空间的有机组成部分（图 1-53）。

组织城镇空间的另一手法是采用轴线的串联，让不同的城镇空间有机联系起来，轴线就是城镇布局结构中的“纲”，具有纲举目张的作用。

城镇轴线有人工轴线和自然轴线之分，人工轴线主要指街道、林荫道等，自然轴线则主要以自然绿带河流为代表（图 1-54）。

道路是城镇川流不息的动感舞台，是城市活力所在，人们的各种活动都必须通过道路来完成，合理的路网是取得城镇整体秩序最有力的手段。城镇道路的功能、宽度、曲直、长短对城市的影响很大，不同的形态具有不同的效果与感受：笔直宽阔的大道使人们视野开阔，

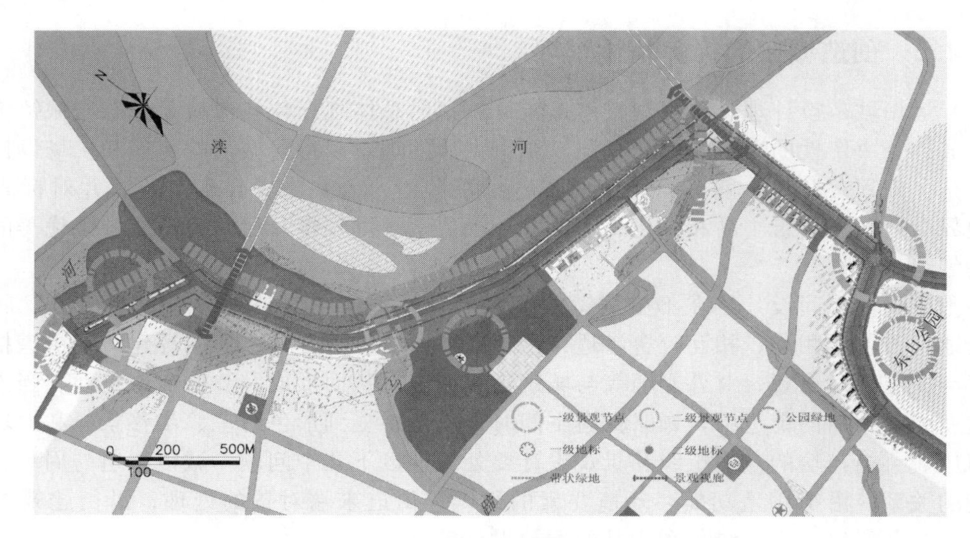

图 1-54　迁西县东环路街道景观序列

一览无余，有利于创造舒展宏伟的气势，但也容易使人们产生单调、空旷的感觉，不便于形成丰富的道路景观；曲折的道路则步移景异，空间层次丰富，透视感强，亲切生动。经验告诉我们，不能简单地、不加分析地追求道路的直、宽、长，而要将城镇道路的格局形式同希望表达的空间内涵和意象结合起来综合考虑。

1.4.3　树立城镇的人本设计理念

（1）营造独具活力的城镇生活气息　城镇不仅仅是作为人工环境的简单物质存在，它更是一种生活方式，一种人与自然的关系，一种人与人的社会关系的物化工程。城镇是人造的建筑空间，是自然环境条件对人们工作、生活需求的综合体现。可以说，城镇的社会生活是城市空间最活跃的因素，如果把城镇生活理解为人间剧目，那么城镇空间就是表现舞台。因此，在设计城镇空间时，必须十分关注场所与社会活动的互动，因为一方面，空间是社会活动的载体和展示场所；另一方面，社会活动又为城镇空间创造活力和个性，建筑空间与社会活动只有互为依托，彼此互动，才能演绎出多彩的城镇历史，才能构成有意义的经久不衰的场所空间。

同理，要创造生活型城镇，就要把生活的因素放到城镇设计的重要位置，营造居民的生活环境，使城镇变成风光秀丽、有利生活、方便生活、具有浓厚人情味的工作生活空间，变成民众喜爱的且富有浓厚归属感的生活城镇。

（2）创造尺度宜人的城镇街道和广场　空间形态和尺度的控制与把握是城镇空间规划设计中一个举足轻重的问题。

传统城镇大多具有以人为本的、亲切宜人的尺度，其设计的主要依据是徒步出行，可称为步行尺度。而目前的城镇建设，热衷于开大马路的风气盛行，规划设计人员不去研究道路两侧的建筑与道路断面的比例关系，凡事以“大”“宽”为先，往往造成城镇街道尺度失调。同时，各地建设了不少大体量的广场，全部采用硬质铺装，缺少必要的功能划分和空间处理。人们置身其中只会感到空旷，根本不会有亲切感，因此，人们很少在广场停留，这种大而不当的广场只能成为城镇宣传图册上徒有虚名的画面。

城镇的街道和广场就像城镇的脉络，将城镇的空间编织起来，形成和谐统一的城镇空间。但是如果将不当的尺度运用于城镇空间中就会破坏城镇的和谐美。大中城市有大中城市的尺度，城镇有城镇的尺度，城镇如果盲目照搬大中城市的尺度，按照大中城市的“体量”建设，显然是不合适的。随着城镇规模的扩大，机动车交通的介入，城镇应当建立怎样的空间尺度关系？步行尺度还能在多大程度上运用？这正是从事城镇，特别是街道和广场设计的规划建筑师应该审慎研究和处理的问题。

总之，在当代新型城镇的街道和广场设计中，应树立以人为本的设计理念，注重突出城镇的空间环境特色和宜人的比例尺度的运用，要用“城市设计”的理念和方法创造出优美的城镇景观。

（3）开发颇具魅力的城镇夜空间环境　随着社会的进步、经济的繁荣、都市的国际化以及人类文明程度的提高，“日出而作，日落而息”已不再是唯一的生活方式，丰富的夜生活成为许多人的选择。这种变化要求我们必须充分开发、利用夜生活环境，使其服务于人类。利用现代先进的照明技术手段，创造一个舒适宜人的夜空间环境已成为城镇规划设计中的重要工作。

城镇的夜景观同白昼景观一样，它们的质量在一定程度上反映出该城镇的历史文化底蕴、社会经济发展状况、居民的生活水准以及城镇建设能力。城镇的夜景观建设有着重要的社会意义、经济意义和环境意义。城镇设计的目的是提高城镇的环境质量和城镇景观艺术水平，其中也涵盖了城镇夜景观质量和夜景观艺术水平。实际上设计夜景观就是在组织人们的夜生活，使生活在夜空间环境中的居民百姓都能获得精神与物质的满足。城镇夜景观规划的核心是贯彻以人为本的原则，依据人们夜间公共生活的行为需求，创造适宜的丰富多彩的夜环境。

城镇夜生活有公共性和私密性两大类。前者是一种社会的、公共的、外向的街道或广场生活（图 1-55～图 1-58）；后者则是内向的、个体的，自我取向的生活，它要求宁静、私密

图 1-55　广场喷泉的夜景

图 1-56　商业街夜景

图 1-57　福建省泰宁状元街的夜景照明

图 1-58　某镇政府办公楼夜景

和有隐蔽感（图 1-59、图 1-60）。这两者对城市空间有着不同的要求。但是，由于夜晚人们的群聚意识、自我保护意识、安全意识增强，所以要求夜晚的私密空间又带有公共的色彩。在夜间，有安全性的私密空间不宜设于城镇偏僻、隐蔽感强的地方，而公共活动场所相对安静处是人们夜晚私密生活的最理想地点，空间组织应对此做出相应的支持。

图 1-59 安静空间的夜景照明

图 1-60 私密空间的夜景照明

1.4.4 弘扬城镇的优秀历史文化

历史是用岁月写成的，在它沧桑的印迹里饱含着信息，它们对当今的价值是多方面的。

城镇及其建筑物是在特定环境下历史文化的产物。它体现了一个国家、一个民族和一个地区的传统，具有明显的可辨性和可识别性。同时城镇是个有机体，长久生生不息，并受到新陈代谢规律的支配，表现出强大的延续性和多样性。我国是一个文明古国，数千年的历史和灿烂的文化蕴含于物质实体和人们日常生活中。许多城镇含有大量的历史文物古迹和人文历史景观，富有民族特色和地方风情。因此，要运用城市设计的原则和方法，处理好城镇及其建筑物的保护、改造和发展之间的关系。应该注重内部的历史文化，使其延续，通过维护原有城镇格局、环境景观、建筑布局与风格，发扬传统文化，维护历史人文景观，并对历史文化进行深入挖掘和提炼，将它们运用到城镇建设中去，使悠久的历史文化得以延续下去。

国际建筑师协会在《威尼斯宪章》《雅典宪章》和《马丘比丘宪章》中，也集中体现了保护传统文化的内容。我国《中华人民共和国文物保护法》和《历史文化名城保护规划编制要求》也为城镇的传统文化保护提供了法律保障。有些城镇中保留着国家级或省市级的重点保护文物，但全国还有很多城镇具有地方特色的文物和历史环境没有被列入国家保护范围。因此，在城镇建设中，除保护国家公布的文物外，还要加强具有地方特色的城镇历史环境的保护，通过保护、继承和发展地方特色历史环境促进城镇的可持续发展。

同时，也应该注意到，各个城镇的差别很大，除了自然地理环境、民族和地区文化差异外，它们今天面临的内在和外在条件也会有不同变化。比如人口数量、产业结构和居民生产生活不同需求，各个城镇与区域、中心城市在交通、交往、产业的链接、信息发达程度等方面都差别很大。用一种理念、一种思维模式、一种价值取向来简单地对待传统城镇的保护与发展是不可取的。传统城镇的保护和发展应因地制宜，制订不同的保护和发展策略。

2 城镇街道的规划设计

2.1 城镇街道的类型与功能

2.1.1 城镇街道的功能类型

城镇生活离不开街道，街道具有交通与生活双重的功能。它不仅承担着城镇的交通运输的职能，也是购物、交往、休闲娱乐等社会生活的重要空间，同时它还是布置各种城镇基础设施（如给排水、电力电信、燃气和供暖等）的场所。

城镇的形成往往是沿着重要的交通干线形成的。人们逐渐在交通便捷并适宜居住的地点开设店铺为过往的客人提供服务，并从事一定的商业贸易活动，先是由点到线逐步形成一条街，待人口聚集、市场繁荣以后，一字街发展成为十字街，居民住宅就在十字街周围兴建起来，随着人口聚集规模的扩大而逐渐形成城镇。

在交通工具不发达的时代，街道一般来讲既承担着交通运输的功能，同时也是商业贸易的场所，这时的街道交通功能和生活功能是密切结合在一起的。从一些古代的书画作品中能够看到这种场景。图 2-1 为清明上河图，行人和街上过往的车、轿等互不干扰，自在地在街道上交往、购物、闲谈，甚至观看各种杂耍表演等。直到现在，一些经济不太发达的城镇，还能看到居民在街道中洗衣服、晾晒被褥、小孩玩耍、邻里交往，居民生活温馨、闲适、悠然自得。

图 2-1　清明上河图（局部）

同时，在我国传统的城镇中，很少设置专门的广场，大多以较宽街道空间或公共建筑入口前空地作为节日中举行活动的场所，这时可以说传统城镇街道不仅承担了一般意义上街道的功能，同时也兼具了广场这一公共活动场所的功能。这种功能在现代城镇建设中得到了传承，即使在我国现在城镇的街道中也经常可见，像秧歌、庙会等一些传统的民俗活动依然经常在这种特定的街道上进行。

一般来讲，可以将城镇街道分为交通型街道、商业街、步行街和其他生活型街道。

（1）交通型　交通型街道在城镇中主要承担着交通运输的职能。这些街道通常连接着城镇不同的功能区或者是不同的城镇，满足城镇内部不同功能区之间或城镇间的日常人流和货流空间转移的要求。它们通常与城镇的重要出入口相连，或是连接城镇内部的一些重要设施、功能分区，如城镇主要商业中心、广场之间等，通常兼有交通与景观两大功能。这些街道上交通量大、速度快，一般不宜沿道路两侧布置吸引大量人流的商业、文化、娱乐设施，以避免人流对车行道的干扰，保证交通型街道上车流的顺畅。

城镇的交通型街道由于主要供机动车行驶通过，街道上的行人交通相对较少，街道的观赏者主要集中在行进的车辆中，因而，一般来讲，交通型街道的线型较顺畅，街道两侧通常有较完整的绿化，两侧的建筑物一般比较简洁，强调轮廓线和节奏感，没有多余的装饰，以适应快速行进的观赏者，并偶尔布置一些大型的标志物或雕塑来丰富街道景观。

这种以交通功能为主的街道，由于对街道的线型、宽度等方面的要求同传统城镇的街巷尺度、格局、街道交叉口处理等方面存在一定的矛盾，图 2-2 为某城镇弯曲的交通型街道、图 2-3 为街道两侧停满汽车的交通型街道，城镇中的传统街道难以满足现代交通的需求，一般来讲这类街道主要分布在传统城镇的外围或新建城镇中。也有部分传统城镇为了满足快速发展的需求，将原有城镇的主要街道改造拓宽以满足交通的需求，但是大规模的改造不仅破坏了原有街道的格局和空间特点，而且也同时改造了街道两侧的原有建筑，这种改造带来的往往是城镇特色的丧失。

图 2-2　某城镇弯曲的交通型街道

图 2-3　街道两侧停满汽车的交通型街道

（2）商业型　商业街与步行街是城镇中的生活型道路，一般来讲它们地处城镇或区域中心，是主要的购物场所。商业街是由一侧或两侧的商店组成，是最普通的购物空间形式，其道路是生活型的，有大量的步行人流。几条商业街在一起便构成商业区，这时商业区内的道路一般不通行机动车，停车场可设在商业区之外，以减少步行者和机动车之间的矛盾。商业街的街道要有足够的宽度，并适应商业街的空间性质，车行道部分不宜过宽以避免将其他交通大量引入，并便于行人在街道两侧往来穿行。宽的街道对交通是有利的，但对购物空间来讲，却是一种不安全的环境，在满足商业街自身交通需求的情况下，街道应尽可能地窄一些，以利于增加街道的商业气氛。

商业街不宜过长，过长的商业街容易使人感到厌倦，同时也很难保证其性质和规模，因此为了改善商业街的气氛、适应人们的心理要求，一般将商业街设计成较短的街道，或通过街道空间的变化使购物者感到是有限的空间，这样较容易受到人们的欢迎。如在一些过长的商业街，可通过街道路线的弯曲或利用凸出的建筑物来改变长直线街道空间，增加空间的变化，以有利于改善商业街的气氛和适应人们的心理要求。

在商业街的中心可以布置广场以为购物者提供休息的空间，并应设置花坛、坐椅等满足购物者的需求。由两条商业街相交形成的十字街是传统的形式，在两条商业街相交处形成十字街的中心广场，这种广场布置的关键是在道路的前方形成对景、封闭视线，使十字街四角的建筑成为视线的焦点。

由于过去对道路功能认识的不清，在一些城镇中，利用商业街作交通干道，或在主要交通干道上建设大量的商业建筑企图形成商业街的做法非常普遍，这种做法无疑给交通产生许多混乱，对交通管理十分不利，同时也给购物者穿越街道带来困难，造成很多不安全因素。商业区的道路在规划设计时应作为生活型道路而与交通型的道路区分开来，因此商业街道的断面应适应于商业街的购物特点，主要用于生活型交通，而不应该将其他交通引入。

（3）漫步型　商业步行街是城镇街道和商业街的一种特殊形式，是为了满足购物者的需求，缓和步行者和机动车交通之间的矛盾，增加繁华街道的舒适感而设置的。商业步行街通常设置在城镇中作为步行人流主要集散点的中心区，一般来讲，这些街道不仅满足本地居民在闲暇时间逛街、购物、文化、娱乐和休憩的要求，同时也作为城镇的“客厅”，承担着接待外来游客、展现城镇魅力的重要职能。

步行街的主要功能是汇集和疏散商业建筑内的人流，并为这些人流提供适当的休息和娱乐空间，创造安全、舒适、方便的购物环境。在步行街区里没有车辆，行人可以选择脚下感到舒适的人行道，并且不再受到车辆的干扰，人们可在街道上自由漫步，因而步行街也被称为“步行者的天堂”，街道也随着成为道路式的广场。

步行街普遍提高了城镇中心区开放空间的空间质量，提高了街道空间的舒适度。由于城镇规模、人口等多方面的原因，使得城镇商业步行街同大中城镇商业步行街相比较，规模和尺度更适合于步行人流的活动。图 2-4 是湘西凤凰古城的步行街。例如德国弗莱堡市通过将交通的优先权交给轻轨车，将旧街道改造成步行区，使得一度为汽车交通所破坏的欧洲传统的城镇生活空间重新得到恢复，成为真正亲切宜人、充满活力的城镇心脏，图 2-5 为德国弗莱堡市中心的步行街。

图 2-4　湘西凤凰古城的步行街

图 2-5　德国弗莱堡市中心的步行街

由于在这些区域聚集的步行人流数量大、密度高，且步行速度慢、持续时间长，因而需要在街道上设置绿地、座椅、花坛等较多的休息设施，来适应城镇中心区人流活动的特点，满足来此活动的不同人群的需求。步行街的各种街道设施的设置都是为行人服务的，街道的空间变化，构成街道界面的两侧建筑物的高度、体量、风格、色彩以及路面的铺装、座椅的设置、植物的配置、色彩的搭配等都要满足使用者——行人的行为、视觉和心理的需求。图 2-6 是国外某城镇的商业步行街。例如，黄山市屯溪区位于安徽省皖南山区中心部位，城镇依山带水，风景秀丽。屯溪老街位于城镇中心，全长 1200 多米，共有大小店铺 260 余家，绝大部分铺面保持着传统的经营特色和地方风貌。有的店铺已有上百年历史，并保持了前店后坊的传统格局。20 世纪 50 年代末，为开辟通往机场的道路，老街曾面临被拓宽、拆毁的危险，但屯溪市政府最终作出决定：保留老街，在北面另辟新路。1985 年，清华大学建筑系完成了老街历史地段保护与更新规划，确定的目标为：①保护屯溪山清水秀的自然景观和古色古香的老城风貌；②保护老街历史地段传统格局和建筑；③逐步改善老街历史地段城镇基础设施、交通条件、房屋质量以及生活环境；④保持老街商业繁荣；⑤增加老街绿地和各项服务设施，以适应旅游事业发展需要；⑥建设好滨江地区，处理好沿街建筑与山水空间环境的谐调以及新旧建筑之间的关系。因此，目前屯溪老街已成为一条空间尺度宜人的步行传统商业街。图 2-7 是屯溪老街平面示意。

图 2-6 国外某城镇的商业步行街

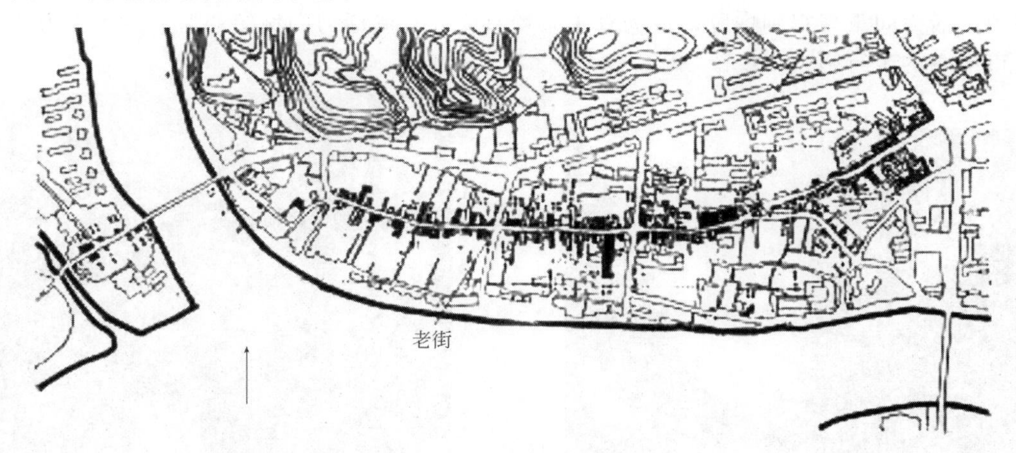

图 2-7 屯溪老街平面示意

（4）住区型 从功能上来讲，生活型街道是为城镇各个功能分区服务的，解决功能区内的交通联系问题，为功能区内的人流、货流的移动提供空间。其他生活性街道指的是城镇内部除商业街、步行街以外的生活性街道，由于城镇范围内居住用地占据大部分建设用地，因而生活型街道多为居住性质。

由于功能区内部的需求的复杂性，所以在这些街道上交通方式也比较复杂，有各种机动车、人力三轮车、自行车和行人等。交通方式的复杂使得交通组织的难度远远超过了交通型街道，保证各种出行方式的安全与方便，尤其是非机动车和行人的安全与便捷是此类街道设计的主要目标。与此同时，由于这些街道是城镇中居民日常生活活动的主要场所，是人们停留时间最长的街道空间，因此在街道空间和设施的配置上既要满足上述多种功能的要求，又要在街道景观方面满足各类人群的需求，创造具有吸引力的街道空间，提高街道的可识别性。

居住区道路是城镇的生活性道路，主要用以联结住宅群，服务于当地居民，供步行、自行车及与生活有关的车辆使用，同时还可能有步行的道路系统作为车行部分的补充，在大的住宅区中主要道路也通行公共交通车辆。

由于这类街道两侧主要安排的是住宅建筑及与居住区配套的学校、商店等服务设施，因而街道应保持安静的生活气氛。街道两侧的建筑性质应加以控制，不宜安排过多的增加交通量的公共建筑，以免将大量交通引入住区内部。同时，应安排好居住区街道的空间环境，按照行人优先的原则布置，街道空间环境应有利于人在其中的活动。具体措施如控制车行道宽度、限制车速，尽量增加人行道的宽度，设置足够的绿地及座椅等必要的设施，以满足行人交往、休憩等的需要。图 2-8 是欧洲小镇住宅区街道，图 2-9 是美国好莱坞的住区街道。

图 2-8　欧洲小镇住宅区街道

（5）绿荫型　林荫路，一般指的是与道路平行而且具有一定宽度的绿带中的步行道，有的布置在道路的中间，有的在路的一侧或布置在滨水道路临水的一侧，主要用做步行通道和行人散布休憩的场所。也有的把道路两侧栽植高大乔木，树冠相连构成绿荫覆盖而成为林荫大道。

林荫路是城镇步道系统的一部分，和各类步行通道一起共同构成城镇的步行系统。其可作为街头绿地又可作为城镇绿地系统的一部分，以弥补城镇绿地分布的不足，并为行人提供短时间休息的场所，因而对步行道、绿化、小品、休息设施等都有一定的要求。

林荫路的布置形式应根据道路的功能与用地的宽度以及林荫路所在的地区、周围环境等因素综合确定。一般以休息为主的林荫路，其道路与场地占总用地的 30%～40%，而以活动为主的林荫路，道路与场地占总用地的 60%～70%，其余为绿化面积。在林荫路的入口处可设置小广场，并可设置喷泉或雕塑等，作为吸引人的景观标志，同时也起到美化城镇街道环境的作用。

图 2-9 美国好莱坞的住区街道

2.1.2 街道空间类型

主街形态是整个城镇性格的主要体现，因此这里主要讲主街的空间类型。

（1）以居住为主的封闭型　传统农业聚落相对较为封闭，与外界接触不多，呈自给自足的生活模式，主街主要供聚落内部联系使用。街道较为狭窄，两侧以居住类院落、房舍为主。

（2）以交通为主的开敞型　开敞型主街一般位于城镇的外侧，房舍多位于主街的一侧，另一侧为开阔的农田、草地或林地。主街更多地承担了过境交通的需要，街道相对宽阔，能负担较大的交通量。

（3）以商业为主的半开敞型　有些聚落商业较为发达，主街成为主要的商业活动场所，日常往来人流较大，街道两侧以商业铺面为主，空间呈现半开敞形态。街道气氛较为活泼，具有浓郁的生活气息和活力。

2.1.3 街道与广场的关系

① 街道与广场有密切的关系。广场需要通过街道与其他功能相连。

② 与广场相连的街道可以分为环绕型、单一型、放射型等。

③ 街道与广场的发展目标：应满足使用功能；要保持适宜的尺度；要与水系相协调；要有适当的密度。

2.2 城镇街道的道路交通

2.2.1 路网结构

主街的形态决定了整个城镇的格局。主街与地形、地貌、气候等密切相关。

主街形态主要有条形（一字形）、交叉形（如十字形、三叉形）、并列形（两路平行）、环路形（道路闭合呈“口”状）、格网形等。

（1）条形主街　这种聚落多沿河流或山势的走向发展而来，主街沿河流或山势延伸，房舍以主街为骨架延伸发展聚落。从主街垂直分支出一些支路，使聚落在宽度上也有一定的发展。

图 2-10 北京爨底下村中的条形主街

川底下村（爨底下），因在明代“爨里安口”（当地人称爨头）下方得名。位于京西斋堂西北狭谷中部，新中国成立前属宛平县八区，现属斋堂镇所辖。距京 90km，海拔 650m，村域面积 5.3km²，清水河流域，温带季风气候，年平均气温 10.1℃，自然植被良好，适合养羊、养蜜蜂。爨底下村是国家 A 级景区。全村现有人口 29 户，93 人，土地 280 亩，院落 74 个，房屋 689 间。大部分为清后期所建（少量建于民国时期）的四合院、三合院（图2-10）。

(2) 交叉形主街　广东惠东县平海古城在县城平山东南 53km，建于明朝洪武十八年（公元 1385 年），迄今已有六百多年的历史，历来是海防军事重镇和惠州南部地区海运进出口的咽喉（图 2-11）。

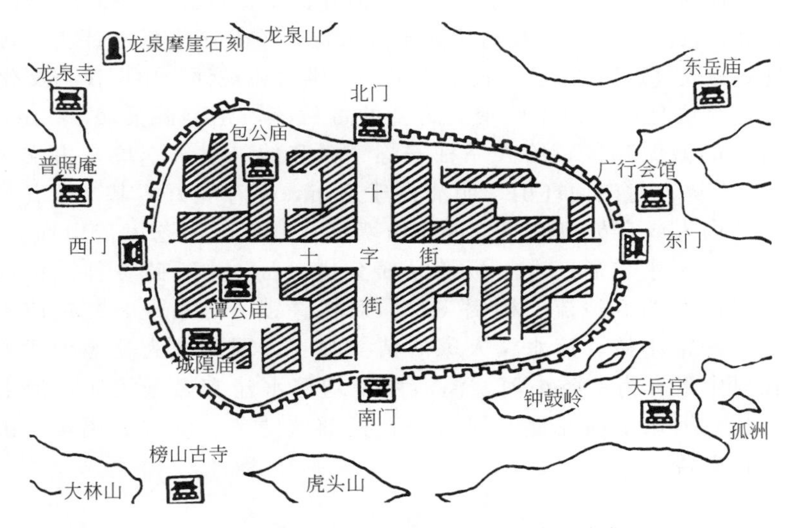

图 2-11 广东惠东县平海古城的十字形主街

十字古街贯通于平海古城东西南北城门楼的街道，即“十字古街”。与古城连接在一起，显得和谐得体。街道至今仍保持一排排、一座座古代民居的风貌。这些民居多是均衡对称式平面方形砖屋，为府第式、围龙式、四合院演化而来的综合结构。

城内的街道两侧在现代的影响下，有了很多的改变，变成了新旧建筑同时存在的一个地方，但是其街道形式仍然保持着古时十字街交叉的布局。到处有着石门石窗，石板路也偶尔可见，多的是满眼可见的古老墙壁，多是用金砂土垒起，经过多年风吹雨打，斑痕可见，苍凉中却也是一种坚韧。

(3) 并列形（两路平行）　江西婺源县清华镇是千年古镇，以“清溪萦绕，华照增辉”而得名。

清华镇的历史非常悠久，唐朝开元年间婺源县建制时县治就设在这里，后来才迁入紫阳镇。镇上有一条主要大街，街道两旁有很多店面。离开主街，在通往彩虹桥的青石小巷里可以看到一些古旧的民居。出城边可以看到始建于南宋、已有八百年历史的彩虹桥，该桥因唐诗“两水夹明镜，双桥落彩虹”而得名，是一座典型的廊桥。它全长 140m，由六亭、五廊

图 2-12 清华镇八景图中的平行主街布局

构成长廊式人行桥。每墩上建一个亭，墩之间的跨度部分称为廊，因此在当地也叫廊亭桥，这座桥现在是省级文物保护建筑。沱川、李坑：这是婺源县境内古建筑最集中、保存最完好的形式。通往村子的路是青石板路，行走其上不沾泥泞，其村口有一座名为“理源桥”的廊桥，有浓郁的文化气息。村中主要的古建筑有明代吏部尚书余懋衡修建的“天官上卿府第”，明末广州知府余自怡修建的“驾睦堂”以及“司马第”“九世同居楼”等（图 2-12）。

清华镇位于星江河上游，生态优美，又是唐代的古县治，具有浓郁的“四古”特色，文化底蕴深厚。其中位于原古县衙内的唐代苦槠树是清华悠久历史的见证人。还有宋代廊桥——彩虹桥、长寿古里——洪村、胡氏老街、岳飞方塘等古色古香的景观都成为了今天发展旅游业的丰富资源，引得了无数海内外游客纷至沓来。每年彩虹桥景区接待游客就高达数十万人次，该景区先后被评为“AAAA 级旅游景区”和“最具海外人气旅游景点”。长寿古里——洪村还被评为中国民俗文化村。

（4）环路形　李坑是一个以李姓聚居为主的古村落，距婺源县城 12km。李坑的建筑风格独特，是著名的徽派建筑，给人一种安静、祥和的气氛。李坑自古文风鼎盛、人才辈出（图 2-13）。李坑古村四面环山，明清古建遍布，保存完好，基本都是明清时期外出经商、求学发达的商人或官员建成的，古建粉墙黛瓦，宅院沿苍漳依山而立，参差错落；村内街巷九曲十弯、溪水贯通；青石板道纵横交错，石、木、砖各种溪桥数十座沟通两岸，颇有特色。村内有两涧清流、柳碣飞琼、双桥叠锁、焦泉浸月、道院钟鸣、仙桥毓秀等景点，构筑了一幅小桥、流水、人家的精美画卷，因此成为婺源灿烂明珠之一。古村外两条山溪在村中汇合为一条小河，溪河两岸均傍水建有徽派民居，河上建有各具特色的石拱桥和木桥。河水清澈见底，河边用石板铺就洗菜、洗衣的溪埠。山光水色与古民居融为一体，相得益彰。

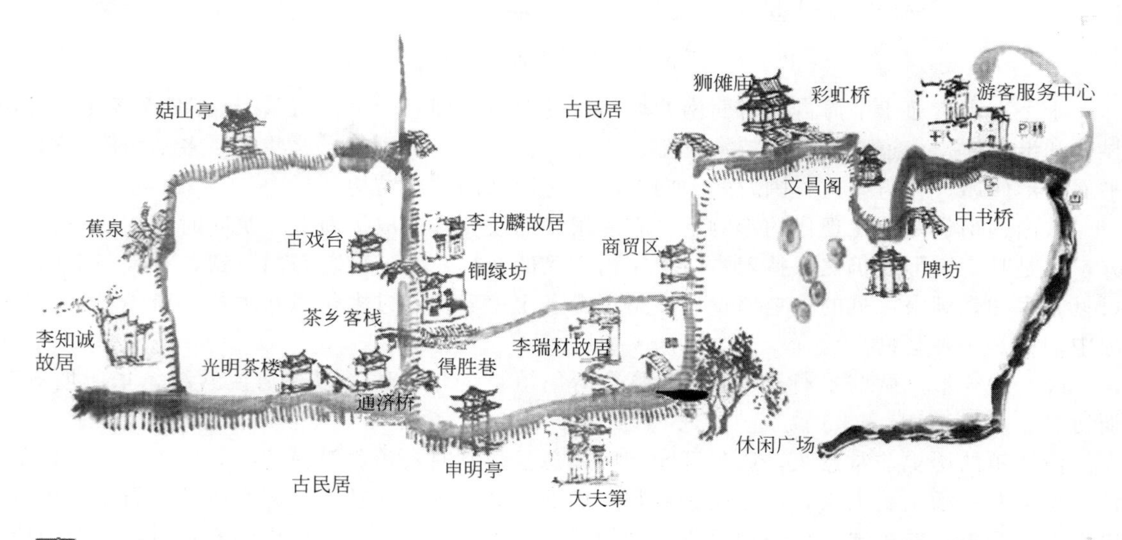

图 2-13 江西婺源李坑村的环路形主街布局

（5）格网形 平遥古城位于山西北部，是一座具有 2700 多年历史的文化名城，与同为第二批国家历史文化名城的四川阆中、云南丽江、安徽歙县并称为“保存最为完好的四大古城”，平遥古城的交通脉络由纵横交错的四大街、八小街、七十二条蚰蜒巷构成（图 2-14）。

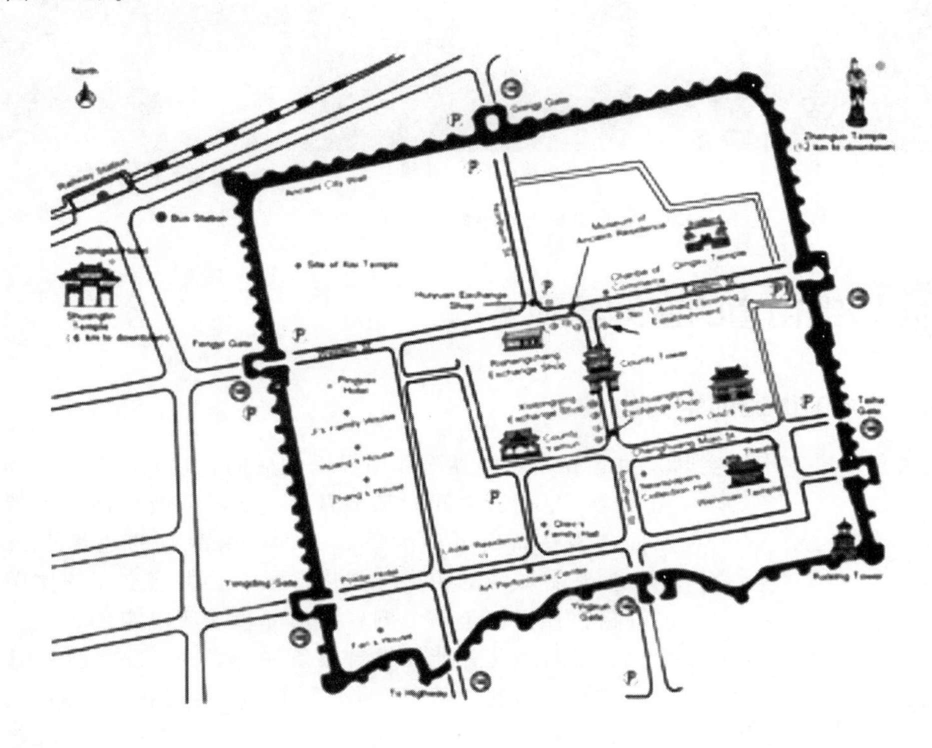

图 2-14 山西平遥古城的格网形主街布局

（6）支路 支路是干道以下的、联系城镇各个单体建筑和其他场所的道路，一些较小的末级支路被称为巷、夹道等（图 2-15）。

支路有鱼骨状、放射状、格网状等形态，以主街为骨架，与主街形式相配套。

图 2-15 小巷（安徽黟县宏村）

2.2.2 交通组织

（1）传统聚落的人车混行方式 在传统聚落中，行人是街道的主角，同时会有一些牲畜、畜力车辆通行。

街道交通为无组织的混行方式。

行动速度均较慢。

（2）新型城镇的分道方式 现代交通工具类型多，速度差别大，因此需要分道行驶。

一般的道路都采取机动车在中间，自行车与行人在两侧的分道方式。

道路宽度比传统聚落道路增加较多。

（3）完全或限时步行方式 以商业和旅游为主的城镇主街，开辟出步行街，隔离了机动车辆。这种街道采用全时或部分时段的交通管制措施，使主街主要为行人使用，如图 2-16 所示。

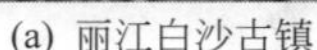

(a) 丽江白沙古镇　(b) 松江泰晤士小镇　(c) 丽江束河古镇

图 2-16　交通组织：人车混行、分道行驶、步行街

2.3 城镇街道的空间景观

2.3.1　城镇街道的空间构成

从构成角度讲，街道空间是由底界面、侧界面和顶界面构成的，它们决定了空间的比例和形状，是街道空间的基本界面。底界面及地面，也就是街道路面；侧界面也可称为垂直界面，由两侧的建筑立面集合而成，反映着城镇的历史与文化，影响着街道空间的比例和空间的性格；顶界面是两个侧界面顶部边线所确定的天空，是最富变化、最自然化并能提供自然条件的界面。除了这些基本界面外，还有许多起“填补”作用的各类装饰物，如路灯、树木、花坛、广告牌等各类街道小品。图 2-17 所示为街道空间构成示意。

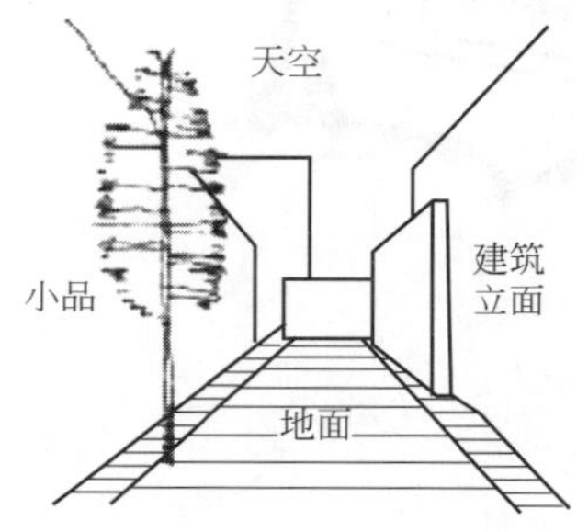

图 2-17　街道空间构成示意

这样，两侧的建筑物限定了街巷空间的大小和比例，形成了空间的轮廓线；建筑物与地面的交接确定了底面的平面形状和大小。建筑立面成为街道空间中最具表现力的面，小品成为街道中的点缀。

构成街道空间的四要素之间存在着某种互动关系。建筑物的立面及立面层次影响着街道的体量，建筑物的体量限定了街的内部轮廓线，建筑物的底层平面限定了街道空间的平面形状，建筑小品影响着人们的空间感受。

2.3.2　城镇街道的底界面

这里所说的底界面即街道的路面，街道的路面可以是土路、卵石路、地砖路、石板路、水泥路、沥青路等多种不同材料。在我国传统城镇中，石板街是最高等级的街道，多位于商贾居住区，石板厚度在半市尺左右（1 米＝3 市尺），长度约两市尺半，石板上可雕刻莲花等图案。一般街道中部用胭脂条石横铺，两侧用青条石纵铺，两侧铺面地平与街面有高差，道路中间的条石下多设排水沟，是城镇的主要排水设施。窄小的街道铺地多为不规则块状青石。石板街虽好但并不利于车行，木轮车行驶其上很是颠簸，所以在一些商业街中出现中间卵石路、两侧石板路的设计，这里，卵石夹土的路面既方便行车，雨天又可方便行人。图 2-18 是我国的传统街道。在西方国家则以卵石路面为佳，而现在街道的地面材料有了很大的变化，为了满足机动车交通的需要，城镇中的大部分路面都为沥青或水泥地面，仅有步行街还是以石材、卵石和各类地砖为主进行铺砌。

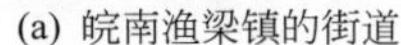
(a) 皖南渔梁镇的街道

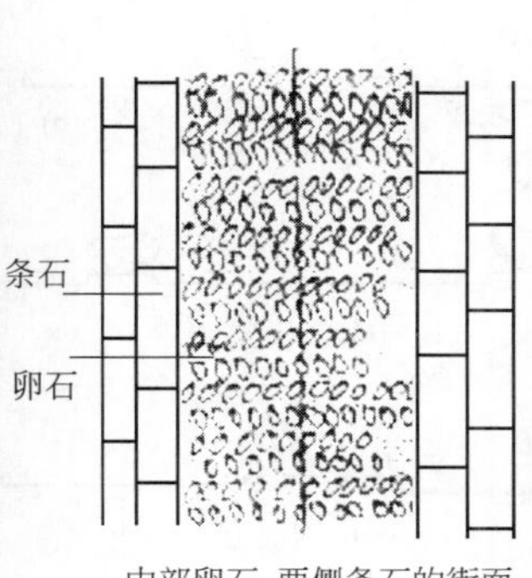

中部卵石 两侧条石的街面

(b) 渔梁镇街道铺砌材料构成

(c) 皖南潜口中部横铺、两侧纵横的路面

图 2-18 我国传统街道的地面材质

除了具有各种不同的材质外，街道底面的组成、底面与侧面的交接、底面的高差变化等都会形成不同的街道感受。道路底界面的组成内容会因底界面的形式的不同而不同，道路的性质、作用、交通流量及交通的组成决定了底界面具体采用哪种形式，这里底界面的形式根据交通种类的不同分为步行街和可通行机动车两类进行介绍。步行街由于只供行人步行通过，交通内容单一，限制条件少，所以底界面的形式可以很灵活。步行街的底界面以道路广场形式为好，除了供步行者通行的硬质地面外，为了增加街道空间对步行者的行走、坐憩和观赏的吸引力，也要求服务设施门类齐全，有休息与观赏设施，还可在街头布置出售食品或饮料的摊点和茶座。步行化已成为当前城市设计的重要趋势，步行街也成了传统的人流密集的多用途城市空间形象的代表。如美国丹佛市的林荫道步行街，就是安排了不少种植区和曲折的步行路，并在不同层次上连续使用，柔软的草坪与坚硬的人行道、两侧高大的建筑和曲折弯曲的小路，表现出一种鲜明的对比关系。

可通行机动车的道路由于受到机动车交通的限制，底界面形式相对固定，主要有一块板、两块板、三块板、四块板等形式，图 2-19 是道路底界面形式的简图。其中一块板道路在城镇中使用很普遍，这种底面形式的道路一般将车行道布置在中间两侧或单侧布置人行道，在一些小路上也有的不设人行道而实行人车混行。这种底界面一般宽度较小，和两侧建筑围合形成的街道空间尺度较好，有利于构成良好的街道景观，对于商业街来讲也有利于商业氛围的形成，便于两侧行人的穿越。一块板街道根据街道性质的不同，交通要求的不同可以有多种灵活的布置形式，如美国明尼阿波利斯市的奈卡利特林荫道，为了减少对步行者的干扰，街道中央的机动车道设为曲线形，两侧设置人行便道，同时在便道上设置有太阳能候车室、休息座椅、花坛、喷泉、雕塑等园林小品，人行区地面均为小块磨石铺砌，座椅周边铺满花岗岩和小瓷砖，街道上树木茂盛、舒适宜人，图 2-20 是奈卡利特林荫道街景。两块板道路是在车行道中间设有分隔带区分不同方向的车流，有利于提高车速与交通安全，但中间的分隔带也阻碍了街道两侧良好的联系，商业性街道不宜采取这种形式，同时当分隔带过宽时，也会对街道的空间产生消极影响，使两侧关系松散，街道空间的整体性较差。三块板、四块板是分别在道路中间设置二条、三条分隔带，在我国目前多种交通并存的情况下，对交通组织有利，但对街道的宽度要求较高，如三块板道路一般应设置在红线宽度最低

30m 以上的街道上，四块板则要求更高，因而在城镇中的应用相对较少，尤其四块板很少应用。

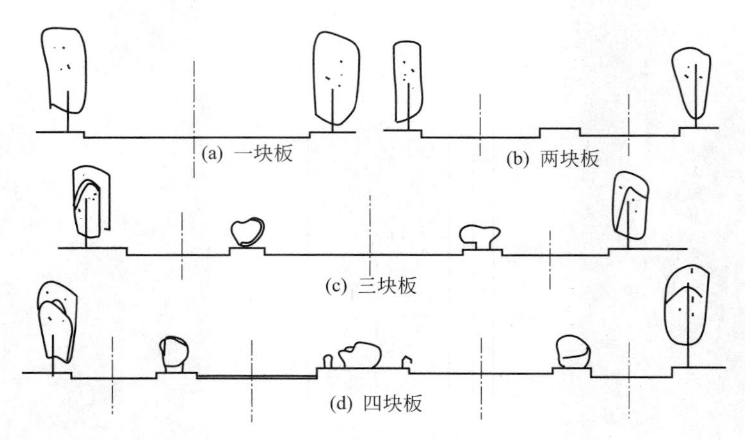

图 2-19 道路底界面形式的简图

图 2-20 明尼阿波利斯市奈卡利特林荫道街景

在街道的底面上，除了供通行的地面外，往往还有一些地形地貌的因素存在，如底面与侧界面的交接、水体及地面高差等。在商业街中，路面往往与两侧店面有两个踏步的高差，呈现一种逐步上升的趋势，在普通街道中，街道往往依溪水而行，这里路面与水面存在高差，水的流动、石岸的弯曲都使地面产生流动感。图 2-21 是街道底界面与侧界面交接的实例。在有水体的城镇中街道往往是和水面相依相伴而行，在路面与墙面间有一定宽度的水面作为过渡，根据水体的不同、水面与路面间相互关系的不同而形成各种不同的底面。图 2-22 是几种不同的水体在街道底面中组织方式的实例，图 2-23 是城镇毗邻较大水系时滨水街道的几种布置形式示意。在山地城镇中，由于用地紧张，城镇街道大多依山就势进行建设，街道的底面也就会自然地出现了高低的起伏变化。图 2-24 为街道底面随地形坡度变化的实例。正是由于这些因素的存在和存在形式的多样化，给街道的底界面增添了很多变化的因素，在设计中如能充分利用这些条件则能创造出丰富多彩的街道空间。

2.3.3 城镇街道的垂直界面

两侧垂直界面的连续感、封闭感是形成街道空间的重要因素。从形态上分析，街道空间属于一种线形空间。在城镇结构中，线形空间主要指两侧围合或一侧围合的空间。有的街道一侧为山体、水体或绿地，另一侧为建筑，这时的街道空间包括贯穿城镇的河流、城镇的边沿等元素。

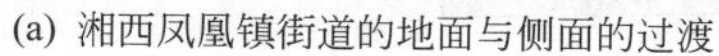

(a) 湘西凤凰镇街道的地面与侧面的过渡

(b) 安徽宏村利用水道作为建筑与石板路间的过渡

图 2-21 街道底界面与侧界面交接的实例

(a) 安徽唐模在河道两侧布置街道的水街

(b) 浙江西塘河街相邻的街道

(c) 德国弗莱堡城中心用小水渠划分不同交通空间的街道

图 2-22 几种不同的水体在街道底面中组织方式的实例

街道的垂直界面是城镇空间构成的一项基本的环境模式，其布置形势会对街道空间产生重要的影响，其构成形态也是有规律的。在国外许多城镇都通过各种方式对垂直界面的形态构成提出过多种多样的指导性原则和设计导引。如通过“有效界定”的概念，要求街道两侧

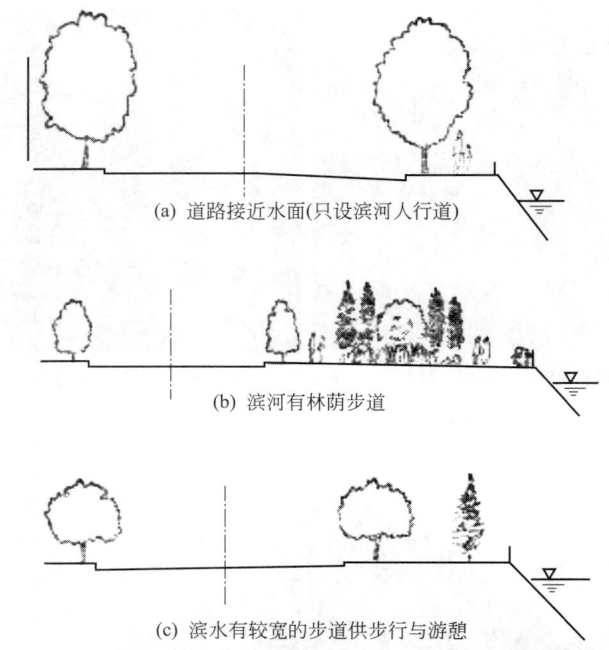

(a) 道路接近水面(只设滨河人行道)

(b) 滨河有林荫步道

(c) 滨水有较宽的步道供步行与游憩

图 2-23 城镇滨邻较大水系时滨水街道的几种布置形式示意

(a) 加拿大魁北克老街利用地形的高差形成不同的空间层次

(b) 江西西津渡古街的地面的高低变化

(c) 国外某城镇依地形走势建设的有较大坡度的街道

(d) 四川西沱镇总平面及街道剖面

图 2-24 街道底面随地形坡度变化实例

的高层建筑在某一高度上必须设线脚，使临街建筑里面形成上下两部分，底部处理要考虑人的尺度及相邻建筑的关系，顶部处理则主要考虑远距离的视觉要求，两部分的处理应采用对比的手法，使底层部分对街道形成有效界定，减少高大体块的建筑对街道形成的压抑感。这些概念对我国新型城镇街道垂直界面的建设也很有借鉴价值，相对于我国传统建筑低矮的体量，新建的多高层建筑无疑是巨大的体量，这就要求我们在进行街道设计时，应从层高选择、材料运用、开窗比例、线脚处理和色彩选择等各个方面充分考虑与相邻建筑及街道空间整体的视觉关系，以有效保持街道垂直界面的连续性。

图 2-25　日本某城镇商业街道（店面的开合对街道空间产生不同影响）

街道的性质会影响两侧垂直界面所围合的街道空间特征。对于生活性的街道来讲，两侧的垂直界面一般呈稳定的实体状态，街道空间相对固定。而在商业街道中，街道两侧的底层店面往往会随时建成一种有规律的变动状态：在营业时间，店面打开，街道空间可以渗透到店内空间中，取得街道扩展的效果；在非营业时间，关闭店门，街道空间恢复为一种线形体量，街道空间呈现出随店面开合的规律性变化。图 2-25 是日本某城镇商业街道。

另外，街道两侧界面的相互关系也会对街道空间的形式产生影响。在传统街道中，两侧店面或民居往往力求平行，多出现平行性的凹凸变化；在生活性的街道中，由于要避免民居入口之间的门与门相对，在街道的交接部位出现许多节点空间。相对而言，巷道中的界面转折比街道多，往往出现一种折线型的界面。无论是平行型凹凸界面，还是直线型垂直界面都使街道空间构成产生变化，加之街道大多随自然地形进行平面上的转折和竖向上的升起，无形中缩短了直线长度，减少了街道的单调感。图 2-26 为国外某城镇居住区街道界面的开合变化。

图 2-26　国外某城镇居住区街道界面的开合变化

图 2-27　舟山某传统街道垂直界面引起的空间变化

在我国的皖南和江浙地区城镇中，由于建筑紧依街道建设，两侧界面坚实高耸，街道空间范围十分清楚，街道本身具有图形性质，空间包围感很强。而在大理、丽江等地城镇，限定街道的院墙或建筑侧墙有高有低，当两侧院墙高于视线时，街道空间比较完整；当两侧院墙有一方低于视线时，街道空间就被扩展，并与民居庭院融为一体，街道空间的体量感就被削弱。图 2-27 是舟山某传统街道垂直界面引起的空间变化。

水乡城镇，沿河的街道空间是沿河地带空间的主体，其两侧垂直界面的形式非常丰富。一般沿河街道空间以露天式为主，由一侧或两侧的店铺或住宅围合成宽 1.5～6.0m 的街道空间。街道不但是交通空间，还是相邻建筑的延伸空间。从剖面形式特征上看，除露天式之外，沿河街道空间还可分为廊棚式、骑楼式、披檐式以及一些混合形式，这些界面围合的空间，是内外空间过渡和渗透的区域，成为家务、休憩、交往、商业等多种功能复合的空间。

一侧临水、另一侧由弧形小巷与陆路交通相连的黄龙溪，同四川大多数传统小镇一样，有一条主街。近 250m 长的主街时宽时窄，沿河蜿蜒伸展，如游龙一般带状布局，以寺（镇江寺）起始，又以寺（古龙寺）终结转折而去。沿江望去素瓦粉墙，绿荫浓浓，颇有江南水乡之韵味。整条街全由青砂石铺就，窄处不足 3m，最宽不过 5m，临街建筑外部封闭而对内均采用檐廊出挑或骑楼方式构成坊式街市。图 2-28 是黄龙正街两侧界面围合街道空间。这种由檐口、廊柱、台基形成的第一界面和檐柱、额枋、门窗形成的第二界面所构成的空间，既丰富了街道景观，又扩充了街的内涵。道路两侧两列廊柱将单一的街心扩展为三部分，中心道路与廊下通道，空间明暗对比强烈，光影变化十分生动，街道变得开朗而富有动感。在这扩展了的街道空间中，其功能分区显而易见地展现出来。中心道路是人们纵向快捷流动带，檐廊空间为临时摊点及人们的停留带，街道两侧的建筑则是固定店铺，从内到外，由动到静，各得其所。平日为街坊邻里聚在廊下休息、聊天、玩耍的“共享大厅”。赶集之日廊下人流陡增，人们购物、观光、逗留从容不迫，窄窄的小街秩序井然，并提供了全天候的社交、贸易场所，既是街道的半私有空间，又是居民的半公共空间，在这里街“道”的意义在增值，赋予“市”的内涵。其功能与形式的有机结合、相互之间的充分满足，使得具有悠久历史的廊坊街市仍富有颇为活跃的生命力，是乡土建筑文化的典型代表，深受人们的喜爱。廊式街道不仅有它的实用价值，其布局也强调了它的精神作用。对外封闭、对内开敞的建筑所形成的主街以其所处的构图中心位置将内部空间与外部空间的概念由单座建筑延伸至整个群体。它的内聚性使得

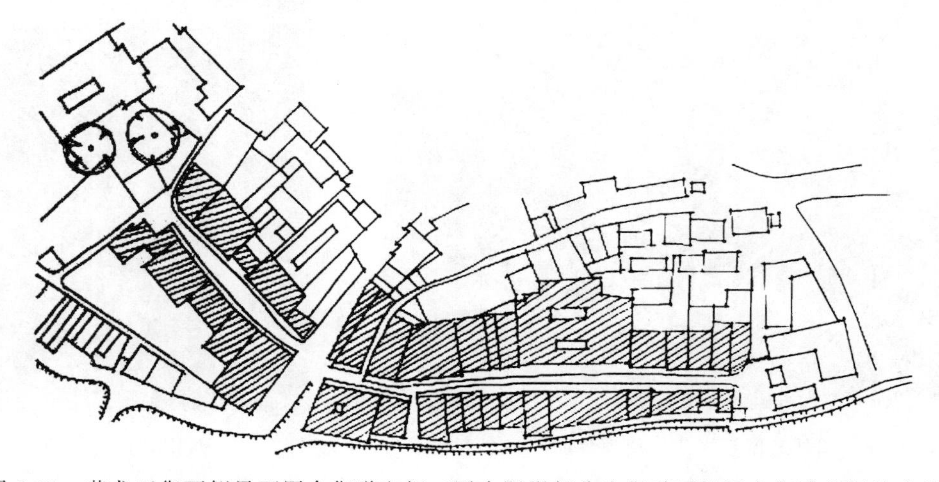

图 2-28　黄龙正街两侧界面围合街道空间（图中阴影部分为街道两侧围合街道空间的建筑）

“家”的意识充满整个小镇，整个城镇如同一个大家庭居住的院落一样，“街”是中庭，为人共享，富于生机，充满生活情趣。

在希腊和意大利，街道两侧界面以砖石结构建筑为主，街道地面的铺装一直延伸到建筑下部。这时街道受建筑形状所左右，或宽或窄、或自由弯曲、或适当交叉。由于在建筑外墙上有门窗等开口，住宅内部与街道外部空间沟通，使住宅中的生活气息和内部秩序洋溢到街道上。换句话说，街道空间也属于内部秩序的一部分。

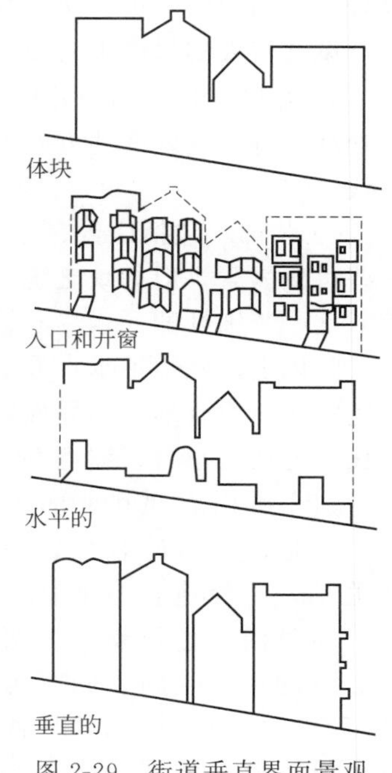

图 2-29 街道垂直界面景观控制元素示意

对于现代我国新型城镇街道垂直界面的设计来讲，由于城镇规模的限制，街道两侧构成垂直界面的建筑的数量、高度和体量较大城市相对较小，同时街道垂直界面的构成往往离不开住宅建筑这一城镇中最大量性建筑的参与，尤其是在商业街中，在大城市中已很少用的临街底商、底商上宅等形式在这里作为重要的形式仍非常重要，正是由于以上这些因素的存在使得城镇街道垂直界面的设计和布置形式有着自己独特的特点。图 2-29 是街道垂直界面的景观控制元素示意。具体来讲，对于街道垂直界面的控制，应从建筑轮廓线、建筑面宽、建筑退后红线、建筑组合形式、入口位置及处理方法、开窗比例、开间、入口和其他装饰物、表面材料的色彩和质地、建筑尺度、建筑风格、装饰和绿化等多个方面来考虑设计与环境的视觉关系，并通过退后、墙体、墙顶、开口、装饰着几个方面来进行控制。

① 退后　包括建筑退后红线和街道垂直界面墙顶部以上的后退。由于它影响着垂直界面的连续性和高度上的统一性，一般来讲除不同的垂直界面交接的节点需做后退处理外，仅要求每段垂直界面间既要局部有适当的后退已形成适当的变化，丰富街道空间，但又不希望有较大的后退，以免破坏街道的连续性。如泉州市义全宫街的规划中，原本整齐的街道立面显得单调，空间缺少变化，设计中将沿街的一栋办公楼适当后退，在建筑和街道间形成过渡空间，这一空间既为街道空间增添活力，同时作为一个缓冲空间也为建筑本身提供了一个小型的广场。图 2-30 是泉州市义全宫街规划。

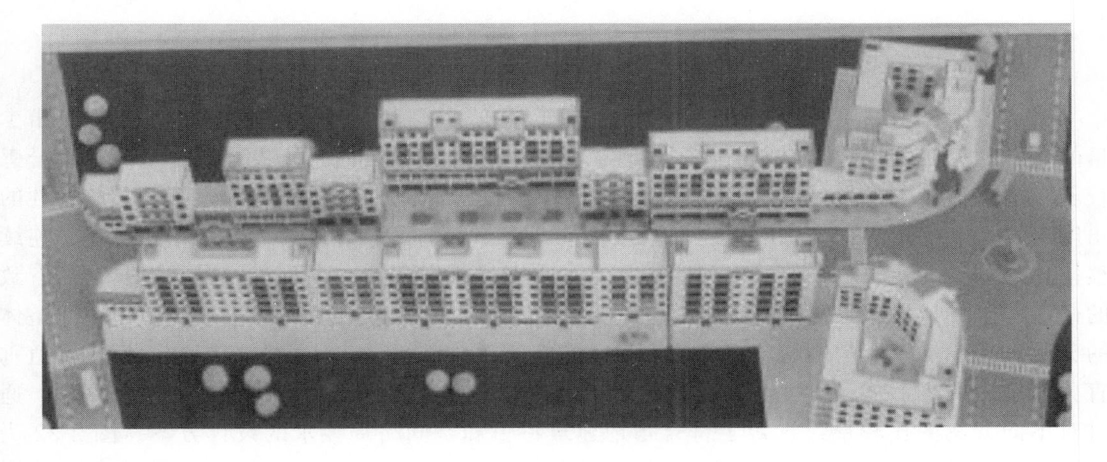

图 2-30 泉州市义全宫街规划

② 墙体　指的是墙体高度的确定、水平划分、垂直划分、线脚处理、材料选择和色彩的运用；墙顶，指的是临街的屋顶的处理和有效界定的方法。临街建筑墙体和墙顶的设计应综合考虑当地的历史、文化及街道和建筑的特点，墙体的设计应和相邻环境相协调，同时应重点设计与人的尺度更为接近的一二层高度的墙体。

③ 开口　指实墙与开口的面积比例，开口的组合方式、阴影模式和入口的处理。开口的处理应符合当地的地方要求，和相邻界面相协调，并和传统空间特征和人们的心理要求相一致。

④ 装饰　包括广告、标牌、浮雕及影像墙体的绿化和小品等。这些虽是垂直界面上的一些可变因素，但如缺乏统一组织，却会对街道环境造成破坏性的影响，因而在街道设计中应对这些装饰性的元素尽心组织、统一规划，在建设中统一实施。

除以上这些街道垂直界面设计的一般特点外，这里着重介绍一下具有城镇特色的由底商上宅的建筑组合形成的界面特点。这类界面根据住宅建筑和街道之间的关系不同，可大致分为住宅与街道平行、住宅垂直于街道两类。

前一类由底商和上部住宅的主要立面围合街道，垂直界面基本上是连续的、开口较少，街道的围合感较强，空间相对较封闭。这类界面在设计中应注意临街建筑相互间的关系，选择适合当地特色，具有地方风格的建筑形式和色彩，并运用城市设计的手法，通过沿街建筑墙体的设计、开口的控制、建筑的后退和装饰物的运用，来创造错落有致的街道空间。同时为了避免诸如相邻建筑交接部分的窄小缝隙一类无需建设对街道空间的不良影响，应注意建筑的宽度和开间处理和相邻建筑间的相互关系，通过对建筑入口和相邻建筑关系的合理组织，来避免破坏街道空间的秩序。福建省泰宁县状元街的设计就是一个成功的例子，在状元街的设计中，设计者通过对传统民居的深入研究，采用了骑楼底商上为公寓的布局形式，并通过灰墙黛瓦、坡顶、翘角马头墙和骑楼、吊脚跳挑廊、门牌楼的传统民居风格突出了浓厚的地方特色，与相邻的保护建筑互为呼应。其起伏多姿、变化有序的天际轮廓线十分动人，同时其高低错落、层次丰富、简洁明快的立面造型又展现了鲜明的现代气息。图 2-31 是状元街街景规划的立面草图。

图 2-31　状元街街景规划的立面草图

后一类则是由底层的店铺和上部住宅建筑的侧立面来围合街道，垂直界面的上部是由少量的墙体和相对较多的开口所组成，呈现出的是一种断续的界面，所界定的街道空间围合感较弱，空间相对较开敞。在这种界面的设计中，从维护街道空间的韵律和连续性、统一性的角度出发，应特别注意强调底层店面的连续性，将下部的商业建筑设计成水平相发展的连续整体，与垂直发展的断续的住宅建筑的侧立面形成纵横对比，共同形成一个进退、错落有致的街道韵律。如福建省明溪县明将路的街道设计，在设计中设计者首先通过对街道空间整体的分析，确定将街道两侧的节点适当后退，并在街道中部再做出一个开口，从而形成街道垂直界面总的秩序，之后通过对当地传统建筑形式的考察、借鉴和对设计方案的不断深化，通过对不同方案的比较最终选定了符合当地建筑特色和空间格局要求的设计方案。图 2-32 为明溪县明将路设计中不同设计方案的比较。

(a) 明将路街景立面设计及透视图

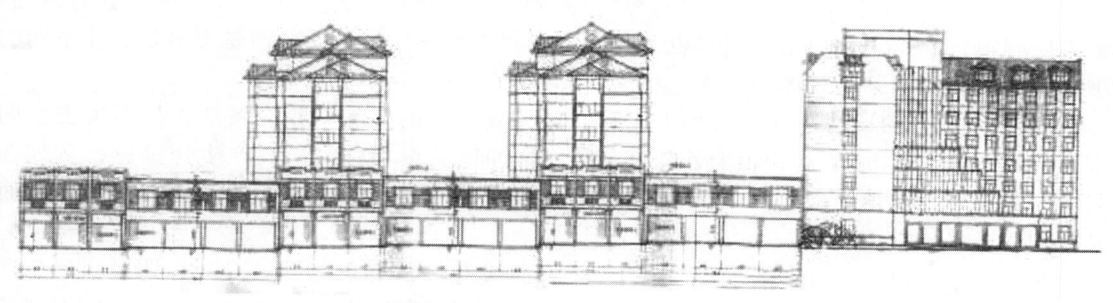

(b) 明将路街景立面设计草图

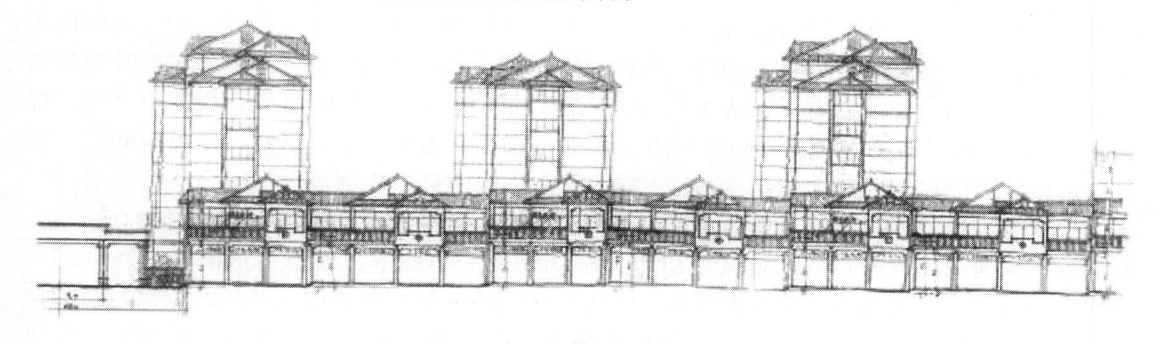

(c) 修改后的明将路街景立面设计草图

图 2-32 福建省明溪县明将路街道景观规划

2.4 城镇街道的设计构思

2.4.1 比例尺度

在城镇空间中，空间界面对于空间的形态、氛围及宜人尺度的营造等各方面都有着很大的影响，当人们行走在街道上，会由于两侧建筑物高度与街道宽度之间关系的不同而产生不

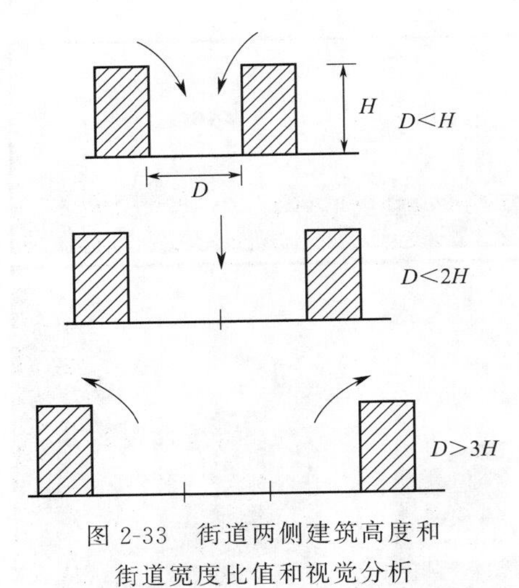

图 2-33 街道两侧建筑高度和街道宽度比值和视觉分析

同的空间感觉。有些城镇规划师认为“若要使城镇空间舒适、宜人，必须使形成城镇空间的界面之间的关系符合人的视域规律，按照最佳视域要求确定空间的断面，才能使人接受。”绝大多数优秀的城镇空间都符合这种视觉的规律。

当街道两侧建筑物的高度和街道的宽度相当（也就是 $H:D=1:1$）时，可见的天空面积比例很小，而且在视域边缘，人的视线基本注意在墙面上，空间的界定感很强，人有一种既内聚、安定又不至于压抑的感觉。图 2-33 是对街道两侧建筑高度和街道宽度比值和视觉的分析。

当 $H:D=1:2$ 时，可见天空面积比例与墙面几乎相等，但是，由于天空处于视域的边缘，属于从属地位，因此，这种比例关系较好，有助于创造积极的空间，街道空间比较紧凑，仍能产生一种内聚、向心的空间，建筑与街道的关系较密切。

当 $H:D=1:3$ 时，街道空间的界定感较弱，会产生两实体排斥、空间离散的感觉，使人感到很空旷。人们使用空间时也并没有把空间作为整体来感受，而是更多地关注空间的细部，即街道中的某个局部如标牌、小品等。

如果 $D:H$ 的比值再继续增大，空旷、迷失或荒漠的感觉就相应增加，从而失去空间围合的封闭感。D 与 H 的比值愈小于 1，则内聚的感觉愈加强，导致产生压抑感。例如在我国一些古老的城镇的街道中，D 与 H 的比例常常比 0.5 还要小些，确实给人一种压抑而又特别静谧的感觉。

我们不能一概而论地说采取哪一种 D 与 H 的比值为最好，这要看设计者期望达到怎样的感觉效果，创造怎样的环境气氛。由于日常生活中人们总是要求一种内聚的、安定而亲切的环境，所以历史上许多好的城市空间 D 与 H 的比值均大体在 1～3 之间。对比欧洲的古典街道（以意大利为例），中世纪时期街道空间比较狭窄，$D/H\approx0.5$；文艺复兴时期的街道较宽 $D/H\approx1$（达·芬奇研究成果）；巴洛克时期，街道宽度一般为建筑高度的 2 倍，即 $D/H\approx2$。我国传统的城镇街道通常具有宜人的尺度。作为公共活动空间，街道两侧房屋高度与街道宽度的比例一般为 1∶1 左右。图 2-34 是不同的尺度比例形成不同的空间感觉。

据学者统计，四川城镇街道的 $D:H$ 介于 1 和 2 之间，这种比例使人感到匀称而亲切，此外临街铺面面阔（W）与街道宽度也有合适的比例（如阆中、巴中街道的 $W/D\approx0.5$），当小于街道宽度的店面单元反复出现时，就可以使街道气氛显得热闹一些。与四川街道檐口多为一层（3.5m）不同，皖南商业街的檐口多为二层（檐口在 5.5～6.5m），街道的高宽比不同，给人的空间感受也不一样。

而在近二十年来很多城镇新建或改建的街道中，这种尺度的概念被大大地忽略了，取而代之的是宽阔笔直的路面。很多城镇的管理者为了追求气派、创造政绩，不顾城镇的实际情况，在只有 10 万人左右或更少人口的城镇中，建设宽度大于 60m 甚至 80m、100m 的道路，但由于城镇规模的限制，一方面没有足够的交通量能对街道进行充分的利用，造成极大的浪费；另一方面，两侧的建筑也基本都在 5、6 层以下，高度不大于 20m（D 与 H 的比值大于 3），这样的高度难以对街道形成适当的围合，人们行走在这样的街道上感到空旷、迷茫，缺乏舒适感，对街道也难以形成整体的印象。

因此，为了得到适合当地特点和居民生活习惯的街道尺度，对现有街道空间的尺度进行

(a) 皖南典型的传统城镇的街道空间比例

(b) 欧洲古镇高宽比接近1:1的街道空间

图 2-34 不同的尺度比例形成不同的空间感觉

深入细致的研究，这对城镇的建设来讲是十分必要的。新英格兰州的海滨城镇卡姆登，在1991年制定城镇的区划条例时，为了找出建造可居性街道的要素，对珍珠街和城里的其他一些街道的每个看得见的沿街尺度进行了测量。通过测量发现：早期的建造似乎是遵照着一条隐约的“建筑”线，在街道与房屋间创造出一种共有的关系，在不同的地段，建筑线到街道的距离不等，建筑与建筑线之间的相对关系也不同，这样形成了街道两侧各式各样的边院，有的用做车道、有的用做花园、有些用做游玩空间；街道两侧地块的大小尺寸也不相同，几乎所有的房屋都有车棚，这些车棚通常整齐地从街道处收进，形成街景的第二旋律；同时街道被舒适地围在两旁的树木和房屋之间。根据测量所得结果，对区划条例进行了修改，取得了良好的效果，规划的尺度符合传统街道的通常比例。在此之后，在其他城镇又进行了很多类似的实践，其效果得到了印证，所以可以说，为了得到适当的街道空间尺度和适居的街道空间，最好的方法就是向传统的和现有较好的街道学习。

2.4.2 空间序列

在《美国大城市的生与死》一书中，美国学者简·雅各布认为：城市最基本的特征是人的活动。人的活动总是沿着线进行的，城市中街道担负着特别重要的任务，是城市中最富有活力的“器官”，也是最主要的公共场所。在街道空间中，由于地形变化、建（构）筑物影响、道路转折、生活需求以及城市设计等原因，街道两侧的建筑物立面往往会有一些凹进或凸出，从而形成街道空间的变化。

日本的芦原义信在他的《街道构成》中写道：“街道，按意大利人的构思必须排满建筑形成封闭空间。就像一口牙齿一样由于连续性和韵律而形成美丽的街道。”人们习惯于把街道与乐章联系起来，把它想象成有“序曲——发展——高潮——结束”这样有明确“章节”的序列空间。通过调查发现，人们在对街道空间的认知和解读过程中，常常按各自形成的片

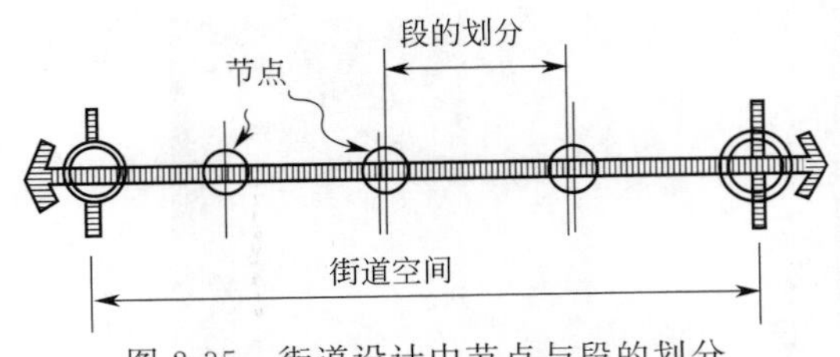

图 2-35　街道设计中节点与段的划分

断印象，把一条完整的街道划分成一个个相对独立的“段”，段与段之间通过在空间上有明显变化的节点连接起来，节点一般是道路交叉口、路边广场、绿地或建筑退后红线的地方，通过这些节点的分割和联系，使各段之间既有区别又有联系，进而由节点空间将若干各段连接起来共同构成一个更大的、连续的空间整体。街道空间的这一规律决定了街道设计的多样性变化，为空间韵律与节奏的创造提供了基础。图 2-35 所示为街道设计中节点与段的划分示意。

节点的选择决定了每段街道的长度，长度适中的街道“段”能使街道空间既丰富多变，又统一有序。过长的连续段会使街道空间单调乏味；而段过短又会使街道空间支离破碎，容易使人疲劳、恐惧和不安。因而在设计中应结合街道段的划分，慎重选择节点的位置和数量。

由于街道的使用性质、自然条件和物质形态各有不同，划分的每段街道的位置、性质也各异，节点之间的距离（即段的长度）只能因地制宜，依具体街道的特点而定。此外，还应考虑人的行为能力，街道两侧建筑对街道空间的界定程度和节点间的建筑物的使用强度等因素。同时，在街道空间的整体设计中，围合街道空间的界面的形态构成、环境气氛的塑造，可根据各自的位置、性质不同做相对独立的处理，段与段之间可形成较强的对比与变化，创造出生动的空间序列。同时，为了避免由于街道视线过于通畅使得景观序列一眼见底的弊端，在景观序列的安排中，还可通过街道空间的转折、节点空间对景的设置、路面高差的处理等手段增加街道景观的层次，进一步使景观丰富起来。图 2-36 所示为几种常见的丰富街道景观层次的方法。

对每一段街道来讲，其界面既应有有所变化，以丰富街道空间环境，避免给人枯燥乏味的感觉。芦原义信认为“关于外部空间，实际走走看就很清楚，每 20～25m，或是有重复的节奏感，或是材质有变化，或是地面高差有变化，那么即使在大空间里也可以打破其单调，有时会一下子生动起来……可每 20～25m 布置一个退后的小庭园，或是改变橱窗状态，或是从墙面上做出突出物，用各种办法为外部空间带来节奏感”。同时同一段街道又应有明显的统一性，其变化和装饰应控制在人的知觉秩序性所能承受的范围之内，这样才能保证空间的秩序性与多样性的统一。

在西津渡古街的建设中十分注重对街道韵律和节奏的把握，形成了引人入胜的街道空间序列。街道依山势由六个折线构成，创造了多变的景观。空间的高潮出现在中段最高点，以建于街中门券上的昭关石塔为视觉中心。由东段入口向中段渐进，经道道券门令人意外地发现主题。五道券门高低叠落，向视觉中心升高。券门题词点出了空间的意义。如观音洞东券门刻“同登觉路”，西券门刻“共渡慈航”；而待渡亭东券门刻“层峦耸翠”，西券门刻“飞阁流丹”。街道空间自东向西由浓郁的宗教气氛渐转入繁荣市井及自然气氛，西段街道对景为青山，自然气息融入空间。该街道恬静宜人，又令人感情起伏，其中心标志通过多种手法给予加强，给人留下极为深刻的印象。图 2-37 是镇江西津渡古街平面。

在湘西传统城镇中，沿主街道敞开的店堂使不算宽阔的街道空间得以扩展到室内，使室内外空间合为整体。这不仅开拓了街道空间，而且店铺中琳琅满目的货物还丰富了街道景观的色彩。垂直于等高线的街巷，在坡度较大的地段，疏密不等的石阶对窄长的街巷景观起到了灵巧自如的横向划分，人在其上下往往会产生不同的街道景观感受。上行时街景显得封闭而景深较浅，由于踏步横向划分非常明显，因此窄长的街巷

(a) 通过节点空间建筑的布置形成对景

(b) 街道本身线型发生变化形成连续变化的视线

(c) 在街道中间设置景观标志

(d) 利用不同高度的街道空间丰富景观层次

图 2-36　几种常见的丰富街道景观层次的方法

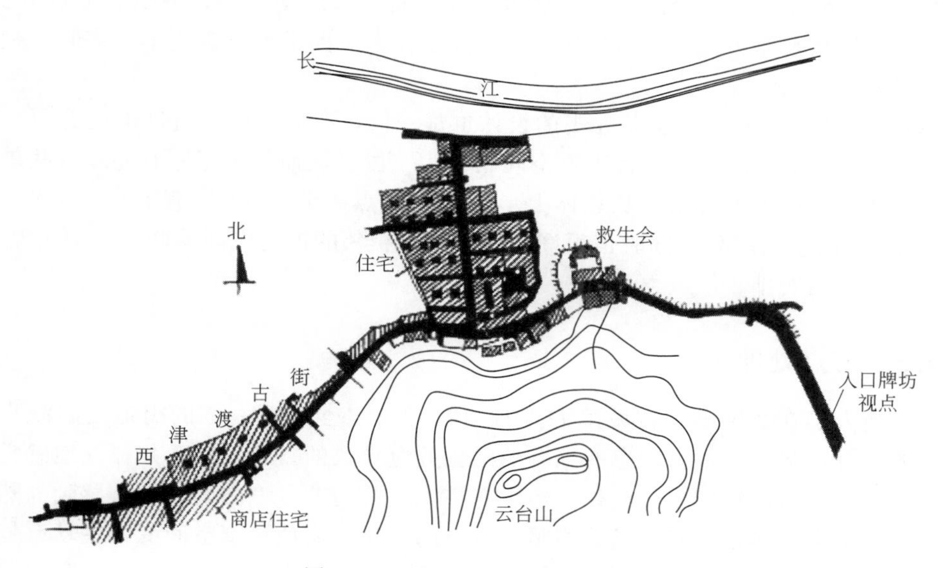

图 2-37　镇江西津渡古街平面

便显得宽阔了，使街巷的走向变得模糊神秘。下行时街景则显得开放，景深较远，踏步的横向划分浅淡，因而街景显得窄长深远；由于居高临下的缘故，街巷的走向显得明确清晰。街巷的路面材料大部分为天然片石，与住宅基部或底层的片石墙面浑然一体，使得街巷的景色融汇在巧妙的统一和谐之中。

“一条石板路，一道古城墙，一湾沱江水”这一留传已久的古谣，是对凤凰古城和沱江风貌的极好写照。正街、十字街是贯穿古镇的主要街道，石板路尺度宜人，具有浓厚的乡土特色。为搞活古镇经济，规划确定建设以商业为主的综合性街道，恢复其原有的活力。正街：西起古镇中心文化广场，向东延伸至沱江畔东门，全长400余米，整条街自西至东由文化性向商业性过渡。街道被分为三段，由文化广场至单道门口，街道较宽，游人可乘车抵达，两侧以多层办公和住宅为主，在该路段的底景处，新建一座中型商场，自此，进入商业步行街，在正街的中段与十字街交汇处，形成较宽的广场，供游人驻足休息，把步行商业街分成两段，自此至东门街道逐渐狭窄，形成对东门的良好视域。东门外更新拓宽为广场，部分向沱江敞开，自正街通过城门进入广场，使人有豁然开朗的感觉。十字街：北与正街相交，南至南门（已毁）长约160m，是古镇南北向的一条主要街道，沿街部分民居多为前店后宅，规划予以保留。原南门所在地，多年来自然形成小集贸市场，且有护城河通过，环境较好规划，把该地段拓宽为集交往、购物、休憩于一体的环境；将护城河河面适当拓宽，环溪做休息廊，自休息廊看护城河对面，为一片绿地配以红亭，给人以美的享受。图2-38是凤凰古城正街、十字街规划图。

在现在，对空间序列的安排仍是街道设计中进行景观和空间整体把握的重要手段，通过对较长街道空间的节点和段落的划分，一方面可以划分不同的功能区段，另一方面可以有计划、有步骤地安排街道空间的景观序列，由街道入口处的起始点开始，经过中间的过渡环节逐步到达景观的高潮，再到结束，形成一个完整的景观序列。

在蓬莱市西关旧街的改造规划中，设计者在平面布局设计阶段，以画河、街口、保留旧民居为界限，将整个基地划分为五个地段。靠北的四个地段为沿街商业和办公建筑，最南段设计为旅游旅馆。在基地的各个地段上，特别是在几处街口、河道的交叉处，突出了转角节点的变化处理，加强空间层次的变化，使前后街道空间渗透。西关路沿街一侧平面刻意设计出有节奏的韵律变化，有的突出如大门堂屋，有的缩进如深幽小巷，突出和缩进有机结合，相得益彰。不仅从平面布局上，而且从立面空间上使西关路沿街景观更丰富多彩，赋予其现代城市的空间效果。

在400m长的福建省泰宁县状元街的设计也是一例，在设计中，通过街道的两个起始节点和中间一个过渡节点的布置，将街道空间划分为三段，从而打破了原有连续有些单调的骑楼式街道空间，以远山为背景，从总体上形成起始节点（节点1)-过渡节点（节点2)-高潮节点（节点3）的空间序列，同时也很好地处理了和相邻的古建筑间的联系。图2-39是泰宁县状元街空间序列安排。

2.4.3 节点处理

为什么当人们在我国某些古城镇 $D:H$ 小于0.5甚至小于0.2的街道之间漫步，并不感到明显的不舒适呢？这是由动态的综合的感觉效应导致的。我们并不是孤立地感觉一条巷道空间。在某些巷道的转弯或交汇处，经常有扩大一些的节点型空间，使人感到豁然开朗和兴奋。这一整个空间体系因其抑扬、明暗、宽窄的变化，而使狭窄空间变得生动有趣。

节点是作为街道的扩展来处理的，处在街道的交叉口或街道的特定场所，利用建筑物后退，形成一个比普通街道宽阔的空间，这个空间是作为街道的一部分并和街道紧密联系在一起的，可以看成道路空间的扩大，成为街道的节点。节点把道路分隔成若干段。

街道是城镇的主要交通空间，不同宽度、等级的街道逐级构成城镇的交通网络。而街道

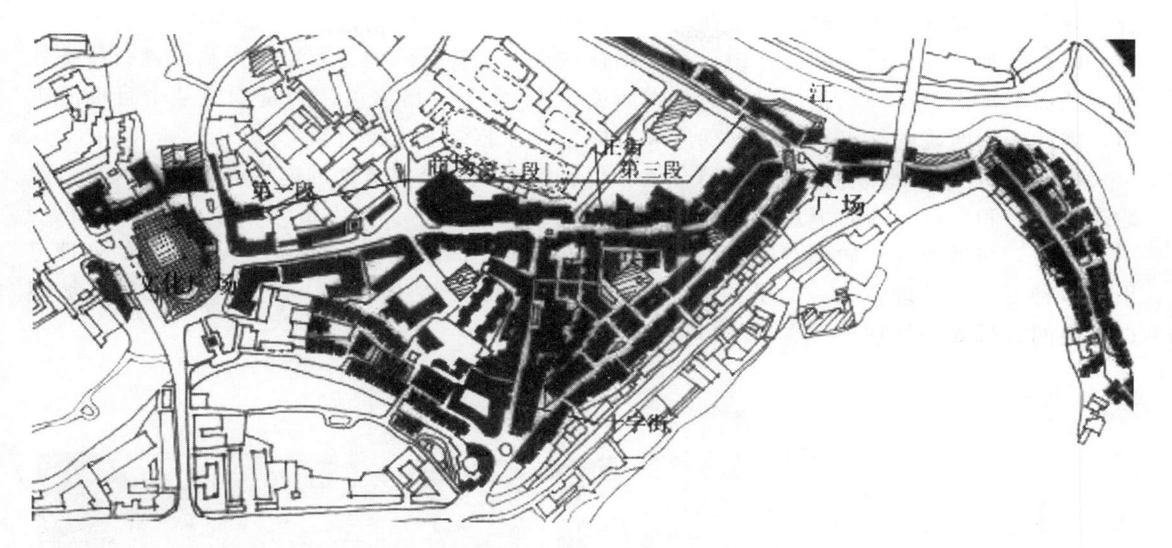

(a) 正街、十字街在古城中的位置及正街空间序列划分

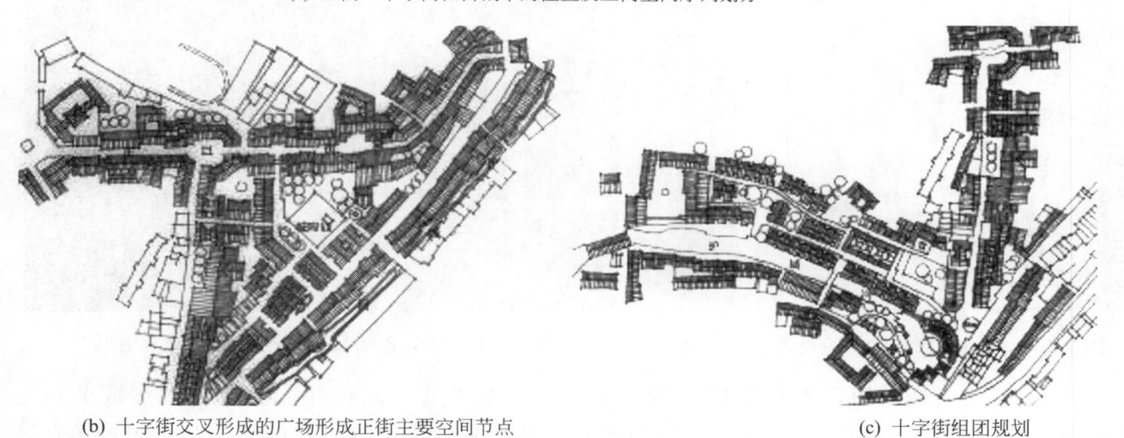

(b) 十字街交叉形成的广场形成正街主要空间节点

(c) 十字街组团规划

图 2-38 凤凰古城正街、十字街规划图

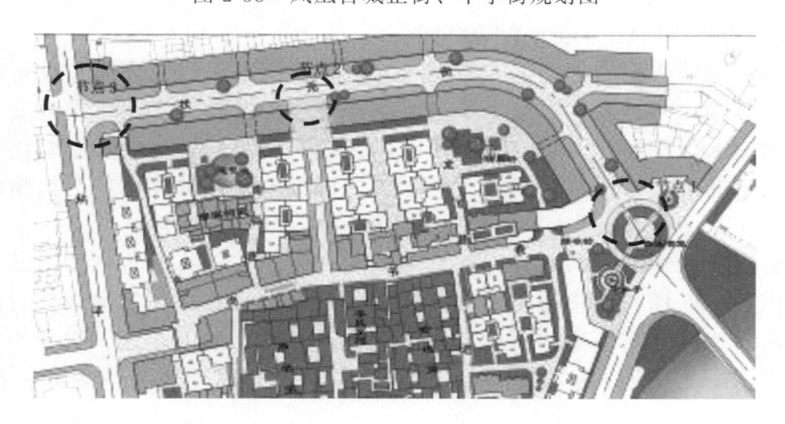

图 2-39 泰宁县状元街空间序列安排

节点是街道空间发生交汇、转折、分叉等转化的过渡。由于节点的存在，才使各段街道连接在一起，使其构成富于变化、颇具特色活力的线性空间，将街道的各种空间形态统一成如同一首完整而优美的乐章一样的整体。从某种意义上说，街道节点就是街道空间发生转折、收

合、导引、过渡等变化较剧烈的所在。

（1）转折　在街道空间设计中，设计师往往在需要转折的地方布置标志物或进行特殊处理，从而丰富街道空间。正如凯文·林奇所说："事实上，街道被认为是朝着某个目标的东西，因此应用明确的终点、变化的梯度和方向差异在感受上支持它。"

街道转折点如果和空间节点相结合就会更引人入胜，交接清楚的连接可以使行人很自然地进入节点和广场，这时节点中露出的独特标识可以起到引导作用。

同时，街道改变方向的空间，也是建筑的外墙发生凹凸或转折的地方。转折处的处理可采取多种不同的处理方式，如平移式、切角式、抹角式、交角式等。图 2-40 是德国某城镇街道空间转折处的处理。

图 2-40　德国某城镇街道空间转折处的处理

图 2-41　舟山老城某居住区街道的交叉空间

（2）交叉　在城镇，尤其是传统城镇中，街道交叉的空间往往会局部放大形成节点空间，在经过狭窄平淡的街道空间后，豁然的开敞往往会给人一种舒放的感受。传统城镇在这种道路交叉处往往会布置诸如水井、碾盘等公共设施，成为人们劳动、闲谈、交往的场所。图 2-41 是舟山老城某居住区街道的交叉空间。

安徽省屯溪老街的改造规划中，在老街入口与新改造的路段的交叉口处，设置了作为老街标志的照壁和牌楼，并结合标志设置了一个小型广场，这样既满足了地处交叉路口的老街入口人流集散的需求，在经过长长的有些压抑的封闭空间之后，在此豁然开朗形成一个半开敞空间，形成街道的韵律，同时广场和牌楼作为这已经关节点的标志作为街道的对景也丰富了街道景观的层次。图 2-42 是屯溪老街改造规划示意。

又如江苏省周庄，蚬园弄与通往埠头巷道的相交处，在转折处将蚬园弄的两侧放大，形成一个小型的广场。广场与街道通过铺地及软化的边界进行划分：广场采用青砖铺地，以铺地的变化来确定其边界，与街道的石块路形成对比；北侧广场以花坛、绿化为界，南侧以宣传栏、绿化为界。广场是不同方向街道的交叉，同时蚬园弄也成为广场的一部分，图 2-43 是周庄镇蚬园弄的交叉空间。

（3）扩张　利用街道局部向一侧或两侧扩张，会形成街道空间的局部放大，可以在这种局部扩张空间布置绿化，形成供周边居民休憩、交往、纳凉的场所，其作用相当于一个小的广场空间。扩张空间由建筑的入口的退后形成，是建筑入口的延伸，为居民提供驻足、休憩、布置绿化以及进行家务等的活动场所。图 2-44 是安徽唐模某建筑前街道的局部扩大。

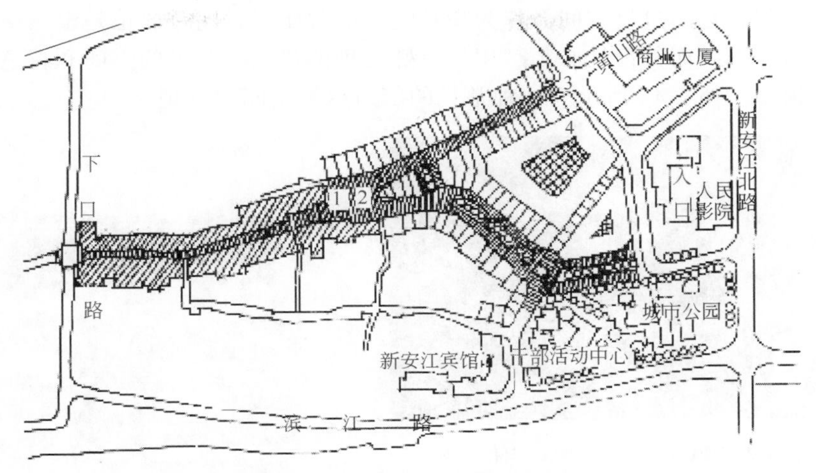

图 2-42　屯溪老街改造规划示意

1—钟楼；2—照壁；3—过街楼；4—四方体楼

图 2-43　周庄镇蚬园弄的交叉空间

图 2-44　唐模某建筑前街道的局部扩大

(4) 尽端　街道的尽端，常以建筑入口、河流等作为街道的起始节点，是街道空间向外部相邻的其他空间转化的过渡空间。作为街道空间的起始点，它一般也是整条街道景观序列的起始或高潮所在，因而其设计必须运用经特殊处理的建筑、开场的空间和特色鲜明的标志等给予突出和提示。图 2-45 所示为几种常见的街道尽端空间的处理。

(a) 在街道入口处建筑局部退后形成对称的广场

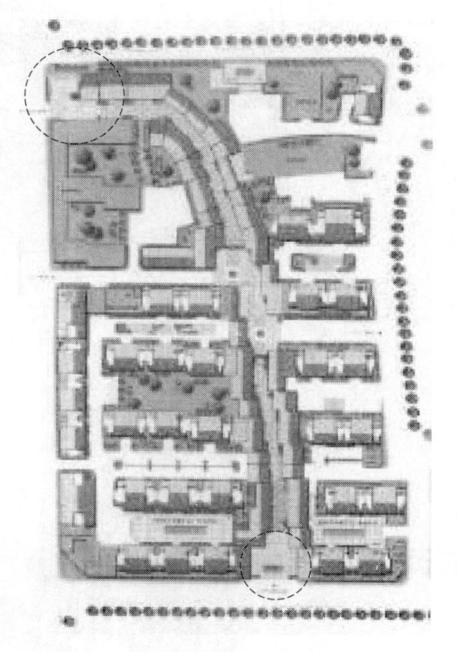

(b) 将建筑后退形成街道入口广场

(c) 对转角建筑形式进行特殊处理突出街道入口

图 2-45　几种常见的街道尽端空间的处理

总之，街道空间的设计应在充分考虑周围环境影响的基础上，准确把握街道的功能、作用，并以行人步行的视觉与行为特性作为街道空间设计的出发点，以满足人的行为需求为目标进行设计。在设计中既不能一味追求宽阔笔直的景观大道，也不能片面强调街道的曲折变化，而应立足于实际情况，结合本地的现有条件在满足交通功能的基础上尽可能地增加一些空间的变化。同时，要充分发掘本地传统的街道空间的特点作为借鉴，还要有意地贯彻统一、均衡、对比、尺度、韵律和色彩的运用、地方风格的塑造等原则，利用各主要节点的独特构思和节点间各区段形成变化有序的空间序列，才能营造风貌别致、形式各异的街道景观。

2.4.4　景观特色

一条街道常常既是当地居民生活的缩影又是当地历史文化的传承。一条街道的特色是街道有别于其他街道的形态特征，它同城镇的特色一样，不仅包含特有的形体环境形态，而且包括了居民在街道上的行为活动、当地风俗民情反映出来的生活形态和文化形态，带有很强的综合性和概括性。

城镇在其发展过程中，总会带有它的历史和文化痕迹，城镇的地形、地貌、气候条件的影响也会表现出来，由此形成自己独特的物质形态。每个城市都存在着这种特色和形成特色的潜能，我们的街道设计只有尊重这一客观事实，其才能深深地扎根于特定的土壤之上，形成自己的特色，才能为城镇居民接受和喜爱，才能吸引参观者和游客。

对城镇特色的感受并非是设计者个人的主观臆断，而应是实实在在地通过对城镇现有街道、构成街道空间的各元素及公众印象的调查和访问，从中归纳、分析和提炼出来的，由此得出的结论才可以作为街道空间设计的依据。

除上述各元素外，街道夜景观的设计也是街道景观的一个不可忽视的组成部分。夜景观的塑造并非仅单纯的满足街道的照明要求，而应该是和街道本体的景观塑造紧密结合，利用照明的辅助在夜间体现景观的美，是对街道景观的再创造。夜景的塑造既能反映出街道景观面貌的多样化，是景观在时间和空间上的延伸，同时在突出景观优势的同时还可利用光照来弥补景观的某些不足。

如在泰宁状元街的建设中，考虑到该街与全国重点文物保护单位尚书第古民居建筑群相毗邻的现实环境，和泰宁县作为闽西北一个新兴旅游区的发展要求，为了体现古镇的城镇特色，在设计中特别注重将当地明代民居的传统文脉有机地融入现代建筑之中。

对整条街道进行了城市设计，采用了底商上为公寓式住宅的布局形式，以灰墙黛瓦、坡顶、翘角马头墙和骑楼、吊脚挑廊、门牌楼的传统民居建筑风格构成了浓厚的闽西北地方特色，与全国重点文物保护单位尚书第古民居建筑群互为呼应，相映成趣。那高低错落、层次丰富、简洁明快的立面造型展现了鲜明的现代气息。吊脚楼和骑楼的有机结合、带有古典装饰灯杆的庭院式路灯和颇具现代气息的公共电话亭以及阳台和空调机位的铁艺栏杆构成了传统与现代互为融汇的风韵。起伏多姿、变化有序的天际轮廓线宛如一曲优美的乐章，十分动人。同时还充分利用当地的资源，采用了当地廉价、透水性强、耐磨防滑性能好的红米石铺设带有“盲道”的人行道以及花池与休息条石坐凳的组合。夜景工程融合古今之时空，营造出五光十色、流光溢彩的梦幻美景。这些都充分体现了以人为本的设计思想，形成了具有鲜明地方特色的街道环境。

建成后的状元街，受到了社会的高度赞许，从而奠定了泰宁古镇建筑风格的基调，同时还改善了泰宁古镇的居住环境，丰富了旅游项目，为创建泰宁旅游城镇增添了一道亮丽的风景线。目前状元街已成为一条集观光、购物、休闲等多功能为一体，颇具特色的旅游商贸街（图 2-46）。

2.4.5 街道小品

街道小品包括标志、标牌、路灯、座椅、花坛、花盆、电话亭、候车亭、雕塑等。对于街道来讲，这些小品不仅在功能上满足人们的行为需求，还能在一定程度上调节街道的空间感受，而且由于这些小品一般处于人们视野范围内，因而还能给人们留下深刻的印象。

城镇中的标志与标牌既是人们认知城市的符号，也是城镇商业活动的重要组成部分，它们往往比建筑更加引人注目。一般各类标志色彩鲜明、造型活泼，设置在人们的视野范围之内，并常常与周围环境相结合起到烘托作用，是街道和城镇景观的重要构成元素。图 2-47 是国外街道上标志牌的设置。虽然标志、标牌都可算作建筑附属物的范畴，但作为重要的街道景观元素，应该纳入街道设计的范畴，从城市设计的层面进行考虑。在城市设计时，可对标志与标牌的高度、位置和样式都做出统一规定，使其具有连续、和谐的景观效果。如在福建省泰宁县状元街的建设中，在规划中就要求将灯箱广告牌、牌匾和灯笼等装饰物统一设置在骑楼里面每家店面的上方，从而既保护了沿街建筑立面的纯净和清新、保持了临街界面的完整和连续，又塑造了浓郁的现代商业氛围，是一个非常成功的例子。图 2-48 是泰宁县状元街垂直界面上装饰物的组织；图 2-49 是美国某城镇对建筑立面的广告招牌控制的效果。

(a) 具有浓郁闽西北风格的状元街街景

(b) 状元街夜景

(c) 运用了传统的元素的沿街现代建筑

(d) 利用地方材料红米石铺砌的人行道和花坛

图 2-46 具有浓郁地方特色的福建省泰宁县状元街街道景观

(a) 某交叉路口设置的指路牌

(b) 英国小城切斯特沿街的各种标牌布置有序

图 2-47 国外城镇街道标志、标牌的设置

(a) 骑楼下广告牌、灯箱的组织(一)

(b) 骑楼下广告牌、灯箱的组织(二)

(c) 对装饰物进行合理组织的骑楼下空间

(d) 通过对各类招牌、装饰物的组织保持了垂直界面的纯净

图 2-48　泰宁县状元街垂直界面上装饰物的组织

(a) 改造前的街景

(b) 改造后的街景

图 2-49　美国某城镇对建筑立面的广告招牌控制的效果

街道小品是街道空间的重要构成要素，几个座椅和花坛，如无秩序地放在一起可能很丑陋又无空间感，但如通过设计者的精心安排也可以形成非常舒适的室外空间，因此对所有的街道设施及它们的布局都应进行精心设计。通过对这些街道设施的精心布局既可以美化街道环境，同时也可丰富街道空间，划分出局部的休憩、游玩的小空间，为在街道上的活动提供各类适宜的空间支持。图 2-50 是国外一些商业步行街上的小品布置。荷兰的 WOODNERF，作为一个人车共存的居住区街道，为了解决住宅区内人车混杂的问题，利用各种街道设施和小品将街道划分为休息区、散布区、游戏区、停车区等不同的区域，并通过绿化的布置界定出曲折的机动车通道，从而限制进入街道的机动车的速度，达到了行人优先的目的，图 2-51 是该街道的标准平面。

(a) 某城镇商业步行街绿化和各种小品的设置

(b) 某商业步行街通过座椅的布置界定休息空间

(c) 商业步行街上由绿化等围合出的可进行促销宣传等多种活动的灵活空间

(d) 利物浦某步行街上利用华灯和绿树分隔出休息空间

图 2-50 国外商业步行街的小品布置

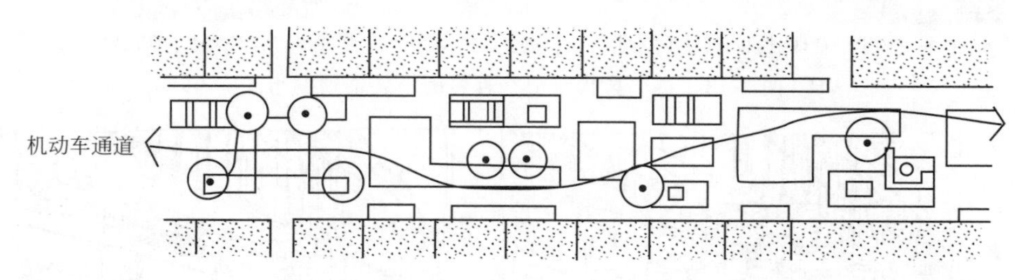

图 2-51 荷兰 WOODNERF 的标准平面图

但同时在对给类街道设施的设计中也必须注意，各类标志、小品、绿化的设计作为街道景观员素质起，其主要作用是对接到空间环境的丰富和补充，而不应过分强调各类街道设施而喧宾夺主，破坏街道的整体性。如对绿化的设计，商业街、步行街的绿化，如采用种植过密的高大树木，绿化就会遮蔽街道两侧的建筑和标志，破坏街道本身繁华的特点；行道树和道路分隔带的绿化如选择高大树木，则可能对一层店面和各种标识、标牌造成遮挡，将道路空间分割，割断街道个景观元素间的联系；放弃高大树木而大量使用草坪一类低矮植物进行绿化又难以达到绿化效果，因而在设计中应结合街道景观的组织选择适当的植物品种、适当的种植方式，进行综合布置。

又如对街道上各种灯具的布置，既要满足照明的需要，同时也要进行精心的设计，使其成为适合人的尺度的，同时能和周边环境紧密结合的街道景观的重要组成部分。在过去，我国城市建设的粗放管理，在街道灯具的设置中对景观和人性化长期忽视，大量沿街高大的灯具虽满足了在晚间提供街道照明的要求，但由于其高度的原因也对街道两侧居民的睡眠带来了严重干扰，这一问题在城镇中尤其严重。而实际上这一问题通过降低灯具的高度可以很容易地解决，这就要求设计者应尽可能多地进行考量，并做出合理的设计。

我国现在一些城镇尤其是大中城镇已开始重视街道小品的设计和制作，但总体来讲，目前城镇中常见的街道设施设计制作粗糙，有的既不适用又不美观，与国外相比还有相当的差距，影响了街道空间环境整体品位的提升。

2.5 城镇街道的尺度设计

2.5.1 街道场的三个层次及相互关系

在场所理论的探索中，人们对场所结构进行了不断地分析。Team10 小组从人与环境的关系出发，分析人与自然以及人对自然的观点，从而建立起了建筑—街道—地区—城镇的纵向场所层次结构。

按同样的方法，可以对街道场所结构进行分析，得出在街道场中同样可以建立起建筑物—街道—街区—城镇的纵向场所层次结构。

作为新型城镇中最公有化的空间，街道中不仅行人来往，而且车辆通行，可以随时购买、娱乐、社交、休息，是城市中最富人情味的行为场所之一。当人们在街道中活动时，街道成为“内部”，人们的感知集中于街道环境本身。

因此从建筑环境心理学的角度出发，对不同行为与街道场中各要素的相关程度进行分析，可以看出以下的规律（表 2-1）。

表 2-1 街道要素与人的行为方式的相关性

街道要素 / 人的行为方式	整体形态					区段形态					建筑形态			细部形态			
	规模	布局	形态	线型	控高控容积率	宽度	宽高比	轮廓线	建筑群整体效果	交通功能	底层立面色彩性质感	底层入口布置方式	橱窗	栏杆	铺地色彩质感划分	小品公共设施	绿化
鸟瞰	●	●	●	●	●	◎	◎	⊙	○	⊙	○	○	○	○	○	○	○
远瞰	●	●	●	●	◎	◎	⊙	◎	⊙	⊙	○	○	○	○	○	○	○
车上	○	○	⊙	⊙	◎	●	●	●	●	◎	⊙	○	⊙	○	○	⊙	⊙
行走(快)	○	○	⊙	⊙	⊙	●	●	◎	◎	◎	⊙	⊙	⊙	○	○	○	○
平台窗	○	○	○	○	○	●	●	●	◎	◎	●	◎	◎	⊙	⊙	○	○
散步	○	○	⊙	⊙	⊙	◎	◎	◎	◎	◎	●	●	◎	◎	●	●	●
逗留	○	○	○	○	○	⊙	⊙	⊙	⊙	⊙	◎	◎	◎	◎	●	●	●

注：● 密切相关；◎ 较密切；⊙ 相关；○ 弱相关。

街道场的三个层次：通过对表 2-1 分析可以得出街道场中也具有建筑—街区—城镇三个纵向场所层次结构，即城镇，整体层次上的街道场；街区，局部层次上的街道场；建筑，细部层次上的街道场。

这三个层次上的街道场之间是互相作用、互相联系的，这种互动的关系构成了街道场。

2.5.2 街道尺度的三个层次及相互关系

街道尺度的三个层次：与街道场的三个层次相对应，街道尺度也相应分成三个层次，即城镇，整体层次上的街道尺度；街区，局部层次上的街道尺度；建筑，细部层次上的街道尺度。它们分别归属于城市规划、城市设计、景观设计、建筑设计、公共设施与小品设计领域（图 2-52）。

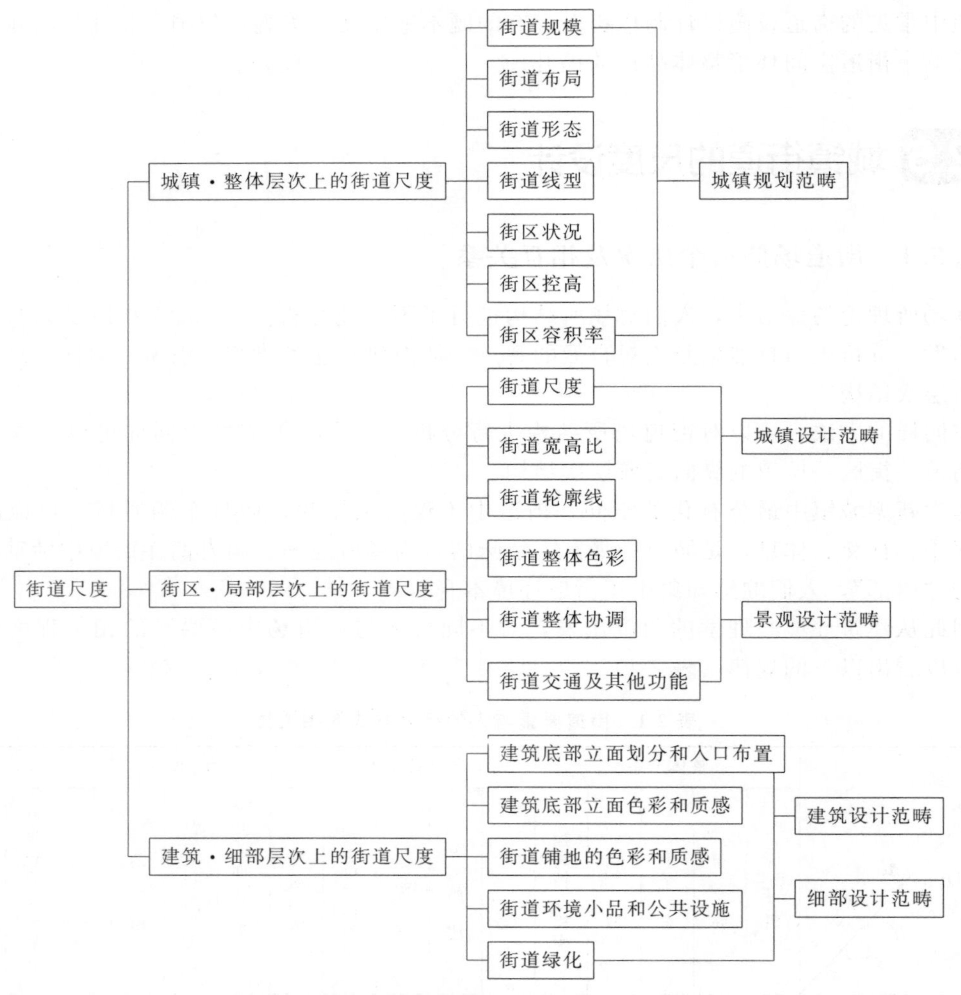

图 2-52 街道尺度在三个层次上的设计

三个层次上的街道尺度之间是互相联系、互相作用的。它们共同作用形成了整个街道的尺度。

2.5.3 街道尺度在三个层次上的设计

（1）城镇整体层次上街道尺度的设计 新型城镇规划领域内有关的街道规模、街道布局、形态、线型、城区建筑高度的控制都直接影响到街道尺度，它们控制着城镇整体层次上的街道尺度。

① 城镇整体层次上的街道尺度　是指城镇在自发或规划形成的过程中，街道系统形成的规模、布局、形态、特征等方面，它们受时代、民族、地域的影响。在设计范围内与这部分内容紧密相连的是城镇规划领域。从城镇整体层次上看决定街道尺度的因素有许多，这里对几个主要因素进行分析，它们包括街道的规模、布局、形态、线型、整个城区范围内建筑高度和容积率的控制。

② 街道的规模　城镇的规模大小就决定了街道的规模和长度。例如：周城规模有2890m×3320m，而明、清北京城则有5700m×7000m，这就决定了城中最长的街道也不过有3320m或7000m。

城镇规模的变化同时也引起了街道的规模和长度的变迁。

③ 街道的布局形式　经历着一个从简单到复杂、从低级到高级的进化过程，复杂的街道布局中总包含有简单街道的合理成分，并以其为基础向前发展。而街道布局由于时代、民族、地域、气候、文化的差异呈现出多样性的特征。按路网的布局形状，大致可分为规则型、半规则型和不规则型三类，街道的布局直接影响到街与街之间的关系和街道的长度。

④ 街道的组合形态　可分为实体形态和空间形态两种，实体形态是指在大片的公园、绿地和广场中矗立的建筑物，建筑物成为街道的主要构成要素，这种形态称之为实体形态。

现代城镇由于功能尺度的需求，既离不开街道的实体形态，但更应寻求实体形态与空间形态的有机结合。

⑤ 街道的线型　街道的线型也直接影响到人们在街道中的尺度感。街道的线型可分为纵向的线型延伸和庭院的扩展两种。线型的延伸就是“路”的基本形态，庭院的延伸具有“场”的特点。

⑥ 城区范围内建筑高度的控制　城区宏观范围内控制建筑高度，直接影响到街道垂直方向的高度控制，影响到街道的高宽比，影响到街道尺度。

(2) 街区局部层次上街道尺度的设计　在城市设计和景观设计领域内有关街区的状况、街道宽度、街道的高宽比、街道的轮廓线、沿街建筑群的整体协调感、街道的整体色彩、街道的交通功能等都直接影响了街道尺度，它们控制着街区局部层次上的街道尺度。

街区局部层次上的街道尺度：是指人们在街道中某一区段范围内对的感受。由于人的清晰视觉，超过1600m远的景物就无法看清，因此人们所能感受的街道常常只能是整条街道的区段局部。

在设计中与其相关的是城市设计和景观设计。在街区局部层次上对街道尺度控制起影响作用的主要要素包括：街道之间的街区的状况、街道的宽度、街道的高宽比、街道的建筑轮廓线、沿街建筑群的整体协调感、街道的整体色彩、街道的交通和其他功能等。

(3) 建筑细部层次上的街道尺度的设计　沿街建筑细部处理是展现街道的精神之所在，它必须具有贴近人的尺度关系。

① 建筑细部层次上的街道尺度　是指街道底界面与人可视高度范围内的垂直界面或垂直物构成的街道尺度。建筑的细部处理，直接影响到这一域内的街道尺度。在设计范围内与这部分内容紧密相连的是建筑的细部处理、公共设施和小品以及地面铺砌的尺度、材质、色彩等合理布置。

在建筑细部层次上对街道尺度起影响作用的要素包括：建筑底层立面色彩、质感和布置方式、铺地的色彩和质感、环境小品、公共设施和绿化等。它们是活化街道环境，协调人的心理需求与环境尺度的重要一环，是创造某种街道主调的手段。在街区局部层次上的超人尺度可以通过建筑细部层次上街道尺度的调整达到近人的目的。

② 建筑底层立面尺度、色彩、质感和布置方式　建筑的底层部分可以通过与人直接相比而准确地了解其尺度大小，人进出建筑时使用最多的是门，千百年来不论入口部分是要表现出威严还是高大，可是进出的门的大小却相对固定。

建筑底层布置方式的处理有许多，例如底层的骑楼（图 2-53）。

广州的底层骑楼式街道的丰富活动

Ⅰ狭窄的街道可通过底层

两边布置骑楼使人感觉舒适

Ⅱ较窄的街道可通过底层

一边布置骑楼而使人感觉舒适

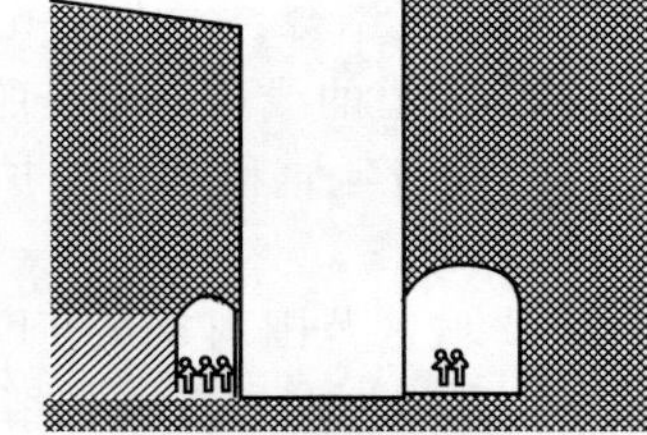

与Ⅱ相同的街道底层

两边布置骑楼则使人感觉相当开阔

图 2-53　街道底层的骑楼布置

③ 街道的铺地　街道上的铺地可以通过两种方式来达到调节尺度的目的：一种通过铺地材料的尺寸大小、色彩和质感的变化；另一种通过对铺地地面的高差和界面限定。

地面的高差变化或空间界定可以丰富空间，一个下沉的空间、一个被界定的安静的休息庭园，都可为行人提供宜人尺度。例如纽约的洛克菲勒中心的下沉庭院，除交通功能以外，这条街还被赋予逗留、交谈、眺望、进餐、体育活动等功能。

④ 环境小品和公共设施　利用小品和绿化是最简便的调整细部感觉的设施。这种有丰富形态的设施有着微妙的和层次丰富的细致变化，因而是最方便的、最实用的调整尺度的要素，不论是其整体形态还是细部形态都能给环境带来活跃的气氛，是软化环境，促成环境人性化的重要角色。

街道的公共设施包括街灯、车棚车架、汽车站牌、电话亭、邮筒、座椅、饮水器、垃圾箱、街牌号码和指路标等，这些设施不仅是城镇文明与文化的展现，而且具有审美功能和实用价值的完美结合。

街道小品包括雕塑、喷泉、花坛、矮墙等。

⑤ 街道绿化　绿化植物的美感来自其色彩宜人和形状的自然生命特征。

绿色叶子含水60%～70%，因而总是自然地与水色天光相和谐，在柔和的变幻中令人感到清新、爽快和安静；同时，由于它的自然生命力、植物的形状与人造物极为不同，体现着生命的自然美好，因此即使是经过修剪的几何形状也不会显得过于呆板。

绿化对街道尺度的调节是通过自身的形、色、光影来达到的。即使是冬天干枯的树枝，它们的交叠或投下的影子也会构成美丽的画面，无论路面怎样铺装也不会与草地或鲜花的生机与柔和相同。

(4) 街道尺度的三个层次之间的统一协调　街道尺度的三个层次之间不是孤立的，三个层次上的街道尺度设计必须统一在同一整体设计的概念上，使这一设计概念贯穿街道设计始终。它们共同作用形成了整个街道尺度，便统一协调的街道尺度得以构成独特的街道场。

同一条街道应该有一种特征，其间尽管可能交织着变化，但却应控制在该特征的合理尺度的街区的范围内，以及该街道中多次重复的建筑类型的合理尺度，进而形成一种街道的定量化的构成要素，如规定层高、檐高、台基高、门窗大小、比例等。在这种规定下形成的街道也不应是整齐划一的，也存在着千变万化的微差关系，也应有着对比关系。这种不同尺度系统并存的空间，赋予如同乐章连续性和整体性。

街道尺度很大程度上在街道形成时就已经确定了，带有时代特色的尺度。为保持街道尺度的谐调统一，后世的建造或更新活动，应特别展现与已有的尺度相适应。

3 城镇广场规划设计

3.1 城镇广场的形成

3.1.1 气候要素

不同国家、不同地区的气候差异很大，广场作为人们室外活动的公共空间受气候影响很大，不同地区的人们在广场上进行的活动也会有所不同，因此在进行广场设计时应充分考虑当地的气候特征，扬长避短，为人们的室外公共生活创造更好的环境。

丹麦首都哥本哈根的户外公共生活服务始于早春，持续到晚秋，这使得当地的广场在很多时候成为户外的咖啡馆。如位于北乔区的圣汉斯广场，广场的三面被4～5层的建筑包围着，底层有当地的商店、餐馆和咖啡屋。人们在广场步行区充满阳光的咖啡座和喷泉周围，享受着城市生活的乐趣（图3-1）。意大利的气候在全年大多时间里温暖怡人，意大利人喜欢在充满阳光的广场上呷着令人倦怠的葡萄酒，怡然自得地闭目养神，为了充分享受阳光和空气，他们的广场上常常是没有一棵树，全部使用硬质铺装（图3-2）。

图3-1 圣汉斯广场上的休闲人群

图3-2 在阳光中休憩的人们

我国大部分发达地区属于温带和亚热带，夏季长且气温高、日照强，这都使得遮阳成为广场设计中应充分考虑的问题。不少地方在大榕树的绿茵下布置茶座、供人们休闲、纳凉，成为南方城镇的独特风貌。遗憾的是目前在我国许多城镇广场模仿欧洲一些城市，流行“大草坪”广场模式，这就是没有因地制宜进行设计盲目模仿的结果。草坪虽然具有视野开阔、色泽明快的优点，但在调节气候、夏季遮荫、生态效应方面是远不及乔木的，而且我国大部分地区的气候不适宜草坪的种、植、管，草坪的维护成本远远高过乔木。但某些城镇，却对“大草坪广场”的建造乐此不疲。如北京某区某镇的入口广场，广场以地毯式的草坪作为绿化，加以低矮灌木作点缀，没有一株乔木。人们的公共活动则停留在草坪之间的路径上，夏季活动时将忍受当头烈日的煎熬，如图 3-3 所示。这样的广场曲解了公共空间的意义，不仅占用大面积土地还耗费了巨大的养护费用，却无法充分发挥使用价值，很不合理。

图 3-3 北京某区某镇的入口广场

所以，在我国新型城镇广场设计中，应考虑当地的气候因素确定铺地与绿化的比例及绿地中草坪与乔木的比例。设计休闲类广场，应提高乔木在绿地中的比例，因为乔木树林是一种复合型用地，既可容纳市民的活动，又可以保证广场景观。如将大草坪改为乔木，人们则可以得到更多的休憩及活动空间，乔木下的用地还可以多层次地利用，既可散步，又可避暑，也可种植花草，有时也还可以将其作停车场地。而且还可大大减少绿化用水量，提供充足的氧气并降低室外热浪对人们的袭击。另外，树木的种类应尽量选用适应当地气候的树种，这样可使广场的绿化更有地方性，也利于树木的生长管理。

总之，广场是城镇居民室外生活的重要场所，因而它的设计应充分考虑当地的气候条件，从而满足人们室外活动的需要，绝不能盲目地照抄照搬西方城市广场的设计模式。

3.1.2 人为需要

广场设计中最重要的因素就是人的行为需要，因为人是广场的主体。在城镇中，广场的综合性更强，不同类型的广场一般都兼有着城镇居民休闲的功能，就更应该将“以人为本”作为设计的基本原则。

从对广场空间形态历史演进的考察，我们不难发现广场空间的演化过程，正是一个空间人性化的过程。意大利中世纪的城镇布局一般是由城墙包围着向心的空间，广场恰如整个城镇的起居室。以意大利锡耶纳的坎波广场为例，锡耶纳是意大利中部托斯卡那区的一个古老的城镇，坎波广场是以城中普布里哥宫为中心发展起来的，始建于 11 世纪末。15 世纪铺装的九个扇形部分向普布里哥宫方向倾斜，在中央高起的部分，于适当的位置设置了从旧时水道引出的喷水，形成了一个适于举行户外活动的布局，如图 3-4 所示。

图 3-4 坎波广场

G. E. 基达·斯密斯在他所著的《意大利建筑》一书中这样阐述：“意大利的广场，不单单是与它同样大小的空地。它是生活方式，是对生活的观点。也可以说，意大利人虽然在欧洲各国中有着最狭窄的居室，然而，作为补偿却有着最广阔的起居室。为什么这样说呢？因为广场、街道都是意大利人的生活场所，是游乐的房间，也是门口的会客室。意大利人狭小、幽暗、拥挤的公寓原本就是睡觉用的，是相爱的场所，是吃饭的地方，是放东西的所在。绝大部分余暇都是在室外度过，也只能在室外度过的。”由于意大利气候宜人，意大利的广场空间与室内的区别仅在于有没有屋顶。意大利广场的空间形式正是来源于意大利人千百年来形成的生活习惯，正是人的行为因素对公共空间造成的结果。

人们不同层次的需要会在广场环境上得到反映。广场作为满足人的需要的空间载体，应具有以下三种环境品质：舒适品质、归属品质和认同品质。将广场使用者的行为与广场环境紧密结合是人的各种需求得到满足的根本途径。

（1）舒适品质　广场环境的舒适品质是人的行为心理最基本的需求，只有当这一需求得到满足，广场才能成为人们乐于前往的场所。广场上舒适品质体现在两方面：一是生理上的舒适，也就是说广场首先要有一个良好的小气候环境，例如在北方，人们喜爱在向阳背风的环境中进行户外活动，风大或背阴的广场少有人光顾；二是心理上的舒适，这表现为人对环境的一种安全放松的精神状态，它往往不是广场上某一具体设施的舒适度所涉及的问题，而是广场环境的综合品质，比如广场尺度与围合的感觉、广场环境的庇护程度、广场主体色彩给人带来的影响等。女性与恋人往往对环境的安全要求较为严格，美国学者 W. H. whyte 在对广场调查研究中证实，如果某广场女性与情侣的比例占到使用者的 40％以上，那么这个广场的设计就是比较成功的。事实也证明，位置偏僻、人的活动和视线很难涉及的空间往往是犯罪率比较高的地方，这也就是为什么一些精美的广场由于缺乏领域感而少有人光顾的原因。然而，我国许多新建的城镇广场却明显地违背着以上的原则，这些广场往往不是以市民使用为目的，而是把市民当作观众，广场上由绿地和硬质铺装组成的美丽图案没有近人的尺度，难于使用。例如深圳市某区的某镇，由于近年来经济文化的发展需要，兴建了集表演、展览和休闲于一体的文化广场，如图 3-5 所示。广场的确满足了当地人们集会、庆典、游行的需要，但作为城镇的中心广场，其不仅是显示政府功绩的市政工程，更多考虑的应是如何为城镇居民生活服务，切实改善城镇的人居环境。该镇偌大的硬质铺地广场强调的是几何图案的美观，而不是实际功用，只能成为人们行走中不得不穿过的一块暴晒的空地；大片的绿地，居民很难找到一块遮荫的树影和可以小憩的座椅，更不要奢望在这里休闲、会友、读书、饮茶了。总之，我们在广场设计时必须以人的活动为出发点，以普通的人、真正生活在城镇中的人的活动为出发点，因为是他们的活动决定了城镇的广场空间形式。

图 3-5　深圳某镇文化广场

（2）归属品质　广场为居民提供了活动交往的可能，通过交往共处，人类找到了自我的归属感，广场环境的归属品质由广场活动的多样性和人们对活动的参与性两方面组成，人的行为活动有着极强的时间与空间的相关性。不同年龄层次、社会阶层的使用者都希望在广场自由自在地进行自己的活动。当广场的设计者面对复杂的需求时，最简便而明智的做法是注重对广场使用者各种活动需求最质朴的关心，如划分私密、半公共半私密、公共等不同空间层次，避免过多的单一用途空间，应尽量关注共性的东西，对广场各层次空间不宜限制得过细、过死，这样才能使多样化的活动在广场上自由展开。

参与是人的本能需要，人们通过参与活动才能满足自己的好奇心并感受到自我的存在，找到归属感。现代的广场设计十分注重调动人们多感官的积极参与，鼓励人充当活动的主角，而不仅以旁观者的身份进入广场，多方面的感知参与可以使人从可攀爬的雕塑、可使用的室外体育器械、可进入的草坪中发掘出比仅是视觉愉悦更多的乐趣。福建惠安螺城镇的中心花园广场，喷泉的设计让游人可以自由自在地进入到喷泉里面，参与喷泉的流动，增加了活力，使游人与喷泉相映成趣，颇为引人。

（3）认同品质　广场往往是城镇的象征和标志，其内涵往往包含了城镇的历史、文脉、精神与情感的内容，即能体现出一种人们对环境的认同感。目前我国的城镇广场有着东西南北大体类似的通病，即识别性很差。其实每个城镇都有自己的自然环境、风俗习惯等地方特色，城镇广场应在有机融入当地居民活动的前提下对这些特色有所体现。第一应充分把握每一城镇自然要素的特征，使广场的景观风貌化（如城镇形态结构、地理特征、植物特色等）。第二是挖掘城镇的人文景观特色，充分体现广场的场所定义，在广场空间中创造适合当地民俗活动的特殊场所空间。

四川省乐山市犍为县东北罗城镇的“凉厅街”，因其独特的风貌驰名中外。凉亭街中央最宽处矗立着古戏楼，与灵官庙遥遥相望。戏楼前的广场是镇上居民进行宗教、帮会活动的场所，每逢传统节日和庙会，广场上就要开展耍龙灯、狮灯、麒麟灯、牛灯、花灯、车灯、秧歌、平台和民间高翘等表演活动。家家张灯结彩，凉厅内摆着各色商品、小食摊，人们穿红着绿，摩肩接踵，热闹异常，成为远近闻名的“罗城夜市”，沿袭至今，如图 3-6、图 3-7 所示。如被列为世界历史文化遗产的云南丽江古城，被独特的流水系统及路网包围的四方广场，形成了独特的城镇广场风貌，人们在广场聚集是为了休闲、聊天、进行商业活动，这里自然而然成为人们户外活动的场所，如图 3-8 所示。

图 3-6　四川罗城镇的“凉厅街”

图 3-7　罗城镇“凉厅街”的商贸场景

图 3-8　云南丽江古城的四方广场

3.1.3 经济实用

经济实用性是新型城镇广场尤其应该考虑的要素之一。城镇一般不像大城市，有发达的交通枢纽、鳞次栉比的高楼大厦，城镇的引人之处在于接近民情风俗的建筑设施、宽松适宜的环境。因此，新型城镇广场的规划设计应突出的是经济实用性而不是奢华壮观。另外，经济实用的广场不仅符合城镇的性格特征，而且也适应大多数城镇的经济水平。

德国的 Ketsch 市场广场就是一个经济实用广场的优秀实例。Ketsch 镇是德国莱茵河畔的一个小镇，由于城镇的发展与扩建需要，1987 年该镇组织了对中心区再设计的规划竞赛。Ketsch 市场被看作是居民的广场，也是举行各项庆典活动的地方。它不是显示政府功绩的“好厅堂”，而是一个能包容多种使用功能的空间。广场的规模不大，设计非常紧凑，所有设施的配置都讲求实用经济。地面铺层为斑岩石，四周种有梧桐树，核心为一个结晶体状的建筑小品，是整个广场的中心与标志，而且这个小品是广场上供公交车乘客上下车的平台，它的外形设计成一个国际象棋棋盘，由黑白花岗岩板制成，同时它也可看作一个由花岗岩、钢与玻璃制成的巨大雕塑，用做空间装饰。广场上还有一个简洁的水池，清泉从水管中流入池子，池底铺有黑白马赛克，呼应着中心雕塑的母题，清亮的水面映射着广场区上的景色，给广场增添了几分灵气，颇有画龙点睛之意。该广场虽简单造价不高，但由于精心的设计，充满活力和生活的情趣，非常符合城镇的性格，如图 3-9～图 3-11 所示。

图 3-9 Ketsch 市场广场平面图

图 3-10 广场上简洁的水池

图 3-11 结晶体状的建筑小品也是公交车乘客上下车的平台

图 3-12 第二广场空旷的全景

我国大部分地区的城镇建设刚刚开始起步，在规划建设中讲求经济实用对城镇今后的健康发展尤为重要。然而在许多镇的建设中确实不乏讲求排场，建设过于铺张的大广场的例子。如北京东部某中心镇，镇区人口6244人，但广场却占地7.5hm²，平均每人12m²，是正常指标的十多倍。广场由三个尺度很大的空间序列组成，三个大空间还分别由两个“小”空间相连。第一个空间为一个圆形的雕塑广场，中心雕塑是该镇蓬勃发展的象征，经过该广场尽端的一对半环状开敞柱廊，便到达第一个连接空间——长方形的空间两侧是仪仗式的灯柱，通过这一空间文化广场的第二广场豁然眼前，如图3-12所示，它的规模比第一广场更大也更显空旷，中心为奢侈的音乐喷泉，由于使用费用很高，使用频率极低，尽端则为一个带雕塑的欧式水池，穿过半环绕水池的欧式柱廊，则步入了第二个连接空间，如图3-13所示。这个空间是以剪裁几何化的植物花朵为主体，颇具欧式花园的意味，信步走过这一区域才是整个广场的最后一个空间，如图3-14所示。这一空间充满着中式园林的意趣，假山流水，鱼塘柳茵。从入口到尽头这一路走来，人们会为广场的气势所惊叹，难以相信如此规模如此豪华的广场真为小镇所有。虽然设计本身是下了一番工夫，雕塑、水池、庭院、大回廊、园林景观，皆一并收入囊中，且手法也颇成熟，但如此广场的实用价值实在让人怀疑，巨大音乐喷泉高额的运营费用恐不适于城镇日常使用，整个广场的造价更是惊人，没有考虑当地的发展水平和城镇居民的实际需要。

图3-13 第二广场和尽端园林区的连接空间

图3-14 位于广场尽端的中国式园林区

2002年国务院发出了加强城乡规划监督管理的通知（国发［2002］13号文件）。通知中指出，近年来，一些地方不顾地方经济发展水平和实际需要，盲目扩大城市建设规模，在城市建设中互相攀比，急功近利，贪大求洋，搞脱离实际、劳民伤财的所谓“形象工程”“政绩工程”，成为城市规划和建设发展中不容忽视的问题。2004年建设部、国家发展和改革委员会、国土资源部、财政部则联合发出通知，要求各地清理和控制城市建设中搞脱离实际的宽马路、大广场建设，其中明确指出小城市和镇的游憩集会广场在规模上不得超过1hm²。这无疑是对目前新型城镇广场建设忽视经济实用性的批评和警示。

3.1.4 生态环境

随着环境概念的全面深化，人们开始从更多的角度关心生态环境。2002年8月23日，第五届国际生态城市会议在深圳召开，会上通过了《生态城市建设的深圳宣言》，提出建设适宜于人类生活的生态城市，首先必须运用生态学原理，全面系统地理解城市环境、经济、政治、社会和文化间复杂的相互作用关系，运用生态工程技术，设计城市、乡镇和村庄，以促进居民身心健康、提高生活质量、保护其赖以生存的生态系统。

生态环境与人们的健康有着极为密切的关系，城镇广场作为人们公共生活的空间，在设计时应贯彻“生态第一、景观第二”的设计理念，毕竟城镇与大城市相比，有着较为适宜的小气候和更多的绿色植被。丰富的自然资源和宜人的生活环境，应该是城镇较大城市更吸引人的地方。注重生态性有两方面的含义，一方面广场应通过融合、嵌入等园林设计手法，引入城镇自然的山体、水面，使人们领略大自然的清新愉悦；另一方面广场设计本身要充分尊重生态环境的合理性，广植当地树木，不过分雕饰、贪大求全。

德国的Sommerda广场是一个值得我们参考的很好的例子，在该广场的景观设计中，对于绿地质量的要求高于对绿地数量的要求。两排栗子树和树下的大片草坪构成了中心区，形成了良好的生态环境，从而创造了高质量的绿色空间，如图3-15、图3-16所示。

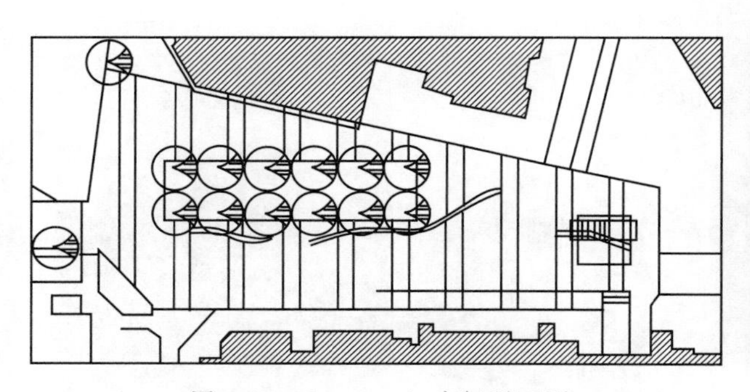

图3-15 Sommerda广场平面图

图3-16 高质量的绿色空间

绿化与水被称之为城市广场的绿道（Green way）和蓝道（Blue way），人们越来越青睐与绿化、水体等有机结合的生态型广场。使用植物绿化是创造优美的生态环境最基本而有效的手法。植物绿化能够净化空气，改善局部小气候；能创造幽静的环境，使人产生宁静的心情；可以随季节变化，春季生机盎然，夏季繁荣灿烂，具有生动的装饰效果和艺术表现力。一般来说，城镇广场的绿地率不应小于50%。水体则是城镇广场设计中不可忽视的另一个生态因素。许多城镇拥有天然的水体，在设计中应该充分考虑对之引用或呼应，不仅可以使城镇更具有生命的活力和灵性，更能满足人们的亲水情怀。

3.1.5 地方特性

新型城镇广场设计应注重城镇的文脉，注重文化积淀，将不同文化环境的独特差异和特殊需要加以深刻的理解与领悟，使广场具有可识别性和地方性。每个城镇都有着自己独特的历史文化，这是多年来城镇发展留下的鲜活的遗产，也是城镇居民们的共同财富。正是由于这种独特性，地方性的历史文脉应成为城镇广场设计中必须考虑的重要因素，这样设计出的广场才有长久的生命力。

一个有地方特色的广场往往被市民和来访者看作城镇的象征和标志，使人产生归属感和亲切感，如前所述的绍兴鲁迅文化广场，其最大特点是绍兴水乡的特色十分明显。广场与水巷相通，人们可以从南边马路一侧到达，也可以乘船穿过月亮桥到达广场，还可从西侧越过石板桥到达，下沉广场邻近石板桥，可使人们接近水面。青石板、乌篷船、与水面相连的台阶都反映出了水乡特点，渗透出当地的文脉特征，与周围的环境取得了协调。广场周围的建筑马头墙、粉墙黛瓦、简洁明快，很好地将现代风格与绍兴民居的特征结合起来，使它在传统文化中现出新意，楼、台、水、桥相映成趣，水乡的性格历历在目，让人过目难忘。这个广场的设计体现了真实的地方文化个性。由此可见，一个特定的广场也好、建筑也好，想要做出真正的个性来，形式技巧固然有一席之地，但最佳的技巧莫如理解这里的生活，从生活中寻找个性，从这种个性之中去寻找独创的办法。

在今天的城镇建设中，许多欧美国家，越来越重视地方特色的保护、历史文脉的继承。运用当地传统建筑符号来表现城市的文脉，表现城镇历史延续关系的手法为越来越多的设计师所关注。很多地方将旧的广场再次设计以满足新的功能要求，将城镇中废弃的建筑拆除改建为广场，这些经过加工的符号流露出传统建筑的某些特征，展示出现代社会风貌的同时，引起人们的思考和联想。

图 3-17 MERCATO 广场保留了罗马露天剧场的形状

意大利小镇的 MERCATO 广场就是这样一个改建空间的优秀实例，MERCATO 广场建造在罗马露天剧场的遗址上，曾经能容纳近 10000 人观看演出，因为战争它被遗弃了，逐渐被侵占变成了修建其他市政宗教建筑的石材原料场。随着时间的流逝，大量的房屋沿着露天剧场坚固的台基而建，也正是如此，剧场优美的椭圆形得以保留。设计师在改建时拆除了舞台中后盖的房子，使广场继承了原有剧场的椭圆形状，简单地调整了已有的广场的形状，并重新打开了通往露天剧场的道路。设计师还保留了舞台边缘连续的雕刻，以及原来剧场周围高低不等风格杂乱的房子。西侧一条古剧场的入口拱廊，把如今在广场上休憩的人们引到了对 20 世纪的沉思中。如图 3-17 所示。

当城镇广场在为适应现代城镇生活而重新设计时，城镇和它的历史将起重要的作用。位于西班牙小镇奥利特的城市广场清晰地表现出了这种融合。奥利特是一个 3000 人的小镇，在 14 世纪和 15 世纪，曾是纳瓦拉省皇族统治的中心。广场位于镇中心，既有交通功能，又是人们聚会的场所，同时还是市民日常活动的地点，成为联系小镇各个部分的纽带，如图 3-18～图3-20 所示。广场拥有古罗马、中世纪、文艺复兴等各个历史时期的建筑，这些建筑包围在不规则的长方形广场四周，构成了卡洛斯三世贵族广场的框架。广场的形状与一个中世纪地下通道系统的发现有关，这个通道可由地下直达广场东端的王宫，如图 3-21、图 3-22 所示。今天地下通道改建成了旅游信息中心和展室，通过新广场上的楼梯间可以进入。改建后的广场空间采用当地盛产的一种质朴的卡拉托劳石材铺地，简洁一体的地面上镶嵌着几种古典的建筑符号和图案。在广场西端现代的市政厅前，有一处光滑的椭圆形石头地面，目的是划分出集会和庆典的区域，如图 3-23 所示。广场正中的两个地下室入口分别设计成钢质的金字塔形和圆形，如图 3-24 所示。精致的块状石椅沿广场长轴方向设置，划分出交通的区域。一个雪花石制成的圆锥状喷泉为由基本建筑元素组成的广场画上了句号。市民和他们在广场上的活动给严谨的广场带来了勃勃生机，广场上简洁的建筑语汇和装饰则创造了一种宁静安详的氛围，引起人们对往昔的追忆，城镇的历史仿佛就回荡在耳边。

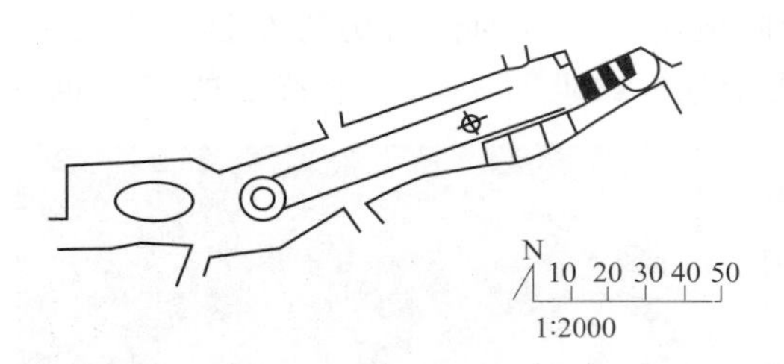

图 3-18 卡洛斯三世贵族广场平面图

图 3-19 卡洛斯三世贵族广场总平面图

图 3-20 广场是联系城镇各个部分的纽带

图 3-21 广场形状与中世纪地下通道系统有关

图 3-22 可直达广场东端王宫的地下通道

图 3-23 划分出集会和庆典区域的光滑椭圆形石头地面

图 3-24 钢质金字塔形地下室入口

3.2 城镇广场的类型

城市广场由于其不同的功能、位置、平面形式、艺术风格等而具有不同的分类方法，按照功能划分，一般可分为市政广场、纪念广场、交通集散广场、商业广场、休闲娱乐广场五大类。

城镇广场作为城镇公共空间的重要组成部分，是城镇居民公共生活的重要场所，与大城市相比，城镇必然有着其自身的特点：人口密度小、空间平缓疏朗、公共活动的场所更趋于集中，因此城镇的广场具有多功能、多用途的复合性质，往往集市政、休闲、纪念等多种功能于一体。但也有不少特殊的情况，出现各种功能要求的小广场。为描述清晰，参考城市广场的划分方法将城镇广场按其主要承担功能分为以下五类。但应注意城镇的各类广场的规模都相应地会较小，必须根据实际情况因地制宜，不能盲目抄袭城市的做法。

3.2.1 市政广场

市政广场是城镇广场的主要类型。市政广场多修建在市政府和城镇行政中心所在地，是镇政府与城镇居民组织公共活动或集会的场所。市政广场的出现是城镇居民参与行政和管理城镇的一种象征。它一般位于城镇的行政中心，与繁华的商业街区有一定距离，这样可以避开商业广告、招牌以及嘈杂人群的干扰，有利于广场庄严气氛的形成。同时，广场应具有良好的可达性及流通性，通向市政广场的主要干道应有相当的宽度和道路级别。广场上的主体建筑物一般是镇政府办公大楼，该主体建筑也是室外广场空间序列的对景。为了加强稳重庄严的整体效果，市政广场的建筑群一般呈对称布局，标志性建筑亦位于轴线上。由于市政广场的主要目的是供群体活动，所以广场中的硬质铺装应占有一定比例，周围可适当地点缀绿化和建筑小品。

如青海省西海镇政府广场，如图 3-25 所示。该广场位于西海镇的西南角，是西海镇居民举行大型活动和休闲的主要场所。广场采用简洁明快的方圆构图，将软、硬铺地巧妙地组织在一起，利用轴线关系，清楚地形成广场各主要出入口，辅之以部分小径，自然地将人们在广场聚集及分散的各类活动联系起来，交通路线清晰便捷。广场中心严谨的布局为镇政府提供了举行大型集会的庄重空间，而周边疏密有致的绿化配置又为居民提供了开展游乐及休闲活动的场所，满足了当地多民族城镇居民集会、休闲的功能需要。

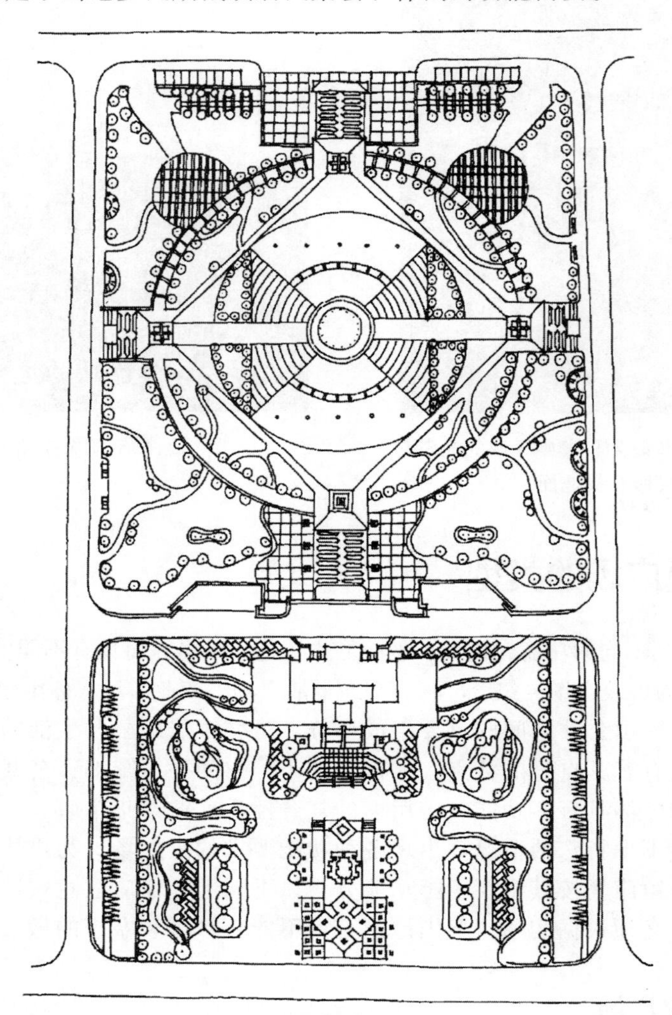

图 3-25 青海省西海镇政府广场平面

3.2.2 休闲广场

城镇的休闲娱乐广场是为人们提供安静休息、体育锻炼、文化娱乐和儿童游戏等活动的广场。一般包括集中绿地广场、水边广场、文化广场、公共建筑群内活动广场及居住区公共活动广场等。休闲娱乐广场可以是无中心的、片断式的，即每一个小空间围绕一个主题，而整体性质是休闲的。因此，整个广场无论面积大小，从空间形态到小品、座椅都应符合人的环境行为规律和人体尺度。广场中的硬质铺装与绿地比例要适当，要能满足平日里人们室外活动的多种需要。城镇的休闲娱乐广场要注重创造优美的小环境和适当的空间划分，为人们平日里交往、娱乐提供尺度适宜的室外空间。广场上还应有座椅、路灯、垃圾箱、电话亭、适量的建筑小品等设施。

休闲娱乐广场适用性广，使用频率高，虽然因其服务的半径不同，规模上有很大差异，但都应注重给人营造出放松愉悦的氛围。如意大利卡坦扎罗的玛泰奥蒂广场，它位于新老城区的连接处，占地 4400m²，周围有几个重要的公共建筑，广场的空间由步行街、广场、休闲公园三部分组成。整个广场的设计以蛇形线和波浪线为特点，充满活力。广场地面是一幅取材于维赛里画作的巨大艺术绘画，灰色、蓝黑色的条形非洲花岗石铺地，浅灰色大理石镶嵌成流动的图案；在步行区的两端各有一个小型开放式休息亭，其平屋顶上的图案则与广场铺地的图案保持一致；沿西边的车行道种植了一排棕榈树并以波浪形石凳勾勒出蜿蜒的形状，与地面流动的主题呼应，强调了空间的延伸感。另外，一个大的日晷和雕刻楼梯控制着整个广场，这个楼梯雕塑为人们观察日晷的投影和日晷线上的数字提供了一个良好的视点。总之，广场本身像一个巨大的城市雕塑，成为人们放松休闲的好去处，如图 3-26～图 3-30 所示。

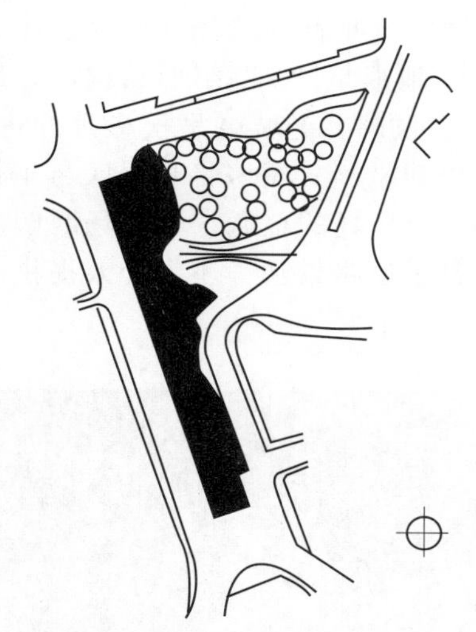

图 3-26　玛泰奥蒂广场平面图

图 3-27　玛泰奥蒂广场总平面图

图 3-28　玛泰奥蒂广场鸟瞰

图 3-29　巨大的雕刻楼梯

3.2.3　交通广场

交通集散广场的功能主要是解决人流、车流的交通集散。这类广场中，有的偏重于解决人流的集散，有的偏重于解决车流、货流的集散，有的则对人、车、货流的解决均有较高要求。城镇的人流、车流相对较少，也很少有较大规模的体育场、展览馆，因此交通集散广场多出现在人流密集的长途车站及交通状况较复杂的地段。设计时应注意很好地组织车流、人流路线，以保证广场上的车辆和行人互不干扰、畅通无阻。规模较大的交通广场如站前广场应考虑停车面积、行车面积和行人活动面积，其大小根据广场上车辆及行人的数量决定。广场上建筑物的附近设置公共交通停靠站、汽车停车场时，其具体位置应与建筑物的出入口协

图 3-30 流动图案使广场充满活力

调，以免人、车混杂或交叉过多，使交通阻塞。在处理好交通集散广场的内部交通流线组织和对外交通联系的同时，应注意内外交通的适当分隔，以避免将外部无关的车流、人流引入广场，增加广场的交通压力。此外，交通集散广场同样需要安排好服务设施与广场景观，不能忽视休息与游憩空间的布置。

德国伯布林根广场为一交通集散广场，在城镇交通广场设计中该广场的设计手法较为巧妙实用，如图 3-31、图 3-32所示。伯布林根广场位于一个设计起来很棘手的城镇交通枢纽上，之所以要在这里修建广场就是为了明确人行步道区。广场因原有的地形呈“Y”字形结构，并通过贯穿广场的花岗岩地面来强调。老城区呈楔形延伸进广场，由楔形花岗岩切磨制成的坐凳式短墙将步行区与车行区有意识地隔开，并充当整个广场的核心。该广场既解决了繁杂的交通问题，又丰富了道路景观，还为行人提供了宜人的休息场所，是城镇交通广场值得借鉴的优秀实例。

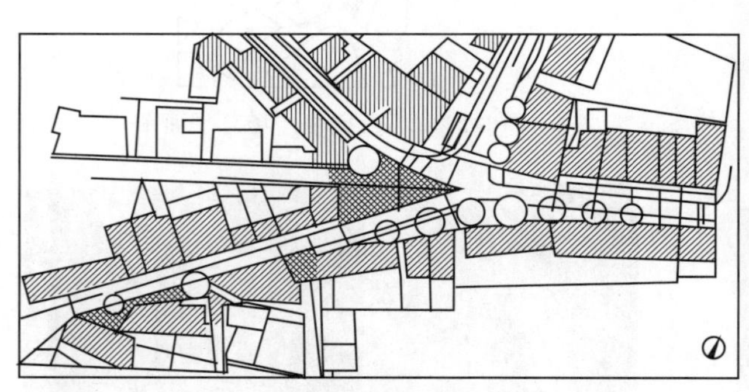

图 3-31 伯布林根广场总平面图

图 3-32 通过花岗岩地面来强调的“Y”字形结构

3.2.4 纪念广场

纪念性广场是具有特殊纪念意义的广场，一般可分为重大事件纪念广场、历史纪念广场、烈士塑像为主题的纪念广场等。此外，围绕艺术或历史价值较高的建筑、设施等形成的建筑广场也属于纪念性广场。纪念性广场应有特殊的纪念意义，提醒人们牢记一些值得纪念的事或人。由于城镇规模较小，纪念性广场一般会结合市政、休闲等功能，因此广场上除了要具有一些有意义的纪念性设计元素，如纪念碑、纪念亭或人物雕像等，还应有供人们休息、活动的相应设施，如座椅、垃圾箱、灯、展板等。这类广场应保持环境安静，防止过多车流入内。对这类广场的比例、尺度、空间组织以及观赏时的视线、视角等，要详加考虑，不能过分强调纪念性广场的特殊性，片面追求庄严、肃穆的气氛。纪念性广场要突出纪念主题，其空间与设施的主题、品格、环境配置等要与主题相协调，可以使用象征、标志、碑记、亭阁及馆堂等施教手段，强化其感染力和纪念意义，使其产生更大的社会效益。

例如绍兴的鲁迅文化广场是1991年为了纪念鲁迅先生一百周年诞辰而建的，属于典型的城镇纪念性广场，如图3-33、图3-34所示。广场的西北两侧都与水巷相通，很自然地把水乡生活引入这个独特的纪念环境中来。为了加强纪念性，广场的台阶形式寓意了水乡的河埠头，与水面相连，铺以青石板；河边象征性地展示着两艘乌篷船，反映出鲁迅先生在《社戏》中很生动地描写过的绍兴水乡生活；广场中心区则摆放着鲁迅先生的雕像，更突出了广场主题。

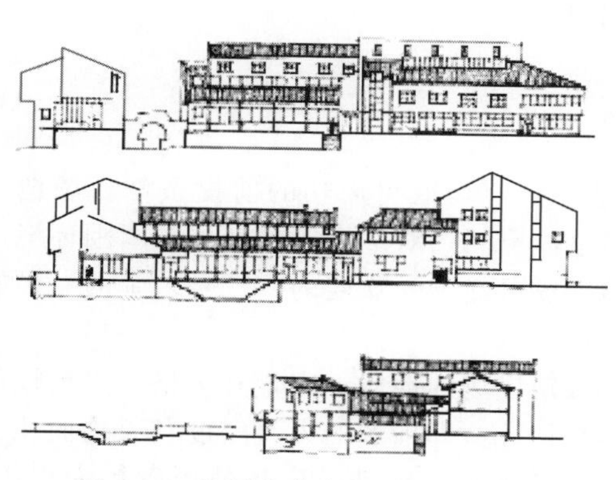

图3-33　鲁迅文化广场立面、剖面图

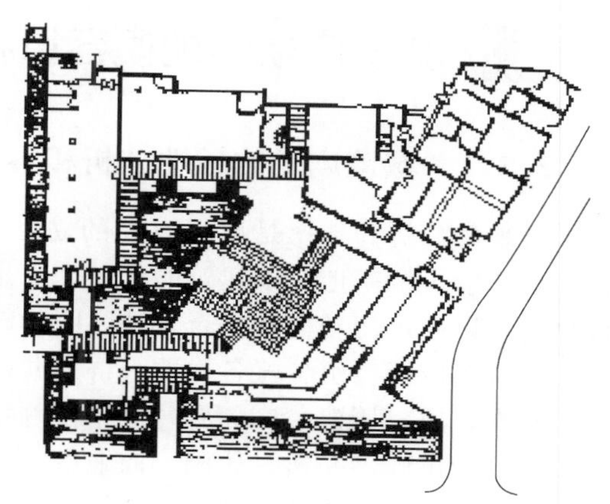

图3-34　鲁迅文化广场平面图

3.2.5　商业广场

广场曾经有一项重要的功能就是市场。露天市场这种经营形式自古就有，原因是在广场上摆摊节省费用，相应的商品费用也较便宜；其次是简洁方便，利于招揽顾客；同时，还能让人们能感受到熙攘热闹的生活气息。历史上，行政广场、宗教广场在节假日也都兼有露天市场的功能。随着城市的发展，人们对卫生及居住环境要求的提高，这种形式在许多地方尤其是在城市中已被商场等场所取代，但在新型城镇，集市场贸易、购物、休息、娱乐、饮食于一体的商业广场还是很受欢迎的。商业广场的位置规模都可依据具体需要灵活安排，大到城镇中心的广场，小到城镇居住区前的空地，都能形成方便的商业广场，但应注意广场空间需以步行环境为主，商业活动区应相对集中，避免人流、车流交叉。环境卫生的保持也是商业广场需要注意的问题。

图3-35　天津古文化街的庙前广场

德国小镇乌尔姆以高达161m的乌尔姆大教堂威震四方，大教堂前的广场已基本上在固定时间用来作露天菜市场，此举不但没有损坏教堂的形象，反而使广场更充分地发挥了作用，活跃了城镇中心区的生活气氛。

此外，宗教广场也是城镇广场的一个类别。该类广场在欧洲最为常见，但在中国城镇中，多为保存下来的传统庙前广场。传统的庙前广场一般是庙前空间的扩大，逢年过节则在庙前广场举行庙会、赶集，形成露天的市场，成为居民购物的场所，规模再大些的则在广场上设戏台，在节日时演出。因此中国的传统庙前广场是公众进行商业娱乐的综合型场所，也是城镇商业活动的起始，如图 3-35 所示。

如上所述，城镇广场最主要的功能还是为新型城镇的居民服务，为他们提供举行公共活动、日常休闲、生活购物的场所，为他们的出行、活动、生活提供方便。由于相对城市来说，城镇人口少、规模小，因而城镇广场的数量不可能太多，综合多种功能的广场具有更高的实用性。

3.3 城镇广场的规模容量和设计立意

3.3.1 城镇广场的场地分析和容量确定

场地的分析和选择是广场设计的立足点，也是一个广场取得成功的前提条件。场地分析，首先应了解基地周围建筑的状况，立足于城镇整体空间，对广场所处区域的周围环境进行分析，以确定广场位置是否合理，明确新设计的广场可能是受欢迎的，还是多余的。最好的广场位置应能吸引各式各样的人群来共同使用广场。

其次，应对所建的广场有一个整体的认识，即确定广场的性质、容量和风格。广场性质一般可分为市政、交通、休闲、商业等。广场的容量估计，即广场的人流密度和人均面积指标，它涉及城镇总体规划方案、城镇人流量和交通量的统计，还涉及广场使用者行为规律。一般来说可按下列指标估算，人流密度以 1.0～1.2 人/m^2 为宜，广场人均占地面积可为 0.7～1m^2。此外还要根据城镇的整体风貌确定广场的风格，是现代风格还是传统中国园林风格，是开敞空旷的还是封闭的等。

再次，场地分析还应结合自然气候特征，对基地地形进行分析研究，确定可利用要素和需要改造的问题。对于广场和围合它的建筑而言，朝向影响到广场的日照和建筑的采光。根据调查统计数字分析，有 1/4 的人去广场时首先考虑是享受阳光，所以广场的位置选择应考虑日照条件，即已建成或将建成的建筑对它产生的影响，以争取最多的阳光。对于因围合需要广场不得不采用东西向布置的时候，应当尽量满足主要使用功能部分南北向布置。广场南面应当开敞，周围避免布置高大建筑物，以防止广场被笼罩在高大建筑物巨大阴影之中；广场的布置应当面向夏季主导风向，要对周围建筑规模和形状进行综合考察，要考虑好风向的入口和出口，不得影响通风。周围街道也是引导风的通道，应加以利用。

广场的设计还应注重分析场地周围是否与人行道系统相连通。有条件时，广场最好和人行道、商业步行街联系便捷，以增加广场对人的吸引力。研究表明，只要广场与人行道相连，那么就会有 30%～60%的行人穿越或使用它，当广场越大或是位于街角时，使用率越高，而当广场狭窄或广场与人行道之间存在障碍时，使用率就会下降。

3.3.2 城镇广场的设计立意

一个好的空间环境，应该有某种设计主题。一个广场的成功与否并不仅在于它是否有好的空间元素、好的功能结构，高质量的广场更应体现为整体的优化，而不是局部的出色，因此丰富的文化内涵、好的立意就显得尤其重要。在了解了场地状况后，广场的空间形态还会受到许多已知外部条件的制约。这种制约一方面可以看成是广场设计中的限制；另一方面则可以看成是广场空间设计的立足点，甚至是机遇。因此在设计过程中，应当立足于基地现状、广场的功能特点以及城镇发展的要求，创造出能够提高城镇局部空间效益的广场空间。

表达主题的手法很多，诸如建筑、雕塑、标志、重复使用相同母题、创造某种氛围等。在主题比较明确的环境中，用以表达主题的设计通常处于重要位置，如广场的几何中心，体量突出或色彩鲜艳。

一般来说，广场的立意包括空间立意、功能立意、发展立意三方面。

（1）空间立意　场地的状况为设计师提供创作多种方案的可能性，设计师的工作是选择最合适的一种，并加以发挥，这个过程同时也是设计师立意的过程。例如，对于繁华的地段，休闲广场的空间组织可以从“闹中取静”入手，以“都市田园”立意，创造具有一定内向性和封闭感的空间；而对于用地开阔或风景区中的广场，则应当以“海纳百川”的思想，积极引入外部环境的景观。地方性的文化环境是城镇休闲类广场设计中最可利用的资源，广场环境中与地方文化脉络相连的元素，是广场创作时必须考虑的重要因素。城镇广场不仅需要能够取得良好的景观效果，满足使用的需要，更应该追求高质量的文化品位。

美国宾夕法尼亚州的迎宾广场虽然地处费城的中心区，但它的设计创意不失为城镇广场设计的范例。该广场紧紧围绕威廉·佩恩和费城建城的故事展开设计，从地面铺砌、小品绿化到空间组织都体现了这一纪念性主题。费城在美国历史上有着举足轻重的作用，城市中保留了许多与纪念美国脱离英国殖民地获得解放相关的建筑和纪念物。广场地面铺砌的石头描绘出两条河流之间的城市平面图，包括城里的街区和广场，白色大理石代表城市街道，城市的广场则是由四棵树下的浅花台代表。城市的主要街道“宽街”和“高街”在公园中心处交汇，其上立有一座佩恩的纪念碑。一座青铜模型标示出了板岩屋顶住宅原来的位置。此外，广场的东面和南面还有一道1.8m高的围墙，上面铺设了搪瓷版，向人们描述了费城的形成经过，以及佩恩的生活和工作概况。这道墙同时还是一块教育用的黑板，用来宣传公园的设计及其在城市景观中所处的地位，如图3-36～图3-39所示。

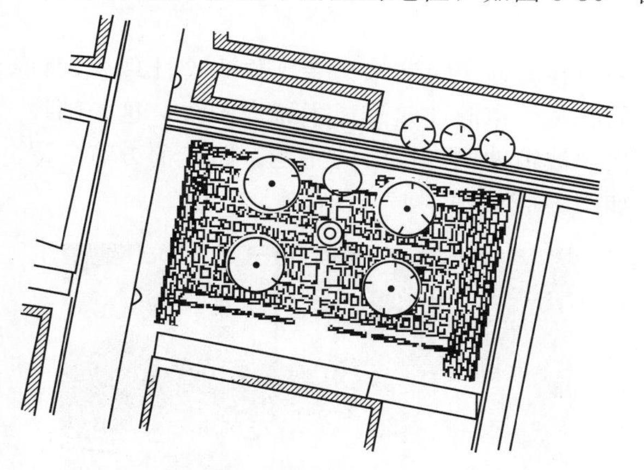

图3-36　迎宾广场平面

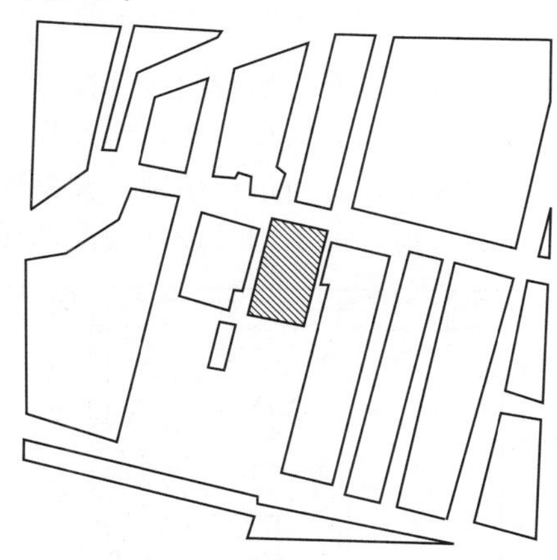

图3-37　迎宾广场总平面

与这些纪念性广场的主题相比，德国奥斯特林根市集广场的立意则更具新意，奥斯特林根市集广场，以复兴“溪之市”为设计思想，该主题来自于贯穿于这一新规划区域的一条小溪，小溪是露天流动的，它所在的沟渠按照天然河道来设计。广场分为两部分，靠近小溪边的是地势稍高的休憩区，建有长椅和水上过道，栽有对这部分广场起统领作用的老梧桐树和四棵点缀在小溪旁的日本泡桐树。广场的另一个部分则是与街道高度一致的交通区，这部分区域可以举行庆祝活动，还可以停放车辆。围绕“溪之市”的主题，第二个广场上也有“小溪”，但这条小溪仅仅是对地下溪流进行模仿的水槽。水槽以墙板的形式出现，强调了主题的同时还划分了场地，表明了不同场地的不同功能：小憩区、人行道、快车道、停车场等。如图3-40、图3-41所示。

图 3-38 迎宾广场鸟瞰

图 3-39 地面上的纪念性文字

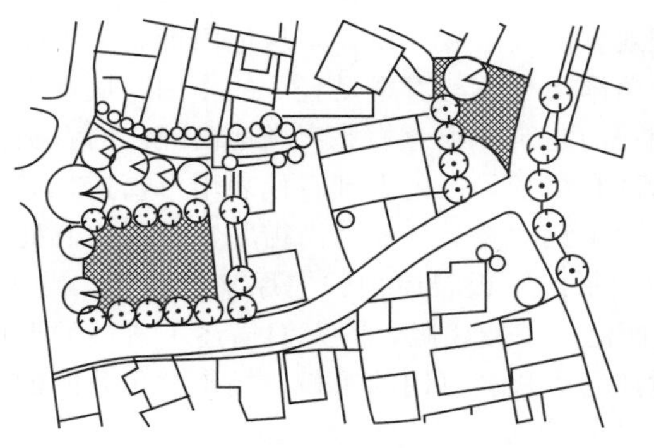

图 3-40 奥斯特林根市集广场平面图

图 3-41 对地下溪流进行模仿的水槽

日本别府市市府广场则用“既温和又权威的面孔欢迎市民和来访者”作为设计理念，打破了传统市政广场的呆板面孔，给人耳目一新的感觉。市政建筑形成了城市轴线，这条轴线一直延伸到大海，并通过层层踏步抽象地表达出“波浪冲刷海岸”的主题。踏步前方有一瀑布，沙滩、大海、海岸则是设计的全部元素，如图 3-42～图 3-47 所示。

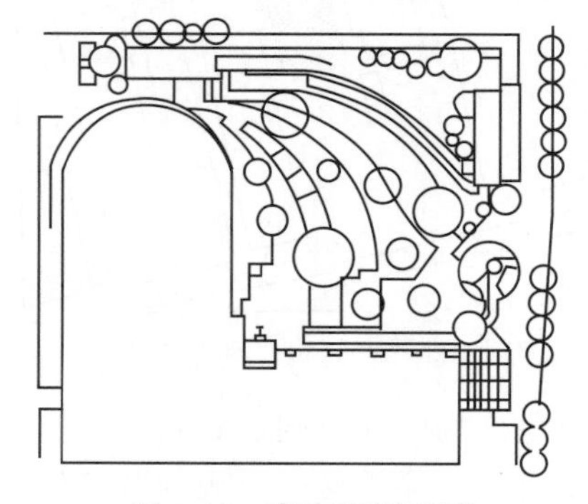

图 3-42 市府广场平面

图 3-43 踏步前方的瀑布

（2）功能立意 城镇对广场的功能要求是广场空间设计中所必须满足的。但是广场的空间设计不应仅以满足这些功能为目标，可以在这些功能提供的内容上进行有特色的立意，从而使广场空间具有个性化的形象和适宜的功能。近年来广场空间系统的功能趋向多样化和多元化，使得广场的主题选择有了更宽的范围。

日本的开港广场，1854 年在这个广场附近签订了日美亲善条约和日美友好条约，横滨市政府决定建设此广场以记录这些历史事件。该广场在规划设计时不仅考虑了历

图 3-44 瀑布与踏步在形式上对应

图 3-45 层层踏步抽象地表出“波浪冲刷海岸”的主题

图 3-46 瀑布下的水池

图 3-47 沙滩、大海、海岸是设计的全部元素

史纪念的功能，还对休闲娱乐功能进行了充分的考虑。广场上的喷泉被称为“港口之源泉”，喷泉周围用石子如海浪般围绕，象征着西方文化对日本的影响。喷泉的底部是一个名为“腾跃”的池塘，水深最多为 15cm，夏天人们可在此戏水纳凉，这里更是孩子们的乐园。喷泉周围围绕着 12 个不锈钢的镜子，镜子代表现代文明，使人联想到时间的流动，镜子的反射反映了当今异彩纷呈的世界。这组设施在富含深刻寓意的同时为人们提供了一个玩耍的场景，12 个镜子的底部被嵌入在地面上，发出 12 束光，由于这些多变的光使接近镜子的参观者的影子互相交错，创造出十分有趣的效果。地面上镶嵌着 10 个青铜标志，刻着横滨的 10 个友好城市与世界港口的徽章形象。另外，在广场施工期间发现了一个日本明治时期的下水道出入孔，设计者将其用玻璃封起，放在人们可以看到的地方并保护起来，体现了该设计不侵犯环境的观念，如图 3-48～图 3-50所示。

(3) 发展立意　城镇的生态平衡和可持续发展，对广场的立意提出了较高的要求。广场建设不能在广场工程竣工之后就算完结，而应当体现在广场的全寿命过程中，以达到维护场地自然生态平衡和优化城市局域生态状况的目的。广场所处的基地，可能会存在着比较稳定的生态小系统，广场新的空间形态的确立，不应对现存的生态平衡起破坏的作用，而是要维

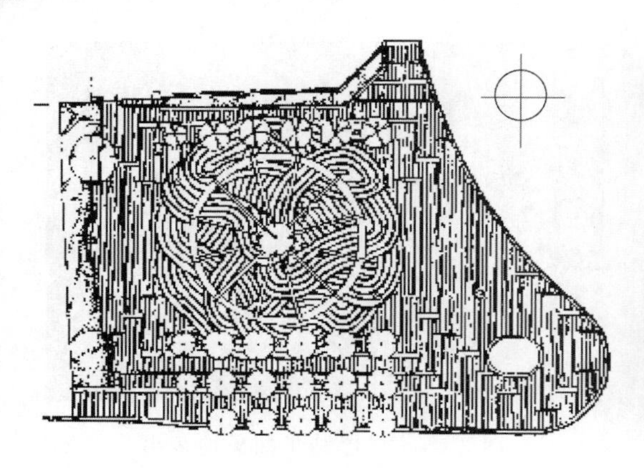

图 3-48　开港广场平面图

图 3-49　喷泉周围围绕着 12 个不锈钢的镜子

图 3-50　开港广场俯瞰

持这种平衡，保全有益的生态因素，因而广场也是城镇生态链中起着积极作用的因子。广场可以通过发挥水面、植被的生态效益，使空间的生态质量得以提高，从而为提升城镇整体的品质作出贡献。城镇中引入广场的目的之一，就是为了缓解城镇的生态危机，“绿色”因此成为广场最常用的“母题”。因而广场的立意主题应当是有一定的超前性和前瞻性的。例如，“生态圈”广场、可变更的广场、“绿肺”广场等。

3.4 城镇广场设计的空间构成

3.4.1　城镇广场的空间形态

广场按空间形态可划分为平面型和空间型。

(1) 平面型广场　平面型广场又可以分为规则型和不规则型两种。

① 规则型广场　指广场平面以完整的方形、圆形、半圆形及由其发展演变而来的对称多边形、复合形等几何形态构成，这些规则的广场平面多为经过有意识的理性设计而来，因其容易表达庄严、肃穆的效果，市政广场和纪念性广场多数属于此类型。如前述青海省西海镇政府广场，如图 3-25 所示。该广场呈长方形，从构图到绿化设计都保持了严格的对称，塑造了政府前广场庄严的形象。又如斯洛文尼亚的塔尔蒂尼广场，这个可以看到港口秀丽风景的广场由废弃的船坞改造而成。广场呈纯净的白色椭圆形，并围绕这个椭圆来组织空间小品，将不规则的空间形状统一起来，如图 3-51 所示。

图 3-51　呈椭圆形塔尔蒂尼广场

② 不规则型广场　即由不规则的多边形、曲线形等形态构成，这种不规则的形状往往是顺应城镇街道、建筑布局而自然形成的，一般出现在居住区或商业区中，因其和周围环境密切联系、自然融合且灵活多变，受到广大居民的青睐。

(2) 空间型广场　由于科学技术的进步和城镇公共空间的日趋紧张，广场的形态有从平面形态向空间形态发展的趋势，因为立体空间广场可以提供相对安静舒适的环境，又可充分利用空间变化，获得丰富活泼的城市景观。与平面型广场相比较，上升、下沉和地面层相互穿插组合的立体广场，更富有层次性和戏剧性的特点。在城镇建设中，适当地在设计中加入空间因素，可以增加城镇广场空间的趣味性。如前面所列的绍兴鲁迅文化广场在设计上就局部采用了下沉式广场，广场空间在垂直方向得到了扩大，在丰富了广场空间的同时，增加了层次感和时代感，使广场边仅 3m 宽的河道在视觉上显得宽畅。

3.4.2　城镇广场的空间围合

广场的空间围合是决定广场特点和空间质量的重要因素之一。适宜、有效的围合可以较好地塑造广场空间的形体，使人产生对该空间的归属感，从而创造安定的环境。广场的围合从严格的意义上说，应该是上、下、左、右及前、后六个方向界面之间的关系，但由于广场的顶面多强调透空，故通常的讨论多在二维层面上。

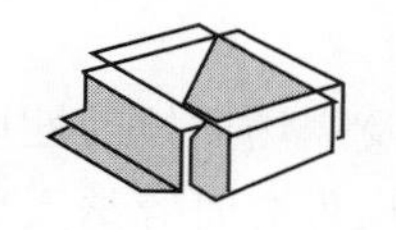
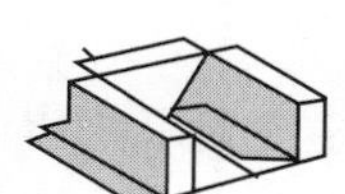
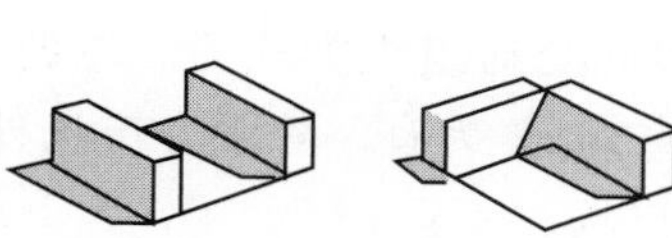
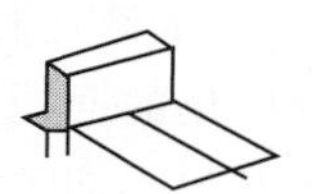

图 3-52　广场的围合方式

广场围合有以下四种原型，如图 3-52 所示。

① 四面围合的广场　这种广场封闭性极强，具有强烈的内聚力和向心性，尤其当这种广场的规模较小时。

② 三面围合的广场　这种广场的围合感较强，具有一定的方向性和向心性。

③ 二面围合的广场　空间限定较弱，常常位于大型建筑之间或道路转角处，空间有一

定的流动性，可起到城市空间的延伸和枢纽作用。

④ 一面围合的广场　封闭性很差，规模较大时可以考虑组织二次空间，如局部上升或下沉。

尽管广场的平面形式以矩形为多，但平面形式变化毕竟多种多样，以上所讨论的四个围合面只是以大的空间方位进行划分的。总体而言，四面和三面围合的广场是最传统的，也是城镇较多出现的广场布局形式，如前所述的意大利 MERCATO 广场和坎波广场都是这种典型的围合方式。作为城镇的公共起居室，这些广场四周围合较为封闭，为城镇人们的公共生活提供了心理上相对安全隐蔽的空间。简单围合则是目前我国城镇广场空间的发展方向，尤其在新建设的开发区中使用广泛，这样的空间较开敞，适于举行市政活动，易于达到标志性的景观效果，但综合效益较差。我国城镇新建的广场大多属于此种类型。

空间划分有围合、限定等多种方式，主要可分为实体划分和非实体划分两种。

① 实体划分　实体包括建筑小品、植物、道路、自然山水等，其中以建筑物对人的影响最大，最易为人们所感受。这些实体之间的相互关系、高度、质感及开口等对广场空间有很大影响，高度越高，开口越小，空间的封闭感越强；反之，空间的封闭感较弱，如图 3-53 所示。对于广场空间而言，实体尤其是建筑物应在功能、体量、色彩、风格、形象等方面与广场保持一致性。广场的质量来自于广场各空间要素之间风格的统一。一旦建筑实体过于强调独创、个性和自身的完整，将意味着肢解了广场空间的整体性。

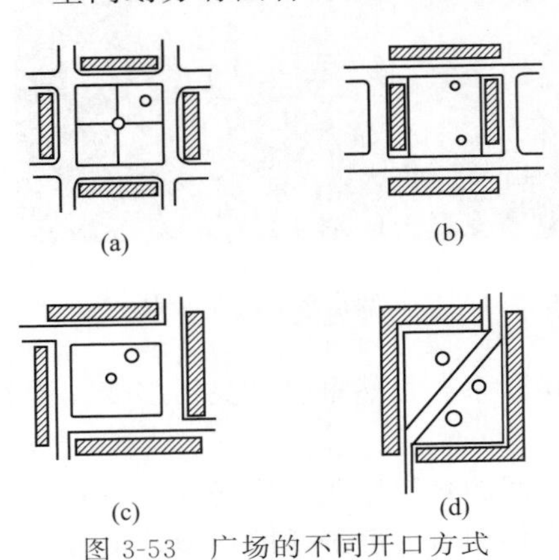

图 3-53　广场的不同开口方式

② 非实体划分　非实体要素的围合则可通过地面高差、地面铺装、广场开口位置、视廊等设计手法来实现。同时，还要注意在入口处向广场内看的视线设计问题。意大利许多古老的城镇广场均是以教堂为主体建筑控制全局，广场的围合感很强，但从广场的各个入口处，仅能看到教堂的某个局部，美丽如画的引道不停地吸引着人们的视线。

目前我国城镇兴建的很多广场都没有很好的注重广场的围合感，周边建筑物设计粗糙，围合立面不精致或周边建筑杂乱无章，这些都有损于广场形象，这必须请广大设计者引以为戒，充分发挥聪明才智，充分注意广场周边建筑的造型设计，营造独具特色的城镇广场。

3.4.3　城镇广场的尺度和比例

广场的尺度应考虑多种因素的影响，包括广场的类型、交通状况以及广场建筑的性质布局等，但最终是由广场的功能即广场的实际需要决定的，如游憩集会广场集会时容纳人数的多少及疏散要求，人流和车流的组织要求等；文化广场和纪念性广场所提供的活动项目和服务人数的多少等；交通集散广场的交通量大小、车流运行规律和交通组织方式等。总的来讲，小城市或城镇的中心广场不宜规划太大，广场的面积以 1～2hm^2 为宜。除中心广场外，还可结合需要设置小型休闲广场、商业广场等其他不同类型的广场。

在满足了基本的功能要求后，一般来说广场尺度的确定还要考虑尺寸和比例。人类的五官感受和社交空间划分为以下 3 种景观规模尺寸。

(1) 25m 见方的空间尺寸　日本学者芦原义信指出，要以 20～25m 为模数来设计外部空间，反映了人的“面对面”的尺度范围。这是因为人们互相观看面部表情的最大距离是 25m，在这个范围内，人们可自由地交流、沟通，感觉比较亲切。超过这个尺寸辨识对方的表情和说话声音就很困难。这个尺寸常用在广场中为人们创造进行交流的空间。

（2）110m左右的场所尺寸　广场尺寸根据对大量欧洲古老广场的调查，一旦超出110m，肉眼就只能看出大略的人形和动作，这个尺寸就是我们常用的广场尺寸。超过110m以后，空间就会产生广阔的感觉，所以尺寸过大广场不但不能营造出“城镇起居室”的亲切氛围，反而使人自觉渺小。

（3）390m左右的领域尺寸　大城市或特大城市的中心广场。大城市户外空间如果要创造一种宏伟深远的感觉时才会用到这样的尺寸，城镇广场一般不应用这样的尺寸。

空间的尺度感也是广场设计中需要考虑的尺度因素。尺度感决定于场地的大小、延伸进入邻接建筑物的深度、周围建筑立面的高度与它们体量的结合。尺度过大有排斥性，过小有压抑感，尺度适中的广场则有较强的吸引力。在城市设计中，提倡以“人”为尺度来进行设计，由于日常生活中人们总是要求一种内聚、安全、亲切的环境。就人与垂直面关系而言，主要由视觉因素决定，如 H 代表界面的高度，D 代表人与界面的距离，则有下列的关系，如图3-54、图3-55所示。

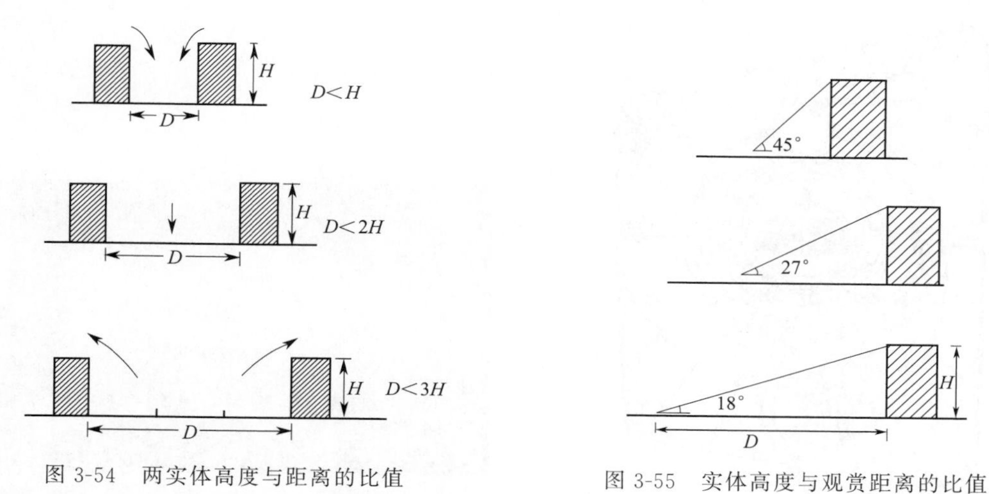

图3-54　两实体高度与距离的比值

图3-55　实体高度与观赏距离的比值

$D/H=1$，即垂直视角为45°，可看清实体的细部，有一种内聚、安全感。

$D/H=2$，即垂直视角为27°，可看清实体的整体，内聚向心不致产生排斥离散感。

$D/H=3$，即垂直视角为18°，可看清实体与背景的关系，空间离散，围合感差。

$D/H>3$，即垂直视角低于18°，建筑物会若隐若现，给人以空旷、迷失、荒漠的感觉。

所以 D/H 在1～3之间是广场视角、视距的最佳值。

广场的比例则有较多的内涵，包括广场的用地形状、各边的长度尺寸及比例、广场的大小与广场上建筑物的体量之比、广场上各个组成部分之间相互的比例关系、广场的整个组成内容与周围环境的相互关系等。

从景观艺术的角度考虑，广场与建筑物的关系决定其大小。设计成功的广场大都有如下比例关系：

① $1 \leqslant D/H < 2$；

② $L/D < 3$；

③ 广场面积小于广场上建筑面积的3倍。

式中，D 为广场宽度；L 为广场的长度；H 为建筑物的高度。

但建筑物的体型与广场的比例关系，可以根据不同的要求用不同的手法来处理，有时在较小的广场上布置较大的建筑物，只要处理得当，注意层次变化和细部处理，尽管显示出建筑物高大的体形，也会得到很好的效果。

广场尺度不当，是城镇广场建设失误的重要原因之一。城镇与大中城市最大的区别就体现在空间尺度上，空间尺度控制是否合理直接关系着城镇的“体量”。大中城市有大中城市的尺度，城镇有城镇的尺度，如果不根据具体情况盲目建设，显然是不合适的。许多城镇在建设过程中都有着尺度失调的现象，为了讲求排场，建设大广场，使广场与城镇亲切的尺度相违背。毕竟与大城市相比，城镇用地规模小，功能组成及其广场类型相对简单，对广场定量不当就会在广场建设中产生偏差与失误。如北京顺义某城镇的广场，占地 18.28hm^2，中心为露天半圆形剧场及下沉广场，其尺度之大即使在大城市中心区也毫不逊色，四周则是宽阔的环形绿化带，其间穿插着两个喷泉广场和硬质铺地等。广场中心区由于尺度过大，显得空旷而缺乏生气，四周的绿地虽然面积大但缺乏对人活动方式的考虑显得人气不足，大而不当。当然，作为城镇的中心广场，追求气魄宏伟一些无可厚非，但其基本功能还是应以城镇居民平等共享、自由使用为核心。因此，广场空间的亲和度、可达性、可停留性显得尤为重要，如图 3-56～图 3-58 所示。

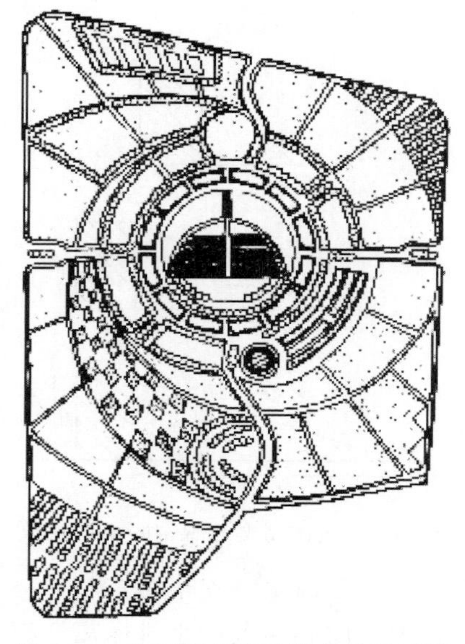

图 3-56　北京顺义某城镇广场平面图

图 3-57　广场中心巨大的舞台

图 3-58　喷泉广场

3.5 城镇广场设计的空间组织

广场的空间组织必须按广场的各项具体功能进行安排，人在广场中的活动是多样化的，这就要求广场的功能也是多样化的，因而直接导致了广场空间的多样化。广场的功能要求按照实现步骤的不同，大致可以分为两类：整体性的功能和局部性的功能。整体性的功能目标确定属于广场创作的立意范畴，局部性的功能则是为了实现广场的“使用”目的，它的实现则必须通过空间的组织来完成。

3.5.1 城镇广场的空间组织要点

（1）整体性　整体性包括两方面内容：一方面是广场的空间要与城镇大环境新旧协调、整体优化、有机共生，特别是在旧建筑群中，创造的新空间环境，它与大环境的关系应该是“镶嵌”，而不是破坏，整体统一是空间创造时必须考虑的因素之一；另一方面是广场的空间环境本身，也应该是格局清晰，严谨中求变化，整体有序是产生美感的重要因素。由于环境设计手段十分丰富，因而设计者最容易犯的毛病是从某个好的设计中所得到的启发，要用在自己的设计中，有时甚至几个好的想法，全部拥挤在一个设计中，造成彼此矛盾，内容庞杂零乱。因此，环境设计者特别要学会取舍，重视安排空间秩序，在整体统一的大前提下，善于运用均衡、韵律、比例、尺度、对比等基本构图规律，处理空间环境。

意大利维托里奥·埃马努埃莱广场就是一个注重整体性的优秀实例，该广场是意大利南部圣塞韦里娜镇的中心广场，小镇非常古老，因一个12世纪的城堡和一个拜占庭式教堂而闻名，而维托里奥·埃马努埃莱广场就坐落于这两个主要纪念物之间。精致的地面设计明确地区分了广场与公园两个不同性质的主要空间，整个广场全部使用简洁的深色石块铺砌地面，使广场成为一个整体，而地面上的椭圆图案才是使这个不规则空间统一起来的真正要素，几个大理石的圆环镶嵌在深色的地面上，像水波一样延续到广场的边界，圆环的中心是一个椭圆形状的风车图案，指示出南北方向。连接城堡和教堂大门的白色线条是第二条轴线，风车的图案指示着最盛行的风向，轴线和圆的交接处重复使用几个魔法标志，南北轴线末端的石灰岩区域包含着天、周、月和年四个时间元素。该轴线区域内还有金、银、汞、铜、铁、太阳、月亮、地球等象征性的标志。总之，广场的设计在众多的细部中体现出简洁、统一的整体性特征，如图3-59～图3-63所示。

（2）层次性　随着时代的发展，广场的设计越来越多地考虑人的因素，人的需要和行为方式成为了城镇公共空间设计的基本出发点。城镇的广场多为居民提供集会活动及休闲娱乐场所的综合型广场，尤其应注重空间的人性特征。广场由于不同性别、不同年龄、不同阶层和不同个性人群的心理和行为规律的差异性，空间的组织结构必须满足多元化的需要：包括公共性、半公共性、半私密性、私密性的要求，这决定了城镇广场的空间构成方式是复合的。

整体广场空间在设计时，根据不同的使用功能分为许多局部空间即亚空间，以便于使用。每个亚空间完成广场一个或两个功能，成为广场各项功能的载体，多个亚空间组织在一起实现广场的综合性，这种多层次的广场空间提升了空间品质，为人们提供了停留的空间，更多地顺应了人的心理和行为。

层次的划分可以通过地面高程变化、植物、构筑物、座椅设施等的变化来实现。领域的划分应该清楚并且微妙，否则人们会觉得自己被分隔到一个特殊的空间。整个广场或亚空间

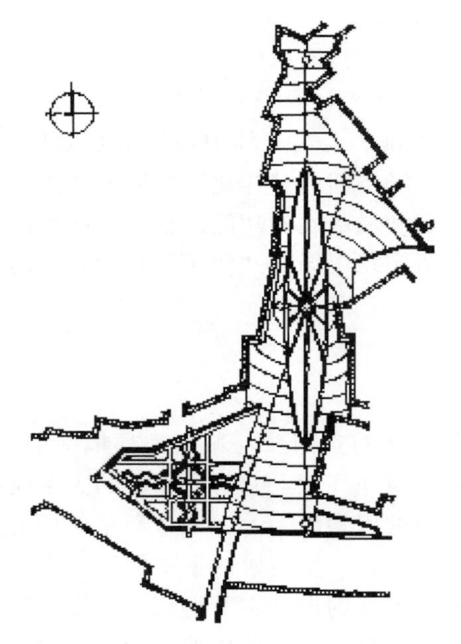

图 3-59　维托里奥·埃马努埃莱广场平面

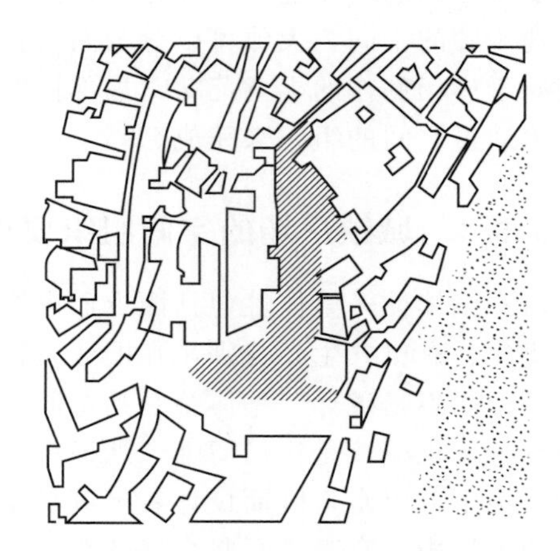

图 3-60　维托里奥·埃马努埃莱广场总平面

图 3-61　地面上的椭圆图案使不规则空间统一起来

图 3-62　椭圆形状的风车图案指示出南北方向

不能小到使人们觉得自己宛如进入了一个私人房间，侵犯了已在那里的人的隐私，也不应大到几个人坐着时都感到疏远。

广东省长安镇的长安广场空间划分就很有层次，广场中央区域为硬质铺地，可供公共活动、集会使用，正中的花坛汇聚了视线，起到了视觉中心的作用。中央区域四周为几个不同主题的亚空间，有的以花坛为主，营造精致的散步空间；有的以水景为主，布置曲折动感的水池；有的以自然景观为主，绿树草地，清新怡人；有的以雕塑为主，显示出广场的标志性功能。这样多层次的亚空间组织起来，实现了广场多种功能的并存，营造出一个空间丰富的人性化场所，如图 3-64～图 3-69 所示。

（3）步行设计　由于广场的休闲性、娱乐性和文化性，在进行广场内部交通组织设计时，要考虑到广场内不设车流，应是步行环境，以保证场地的安全、卫生，这是城镇广场的主要特征之一，也是城镇广场的共享性和良好环境形成的必要前提。在进行广场内部人流组

图 3-63 城市公园由精致的地面与广场区分并呼应

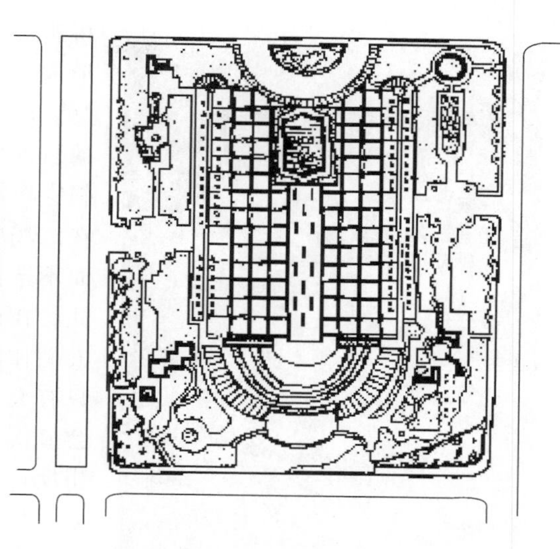

图 3-64 长安广场平面图

图 3-65 中央区域为硬质铺地

图 3-66 以植物景观围合出的休憩空间

图 3-67 汇聚视线的中心花坛

图 3-68 以水景为主的亚空间

织与疏散设计时，要充分考虑广场基础设施的实用性，目前许多广场种植大量仅供观赏的绿地，这是对游人行走空间的侵占，严重影响了广场实用性，绿草茵茵的景象固然怡人，但是如果广场内草坪面积过大，不仅显得单调，而且也为广场内人流组织设置了障碍。另外，在广场内部人行道的设计上，要注意与广场总体设计和谐统一，还要把广场同步行街、步行

图 3-69 以花坛为主的散步空间

桥、步行平台、步行地下通道有机地连接起来，从而形成一个完整的步行系统。由于人们行走时都有一种“就近”的心理，对角穿越是人们的行走特性，当人们的目的地在广场外而要路过广场时，人们有很强烈的斜穿广场的愿望；当人的目的地不在广场之外，而是在广场中活动时，一般是沿着广场的空间边沿行走，而不选择在中心行走，以免成为众人瞩目的焦点。因此，在设计时，广场平面布局不要局限于直角。另外，人们在广场行走距离的长短也取决于感觉，当广场上只有大片硬质铺地和草坪，又没有吸引人的活动时，会显得单调乏味，人们会匆匆而过，还觉得距离很长；相反，当行走路程中有着多种不同特色的景观，人们会不自觉地放慢脚步加以欣赏，并且并不感觉到这段路程有多长。所以，地坪设计高差可以稍有变化，绿树遮荫也必不可少，人工景观要力求高雅生动，并与自然景观巧妙地糅合在一起。

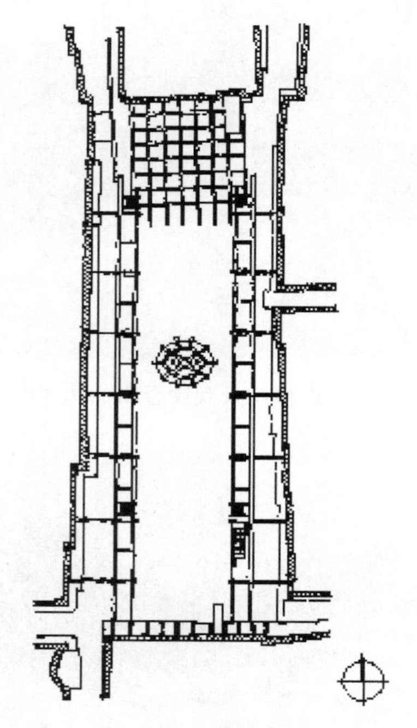

图 3-70 圣珀尔滕市政广场平面

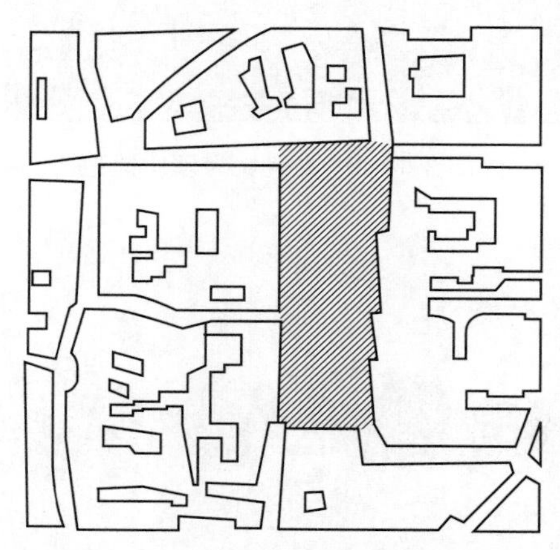

图 3-71 圣珀尔滕市政广场总平面

广场注重人车分流已引起普遍的重视，即广场空间的步行化，以便使在广场活动的人们远离机动车的干扰，更感安全舒适。奥地利小城圣珀尔滕临近多瑙河，地处维也纳西部 60km 处，拥有居民 56000 人，圣珀尔滕市政广场既是城镇的主要广场，也是举办集市、节日、庆典和许多日常活动的场所，广场东西向长边是 19 世纪的商店和住宅等城镇房屋，两端分别是 16 世纪的市政大厅和 1779 年建的巴洛克式天主教堂。广场中心是一个建于 1782 年的砂岩纪念碑。市政广场以前一直是一个大型停车场，1995 年改造时，一个地下停车场于改造方案实施前建成，拥有 148 个车位的车库在整个广场的地下一层，入口通道则位于附近街道的两侧，而通往地下的楼梯则无声无息地融入广场简单的陈设之中，如图 3-70～图 3-74 所示。

图 3-72 改造前广场是一个大型停车场

图 3-73 改造后的广场成了真正的市民广场

3.5.2 城镇广场的空间组织设计手法

图 3-74 通往地下的楼梯无声无息地融入广场

广场空间的组织还要重视实体要素的具体设计手法，因为实体要素能更直接地作用于人的感官，如硬质铺地、水景、植物绿化、环境小品、夜景照明等。

（1）发挥硬质景观在环境中的作用 硬质景观是相对于以植物和水体为主的软质景观而言，主要指以混凝土、石料、砖、金属等硬质材料形成的景观。硬质景观常用的形式是建筑、铺地和环境艺术品。

铺地作为硬质景观在创造环境景观中有重要作用，应该引起足够的重视。如前所述的维托里奥·埃马努埃莱广场以丰富的地面设计诉说着古镇动人的历史。圣珀尔滕市政广场在地面上使用各种材料和图案，清晰地描绘出不同的功能分区；马泰奥蒂广场的地面则是一幅大的欧普艺术绘画，使得整个广场充满节奏感和韵律感。铺地材料的选择应注重人性化，有的城镇片面地为了提高地面铺装的档次，大面积使用磨光花岗岩，导致雨雪天气时，地面又湿又滑，给广场上的行人安全带来极大的隐患。广场铺地比较适宜的是广场砖或凿毛的石材等有一定摩擦系数的建筑铺装材料。

小品指坐凳、路灯、果皮箱等设施。多数小品是具有一定功能的，可以称为功能性小品。广场空间环境中的环境小品，如雕塑、壁画等传统艺术品，新兴的波普艺术品以及动态艺术品，其布局和创作质量好坏直接影响环境质量。在设计时应注意使用新技术、新材料，增加环境的时代气氛，如：彩色钢板雕塑、铝合金、玻璃幕、不锈钢等。而地方材料、传统材料的使用可使广场更具有地域感，从而增加识别性。另外，在广场空间环境中使用环境小品，特别要注意整体和谐关系，同是一把椅子，摆在什么位置、面向什么景观就决定着人们的视线和心情。

（2）重视水景在环境中的作用 水景是重要的软质景观，也是环境中重要的表现手段之一。水景的表达方式很多，诸如喷泉、水池、瀑布、叠水等，使用得当能使环境生动有灵气。法国里昂的沃土广场水景设计手法值得借鉴。广场上有 69 股从小喷嘴中涌出的水柱，几乎覆盖了广场的整个地面，水柱仿佛是直接从地面喷射出来的，组成了一个欢乐的喷泉，给广场创造了独特的气氛。水流喷涌着发出悦耳的声音，加之光线与不断变化的景色组成了动听的乐曲，如图 3-75、图 3-76 所示。

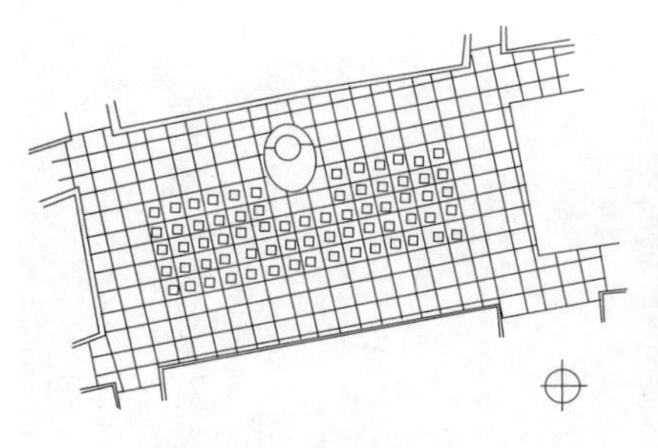

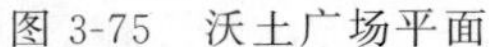

图 3-75 沃土广场平面

图 3-76 水柱几乎覆盖了广场的整个地面

广场水景的设计要注重人们的参与性、可及性，以适应人们的亲水情结。同时，也还应注意北方和南方的气候差别，北方冬季气候寒冷，水易结冰，故北方城镇广场的水面面积不宜太大，喷泉最好设计成旱地喷泉，不喷水时也可作为活动场地。

（3）发挥植物绿化的作用 植物绿化不仅有生态作用，还起到分隔或联系空间的双重作用，是城镇广场空间环境的重要内容之一。由于植物生长速度缓慢，要特别注意对场地中原有树木的保留。还可采用垂直绿化的方式，充分利用建筑与小品的墙面、平台、平台栏板等做好绿化处理。如上文提到的玛泰奥蒂广场，其半圆部分就采用了多种树种的分层综合绿化，起到了划分界面和划定区域的作用，为广场营造了丰富的绿色空间。

图 3-77 圣珀尔滕市政广场的夜景

（4）光影与夜景照明在环境设计中的作用 光影的使用是创造丰富环境效果的方法之一，应充分利用光影，增强造型效果，提高环境质量。近年来，夜景照明已引起广泛的重视，夜景照明涉及建筑物理的光学知识，除了要有色彩学知识、建筑美学知识以外，还要了解不同灯具的发光性能。随着经济的发展，夜景照明方法和使用范围越来越广泛，在广场环境设计时，也应得到足够的重视，如图 3-77 所示。

西班牙格拉诺列尔斯是一个约有 5 万居民的商业性小城，小城的巴郎日广场在空间及组成要素方面有很多有趣的手法，但最有特色的还是它的照明设计。广场地面上有三种很有特色的元素：最北端是一组金属棚，在正午的阳光中，人们可以在棚下找到荫凉；南端有几个低矮的半圆形装置，它们是广场灯具的一部分；广场西侧是一排有特色的座椅，它们位于条状广场照明装置的下方，晚上光线使它呈现出一种透视效果。广场精心布置的灯光设计，方便了公共空间的夜晚使用，广场一侧的射灯投向广场的中心，使得孩子们与年轻人可以在晚上继续他们的活动；朝向医院一侧的灯则被安得很低，而且光线较为暗淡；金属棚下，则以一组集中的照明映射这个静态的活动区。由于亮度的起伏变化，使广场既方便了使用又极富透视感，如图3-78～图 3-81 所示。

新型城镇的广场设计应以人的活动需求、景观需求、空间需求作为出发点，牢牢把握人文、文化、生态、社会、特色等几个基本原则，在此基础上对城市空间环境物质要素进行深入研究和精心设计。城镇通常是渐变而非突变的，文脉的观念要求我们要以整体的环境及历

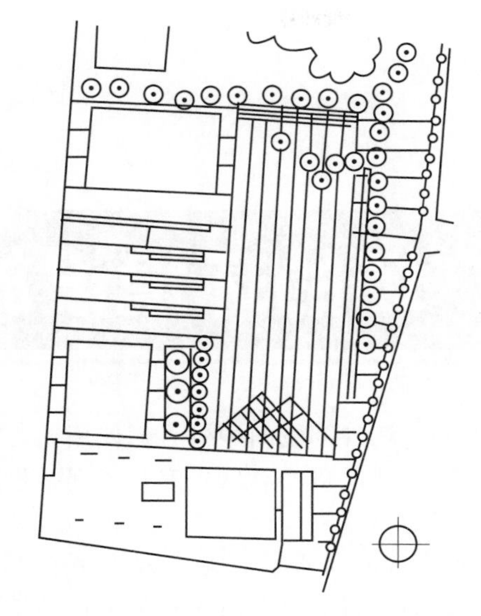

图 3-78 巴郎日广场平面

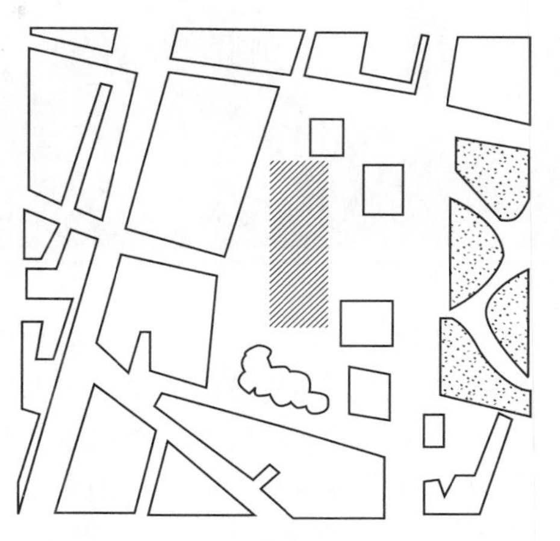

图 3-79 巴郎日广场总平面

图 3-80 金属棚的夜景

图 3-81 广场南端低矮的半圆形照明装置

史为背景，以取得协调。但这不是做无原则的妥协甚至重复，应提倡创新的同时保持原有文脉的延续，使城镇得以进行正常的新陈代谢。克林·罗特别看好城市的拼贴性，他认为城市是一个文化的博物馆，每一个时期都有它自己的文化积淀，这些不同时期的文化积淀汇合在一起，使城市表现为一种拼贴画似的形态。在惠安中新广场的设计中，设计者对城镇历史的尊重、对城镇文脉的延续正基于此。通过历史实现主题的表达事实上是一种对社会及其文化生活的模式的必然反映。

4 城镇街道和广场的环境设施

新型城镇街道和广场环境设施主要是指城镇街道和广场外部空间中供人们使用、为居民服务的各类设施。环境设施的完善与否体现着城镇居民生活质量的高低，完善的环境设施不仅给人们带来生活上的便利，而且还给人们带来美的享受。

从新型城镇街道和广场建设的角度看，环境设施的品位和质量一方面取决于宏观环境（城镇街道和广场规划、住宅设计和绿化景观设计等）；另一方面也取决于接近人体的细部设计。城镇街道和广场的环境设施若能与城镇街道和广场规划设计珠联璧合，与城镇的自然环境相互辉映，将对城镇街道和广场风貌的形成、对城镇居民生活环境质量的提高起到积极的作用。

4.1 城镇街道和广场环境设施的分类及作用

4.1.1 城镇街道和广场环境设施的分类

城镇街道和广场环境设施融实用功能与装饰艺术于一体，它的表现形式是多种多样的，应用范围也非常广泛，它涉及了多种造型艺术形式，一般来说可以分为以下 6 大类。

① 建筑设施　休息亭、廊、书报亭、钟塔、售货亭、商品陈列窗、出入口、宣传廊、围墙等。

② 装饰设施　雕塑、水池、喷水池、叠石、花坛、花盆、壁画等。

③ 公用设施　路牌、废物箱、垃圾集收设施、路障、标志牌、广告牌、邮筒、公共厕所、自动电话亭、交通岗亭、自行车棚、消防龙头、公共交通候车棚、灯柱等。

④ 游憩设施　戏水池、游戏器械、沙坑、座椅、坐凳、桌子等。

⑤ 工程设施　斜坡和护坡、台阶、挡土墙、道路缘石、雨水口、管线支架等。

⑥ 铺地　车行道、步行道、停车场、休息广场等的铺地。

4.1.2 城镇街道和广场环境设施的作用

在人们生存的环境中，精致的微观环境与人更贴近，它的尺度精巧适宜，因而也就更具有吸引力。环境对人的吸引力也就是环境的人性化，它潜移默化地陶冶着人们的情操，影响着人们的行为。

城镇街道和广场的环境与大城市不同，它更接近大自然，也少有大城市住房的拥挤、环境的嘈杂和空气的污染。城镇的居民愿意在清爽的室外空间从事各种活动，包括邻里交往和进行户外娱乐休闲等。街道绿地中的一座花架和公共绿地树荫下的几组坐凳，都会给城镇街道和广场环境增添亲切感和人情味，一些构思和设置都十分巧妙的雕塑也在城镇街道和广场环境中起到活跃气氛和美化生活的作用。一般来说环境设施有以下 3 种作用。

（1）功能作用　环境设施的首要作用就是满足人们日常生活的使用，城镇街道和广场路边的座椅、乘凉的廊子和花架（图 4-1）、健身设施（图 4-2）等都有一定的使用功能，充分体现了环境设施的功能作用。

图 4-1　花架

图 4-2　健身设施

（2）美化作用　美好的环境能使人们在繁忙的工作与学习之余得到充分的休息，使心情得到最大程度的放松。在人体疲乏，需要找个安逸的地方休息的时候，人们都希望找一个干净舒适，周围有大树、青草，能闻到花香、能听到鸟啼、能看到碧水的舒适环境。环境设施像文坛的诗，欢快活泼，它们精巧的设计和点缀可以让人们体会到“以人为本”设计的匠意所在，可以为城镇街道和广场环境增添无穷的情趣。图 4-3 为阳光球雕塑、图 4-4 为公共绿地的休息棚。

图 4-3　阳光球雕塑

图 4-4　公共绿地的休息棚

（3）环保作用　城镇街道和广场的设施设施质量直接关系到街道和广场的整体环境，也关系到环境保护以及资源的可持续利用。在中国北方的广大地区，水的缺乏一直是限制地方经济以及城镇发展的重要因素之一。虽然北方的广大城镇非常缺水，加上大面积的广场、人行道等路面铺装没有使用渗水性建筑材料，只能眼巴巴地看着贵如油的“水”流走。如果城镇的步行道铺地能够做成半渗水路面，并在砖与砖之间种植青草，那么不但可以提高路面的渗水性能，还可以有效地改善街道和广场的环境质量。街道和广场的步行道铺设了石子，既美观又有利于降水的回渗，如图 4-5 和图 4-6 所示。

图 4-5 步行石子路

图 4-6 石子路面更适宜用作步行路

4.2 城镇街道和广场环境设施规划设计的基本要求和原则

4.2.1 规划设计的基本要求

① 应与街道和广场的整体环境协调统一。

街道和广场环境设施应与建筑群体，绿化种植等密切配合，综合考虑，要符合街道和广场环境设计的整体要求以及总的设计构思。

② 街道和广场环境设施的设计要考虑实用性、艺术性、趣味性、地方性和大量性。所谓实用性就是要满足使用的要求；艺术性就是要达到美观的要求；趣味性是指要有生活的情趣，特别是一些儿童游戏器械应适应儿童的心理；地方性是指环境设施的造型、色彩和图案要富有地方特色和民族传统；至于大量性，就是要适应街道和广场环境设施大量性生产建造的特点。

4.2.2 规划设计的基本原则

（1）经济适用　新型城镇街道和广场的环境设施设计不能脱离对形成城镇自身特点的研究，所以城镇街道和广场环境设施应当扬长避短，发挥优势，保持经济实用的特点。尽量采用当地的建筑材料和施工方法，提倡挖掘本地区的文化和工艺进行设计，既节省开支又能体现地域文化特征。如图 4-7、图 4-8 所示。

图 4-7 绿茵覆顶的凉亭

图 4-8 以当地草本植物覆顶的凉亭

（2）尺度宜人　新型城镇街道和广场与大中城市最大的区别就体现在空间尺度上，空间尺度控制是否合理直接关系着城镇街道和广场的“体量”。如果不根据具体情况盲目建设，向大城市看齐，显然都是不合适的。个别城镇街道和广场刻意模仿大城市，环境设施力求气派，建筑设施和雕塑尺度巨大，没有充分考虑人的尺度和行为习惯，给人的感觉很不协调。城镇的生活节奏较之大城市要慢一些，城镇街道和广场人们生活，其休闲的气氛更浓一些，所以城镇街道和广场的环境设施要符合城镇的整体气质，环境设施的尺度更应亲切宜人，从体量到节点细部设计，都要符合城镇居民的行为习惯。

（3）展现特色　环境设施的设计贵在因地制宜，环境设施的风格应当具有地域特色。欧洲风格的铁制长椅、意大利风格的柱廊虽然给人气派的感觉，但是却失掉了中国城镇本来的特色。环境设施特色设计应立足于区域差异，我国地域差异明显，自然环境、区位条件、经济发展水平、文化背景、民风民俗等各方面的差异，为各地城镇环境设施特色的设计提供了广阔的素材，特色的设计应立足于差异，只可借鉴，切勿单纯地抄袭、模仿、套用。新型城镇街道和广场环境设施设计要有求异思维，体现自己的地域特色与文化传统。

福建惠安在很多街道和广场的环境设施中都普遍地采用石茶座（图 4-9）、石园灯（图 4-10）、原石花盆（图 4-11）等，充分展现其独特的“石雕之乡”风貌。

图 4-9　石茶座

图 4-10　石园灯

图 4-11　原石花盆

（4）时代气息　传统的文化是有生命的，是随着时代的发展而发展的。新型城镇街道和广场环境设施的设计应挖掘历史和文化传统方面的深层次内涵，重视历史文脉的继承、延续，体现和发扬有生命的传统文化，但也应有创新，不能仅仅从历史中寻找一些符号应用到设计之中。现代风格的城镇街道和广场环境设施设计要简洁、活泼，能体现时代气息。要将传统文化与设计理念、现代工艺和材料融合在一起，使之具有时代感。美是人们摆脱粗陋的物质需要以后，产生的一种高层次的精神需要。所以新技术、新材料更能增加环境的时代气息，如彩色钢板雕塑、铝合金、玻璃幕、不锈钢等。图 4-3 的阳光球就是采用轻质不锈钢龙骨、外包阳光板制成的。

（5）注重人文　材料的选择要注重人性化，如座椅以石材等坚固耐用材料为宜。金属座椅适宜常年气候温和的地方，金属座椅在北方广场冬冷夏烫，不宜选用。在北方的冬天，积雪会使地面打滑，所以城镇街道和广场公共绿地、园路的铺地就不宜使用磨光石材等表面光滑的材料。福建惠安中新花园在石雕里装设扩音器，做成会唱歌的螺雕，颇具人性化。图 4-12为螺雕音响。

图 4-12　螺雕音响

4.3 功能类环境设施

4.3.1 信息设施

信息设施的作用主要是通过某些设施传递某种信息，在城镇街道和广场主要是用作导引的标识设施。指引人们更加便捷地找到目标，它们可以指示和说明地理位置，提示住宅以及地段的区位等。如图 4-13 是组团入口标志，图 4-14 是交通指示牌。

图 4-13 组团入口标志

图 4-14 交通指示牌

道路标识系统。北京的路标有白色底色红色字体的，还有绿色底色白色字体的，白色的指向东西的街，绿色的指向南北的街［图 4-15(a)、(b)］。还有一些红底白字的路标，多出现在一些胡同口的位置［图 4-15(c)］。

(a)

(b)

(c)

图 4-15 道路标识

交通指路标志，作为交通参与者的“出行指南”，在保障道路交通安全畅通、引导人们顺利出行等方面发挥着重要作用。

4.3.2 卫生设施

卫生设施主要指垃圾箱、烟灰皿等。虽然卫生设施装的都是污物，但设计合理的卫生设施应能尽量遮蔽污物和气味，还要通过艺术处理使得它们不会影响景致，甚至成为一种点缀。

(1) 垃圾箱 “藏污纳垢”的垃圾箱经过精心的设计和妥善的管理也能像雕塑和艺术品一样给人以美的感受。如将垃圾箱设计成根雕的样式，不但没有影响整体景观效果，而且还是一种景致的点缀。图 4-16 是各种类型的垃圾箱。图 4-17 是各种造型的垃圾箱。

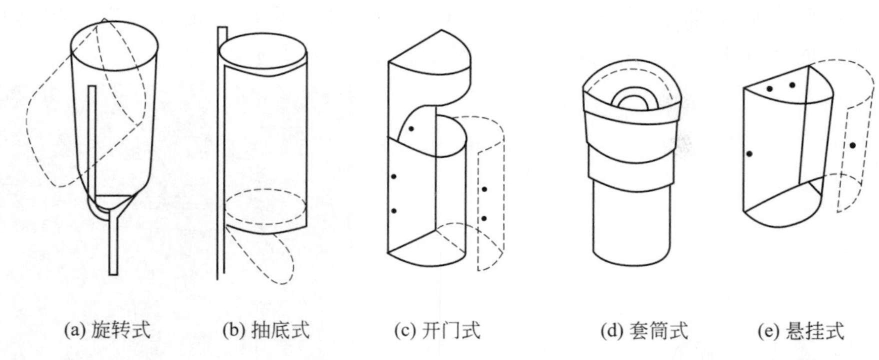

(a) 旋转式　(b) 抽底式　(c) 开门式　(d) 套筒式　(e) 悬挂式

图 4-16　各种类型的垃圾箱

（本图摘自胡长龙．园林景观手绘表现技法．北京：机械工业出版社，2010）

(a) 自然木纹垃圾箱

(b) 简洁造型垃圾箱

(c) 金属垃圾桶

(d) 分类回收垃圾箱

(e) 自然树根造型垃圾箱

图 4-17　各种造型的垃圾箱

（2）烟灰皿　烟灰皿指的是设置于街道和广场公共绿地和某些公共活动场所，与休息坐椅比较靠近、专门收集烟灰的设施。它的高度、材质等相似于垃圾箱。现在许多的烟灰皿设计是搭配垃圾箱设施的，通常是附属于垃圾箱上部的一个小容器。虽然吸烟有害健康，但我国城镇烟民数量庞大，烟灰皿还是不可缺少的卫生设施。有了数量充足，设计合理的烟灰皿，就可以帮助人们改善随地扔烟头的坏习惯，不但有利于美化环境，减少污染，还可以降低火灾的发生率。如图 4-18 所示。

4.3.3　服务娱乐设施

娱乐服务设施与新型城镇街道和广场居民关系最为密切，例如街边健身器材、儿童游乐设施、公共座椅、自行车停车架等。其特点是占地少、体量小、分布广、数量多，这些设施应制作精致、造型有个性、色彩鲜明、便于识别。城镇的服务娱乐设施的设计应当注意以下几点。

图 4-18 烟灰皿

(1) 应与城镇街道和广场整体风格统一　服务设施的设置关系到许多学科，这些设施应当在城镇街道和广场发展整体思路的指引和城镇规划的宏观控制下统一设置，以达到与城镇整体风格相互统一。例如北京市房山区的长沟镇，既有青山环抱，又有泉水流淌，自然环境优美。该城镇的发展方向是休闲旅游业以及林果业、畜牧业。在该镇的街道和广场内公共设施，如座椅、垃圾箱等统一为自然园林风格。

(2) 注意总体布局合理性和个体的实用性　服务娱乐设施首先应该具备方便安全、可靠的实用性，安装地点应该充分考虑街道和广场居民的生活规律，使人易于寻找，可到达性好。图 4-19 是儿童游戏场，图 4-20 是老人活动场。

图 4-19 儿童游戏场

图 4-20 老人活动场

(3) 应注意便于更新和移动　在当今这个资源紧缺、提倡资源重复利用与环境保护的世界，各类环境设施的可持续性要求在当今也越来越高。一般来说采用当地的材料是比较节约能源的，并且用当地的材料也容易形成自身的地域特色。设施的使用寿命不会像坚固的建筑物那样长，因此在设计时应当注重材料的使用年限并考虑将来移动的可能性。图 4-21 是经济实惠的石制坐凳。

图 4-21 经济实惠的石制坐凳

4.3.4 照明设施

随着经济的发展，夜景照明方法和使用范围越来越受到重视。

城镇街道和广场的照明设施大体上可以分为两大类：第一类是道路安全照明；第二类是装饰照明。前者主要是要提供足够的照度，便于行人和车辆在夜晚通行，此种设施主要是在道路周围以及广场地面等人流密集的地方。灯具的照度和间距要符合相关规定，以确保行人以及车辆的安全。后者的作用主要是美化夜晚的环境，丰富人们的夜晚生活，提高居住环境的艺术风貌。道路安全照明和装饰照明两者并不是完全割裂的，两者应该相互统一，功能相互渗透。现代的装饰照明除了独立的灯柱、灯箱外，还和建筑的外立面、围墙、雕塑、花坛、喷泉、标识牌、地面以及踏步等因素结合起来考虑，更增加了装饰效果。如图 4-22 所示。

(a) 古典造型的路灯

(b) 造型别致的路灯

(c) 日本某山城小镇路灯

(d) 形态古朴的草坪灯

图 4-22　各种照明灯具

家喻户晓的华灯是在新中国成立 10 周年庆典前，北京电力公司结合北京“十大建筑”和天安门广场扩建工程而新建的。天安门广场上的莲花灯以及长安街上的棉桃灯就是最初的华灯（图 4-23）。

图 4-23　最初的华灯

（1）道路安全照明　路灯可以在为行人和车辆提供足够照明的同时其本身也成为构成城镇景观的要素，设计精致美观的灯具在白天也是装点大街小巷的重要因素，某些镇路旁的灯具充满了装饰色彩。

（2）装饰照明　装饰照明在城镇街道和广场夜景中已经成为越来越重要的内容。它用于重要沿街建筑立面、桥梁、商业广告街道和广场的园林树丛等设施中，其主要功能是衬托景物、装点环境、渲染气氛。装饰照明首先应当与交通安全照明统一考虑，减少不必要的浪费。装饰照明本身因为接近人群，应当考虑安全性，比如设置的高度、造型、材料以及安装位置都应当经过细心的推敲和合理的设计。

现代的生活方式以及工作方式的改变使得人们在晚上不只是待在家里。城镇街道和广场现代化的设施发展较快，许多城镇街道和广场的公共活动场地都经过精心设计，有的还配备了音乐广场。喷泉加以五颜六色的灯光，使夜晚也能给人以美的享受。夏天，居民们漫步于周围，享受着喷泉带来的凉爽，使城镇居民的夜生活更为丰富。沿街建筑本身也开始用照明来美化其形象，加以夜景灯光设计不但可以美化外观，而且还能起到一定的标志作用，使晚上行走的路人也能方便地找到目标。如图 4-24 所示。福建省泰宁县状元街（商住型）的夜景照明工程设计也颇有特色，如图 4-25 所示。

图 4-24　广场雕塑夜景

图 4-25　状元街的夜景照明

4.3.5　交通设施

交通设施包括道路设施和附属设施两大类。

道路设施的基本内容包括路面、路肩、路缘石、边沟、绿化隔离带、步行道铺地、挡土墙等。道路的附属设施包括各种信号灯、交通标志牌、交通警察岗楼、收费站、各种防护设施（如防护栏）、自行车停放设施、汽车停车计费表等。

道路交通类的设施由于关系到交通的畅通和人的生命安全，就更应该注意功能的合理性和可靠性。设施位置也应当充分考虑汽车交通的特点和行车路线，避免对交通路线造成妨碍。道路的排水坡度和路旁边的排水沟除了美观以外应当充分计算排水量，避免在遇到大暴雨时产生因为设计不合理而导致的积水。

（1）交通隔离栏　最早出现隔离机动车和非机动车隔离设施是在 1980 年 10 月，长安街东起建国门外大街祁家园路口、西至复兴门外大街木樨地路口，全线 10km 道路两侧机动车和非机动车道之间放置隔离墩，成为北京市第一条机非物体隔离道路（图 4-26）。

最早位于道路中央用于分隔道路的隔离设施出现在 1985 年 5 月，市公安交通管理部门对西二环路百万庄大街东口至阜成门立交桥 400m 路段设置中心隔离墩（图 4-27）。

现在北京的街道中比较普遍应用的隔离栏为图 4-28 的形式。隔离栏的安装，从根本上解决了车辆随意横穿、掉头的现象，提高了车辆通行的速度和效率，使交通运行更顺畅，有了这些隔离栏，可以避免这些任意违规现象的发生，消除交通安全隐患，减少交通事故。

（2）交通信号灯　随着北京人口和汽车的剧增，市区交通日益拥挤，要是没有红绿灯作为指挥工具，恐怕川流不息的汽车就会由于混乱而造成严重阻塞。最原先出现在北京街头的是交警上班的交通指挥亭和一个交通指挥台，身着白色警服的交警指挥着北京的交通畅通（图4-29、图4-30）。后来出现了灯泡做成的交通信号灯，白色的灯泡由于外面灯罩刷有不同颜色的涂料而显现出红黄绿三种颜色。紧接着灯具改良成为二极管，北京现在交通路口的红

图 4-26　北京市第一条机非物体隔离道路

图 4-27　中心隔离墩

图 4-28　现在北京街道普遍应用的隔离栏

绿灯其实已经是“红蓝灯”，每盏灯已不再是一个白灯泡外套一个涂上颜色的灯罩，而是由若干个发出不同颜色的小电子管组列而成。由于这个变化，人们现在已经很少看到工人在路口换红绿灯灯泡、涂新颜料的情景了。现在的北京街头，红绿灯也不再拘泥于三盏一排，根据道路情况的不同，有时交通信号灯会设计成带有左转右转方向的箭头，一排四五盏灯的情况不在少数。在十字路口为行人设置的红绿灯，设计成活动的小人，生动形象，并且加入了为盲人指引通行的音节，盲人通过听觉就可以判断此时是什么信号灯，以确定自己是否可以通行等。

图 4-29　交通指挥亭

图 4-30　交通指挥台

（3）步行景观道路　由于人流交往密切，对景观的作用更为突出，这些道路的景观因素非常重要，美化环境、愉悦人们心情的作用也更为突出。

景观道路的设计处处体现着融入环境，贴近自然的理念，从材质到色彩都应很好地与环境融为一体。景观路的地面多为天然毛石或河卵石，这样的传统铺路方法很好地保持了自然的风貌，而且利于对自然降水的回渗，具有环保作用。

如某城镇的滨水道路的设计：材质采用方型毛石，色彩呈米黄色，毛石缝里镶嵌绿草，与路旁的草地自然过渡，很好地保护了环境。如图 4-31 所示。江南某城镇的绿地中的小路用了仿天然木桩，显得自然而且富有情趣。一些街道和广场的公共绿地和小路用当地的天然石材、河卵石、木材铺设，且都留有种植缝，这样的景观路美观而且渗水性好。在城镇街道和广场的步行路中，应大力提倡这种既环保又美观的道路铺装设计，如图 4-32～图 4-36 所示。

图 4-31　滨水道路

图 4-32　仿木桩小路

图 4-33　嵌草石板路

图 4-34　石板小路

图 4-35　石材小径

图 4-36　天然材质的石板路和木桥

4.3.6　无障碍设施

关怀弱势人群是现代化文明的重要标志。近年来，在我国弱势人群的权益也受到越来越多的重视。老弱病残者也应当像正常人一样，享有丰富生活的权利。尤其是城镇街道和广场内体现在住宅和室外环境上就是要充分考虑到各种人群（尤其是行动不便的老年人和残疾人）使用建筑以及各种设施的便利性。在正常人方便使用建筑设施的同时也要设计专门的无障碍设施便于各种人群通行。室外无障碍设施非常多，可以说任何考虑到老弱病残者以及各种人群通行和使用方便的设施设计都属于这方面的工作，图 4-37 是国外某城镇街道和广场

图 4-37　无障碍铺地及台阶处扶手

图 4-38　人行道路口处的无障碍设计

人行道路口处的无障碍设计，人行道上的台阶打开了一个缺口，变成了坡道，便于上台阶困难的行人通行。如图 4-38 所示。

4.4 艺术景观类环境设施

艺术景观类设施是美化城镇环境，使人们的生活环境更加优美、更加丰富多彩的装饰品。一般来说，它没有严格的功能要求，其设计的余地也最大，但是要符合城镇街道和广场的整体设计风格，与道路的交通流线没有矛盾。艺术景观类设施是品种多样，而且常穿插于其他类别的设施当中，或是其他类别的设施包含一定的艺术景观成分。比较常见的有雕塑、水景、花池等。

城镇街道和广场的艺术景观设施应当更加重视当地的地域文化、气候特点，挖掘民间的艺术形式，而不要“片面地追求时尚”。如何使艺术景观设施延续和发扬历史、文化传统；传承文化的地域性、多样性是每位相关领导、设计师，甚至是每位城镇居民应当考虑的事情。

4.4.1 雕塑

当今装点城镇街道和广场的雕塑主要有两大类，即写实风格和抽象风格。写实的雕塑，如图 4-39、图 4-40 所示，通过塑造和真实人物非常相似的造型来达到纪念意义，例如四川省都江堰的李冰父子塑像。这类雕塑应特别注意形象和比例的认真推敲，不能不顾环境随便定制或购买一个了事。不经仔细推敲和设计的雕塑作品不仅不能给环境带来美感，反而会破坏环境。与写实风格相反，抽象雕塑用虚拟、夸张、隐喻等设计手法表达设计意图，好的抽象雕塑作品往往引起人们无限的遐思。抽象雕塑精美的地方不再是复杂的雕刻，而是更突出雕塑材料本身的精致和工艺的精巧。

图 4-39 美国某镇写实雕塑

图 4-40 有纪念意义的写实雕塑

国外某城镇的滨水雕塑，用抽象的线条塑造出人的造型，丰富了原本单调的滨水景观，如图 4-41 所示。许多其他类的设施，如图 4-42 中的座椅，也加入了雕塑的艺术成分。

我国新型城镇街道和广场景观设计中，传统的山石小品是造景的重要元素，由若干块造型优美的石来表现自然山水的意境，如图 4-43 所示。在山石小品的审美中，古人倡导选石要本着“瘦、透、漏、皱”的原则，意境讲究“虽由人作，宛自天成”。为此，提倡山石设施从选石、造型到摆放位置都应仔细推敲，精心设计，避免缺乏设计、造型呆滞、尺度失调的假山石对城镇街道和广场景观的破坏。

图 4-41 抽象雕塑

图 4-42 有抽象雕塑风格的坐椅

图 4-43 山石设施

4.4.2 园艺设施

主要指花坛一类的种植容器，既可以栽种植物又可以限定空间和小路，并赋予城镇街道和广场一种特别宜人的景观特性。设计时应注意，不能把花坛布置在缺少阳光的地方，也不能任意散置。一般来说最好把它们作为路上行人视线的焦点，成组、成团、成行地布置，例如沿建筑物外墙、沿栏杆等，或单独组成一个连贯的图案。如图 4-44～图 4-47 所示。

图 4-44 沿建筑布置花坛

图 4-45 日本某小镇沿路布置的花坛

图 4-46 花坛与建筑物风格一致

图 4-47 限定小路的花坛

图 4-48 日本的传统水景观

图 4-49 配合小广场的水景

4.4.3 水景

水景是活跃城镇气氛，调节微气候和舒缓情绪的有利工具。在我国北方，目前许多城镇普遍存在缺水现象，加上环境恶化，水质污染，生活生产用水相当紧张，所以城镇街道和广场室外环境艺术设计水景要谨慎，应尽量节约用水，若有条件可利用中水形成水景观。水景的表达方式很多，变化多样，诸如喷泉、水池、瀑布、叠水、水渠、人工湖泊等，使用得好能使环境充满生机。如图 4-48～图 4-53 所示。

图 4-50 杭州某小镇的水景

图 4-51 人工水池中的叠水

图 4-52 公共活动场地上的喷泉

图 4-53 公共活动场地上结合绿化的水池

4.5 城镇环境设施的规划布局

4.5.1 建筑设施

休息亭、廊大多结合街道和广场的公共绿地布置，也可布置在儿童游戏场地内，用以遮阳和休息；书报亭、售货亭和商品陈列橱窗等往往结合公共服务中心布置；钟塔可以结合公共服务中心设置，也可布置在公共绿地或人行休息广场；出入口指街道和广场和住宅组团的主要出入口，可结合围墙做成各种形式的门洞或用过街楼、雨篷或其他设施如雕塑、喷水池、花台等组成入口广场。图 4-54 为入口的水景。

4.5.2 装饰设施

装饰设施主要起美化街道和广场环境的作用，一般重点布置在公共绿地和公共活动中心等人流比较集中的显要地段。装饰设施除了活泼和丰富街道和广场景观外，还应追求形式美和艺术感染力，可成为街道和广场的主要标志。

4.5.3 公用设施

图 4-54 入口的水景

公共设施规划和设计在主要满足使用要求的前提下，其色彩和造型都应精心考虑，否则将会有损环境景观。如垃圾箱、公共厕所等设施，它们与居民的生活密切相关，既要方便群众，但又不能设置过多。照明灯具是公共设施中为数较多的一项，根据不同的功能要求有道路、公共活动场地和庭园等照明灯具之分，其造型、高度和规划布置应视不同的功能和艺术等要求而异。公共标志是现代城镇中不可缺少的内容，在街道和广场中也有不少公共标志，如标志牌、路名牌、门牌号码等，它给人们带来方便的同时又给街道和广场增添美的装饰。道路路障是合理组织交通的一种辅助手段，凡不希望机动车进入的道路、出入口、步行街等均可设置路障；路障不应妨碍居民和自行车、儿童车通行，在形式上可用路墩、栏木、路面做高差等各种形式，设计造型应力求美观大方（图 4-55）。

(a)

(b)

图 4-55 出入口的路障设计

4.5.4 游憩设施

游憩设施主要是供居民的日常游憩活动之用，一般结合公共绿地、广场等布置。桌、椅、凳等游憩又称室外家具，是游憩设施中的一项主要内容。一般结合儿童、成年或老年人活动休息场的布置，也可布置在人行休息广场和林荫道内，这些室外家具除了一般常见形式外，还可模拟动植物等的形象，也可设计成组合式的或结合花台、挡土墙等其他设施设计。

4.5.5 铺地

街道和广场内道路和广场所占的用地占有相当的比例，因此这些道路和广场的铺地材料和铺砌方式在很大程度上影响街道和广场的面貌。地面铺地设计是城镇环境设计的重要组成部分。铺地的材料、色彩和铺砌的方式要根据不同的功能要求选择经济、耐用、色彩和质感美观的材料，为了便于大量生产和施工往往采用预制块进行灵活拼装。

5 历史文化街区的保护与发展

5.1 历史文化街区的界定和特征

5.1.1 历史街区的界定

现在人们普遍认为，历史街区（historic districts）是指在城市（或村镇）历史文化中占有重要地位，代表城市文脉发展和反映城市特色的地区。历史街区可以是古代某时期历史风貌的存留，如北京国子监街（图 5-1）；可以是地方或民族特色的体现，如桐乡市乌镇古街（图5-2）；也可以是体现因历史原因而带来的外国的或混合式的风格，如广州沙面历史街区（图 5-3）。但无论是哪一种形式与风格，都必须同时满足历史真实性、风貌完整性与社会属性，这三个历史街区的核定标准。

图 5-1　北京国子监街

图 5-2　桐乡市乌镇古街

（1）历史街区的真实性　历史街区是历史建筑的聚合，其构成的道路骨架、城墙、市楼、传统民居群等物质空间形态可以称为历史街区的客体形态。历史街区不仅包括有形文化的建筑群，还包括蕴涵其中的无形文化即历史街区的主体形态，如世代生活在这一街区中的人们所形成的价值观念、生活方式、组织结构、人际关系、风俗习惯等。从某种意义上讲，无形文化更能表现历史街区特殊的文化价值。

（2）历史街区的风貌完整性　历史街区在城市历史文化发展中占有重要地位，有较完善的历史风貌与集中反映该地区特色的建筑群。其中很多建筑，从整体来看都使得该街区非常完整，而且带有浓郁的传统风貌，是这一地区活的见证。

（3）历史街区的社会属性　历史街区的社会性指的是历史街区的主体形态，是一个地区

图 5-3 广州沙面历史街区

居民群体和他们所形成的社会结构形态与无形文化的统称。历史街区之所以能存留至今，就其内在的文化传统传承机理而言，正是人（居民）与历史遗存（街区）之间的濡染互动，使得历史街区在物质形态的发展过程中，保持高度的连贯性和自我调适。此外，历史街区乃至社会发展的根本动力同样来自于居民生活的客观需要。

5.1.2 历史街区的特征

新型城镇历史街区的特征不仅体现在建筑形式、空间形态等物质元素上，而且包括功能、民风民俗、文化内涵等精神元素；主要通过街区的真实性、多样性、空间组织和可意象性表现出来。

(1) 真实性　真实性是指能够给人带来真实的历史体验的特性。包括特殊的建筑风格、空间形态、民风民俗、特殊的地域文化内涵等。

例如，在江南小镇的历史街区中，建筑依河而建，河与建筑密不可分，两者共同构成了江南地区独特的空间形态，让人很容易体会到“小桥、流水、人家”的独特江南文化（图5-4、图5-5）。

图 5-4 江南水乡——周庄

再如，在宏村历史街区中，独有的马头墙的建筑形式让人很清楚地确定了建筑所在地区（图 5-6）。

图 5-5 江南水乡——同里

图 5-6 宏村村落空间

图 5-7 宏村街区空间

（2）多样性 历史街区经过时间的冲刷，蕴含了历史积淀，这就构成了街区的多样性。具体分为两个方面：一是自然环境的多样性，如各种建筑特色等，这些是明显的；二是人文环境的多样性，如不同的地域生活氛围等，这些是不易察觉的。例如，徽州建筑风格能够让人很容易识别，但是它所代表的当地风俗确是难以体会的（图 5-7）。

丽江古城建筑经过历史的冲刷，既吸收了中原廊院式和四合院式的建筑传统，又因地制宜地创造了自己的特点，平面布局呈“三坊一照壁，四合五天井”的典型形式，与这当中所包含的难让人察觉的生活氛围形成了当地特有的纳西文化（图 5-8）。

（3）空间组织和可意象性 空间组织是指从视觉价值上看是有序的，容易辨别的。可意象性指街区的建筑和城市设计能否融合为其经济和社会历史的组成部分，成为历史特性价值的有机整体和补充。如图 5-9 所示，丽江古城独有的云南建筑形式在保留中国古建筑传统的三段式的基本形式的基础上，结合当地特色，因地制宜将几种屋顶形式结合使用，创造了当地建筑特殊的风格，这在一定程度上很好地体现了其历史特性，使人们容易体验其历史文脉的内涵。

图 5-8 丽江古城街道空间

图 5-9 丽江街道空间

5.1.3 历史文化街区的现状问题

随着中国改革开放的不断深入，城市化进程的加快，人们对传统历史文化街区保护的呼声越来越高。传统历史文化街区的保护是一个世界性的课题，多年来一直受到我国政府的高度重视，近年来，我国在传统历史文化街区的规划、保护、建设和管理等领域进行了多方面的探索和改革，特别是在历史文化名城和历史街区的城市环境及生态系统建设、提高保护意识和规划设计水平、完善保护措施和行政法规等方面做了大量工作，产生了一大批成功的实例，取得了很大成绩，得到了国内外各界人士的充分肯定。但也应该看到传统历史文化街区保护是一项非常艰巨的任务，需要做长期的工作和付出更大的努力。在城市建设和发展的过程中，对于保护传统历史文化街区的认识不同，解决问题的方法不同，就不可避免地会存在很多问题，归纳起来主要有以下几点。

（1）政策法规不健全，保护规划滞后　我国正处在一个大建设、大发展时期，在这一过程中必然会遇到建设与保护、发展与继承的矛盾。要建设，就要有一定的拆迁，就会遇到保护问题；要发展，就有一个如何继承传统的问题。就全国范围而言，我们的传统历史文化街区的保护性规划还不够完善，有些城市的保护性规划还相当滞后，保护性的政策法规也不够健全，致使保护工作无章可循，制约了保护工作的顺利开展。

（2）注重新城建设，忽视传统保护　一些城市建设的主管部门和主要领导，对城市建设规模和城市发展速度情有独钟，热衷于建设体现政绩的所谓形象工程。一时间宽马路、大广场随处可见，高楼大厦鳞次栉比，在这股相互攀比的风气下，很多优秀的历史文化街区渐渐地失去了原有的光彩，很多优秀的历史建筑被淹没在钢筋混凝土铸就的“森林”之中，极大地破坏了它的文化价值，使我们的城市毫无特色可言。

（3）盲目开发，违背可持续发展　随着人们物质文化水平的提高，越来越多的人对传统文化有了了解和认识，传统历史文化街区的社会价值也逐渐体现出来，人们对此的关注程度和参与意识越来越强。在开发利用和有机保护上，一些单位和部门受经济利益的驱使，不顾传统历史文化街区和优秀历史建筑的承受能力，盲目开发建设，违背了保护建设的基本原则和规律，使原本质朴高雅的传统历史文化街区丧失了特色，变成了商业味十足的旅游点，过多的游人使得传统历史文化街区不堪重负，因而迅速遭受破坏。

（4）注重表面功夫，忽视文化内涵　目前，我国很多传统历史文化街区在开发保护中只注重外在形式的修缮，而忽略了文化内涵的挖掘。然而不同的历史年代、不同的地域差别，所产生的历史文化街区和优秀历史建筑是不尽相同的。有些历史建筑和历史文化街区的修缮没有严格遵守传统建筑的法式和尺度，随意夸大建筑体量和街区的空间尺度，给人以错觉。更有甚者，在传统历史文化街区和优秀历史建筑附近另造假古董，严重地破坏了传统历史文化街区的建筑形象，玷污了传统历史文化街区的整体氛围，这种不伦不类的假古董对真正的传统文化街区带来了极大损害。

（5）资金与人才匮乏，开发管理混乱　近年来，我国对传统历史文化街区和优秀历史建筑的保护、开发及利用虽然加大了资金投入，但是与发达国家相比，资金支持力度还不够，特别是用于保护的科学研究费用太少，使得我国在保护利用的理论研究上还有一定的差距；而且缺乏相关的保护人才，对于保护的专业指导性不强，在开发和管理方面大多停留在表面的旅游价值上，对历史文化价值缺少挖掘和整理，没有形成开发、利用、保护的完整体系，由于管理混乱而造成了许多传统历史文化街区品味下降。

5.1.4　历史文化街区保护与更新的关系

（1）历史街区保护与更新的内容　在历史街区中，文化风貌的体现靠的是带有传统风格的建筑及其环境，起作用的是朝气蓬勃的生活内容。因此真正应该保护的是各级文物点、传统街区的空间格局（即具有地方特色的建筑形式、环境尺度、街区历史形成的道路结构和在街区中能够增加其风貌氛围的建筑单体或群体）、天际轮廓线以及传统文化的继承和传统经济的发展。保护历史风貌片段的风貌特色，主要包括以下内容。

① 要保护和延续其原有的空间结构，这体现在传统的道路格局上。

② 要保护原有的空间尺度感觉，包括建筑物的体量高度、街道的宽度等。这些显示了建筑物与外部空间的关系，体现了城市肌理。

③ 要保护空间的界面特征，包括立面符号、装饰主题、窗洞布局大小、色彩、材料等。

而这一切又是和更新紧密联系在一起的。所谓更新，就是对一个具体对象的某些有传统价值的成分予以保护，其他不符合历史风貌的部分进行更新，主要包括两个方面：一方面是为改善环境质量所作的更新，包括房屋的结构、构造、基础设施和市民生活设施等；另一方面是为了更好的保护传统风貌所做出的更新，包括拆除破坏景观的建筑物，对年久失修的历史建筑物进行局部改造等。目的便是能最大限度地保存历史的痕迹，同时仔细地修复已经被破坏的部分或者艺术地处理难以恢复的部分，使得历史街区的整个传统氛围能够协调统一。

（2）历史街区保护与更新的关系　保护与更新的关系，是对有历史价值的东西进行保护，而对于一些落后的、破旧的东西则要坚决的更新，如加强现代基础设施的建设等，只有这样才能使历史街区保持其旺盛的生命力。分析历史可得出这样的结论，对于历史街区的发展，保护与更新应是平行并列地进行。

面对明显老化的传统建筑、与现代生活需要有着很大冲突和矛盾的街区现状，简单地“拆旧建新”，或对老化衰退熟视无睹、无所作为是不负责任的，应该把保护与更新统一起来。例如，在保护更新工作中需特别注意在整饰建筑外观的同时也要对内部进行改造，增加现代化的设施，适当增加日照通风条件，改善给水、排水、电力、电信以及防灾等基础设施，推行采用清洁安全的炊事能源，还可适当增加广场绿地，增设文化生活服务设施等。对于质量风貌较差或者已经改造过的房屋，在整饰时可以采用一些新的材料和较为简化的符号，不必要完全复古；对于不可避免出现的新建筑，可以借鉴传统建筑的风格、手法乃至具体的材料、色彩和装饰主题，但应是完完全全的新建筑，在弘扬传统文化的同时应该与老建筑有明显的区别。这样，新老建筑拼贴在一起，从一系列的建筑成员上既可看到延续性，又可看到时代的变异性，从序列中获得统一。对历史街区的保护，根本的出发点是为了保护它们，发展它们和使用它们，最终使其与现代生活相协调。即把保护与更新结合起来，使城镇的昨天、今天和明天联系在一起，实现城镇可持续发展。

历史街区的保护与更新在一定程度上是为了今后更好的建设，建设的意义同样包含在保护与更新的关系之中。保护的价值及其服务现代生活的作用将成为开发决策的重要内容。更新使历史街区具备了新的生活内容，历史街区因此也获得了新的生命，这也成为建设的重要意义。今天，在保护与更新的过程中，历史街区的经济与社会效益是其保护与更新得以落实的关键，也只有在不断淘汰传统的糟粕、建设新的价值的过程中，历史街区才能传承。

5.1.5 国外城镇历史街区保护的实践与经验

(1) 国际上倡导保护历史街区的相关纲领性文件　从20世纪60年代开始，国际上对历史街区的保护便予以关注。世界各国、各地区政府及联合国教科文组织一直致力于历史遗产保护问题的协调解决。1964年由联合国教科文组织倡导成立的“国际文化财产保护与修复中心”通过的《威尼斯宪章》(即《国际古迹保护与修复宪章》) 明确提出了保护历史环境的重要性，指出：文物古迹“不仅包括单个建筑物，而且包括能够从中找出一种独特的文明、一种有意义的发展或一个历史事件见证的城市或乡村环境”。1972年以来，联合国教科文组织大会先后通过了《关于保护国家级文化与自然遗产的建议》、《关于保护历史区域及其在现时代的作用的建议》和《关于保护被公共或个人工程建设项目破坏的文化遗产的建议》，确定了对人类历史遗存进行建设性保护的原则。1976年，联合国教科文组织在内罗毕通过的《内罗毕建议》(即《关于历史地区的保护及其当代作用的建议》) 拓展了保护的内涵，即包括鉴定、防护、保存、修缮和再生，明确指出了保护历史街区的作用和价值：“历史地区是各地人类日常环境的组成部分，它们代表着形成其过去的生动见证，提供了与社会多样化相对应所需的生活背景的多样化，并且基于以上各点，它们获得了自身的价值，又得到了人性的一面”；“历史地区为文化、宗教及社会活动的多样化和财富提供了最确切的见证”。1987年，国际古建遗址理事会通过的《华盛顿宪章》(全称为《保护城镇历史地区的国际宪章》) 再次对保护“历史地段”的概念做了修正和补充，确定了城镇历史地段保护的现代历史文化保护原则，基本上确立了国际上保护历史街区的概念。文件指明了“历史地段”应该保护的五项内容，即地段和街道的格局和空间形式；建筑物和绿化、旷地的空间关系；历史性建筑的内外面貌，包括体量、形式、风格、材料、色彩、装饰等；地段与周围环境的关系，包括与自然和人工环境的关系；该地段历史上的功能和作用。这里所谓的“历史地段”是指“城镇中具有历史意义的大小地区，包括城镇的古老中心区或其他保存着历史风貌的地区”，“它们不仅可以作为历史的见证，而且体现了城镇传统文化的价值。”

上述文件成为世界各国普遍遵循的保护历史环境与历史街区的国际性准则。

(2) 世界各国保护历史街区的措施和方法　从世界各国保护文物古迹、历史建筑、历史街区等历史遗产的具体举措来看，一些国家在这方面已取得显著成效，它们的做法值得借鉴。

① 能许多国家十分重视从法制的角度强化管理，为保护历史街区颁布了一系列法律法规。

法国除了1913年的《历史性纪念物保护法》和1931年的《景观保护法》提及古建筑及其周围环境的保护以外，1962年又率先制定了更具体的保护历史街区的《马尔罗法令》(即《历史街区保护法令》)，该法令规定将为“历史保护区”制订的保护和继续使用的规划纳入城市规划的严格管理中，保护区内的建筑物不得随意拆除，维修和改建要经过“国家建筑师”的指导，正当的修整可以得到国家的资助，并享受若干减免税收的优惠。之后，欧洲许多国家纷纷效法，在《城市规划法》中划定保护区，制定各国的历史地段保护法规。

英国在1967年颁布的《城市文明》中提出了保护“有特殊建筑艺术和历史特征”的地区，如建筑群体、户外空间、街道形式以及古树等。保护区的规划面积大小不一，包括古城中心、广场、传统居住区、街道及村庄等。该法令要求城市规划部门在制定保护规划以后，任何个人和部门不能任意拆除保护区内的建筑，如有要求，应事先提出申请，市政当局须在8周内答复，必要时当局可作价收买。区内新建改建项目要事先报送详细方案，其设计风格要符合该地区的风貌特点。法令还规定不鼓励在这类地区搞各种形式的再开发。

日本1966年颁布的《古都保存法》则强调要保护古都文物古迹周围的环境以及文物连片地区的整体环境，1975年修订的《文化财保存法》又增加了保护“传统建筑群”的内容。该法律规定，“传统建筑集中与周围环境一体形成了历史风貌的地区”应定为“传统建筑群保护地区”，首先由地方城市规划部门确定保护范围，制定地方一级的保护条例，然后再由国家选择一部分价值较高者作为“重要的传统建筑群保护地区”。在这些地区，一切新建、扩建、改建及改变地形地貌、砍树等项目都要经过批准。城市规划部门要做出相应的保护规划，确定保护对象，列出保护的详细清单，包括构成整体历史风貌的各种要素；制订保护整修的计划，对传统建筑进行原样修整，对非传统建筑进行改建或整修，对有些严重影响风貌的建筑要改造或拆除重建；做出改善基础设施、治理环境及有关消防安全、旅游展示、交通停车等方面的规划。

意大利于19世纪50年代就形成了比较系统的古城区及历史遗迹保护法规，1990年再次颁布了古城区保护新管理法。在德国，规划法与建筑法则是完全分离的，建筑法的立法权归地方各州，规划法则归中央，各州都有文物保护法和被保护建筑名录。此外，德国的“详细规划制度”对历史建筑保护影响很大，城市的开发和再开发的详细规划，若涉及历史建筑保护，必须得到文物管理部门的认可才能生效。

② 建立了一套健全高效的管理机构。

意大利为了保护历史文化遗产建立了一整套健全的保护机构。早在1939年意大利就成立了中央文物修复研究所，现在，文化遗产部是最主要的古城与古建筑保护机构，下设考古、古建筑古文物登记、古建筑管理、现代（中世纪到19世纪）城区保护等7个专门的办公室来进行同步监管。若在古城内新建建筑或修复建筑均需经七个保护办公室集体研究批准，而且任何个人或组织都无权擅自批准，否则将予以拆除并处以罚款。

英国有中央和地方两级历史遗产保护组织网络。中央由环境保护部和国家遗产部、英格兰遗产委员会负责，地方则由八个区的专门官员负责落实保护法规，处理日常工作。

法国建立了一套比较完善的中央、地方和民间三管齐下的文化遗产保护管理体制。从中央层面来说，文化部下设的文化遗产局负有管理责任，其主要职责是鼓励在由于具有历史、美学、文化价值而受到保护的地方进行建筑创新，对考古、建筑、城市、民族、摄影和艺术方面的遗产进行分类、研究、保护和保存并广泛宣传，审查适用于建筑师的立法申请等。地方上也设立了相应的机构，负责监督和调查文物古迹的现状和维护情况。

日本的历史文化遗产保护由文化部门（中央为文部省文化厅，地方为地方教育委员会）和城市规划部门（中央为建设省都市局，地方为城市规划局）两个相对独立、平行的行政体系分管。其中，文化部门主管文物和传统建筑群保存地区的保护管理工作，城市规划部门负责与城市规划相关的古都保护及景观保全等的保护管理。

③ 强化公民的历史文化保护意识，让公民参与历史遗产的保护。

美国古城和历史建筑保护不仅得到了政府及有关部门的支持，而且还得到了民间团体的广泛参与。这些团体大都由社会知名人士及自愿者组成，其主要任务是按照当地公众的意愿，向市政当局和议员进行游说，取得他们的支持，有些重要的民间团体还在一定程度上介入政府有关古建筑维护、改建、拆除等的立法工作。

在英国，公众参与是全部规划过程中的重要部分。如果没有公众的参与，政府政策的落实就会遇到困难。在保护区内通常要成立一个保护区咨询委员会，由当地居民及商业、历史、市政和康乐社团的代表组成，共同商讨本地区的大政和具体提案。

意大利民众对古城和古建筑也有强烈的保护意识。为了营造"人人了解遗产、人人爱护遗产"的环境和氛围，意大利政府从 1997 年开始，在每年 5 月份的最后一周举行"文化与遗产周"活动，所有国家级文化和自然遗产地免费开放，包括国家博物馆、考古博物馆、艺术画廊、文物古迹、著名别墅和建筑。在此期间，文化遗产部还举办音乐会、研讨会等形式多样的与文化、历史有关的活动，以提高公民的遗产保护意识，保证文化遗产最大限度地发挥其社会效益。此外，意大利每年都要举办以"春天"、"夏日"、"秋实"或"冬眠"等为主题的遗产知识普及活动。在这种全民参与文化遗产保护的氛围下，许多民间团体成为历史遗产保护的重要力量，如"我们的意大利"，其成员来自各个阶层，均无偿地为历史遗产保护进行宣传，搜集民众意见，并为政府决策部门提供建设性建议，发挥了政府智囊团的作用。

法国在文化遗产保护方面，公众的参与意识也颇强烈。从 1984 年开始，法国政府把每年 9 月的第三个星期六和星期日定为"遗产日"，向公众免费开放文化古迹、历史建筑和国家行政机构建筑如总统府、总理府、国民议会、外交部、国宾馆、巴黎市政厅等，以便于公众进一步了解法兰西民族的文化遗产增强保护民族遗产的意识。法国首创的"遗产日"活动逐渐发展成为一项全欧洲的活动，1991 年有了"欧洲文化遗产日"，40 多个欧洲国家都在这时举办"遗产日"活动。在这种文化遗产保护氛围的影响下，许多民众都自觉地参与到文化遗产的保护活动中，人人成为文化遗产保护的监督者，还有些人以私人身份参与到对文化遗产的管理中，现在法国有一半重点文物的管理权是属于私人的。

日本在 20 世纪 60 年代末大规模拆毁历史街区时，日本广大市民自觉地参与到历史街区的保护活动中，文化遗产的各地方保护条例和《文化财保存法》的修改也是由市民和学者自下而上推动的。他们认为，保护生态环境只影响到人的肌体，保护历史环境却涉及人的心灵，所以，在现代化进程中，保护工作是尤为重要的内容。也就是说，日本的历史遗产保护已经从过去传统的以技术取向为主的保护，开始转向关注当地居民的感受和社区居民积极参与的保护。

其他亚洲国家民众在文化遗产保护方面的参与意识也很强烈。韩国在历史遗产保护方面也很重视民众的参与。在 1997 年的"文化遗产年"中，韩国政府提出了"知道、找到和保护"的口号，引导国民参与对文化遗产的保护，许多民间组织在对文化遗产的保护方面也起到了强大的监督作用。

④ 动员全社会的力量，政府和民间共同努力，多渠道筹集经费，保证历史遗产保护的资金来源，如减免税收、贷款、公用事业拨款、发行奖券和自筹资金等。

美国古城和历史建筑保护的资金来源主要依靠社会和私人捐款、举办各种展览、出租古建筑等，改造古建筑的资金主要由房地产商向社会和私人集资解决。

意大利古城及古建筑的保护经费除了政府每年从城市建设费中划拨一部分以外，这些古城及古建筑可观的旅游收入也被充作维护经费。

日本《文化财保存法》规定中央政府和地方政府各出资 50%，用于补助住户对历史建筑外部的整修费用，每个保护区每年可以有 6～8 户得到补助，每户可得整修费用的 50%～90%。

法国政府在文化遗产保护方面的资金投入力度很大，20 世纪 90 年代，法国文化预算的 15％是用来保护文化遗产的。近年来，法国每年斥资近 3 亿欧元，用于整修 13000 余座历史建筑和维修 24000 座有历史价值的建筑。此外还成立了文化遗产基金会，筹集初始经费 800 万欧元；该基金会有权收购濒危建筑物，在地方古迹的保护上发挥了重要作用。

（3）世界各国及国际组织有关历史街区保护的经验对我国的启示

① 要加强立法，严格管理。在《文物保护法》的基础上，制定更详细更有针对性的“历史街区保护条例”等法规，使历史街区保护形成一套完整的法律法规体系，使历史街区保护与管理有法可依，有章可循。

② 强化每一个普通公民的历史街区保护意识，让每一位公民都参与到历史街区的保护中来。国家不妨仿照欧美等国设立“遗产日”，广泛宣传文化遗产保护的重要性，提高公民的遗产保护意识。同时，发挥民间社团的作用，让其成为沟通政府与普通公民的桥梁。

③ 历史街区的保护经费应列入财政计划的专项补贴，并多渠道争取资金，专门用做这些街区的保护与维修。

“往昔的唯一魅力就在于它已是过去”。在世界现代化与城市化步伐日益加快的今天，许多大都市中现代化的摩天大楼比肩而立，现代文化强烈地冲击着古老的传统文化，日益变化的生活空间昭示着历史离现代人越来越遥远。有一天，当人们厌倦了现代都市的喧嚣而生怀古之幽情的时候，却蓦然发现，那些曾经代表着自己民族、自己城市历史的街区、建筑甚至一砖一石早已荡然无存，早已消失在轰隆作响的推土机下。到那时，人们才开始逐渐认识到历史建筑所承载的种种不可替代的价值和作用，并开始反思，那曾经是一个国家、一个民族、一个城市的象征的建筑、雕塑、街道到哪里去了？为了避免这种无法挽回的悲剧发生，我们应该从现在就行动起来，保护属于我们的历史文化。

5.2 历史文化街区和节点的文化景观保护的原则

5.2.1 保护前提下的“有机更新” 原则

城镇历史街区因其独特的风貌与深厚的文化底蕴，不仅具有高度的美学价值，也是记录地区文脉，传承历史的无字史书。在传统风貌和文脉面临现代城市发展所带来的巨大挑战时，面对传统建筑明显老化、基础设施陈旧、居住环境恶化等问题日益显现，历史街区的历史性与现代生活的现代化出现矛盾的时候，简单地“拆旧建新”，或对老化衰退熟视无睹、无所作为是不负责任的。历史性环境、历史性脉络是有生命、生活气息的，其生命力是十分活跃的，是对历史的回忆，能给人以一个街区的整体形象。所以应该注重对整个历史环境、历史脉络的珍惜。而历史是不断向前发展的，历史街区应该成为一个永恒的有机体才能够不断地向前发展，只有在保护前提下“有机更新”才能够使历史街区实现可持续的发展。

（1）保持和延续历史街区格局　历史街区包含丰富的自然资源与人文资源，其城镇历史文化遗产与历史信息相对来说保存较好，而这均是不可再生的资源，因此应对其空间格局、自然环境及历史性建筑等三方面物质形态进行保护性利用。历史街区空间格局包括街区的平面形态、方位轴线以及与之相关联的道路骨架、河网水系等。如图 5-10 所示，河网水系在江南水乡的历史街区中承载着人们日常出行、对外交通等作用，是街区中不可缺少的历史因素之一。

(a)

(b)

图 5-10 江南水乡河网

街区自然环境，包括重要地形、地貌、重要历史内容和有关的山川、树木、草地等特征，是形成城镇文化的重要组成部分。其一方面反映出城镇受地理环境制约的结果；另一方面也反映出社会文化模式、历史发展进程和城镇文化景观上的差异与特点。如图5-11所示，西递古村坐落于群山密林之中，因其所处的自然环境使得城镇文化被赋予了更深刻的内涵。

图 5-11 西递古村全景

图 5-12 徽州地区西递古村中的宗祠

历史性建筑真实地记载了城镇核心发展的信息，其式样、高度、体量、材料、色彩、平面设计均回应着历史文化的印迹，有的建筑本身在现代社会生活中仍然在发挥作用。例如，徽州地区的宗祠建筑在历史街区中占有重要地位，是街区历史的记载，真实反映了历史街区的发展，起着传承历史文脉的作用（图 5-12）。

对于因发展需要插入到历史街区中的新建筑，应在尊重历史街区文化传统的前提下协调发展，使其能够起到延续老街区品质、丰富其内涵的作用。

（2）继承和发扬历史街区文化传统　不同的城镇面貌、街道景观，是区别、认识不同地域文化特征最直接的途径。历史街区是传统城镇中历史文化最为集中的地方，不但包括物质性的有机载体——原始形态、空间环境、建筑风貌，还包括非物质的文化形态。诸如城镇中居民的生活方式与文化观念、社会群体组织以及传统艺术、民间工艺、民俗精华、名人轶事、传统产业等。如图 5-13 所示，小桥、流水、人家是江南水乡独有的街道景观，也是人们认识了解江南历史街区最直接的途径。

图 5-13　周庄水乡的桥

如图 5-14、图 5-15 所示，西递古村的传统工艺“三绝”是其街区中历史文脉的集中体现，它们与城镇布局等相互结合，和有形文化相互依存、相互烘托，共同反映着城镇的历史文化积淀，共同构成城镇珍贵的历史文化遗产。历史街区的保护性更新应注重传统历史文化的继承与发扬，应深入挖掘、充分认识其内涵，把历代的精神财富流传下去，广为宣传和利用。

图 5-14　石雕

图 5-15　木雕

在历史街区中，一个很容易被人忽略的体现城镇文化的方面就是历史街区的“细部”——环境意象。例如，行走在街巷中，左右具有地域特色的门牌街楼，成为历史街区的共享意象，这些意象见证着历史的脚印，体现着街区经历的风风雨雨，使得街区的生活环境更动人、更具表现力。这些环境意象的保留和更新，是历史街区结构形态和文化延续的重要途径。如图 5-16 所示，在丽江古城的历史街巷中，建筑纵横发展形成多重院落，街区两侧具有明显地域特色的建筑形式是历史的印迹，丰富着街区的文脉和内涵。

图 5-16　丽江古城街景

（3）实行分类保护、合理利用的原则　分类保护、合理利用就是在对历史街区重点保护的同时，对街区内所有建筑进行调查，按历史价值、艺术价值和科学价值等实行分类保护。这样保护工作就做到了有的放矢，减少了工作中的盲目性。例如，有的历史街区现状保存相对完整，有的历史街区破坏严重，原有建筑已不复存在，就必须依据其自身不同的情况，采取不同的开发模式。如巢湖中庙镇拥有中庙、昭中祠、白衣庵等保护良好的人文资源，同时还是一座具有典型渔家文化特色的滨湖小镇。针对中庙，则要保护原有的人文历史景观、自然景观与地方民俗特色。而中庙现有的民房破坏严重，原有的建筑特色早已不复存在，代之以形态单一、简陋、无特色的自建房屋，因此这里的保护更新所采用的方式以重新整合街区布局，改造重建民居，并增加一些基础娱乐、餐饮设施为主。这样，既不损害民居环境和文化内涵，又保持了传统的有机秩序。

5.2.2　因地制宜、实现历史街区功能复兴的原则

城镇历史街区历经了数百年的延续与演绎，遗留下来一批具有传统特色的古街区和建筑样式。当地人居住在其中，按当地的风俗习惯生活，使它们成为具有生命力的街区。面对历史街区中这些不可再生的历史遗产，我们应在尊重历史的前提下，积极发掘、精心整理它的历史文脉，针对历史街区内的不同历史遗迹因地制宜地处理，在快速发展的现代城镇中充分发挥其特点，促进历史街区的复兴。现在城镇面临的是农村经济转型的问题，从历史街区的发展角度来看，产业转型是实现历史街区功能复兴的一个机会。

在当前历史街区的建设中，保护和更新打开了一个很大的旅游市场，许多街区把旅游业作为自己的支柱产业，通过旅游业来带动其他相关产业的发展。如丽江古城 2000 年游客量达 258 万人，旅游综合收入 13.44 亿元人民币。然而我们在尝到了由旅游带来的有目共睹的许多好处的同时，不可避免地面临着另一种破坏，那就是旅游设施的充斥，无特色旅游商品

的泛滥，高峰期的人满为患，游线安排的走马观花以及“人人皆商”的浓重的商业气息，这些都在不知不觉中侵蚀着历史街区的真实性。因此，重新挖掘历史街区的文化内涵，以文化为本、归还历史街区的本色是提高旅游品质的有效办法。当然历史街区的功能复兴并不是单独依靠旅游这一条路，旅游是一个很复杂的问题，涉及土地、文物、水利、农业等很多部门，从自身优势出发制定符合自身发展的策略才能更好地促进当地的发展，从而实现历史街区在新环境下的再次闪光。

5.2.3 坚持长期持久，促进历史街区的可持续发展原则

历史是不断向前发展的，处在历史长河中的街区同样随着环境的变化而更替。由此可见，历史街区的更新是一个不断完善、不断细致、不断深入的过程。因为最初修缮过的建筑由于使用、修理程度及认识程度等方面的原因，随时间流逝还需要再修；而更新过的环境，随社会、经济、文化等的发展，又会出现新的问题、新的矛盾，还要继续去解决。这些问题包括对街区的功能性质在认识上出现分歧，有些人不赞成以民居为主，而主张建成商业街以满足旅游的需要；某些新建筑的体量、高度和彩绘装饰与街区环境失调；不能确定传统风貌恢复到什么时期；未能妥善处理街道上的垃圾筒、架空线等。

因此，历史街区的保护与更新要做到可持续发展。所谓“可持续发展”（sustainable development）战略思想，是1992年联合国在巴西开的“环境与发展”会议上通过的《全球21世纪议程》中提出的人类社会经济发展的原则，其含义是“既满足当代人的需要，又不对后代人满足其需要的能力构成危害的发展”。1994年我国政府制定的《中国21世纪议程》明确指出可持续发展将成为中国制定国民经济和社会发展中长期计划的指导性原则。政府和社会的普遍接受，推动了各个部门、各学科在本领域内探求可持续发展的对策。“持续整治”的街区保护思想正是在这一背景下产生，是可持续发展思想在历史地段保护这一领域的扩展与深化。我们认为要做到历史街区的可持续发展应从以下2个方面来考虑：

① 对于自然元素的极大化运用。在历史街区保护与更新过程中应该尽可能地珍惜古材料，尽可能地再次运用。

② 为子孙后代留有再发展的空间。传统建筑的更新改造不是一次成型的，当技术条件不成熟的时候，应尽可能地保留旧的建筑构件，这样当条件成熟时就有了进一步改善的条件。

例如，屯溪老街的保护和更新是从沿街建筑整修开始的，1985～1992年，完成旧店面整修115家，大大改善了老街景观面貌；1987年开始将重点转向环境整治，移走了街道上7根电线杆，整修了石板路面、排水暗沟，统一了商店招牌匾额。经过11年的整治，老街的环境质量有了很大的提高，传统风貌更为浓郁。由于它不是像仿古一条街那样突击建成，而是在传统基础上逐步增添，并精雕细刻，因此千变万化、丰富多彩（图5-17、图5-18）。

总之，坚持长期持久、可持续发展原则的目的就是为了保护和恢复城镇历史街区传统风貌、地方文脉，将真实的历史完整地传给下一代。

5.2.4 推动公众参与、增强群众保护意识的原则

城镇历史街区的保护与更新，它不单单是政府行为，更主要的是发动广大人民群众的参与意识。若仅依靠政府部门的行政力量，必然会因为工作过于集中和政府财力有限，使得保护工作滞后于城镇发展及居民生活的需要。城镇历史街区作为城镇的历史遗产，它不私属于某一个人或某一个团体，而是社会的共同财富，因而在保护更新工作中必须让广大公众能充

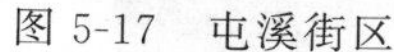

图 5-17 屯溪街区

图 5-18 屯溪老街中万粹楼

分了解和认识城镇历史街区的价值和意义，增强社会各阶层对城镇的历史认同感，并积极主动投入到城镇历史街区的保护更新工作中去，为历史街区的保护和更新贡献自己的力量。具体可以通过专业部门与媒体的合作宣传，组织正式或非正式的公众听证会、说明会，建立公众联络机构，在规划前期进行大量的民意调查等形式来实现。另外，历史街区的持续发展更要直接依靠生活于其间的居民的共同努力。因而，在城镇历史街区的保护工作中有必要建立一套完整的操作体系，对当地居民提供必要的技术和资金援助，引导、帮助居民利用传统材料和工艺自主改造，只有这样才能够最终实现历史街区的有机更新。融水县整垛村苗寨木楼就是民居改建的一次新的探索，在整垛寨聚落规划中，推动群众参与传统民居的改建，充分利用瓦顶旧料，拆卸旧楼木料代售折价，就地取砂石制作水泥砖，保留了坡屋顶，配置了半开敞楼梯间，降低了造价，“就地改建，以旧更新，群众参与”实现了传统聚落的有机更新。

5.2.5 建立完善法律体系、实现依法治保的原则

在市场经济体制下，高效的法律体系是社会正常运作的有力保障。因此，城镇历史街区的保护与更新不能局限于行政管理层面，必须将其纳入到法制化轨道上来，建立一套完善的法律政策体系。在城镇历史街区的保护与更新过程中，真正实现有法可依、有法必依、执法必严、违法必究的完善的管理体系。

5.3 历史文化街区和节点的文化景观保护的模式

5.3.1 历史街区的保护与更新规划

（1）确定历史街区的保护框架　所谓保护框架是根据对历史街区特色的分析而得出的，是反映街区自然、人工和人文环境的实体。其中自然环境要素是指具有特征的街区地貌和自然景观；人工环境要素是指人们的创建活动所创造的城镇物质环境，以及各类文物景点所反映的人工环境特征；人文环境要素是指人们精神生活的环境表现，指居民社会生活、民风民俗、生活情趣、文化艺术等方面所反映的人文环境特征。确立保护框架的目的是在概括提炼历史街区风貌特色的基础上，对整体历史街区传统的物质形态进行保护，并把握历史街区的文化内涵。其意义在于将街区历史传统空间中那些真正具有稳定性和积极意义的东西联系起来，将历史发展的因素及未来发展的可能性结合在一起，形成一个以保护传统文化为目的的街区空间框架。

保护框架强调的是对街区空间的保护，由“点、线、面”三种因素组成。“点”（节点）是指古建筑及标志性构筑物，如牌楼、桥等，被人们感知和用于识别街区空间的主要参照物。例如，江南水乡中，桥是其中重要的节点，它是感知水乡，认识江南特色的重要参照物（图 5-19）。

图 5-19 江南水乡中的桥

“线”指传统街道、河道和城墙等。人们体验街区的主要通道是视线主要观赏轴线。如图 5-20 所示，江南水乡中的河网水系是历史街区中主要的通道，是联系街区的脉络，也是人们欣赏历史街区最好的视线走廊。

图 5-20 江南水乡河网

“面”（区域）则是指古建筑群、传统居民群落等具有某种共同特征的街区。例如，古村西递整体的马头墙、粉墙黛瓦的建筑风格严整、统一，形式较强的区域感加强了历史街区的文脉特色和地域风格（图 5-21）。

这三种因素结合成为一个整体，就构成了保护框架的基本结构，其中“线”在其中起着重要的结构组织作用，在形成连续的街区景观意义上，路线的组织是最主要的。

（2）划定城镇历史街区的保护范围　城镇在历史街区的保护规划中，划定保护区域是一项很重要的内容。重要的文物古迹、风景名胜等都要划定明确的自身保护范围及周围环境的影响范围，以便对区内的建筑采取必要的保护、控制及管理措施。历史街区范围的划定主要

图 5-21 西递古村风貌

应考虑以下因素：范围大小、级别、层次以及划分方法的问题。考虑到历史街区所应具有的三个特征，街区的范围不宜过小；又因历史街区保护是一项政策性、技术性均较强的工作，既要有法律效力，又要有财政支持，街区的范围划定又不宜太大。

因此，必须严格确定历史街区的范围及数量。然而从目前我国的发展来看，现阶段我国不可能投入大量的资金用于历史街区保护工作。在整个街区范围内进行大面积的保护也是不太现实的。因此，确定的历史街区应是能最好地反映街区历史景观的区域，保护区的确定要由规划、文物、建筑、历史等部门的专家，在认真调查研究的基础上，经过对其历史、科学、文化价值的充分论证，慎重选择确定。本着精而少的原则，进行历史街区保护范围的划定。唯有这样，才能保证将有限的资金投入到合适的范围，对最有价值的地块进行严格有效持久的保护和更新。同时，根据历史街区不同地段的不同特征进行划分，并制定相应的政策要求、更新方式，是保护与更新工作得以顺利进展的关键。

例如，在南京高淳县淳溪镇 $7.6\times10^4\mathrm{m}^2$ 的保护范围内，为了保护各级各类文物保护单位并协调周围环境，整体保护历史街区风貌特色，根据具体情况具体分析，有重点有差别地对待，共划分了三个等级的保护范围，即文物保护点、核心保护区、风貌协调区。在历史街区以外划定区域控制区。

再如，在古北口镇的保护性规划当中，为了坚持保护传统建筑及环境风貌完整性的原则，根据当地具体地理条件出发，将规划区内文物较集中的区域定义为文物保护区，基本无大的新增建设用地，仅做局部调整，而将保护区以外的区域定义为建设控制区，以建设和恢复、完善用地功能和用地布局为主。

（3）延续历史脉络与历史界面　历史街区是在漫长的历史时期中逐步形成的，是不同时期、不同类型的历史文化积淀。因此，其保护不应是将历史凝固、静止的保护，切断其自身的发展；而是必须确保历史脉络的完整性和延续性。历史街区的保护不只是为了过去而保留过去，更是为了实现从过去到未来的持续发展。因而，代表各历史时期的建筑应共同生存，并为历史街区未来的发展提供无限的可能性。由于历史原因使不同的界面具有了不同的功能，这些功能决定了街道的面貌和特征。在保护与更新中，应延续并发扬这种特色，对其采取不同的措施。

（4）塑造历史节点　历史结点是体现街区历史文化特色的点睛之处，历史结点的塑造有助于提高街区的整体氛围。街区内的重要结点除了入口结点、重要古建外，还包括其他一些具有历史文化价值的特色结点，如古井、古树、牌坊、石碑等。

例如，在思溪古镇中，街区内有一口道光甲午年间的古井，其周围均是住宅。结合古井来安排周围的基础设施，这样既可将古井位置提升，同时也为街区提供了一处极富文化韵味活动场所，区别于其他的开敞空间（图 5-22）。

图 5-22 思溪古镇古井

再如，西递古镇中的“龙虎斗”石碑记载着古镇的历史，同时也是现在旅游的特殊景点（图 5-23）。

图 5-23 “龙虎斗”石碑

此外，思溪古镇的“千年杵”让人们自然而然地想到了古代人们生活的场景，作为旅游景点更加烘托了历史街区的风貌（图 5-24）。

(5) 建筑的保护与更新模式 对建筑物的改造可采取 5 种措施：保存、保护、暂留、整饰、更新。这五种方式针对的对象不同，采取的措施也不同。保护与更新规划本着保护传统空间格局，充分考虑现状和可操作性的原则，对历史街区的所有建筑物实行分级保护与更新模式。

保存指保持历史原状，以如实反映历史遗存。对历史街区内的文物景观以及建筑质量和

图 5-24　千年杵

建筑风貌都较好的建筑物与建筑群，应当采取保存的方式，只对个别构件加以更换和修缮，修旧如旧，并同时保证其内外部风貌都具有真实性。

保护指保持原有建筑结构不动，仅对局部进行修缮改造；在保护其建筑的格局和风貌、治理外部环境、修旧如故的同时，重点对建筑内部加以调整改造，配备市政设施，改善居民的生活质量。

暂留指由于历史街区为了适应现代生活而兴建的建筑，质量较好，如果与环境没有很大的冲突，采取暂时保留的态度，维持现状。并对其未来的粉刷和外立面装修提出要求。暂留只是作为一种过渡模式，远期将采取拆除、改造与逐步淘汰的办法。

整饰指对位于重点地段的少数新建的、质量较好、近期难以拆除但风貌较差、尺度较大、高度过高的新建建筑，采取外立面整饰、层数削减的措施，使其与传统风貌相协调。

更新指对位于需整治地段的一些对传统风貌影响较大的建筑采取拆除的措施，规划为开放空间或进行重新设计、另外建造，更新还包括拆除各种危棚简屋，不再进行新建筑的建设。

5.3.2　历史文化街区的保护与更新的几种实践模式

综观我国城镇历史文化街区这些年的保护与更新的时间来看，由于不同的地方特色，其保护与更新的方式存在着几种明显的模式，下面就一些比较有代表性的模式进行说明。分别为：上海的“新天地”模式；桐乡的“乌镇”模式；北京的“南池子”模式；苏州的“桐芳巷”模式和福州的“三坊七巷”模式。

（1）上海“新天地”模式　“新天地”位于上海卢湾区东北角的太平桥地区，紧靠淮海中路、西藏路等商业街，区位条件优越。区内有国家重点保护单位“中共一大会址”和许多建于上世纪初的典型的上海石库门里弄建筑，在建设高度、建筑形式和保护方面都有一定的要求。

“新天地”模式的改造方式是“存表去里”，即对有历史价值的老建筑进行维护和修缮，保留其原有的建筑外观，而内部则进行全新改造，以满足现代化的功能需求，把建筑原来的居住功能转变成商业经营功能，把整片区域变成了一个集商业、文化、娱乐、购物的现代化场所。如拆除一部分老房子，开辟绿地和水塘，美化环境。经过一番整治，这些老房子里面的设施都已经现代化了，外边的风貌却还保持着老样子，里弄的街巷情趣还在，传统的氛围也得以保持。

“新天地”地段及其连带的周围的很多地块都是采用土地全部转让的方式，虽然耗资巨大，开发运作基本是亏本的，但是它的开发建设带动了整个区域及周边的环境品质提升和经济的发展。据开发商瑞安集团称：在“新大地”这块土地上，瑞安集团在从地产运作上是亏本的。地段内建筑投资达 2.5 万元/m^2，其中土地的成本达 1.5 万～1.8 万元/m^2。从这些房子的出售和出租中，也并没有收回投入的钱。但是“新天地”的成功开发吸引了许多人前来购物、休闲、过夜生活，把这里变成为了人群高密集和环境高品质地区，带动了周边地价的全面涨价，由此保证了开发商的高回报率。

上海“新天地”里弄改造是保留传统形式、改变原有功能的代表性实例。其在尊重历史和建筑文脉的基础上保留外观、更新内部设施的手法值得我们研究和借鉴。但是从历史文化遗产的保护来讲，有其缺陷性。

（2）桐乡的“乌镇”模式　乌镇是坐落在杭嘉湖平原上的一个江南水乡小镇，是著名文学家茅盾的故乡。地处江南河网交错地带，交通不便，战争和新中国成立后的破坏性建设对其影响不大，其古镇风貌得以比较完善地保存了下来。如今，乌镇已经成为沪杭黄金旅游线上的一个热点。

乌镇的保护与更新采用的是“修旧如旧”的方式，由桐乡市政府直接领导下的乌镇旅游开发公司全权负责管理与实施。所谓“修旧如旧”，就是尽量要让乌镇的建筑面貌回复到 100 年前的模样，力求保持乌镇作为江南水乡古镇的原生态面貌，综合环境治理，使其满足现代生活和旅游的需求，打造一个具江南特色的旅游水乡小镇。根据这个思路和原则，乌镇使用一些古旧建筑材料对环境进行装贴：狭窄的街道上，一律是古旧的青石板；街道两边的房屋立面全部贴上了长条门板。这使得古镇保持了原有的古香古色，整体风貌和谐统一，突出了其地域特色。其他一些江南古镇如周庄、南浔、同里等也是采用了同样的保护方法。目前，以乌镇为代表的江南六镇在保护古镇方面的实践赢得了联合国教科文组织和有关专家的高度赞扬，慕名而来的游客也带来了丰富的商机和发展潜力。

从土地开发管理的角度看，由于是由政府下属的开发公司全权负责开发与管理，从而保证了不会出现以现代商品房开发或者是大型商业性开发的大规模土地重建。这种“修旧如旧”的保护方法决定了不可能出现大拆大建的现象。到目前为止，这种方法主要是对其内部一些不适应保护或旅游需求的一些建筑进行了拆迁，或予以重建，或恢复一些古迹建筑，或留作绿地空间。对于大部分的建筑还是采取修缮为主，除部分拆迁建筑和政府收购的重点建筑的土地外，大部分建筑的土地权属未作改变。

（3）北京的“南池子”模式　从 2003 年开始，北京市有关部门就在南池子普渡寺地段进行了历史文化保护区保护与更新的试点。这个试点是按照《北京旧城二十五片历史文化保护区规划》的有关规划实施，确定了“整体保护、合理并存、适度更新、延续文脉、整治环境、调整功能、改善市政、梳理交通”的修缮原则，具体的方式就是尽最大限度地保存较好的四合院和可以修好的四合院，从而保护好“四合院”这种北京历史传统建筑形式的真实性，并传达它所体现的人文生活，空间形象、场所精神等信息。整个南池子改造面积约 6.39 万平方米，一共盖起和修缮了 103 个院落，其中 31 个要按照磨砖对缝这种传统老工艺原汁原味修复，尤其是一些四合院还采用了全木的结构，没有用一颗钉子，全部是卯榫结构连接。在 103 个院落中，31 个院落为保留院落，49 个新建复式院落既保留了京味传统又改善了居住条件，9 条胡同连同原来的名字也都保留，新开 3 条胡同满足了现代交通的需要。

同时其改造后 0.63 的低容积率也是对旧城改造和四合院保留方式的有益探索。南池子工程地段内原有 1076 户居民，原户均住房水平为 26.84m^2，回迁安置了 300 户后，户均面积为 69m^2，定向回迁安置到芍药居经济适用房的户均面积达到了 82m^2。货币安置居民户均补偿 29.5 万元。对于一些特别困难的家庭，有关部门也对他们进行了妥善的安置。通过改造修缮之后，适度疏散了人口密度，较大地改善了居民的居住水平。同时，为了最大限度地回迁居民，在局部进行了一些复式“四合楼”的尝试。

据有关部门测算，南池子修缮改建工程的各项支出为3.01亿元，但东城区政府坚持政府牵头、群众参与的方式，成立了由区政府主要领导和政府有关部门组成的试点工程指挥部，并确定由负责东城区公有房屋管理的事业单位房地经营中心具体组织实施，而没有让房地产开发商参与，这保证了社会综合效益的最大限度的实现，而且也没给政府带来经济负担，政府直接投入的资金为5200万元左右，而其余的2.49亿元则是通过部分转让土地和向居民售房等方式实现的。

在整个南池子区域改造中，政府采取了鼓励“以院落为单位的自我更新”的政策，即鼓励院落内的居民通过买卖方式实现产权明晰、人口外迁和居住条件改善。在《关于北京旧城历史文化保护区内房屋修缮和改建的有关规定（试行）》的文件里对此做了详细规定。比如规定第七条第2点：“多户合住以及拆除后重新规划建设院落中的居民，应根据规划条件协商确定留住或外迁。留住居民应对外迁居民给予补偿。留住居民采取集资合作或以院落（含相关院落）为单位组建合作社的形式实施改建”。第3～6点分别对保护区内不同类别的住房如自住私房、按标准租出租私房、直管公有住房、单位自管住房的修缮和改建做出了规定。在实际操作中，因房屋产权不同，买卖方式主要有两种：一种是通过房管局交易所，私人之间进行自由买卖；另一种是通过房管局来置换。后者多为居民杂院，房子破旧，买方通过房管局将这些人搬迁出去，费用由投资人支付。交易是平等的，完全通过友好协商来解决，政府一般不参与，只是提供政策同时在规划上做些硬性规定。

南池子的历史文化保护改造虽然取得了不错的进步和发展，但是依然由于种种困难和原因，如由于北京四合院的产权归属现状复杂，具体实施起来很有难度，因此在整个过程中体现出对原有的历史文化保护的力度还是不够，原有的具有特色的老建筑拆迁过多，现代的商用房比例偏高。任何事情的发展总是不可能完美，但是南池子的这种小规模的历史文化保护与自我更新的方式还是值得借鉴和推广的。

（4）福州的“三坊七巷”模式　1994年中国港商看中了福州三坊七巷地段，准备进行大规模的房地产开发，规划设计方案除了留下几栋保护建筑外，其余全部拆掉建高层住宅和商业楼。当时虽经许多学者的劝阻呼吁，仍然不能阻止工程的上马。一坊两巷被拆除后建了一圈高层建筑，由于缺少资金只盖了八层。但是，三坊七巷地段变成了不伦不类的街区，充满福州历史风貌的“三坊七巷”成了历史名词。类似的例子还有发生在1999年的定海老街拆旧建新事件等。

福州“三坊七巷”的这种模式的着眼点完全在于大规模商业性开发以及其带来的经济利益。在主要领导干部的意愿下，城市规划与保护规划对其根本没有约束力。从土地开发管理的角度看，政府是以“危改”名义采取土地划拨并给予优惠的政策，对土地使用的性质及建筑高度、使用强度等的规划控制如同虚设，这对历史文化保护区的保护而言无疑是一个灾难。

（5）苏州的“桐芳巷”模式　1992年，苏州以桐芳巷地段作为历史街区保护与更新的试点，实施了全面改造建设。桐芳巷位于古典园林狮子林南部，面积约$3.6\times10^4\mathrm{m}^2$。该地段采用了土地全部出让，商品房开发的模式。除保留一栋质量较好的老建筑外，其余均拆除新建。在建筑风貌设计上强调“再现和延续”古城风貌特色，采用了一些具有苏州地方特色的建筑符号，道路系统在保留了原有“街-巷-弄”的传统街区格局的基础上适当拓宽打通，新建建筑和小区空间结构从风格和尺度上接近苏州传统，整个小区的风貌与古城整体风貌基本协调。

桐芳巷地段的建筑大都采用了独立和半独立式小住宅，以求得新建筑在体量、风格和空间上与传统特色协调。但是昂贵的价格，使得居民的回迁成了一句空话，原有的社区网络遭到破坏，目前居住的大多是外来的富人。此后，苏州的其他一些街区也大都按“桐芳巷”模式进行改造更新，如狮林苑小区、佳安别苑等。所不同的是，此后的街区更新更多地采用了现代小区规划的基本理念与传统形式的结合，即以现代多层公寓式住宅配以传统风格的外表装饰，借此与苏州古城传统风貌相协调，同时居民回迁率有所提高。然而，这种商业性开发模式必然带来整齐划一的建筑布局和宽敞的道路结构，继承传统也变成了对城市传统特色的简单模仿。

从表 5-1 可以看出，显然以乌镇为代表的江南六镇保护更新模式和北京的南池子保护更新模式是相对科学的，更符合我国城镇历史文化保护区保护与更新的发展方向。这两种模式的共同特点在于：坚持政府主导的渐进式保护更新，坚持保护的原真性原则，在最大程度上保持了原社区网络的稳定，坚持居民参与的原则，坚持土地的非商业性开发原则。

表 5-1　城镇历史街区（历史文化保护区）保护更新模式的分析

模　　式	三坊七街	桐芳巷	新天地	乌镇	南池子
土地出让程度	除文物建筑用地外其余全部出让	全部出让	全部出让	小部分出让（非商业性）	小部分出让（非商业性）
改造前后风貌协调程度	不协调	基本协调	协调	协调	协调
商业性开发程度	强	强	强	弱	弱
参与改造的主体	房地产开发商、政府部门及其官员	房地产开发商、政府部门及其官员	房地产开发商、政府部门及其官员	社区居民、政府部门及合适组织	社区居民、政府部门及合适组织
参与者之间的关系	房地产开发商与政府部门及规划设计部门之间进行协商后要求居民服从	房地产开发商与政府部门及规划设计部门之间进行协商后要求居民服从	房地产开发商与政府部门及规划设计部门之间进行协商后要求居民服从	政府部门主导，社区组织及居民内部协商，设计人员提供技术支持	政府部门主导，社区组织及居民内部协商，设计人员提供技术支持
搬迁问题	搬迁所有原居民	搬迁所有原居民	搬迁所有原居民	少量居民经内部协商后搬迁	少量居民经内部协商后搬迁
技术与材料	工业化生产、流行性材料、倾向清除与新建	工业化生产、流行性材料、倾向清除与新建	传统的新的地方性材料、适当技术、保护、整治与改造相结合	传统的新的地方性材料、适当技术、保护、整治与改造相结合	传统的新的地方性材料、适当技术、保护、整治与改造相结合
保护整治或开发方式	除保留部分保护建筑外全部拆掉建高层建筑	除保留一栋保护建筑外全部拆掉重建具有传统风貌的新建筑	保存文物建筑，保留并修缮老建筑的外表，室内现代装修	对大部分建筑采用保存、保护、整治、修缮的方式	保留并修缮大量质量及风貌较好的四合院，对危旧房拆掉重建

5.3.3　城镇化背景下历史文化街区的发展前景

（1）旅游开发是历史街区保护与更新的途径之一　城镇的历史街区是传统城镇最富于生活气息，最能展现城镇历史风貌的地段，具有极高的历史认知、情感寄托、审美欣赏、生态环境和利用价值。随着人居环境的恶化，竞争的加剧，居住在人口密集、污染严重及城市化程度提高，人们越来越的人向往人烟稀少、空气清新的自然山水和田园风光。城镇的历史街区无论其布局、构成还是单栋建筑的空间、结构和材料等，无不体现着因地制宜、就地取材和因材施工的思想，体现出历史街区生态、形态、情态的有机统一。如安徽省歙县宏村、江苏省周庄等都是历史形态突出的城镇。历史街区的这些特点正适应了休闲旅游的市场需要，并且通过与农业观光游、生态游相结合，成为更丰富多彩的旅游产品。在现阶段社会经济发展的条件下，在有条件的历史街区中适度发展旅游业成为历史街区长久生存与发展的有效途径。

（2）历史街区旅游开发的方式　在历史街区旅游开发过程中，针对不同现状、类型、特点的历史街区，必然会采取不同的方式，绍兴东浦镇是依托民俗文化发展街区旅游的实例。

绍兴是我国具有水乡特色的历史文化名城之一，历史悠久，人杰地灵。东浦是典型的江南集镇，河道纵横，湖泊星布，具有“水乡”、“桥乡”之称。难能可贵的是，在城镇的飞速发展中，由于开发的远见卓识，将新区与老区分开发展，使得东浦老街上越风独存的建筑群得到保护。但是，这些历史街区已不能适应现代生活的需要，日益衰落。为突出特色，发展城镇，镇政府决定把东浦发展为“以酿酒为特色的民俗文化旅游城镇”。东浦镇的核心就是东浦水街。

针对保护良好的东浦，要保护其水陆相间的格局，小桥、流水、人家的城镇景观，淡雅、相互的传统民居，以酒文化为代表的丰富的地方特色文化。规划仅仅对于交通流线和房屋立面进行整修，并适当增加一些基础设施。

水街开发的指导思想定为：以人为主体，寻找人与自然的结合；以酒为代表，寻求历史文脉的延伸；以水为载体，求得民俗风情的融合，使古镇既能体现水乡风情，又能反映桥文化、茶文化、酒文化内涵的民俗特色（图 5-25～图 5-30）。

(a) 改造前

(b) 改造后

图 5-25　改造前后水街（一）

(a) 改造前

(b) 改造后

图 5-26　改造前后水街（二）

水街改造具体措施如下。

① 依托水乡整体风貌，突出自身特色，提高文化内涵。

结合当地实际，建设别具一格的酒文化街。东浦“酒乡”的历史背景是其有别于其他水

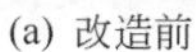

(a) 改造前　　(b) 改造后

图 5-27　改造前后水街（三）

(a) 改造前　　(b) 改造后

图 5-28　改造前后水街（四）

(a) 改造前　　(b) 改造后

图 5-29　改造前后水街（五）

乡小镇的突出特点，而 21 世纪的旅游热点是文化旅游，因此，把弘扬“酒文化”作为古镇开发的基础。将东浦水街划分为民俗生活展示区，酒肆百业展销区和酒文化展示区（图 5-31），开发具有民族、地方特色的民俗文化旅游。

② 保护原有格局，对立面进行整修；分步实施，强调可操作性。

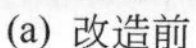

(a) 改造前

(b) 改造后

图 5-30 改造前后水街（六）

图 5-31 东浦酒文化街入口

规划以整修、改建为主。对沿河的酒肆百业区和民俗生活展示区的民居进行立面整修，包括立面色彩统一、材质统一、窗户风格统一等；对 20 世纪 60～70 年代建造的一些结构和质量均好，但立面呆板的建筑，保留原有结构，进行必要的改建，包括加檐廊或做挑楼，并在街道较宽的地段的檐廊中恢复“美人靠”坐椅。充分注意近期开发与远期规划相结合，现状保护与开发利用相结合，注重方案的可操作性（图 5-32、图 5-33）。

图 5-32 水街改造立面图（一）

图 5-33 水街改造立面图（二）

③ 积极鼓励居民参与，完善旅游设施，同时适当增加内容以适应旅游发展需要。

通过入户调查发现，当地居民对水街的开发非常支持，并愿意继续在水街经商和生活。因此，在开发过程中应尽可能地取得当地居民的支持。同时增加一些必要的旅游设施，如宾馆、特色酒楼、茶博物馆、酒文化陈列、戏台等，丰富旅游内容。

（3）历史街区开发应注意的问题　历史街区在保护中开发，在开发中保护这是处理开发与保护之间一条最基本的要求。同时，对于历史街区的旅游开发应注意以下几点。

① 历史街区不同于现代化的中小城市，它的商业、住宿等接待设施本来就不发达，如仅仅为满足游客不断增长的需要，而增加建设，那么街区也就变成一个旅游商住区，旅游开发也仅仅只是旅游房地产开发。旅游开发必须要确定和控制好一个合理的环境容量，这个容量既能使游客感到满意的旅游经历，又不要对当地资源环境产生影响，同时不要影响当地居民的生产生活。

② 历史街区的保护不应仅仅通过旅游开发来增加经济收入，还应考虑其他方式，而最终的目的是使当地居民能长久安居，自然生活下去。

③ 历史街区作为旅游资源具有不可再生性，一旦街区环境质量受到破坏，这些资源就不可能再生。有人以为旅游开发是低成本行业，他们只看到吃、住、行等物质方面的低成本，而忽视了旅游资源损耗后不可再生的高成本。

④ 应有专门的机构根据环境容量来控制“吃、住、行、游、购、娱”的商业规模，使之保存在一个适度的范围。这样，即使现在的利润少一些，但细水长流，也易获得长久持续的回报。

⑤ 对于尚未进行或即将进行旅游开发的历史街区，应多吸收已有的经验和教训，多方考虑和听取意见，制订出符合地区特点的开发方案。

⑥ 对于旅游开发过度的街区，应对旅游景区重新加以审视，重新规划开发新的带有互补性的旅游产品，其余旅游产品该删除的删除，该恢复的恢复。

传统街区的旅游开发具有巨大的潜力，在一定程度上能够振兴地段的经济，但一定要从体制上规划好、引导好，做到发挥使用功能的同时保持活力、促进发展。

6 历史文化街区规划设计实例

6.1 山海关古城四条大街改造工程

（设计：北京市园林古建设计研究院　李松梅）

（1）总则

1）地理位置　山海关位于中国东北部，渤海北岸，地处东经 119°37′至 119°51′，北纬 39°56′至 40°06′，隶属于秦皇岛市的一个城区，在市的东北部。自然区域面积 192km²，人口 12.5 万。山海关地理位置极为优越。自古就是东北与华北的咽喉要塞，以“两京锁钥无双地，万里长城第一关”闻名遐迩。如今它地处东北、华北、环渤海三大经济区的交汇处，北依燕山，南临渤海，山海间距 8km。西距北京 290km，东距沈阳 370km，西南距天津 220km，东南隔海与大连直距 200km，是连接东北与华北的交通枢纽。

2）规划背景　山海关是我国著名的旅游区，具有极好的区位优势和较好的资源优势。自然、历史与人文旅游资源极为丰富，明万里长城东部起点的老龙头长城与大海交汇，蔚为壮观；镇守中央的“天下第一关”，气势雄伟；被称为万里长城第一山的角山，峰台险峻；孟姜女庙演绎着中国四大民间传说之一的姜女寻夫的动人故事；长寿山中有中国北方最大的天然花岗岩石洞悬阳洞。以长城为主线开发的“长城系列六大景观”已成为国内长城旅游线上的著名景观。1991 年山海关暨老龙头长城被评为“中国旅游胜地四十佳”之一；1999 年山海关区被评为“全国文明风景旅游区示范点”。

3）环境景观规划目标——以“一”为理念，“边关要塞、多元统一”　山海关的第一性，山关无数，但“天下第一关”只有一座。

山海关的统一性，山海关的地理位置处于关内关外的交汇点，是山海文化、关内关外文化、多民族文化的聚集点。在战争年代，这里是兵家必争之地，和平年代这里是多元文化汇聚统一的焦点。

多元文化的体验是环境设计的主要出发点。东西大街上的文化博物馆，让来此地的游客在参观天下雄关的同时，从南北大街上的街中街体验到多民族的多种风情于一地，提升山海关古城的形象。从而形成以山海关古城为旅游核心，带动山海关旅游从观光游览向休闲度假、会议（会展）扩展，从自然风光、生态景观向历史文化、民俗风情方向延伸。以关城地区为主带动老龙头、角山、长寿山、燕塞湖等旅游地域联动，从人文风光向自然风光、物质文化与非物质文化并重方向转变，保持山海关自然生态和文化多样性。

① 梳理山海关古城旅游资源。使之成为山海关古城的旅游产业建设发展的依托。

② 依托旅游产业发展思路。根据旅游资源调查，及国内外客源市场现状与走势的系统

分析，明晰山海关古城旅游发展的比较优势，对山海关古城的旅游发展进行科学定位。

根据山海关古城旅游规划发展的模式和机制、功能分区与分区发展方向，以及旅游形象塑造、旅游项目策划和产业的开发，使山海关古城成为内容丰富、项目构思新颖、旅游形象独特的中国古城，从而在中国旅游大格局中占有重要的一席之地。

③ 突出旅游环境建设的特色。中国历史文化悠久，各地独具特色的历史文化名城中，南有苏州古城、南京的夫子庙、杭州的清河坊；北有山西平遥古城、北京的什刹海。在古城总体规划对有关著名历史城镇旅游开发模式的比较研究的基础上，将山海关古城定位为边城要塞，多元统一，多民族风情汇聚，多元文化交融的古城，使之立足秦皇岛市区域，在京津唐及环渤海圈经济区的旅游大格局中占有重要的一席之地。

④ 提供可操作性的景观设计方案。本方案在总体规划的框架基础上，根据建筑设计和策划的要求，对古城的东西南北大街景观进行了总体景观的设计，并对四方街、街中街等重点地段和区域进行了详细景观规划，并根据建设及开发的需要，制订了详细的设计施工组织计划，投资估算，以确保总体规划实施的可操作性。

（2）景观环境总体规划

1）历史沿革　山海关始建于明洪武十四年（公元 1381 年），历经洪武、成化、嘉靖、万历、天启、崇祯六朝修筑，耗用了大量的资金，调动了数以万计的军民，前后用了 263 年的时间（几乎是明王朝由盛至衰的全部过程）建成了占地约 $2.3\times10^6\mathrm{m}^2$，具有“七城连环、万里长城一线穿”的军事城防系统。

山海关建城符合“通川之道，要害之处”的古代城市规划原则。该处正位于海陆咽喉要冲，在历史上被称为兵家必争之地。明洪武十四年（公元 1381 年），中山王徐达移关于此，连引长城为城之址，开始修建山海关。

山海关城由关城、东罗城、西罗城、南翼城、北翼城、威远城和宁海城七大城堡构成，四周有长 4769m、高 11.6m、厚 10 余米的城墙，墙体高大坚实，气势宏伟。在东、西、南、北建有四个城门，城东南隅、东北隅建有角楼，城中间建有雄伟的钟鼓楼。整个卫城建筑规模宏伟，防御工程坚固。山海关是明代创建“卫所兵制”的产物，明代的“屯田制”和改革政策又对山海关的巩固和发展起到了重要的作用。

2）发展目标

① 发展方向。由于山海关古城良好的区位优势及旅游资源的丰厚，其旅游发展方向应从都市休闲、观光旅游及文化体验方向发展，利用其优势，完善其在城市文化产业功能格局中的不足。发展方向体现在以下几个方面：(a) 休闲度假旅游带的着力营造；(b) 以现有资源为主导的观光游览产品的继续发展；(c) 艺术与博览、会议会展等都市功能性旅游产品的重点培育；(d) 历史文化的深度挖掘，文物古迹的保护利用，及文化旅游产品的开发。

② 定位。集生态、山海、可居住（最适宜人居住）、文化（历史文化和现代休闲文化）、民俗五大理念于一体的世界历史文化名城。

3）设计出发点

① 天下第一关。山海关的第一性，山关无数，但“天下第一关”只有一座。

山海关的统一性，山海关的地理位置处于关内关外的交汇点，山海文化、关内关外文化、多民族文化的聚集点，在战争年代，这里是兵家必争之地，和平年代这里是多元文化汇聚统一的焦点。

② 两条大街。走一走官道，运通东西。逛一逛小街，民泰南北。游一游古城，朔古谈今。住一住民居，闹中取静。

③ 以鼓楼为中心四面八方。山海关后面的角山又称为祖山，前有河流由西向东流过。现有的规划在东南西北四个城门前都有一块开阔空间，在这四个方向规划了四个重要节点和四个小节点（图 6-1）。

图 6-1 山海关古城四条大街改造总平面

4）平面布局。根据现状条件及历史文化传统，结合业主提供资料，把各功能区、节点有机结合，相互补充、协调、整合。力求在尊重历史传统同时满足开发需要，并符合专业技术要求。

① 开放空间。结合旅游及商业、展示功能要求，在南北大街中段布置开放空间，街面上节点局部放大，通过商铺层数加大以围合空间，聚拢商业人气。

东西大街开放空间分三个层次：西门、东门、钟鼓楼为较大开放空间，其次为先师庙轴线节点和总兵府轴线节点，再次为牌楼周边等空间。

a. 东西大街。明清时又称御道、贡道。西连京城，东通关外，为交通要道。道路两侧的商业有关文化博物馆、婚庆中心、演绎坊等。迎恩门与天下第一关就坐落在这条大街的东西两端。此外，还有四座牌坊，强调了大街庄严、大气的官气。道路铺装模仿故宫太和殿前的御道。道路两侧种植连续整齐银杏作为行道树，更强调了道路通向天下第一关的轴线感。从安全的角度出发，建议步行商业街范围内取消道路的路缘石（图 6-2）。

b. 南北大街。南北大街开放空间分三个层次：南门、北门、钟鼓楼为较大开放空间，其次为南大街和北大街中部的扩大空间，

两边的商业主要是餐饮、酒吧、特色小店及家庭式客栈。道路北通角山，南面是山海关的主要居民区，大街过去就是一条传统的商业街。因此在这条大街上体现了熙来攘往、国泰民安的生活气氛。景观设计呼应此理念，道路空间的划分、铺装设计、小品的摆放等方面

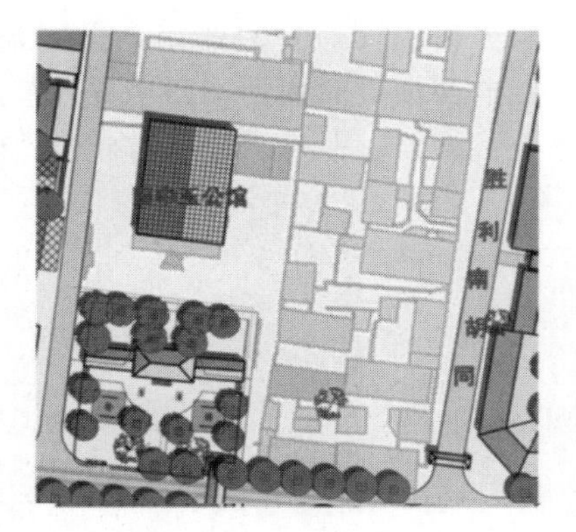

(a) 田中玉公馆平面图

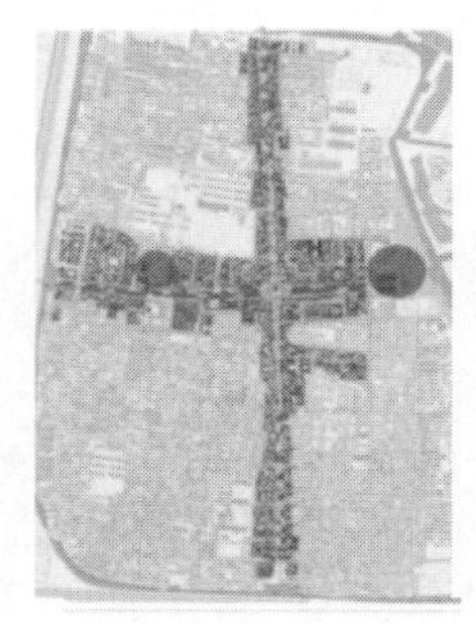

(b) 区域位置图

(c) 天下第一关现状

(d) 田中玉公馆现状

(e) 田中玉公馆意向

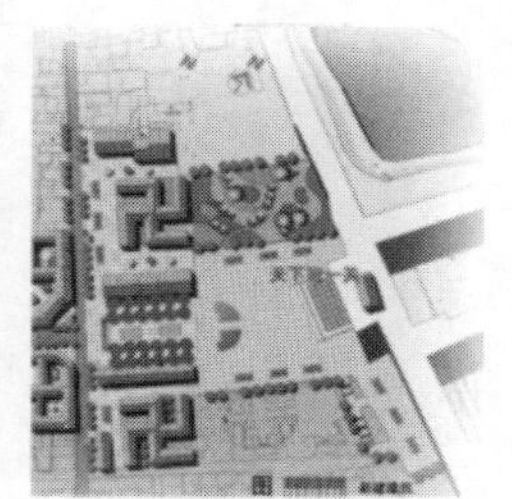

(f) 天下第一关意向

图 6-2 东西大街开放空间

都打破了笔直画一的传统方法。

此外，在南四方街至北四方街之间设计了休闲地带，在保证应急车辆通行的前提下，在道路靠近路中的位置布置流动的小展示亭、花钵、休息坐椅以及战车造型的商亭。

理论上，在商业步行街中人流行进速度适中，走在靠近橱窗的位置时是最有利于激发购物的欲望；在街心设置了花钵等设施后人流速度减缓，可以作为街心休息的场所。用景观来围合这样的空间有利于营造好的商业氛围（图 6-3～图 6-5）。

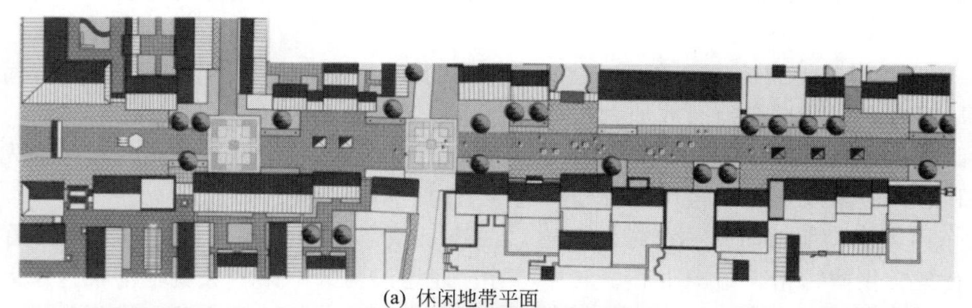

(a) 休闲地带平面

(b) 铜车马意向

(c) 休闲坐椅意向

(d) 小商亭意向

图 6-3 南北大街休闲地带平面

图 6-4 南北大街休闲地带效果

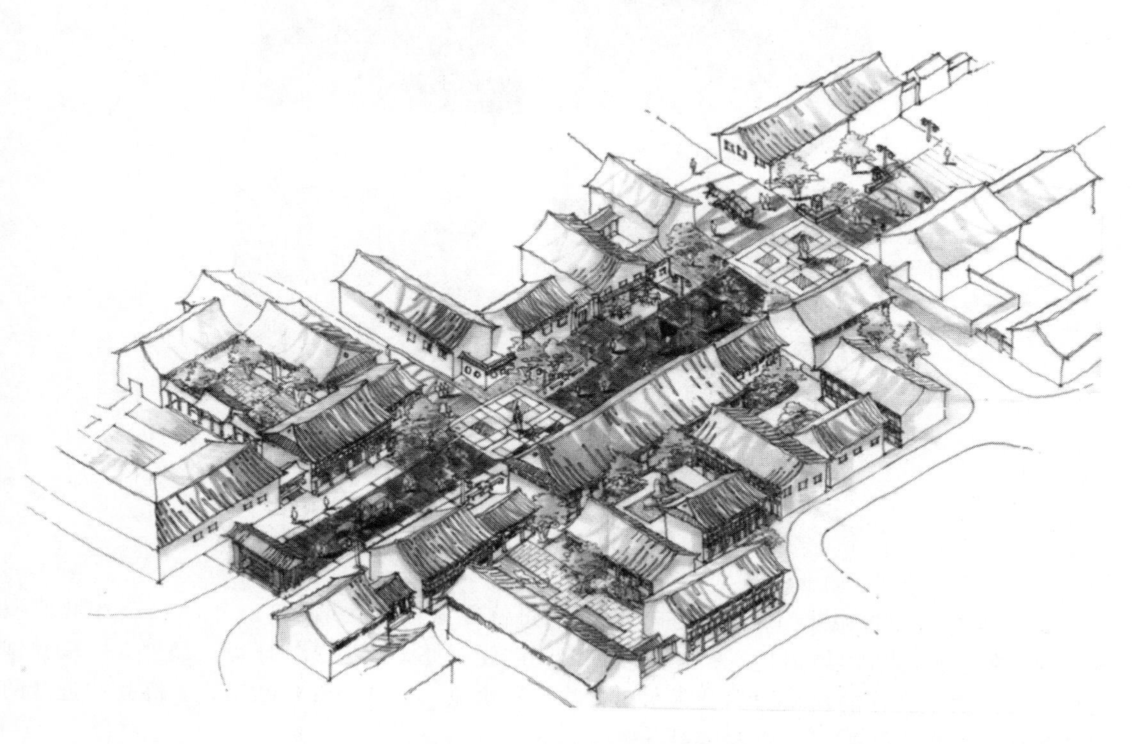

图 6-5 南北大街休闲地带鸟瞰

c. 西关驿亭。靠近西关的三块小绿地，分别布置驿亭及盆景园。古代传递书信的驿使在此下马休息，亭边布置有驿马的雕塑以及上马石、下马石等小品，为游客来此体验真正的戎马生活提供了条件（图 6-6）。

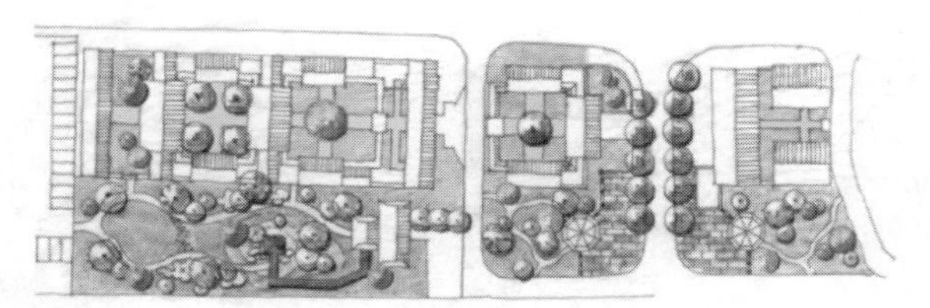

(a) 西关驿道平面

(b) 西关驿道立面

(c) 驿亭(一)

(d) 驿亭(二)

(e) 盆景园意向

(f) 上马石

图 6-6 西关驿道

d. 瓮池怀古。古城北门是唯一一座没有经过修复城楼的城墙。300 年的沧桑在城墙上刻下深深的痕迹。城门周围是高档客栈区，因此需要一处绿色优美的环境。这里有一段瓮城遗址，为防火，古代的瓮城内都设有水池，荒草从水池上、从墙缝中钻出，登高眺望近处的残城和远处的角山，感叹历史的沧桑（图 6-7）。

e. 北四方街。南大街河北大街上道路空间的放宽，打破了商业空间狭长的感觉。北四方街位于酒吧街之间，设计营造条状水系，仿佛使人感到有河流穿城而过。夜晚酒吧的灯光倒映在河水中，景色十分迷人。河流水位较浅，可满足人们亲水的天性（图6-8、图 6-9）。

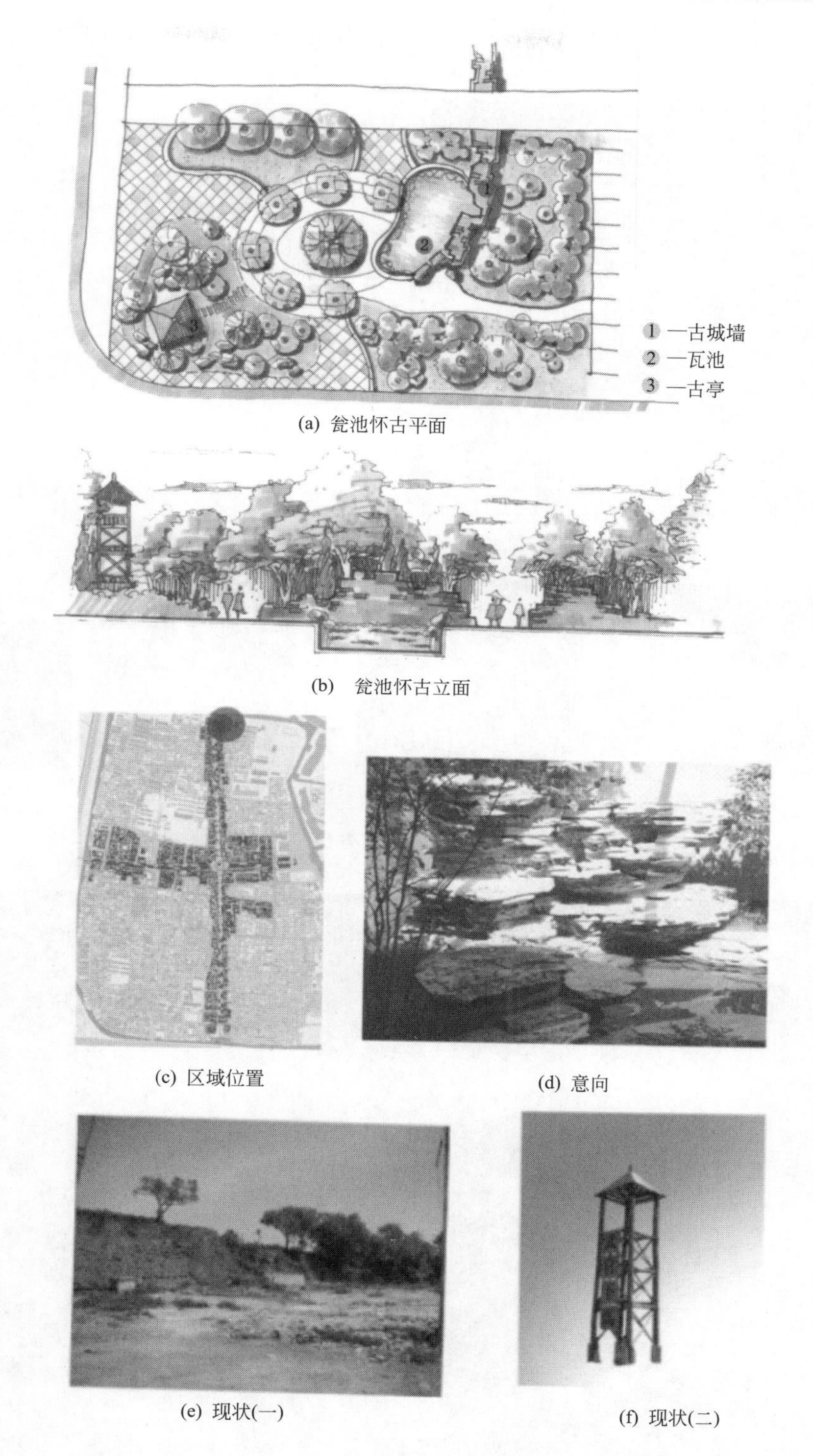

(a) 瓮池怀古平面

(b) 瓮池怀古立面

(c) 区域位置

(d) 意向

(e) 现状(一)

(f) 现状(二)

图 6-7 瓮池怀古

f. 南四方街。靠近山海关的居民区，根据地形布置有另外一种形式的水井，三眼井。古代，居民讲究用水卫生，水流过来，汇入第一眼井，可以饮用；溢入第二口井，可以洗菜饮牲畜；流入第三眼井才可以洗衣淘米。这样的设施与居民生活息息相关，使来到这里的游客可以感受到山海关不是一个老古董，而是一个富有生气的地方（图 6-10）。

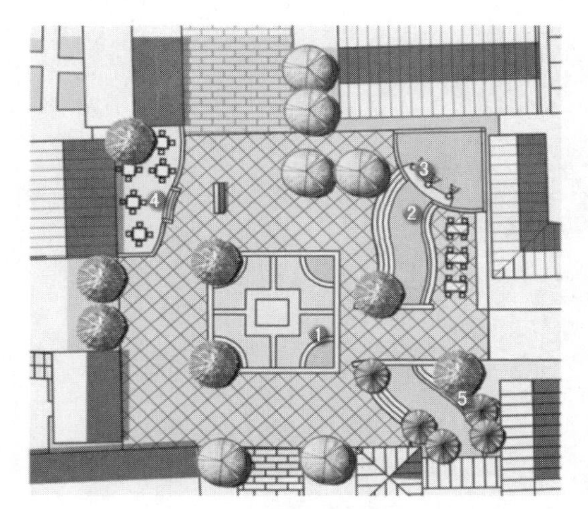

1 —特色铺装
2 —溪水小景
3 —喷水小品
4 —休息小空间
5 —修剪灌木

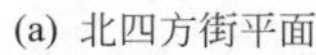
(a) 北四方街平面

(b) 意向图(一)

(c) 意向图(二)

(d) 意向图(三)

(e) 意向图(四)

图 6-8　北四方街

图 6-9　北四方街夜景效果

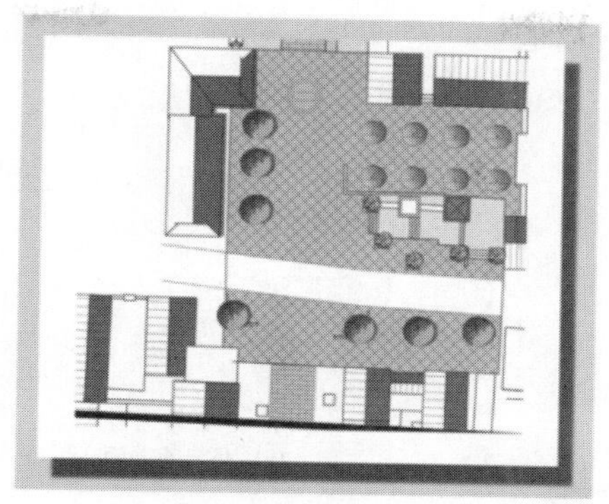

(a) 南四方街平面

(b) 南四方街立面

(c) 三眼井

(d) 四方街歌舞看场

图 6-10 南四方街

② 半开放街中街空间。外部历史风貌，内部现代功能。设计以保护四合院传统建筑风貌为主，拆除和改造杂乱、高密度的大杂院，满足区域内交通的流畅与购物休闲的方便。构建各种商业组团，赋予其商业功能。外表保留传统的砖墙、瓦屋，而每座建筑的内部，则按照现代人的生活方式、生活节奏、情感世界度身定做，营造现代休闲商业环境。这里是人们体院古城民风的好去处，在舒适的商业空间内购物餐饮，体会休闲的乐趣。

a. 钟鼓楼周边街中街。鼓楼周边采用街中街布局，扩大临街商业空间。以经营旅游必需的“吃、穿、戴、玩”商品为主，并设置服务用房：

明字铺：吃——土特产食品。

泰字铺：穿——民族服装、服饰（图 6-11）。

美字铺：戴——宝石玉器、金银首饰。

德字铺：玩——旅游工艺品（图 6-12）。

明字铺为特色餐饮区，力求营造优雅的景观环境，在街中街内用水面将建筑和广场分隔开，使室内外的就餐者都有更多的亲水空间可以享受。在庭院中间还布置扇形的观景亭，可作为音乐表演的舞台（图 6-13）。

美字铺规划为体验式购物，周边的院落都可以成为体验的场所。看看关城老窖是如何酿制出来的，品一品山海关土产干红葡萄酒。院落内将休闲空间、井亭和绿地置于庭院当中，

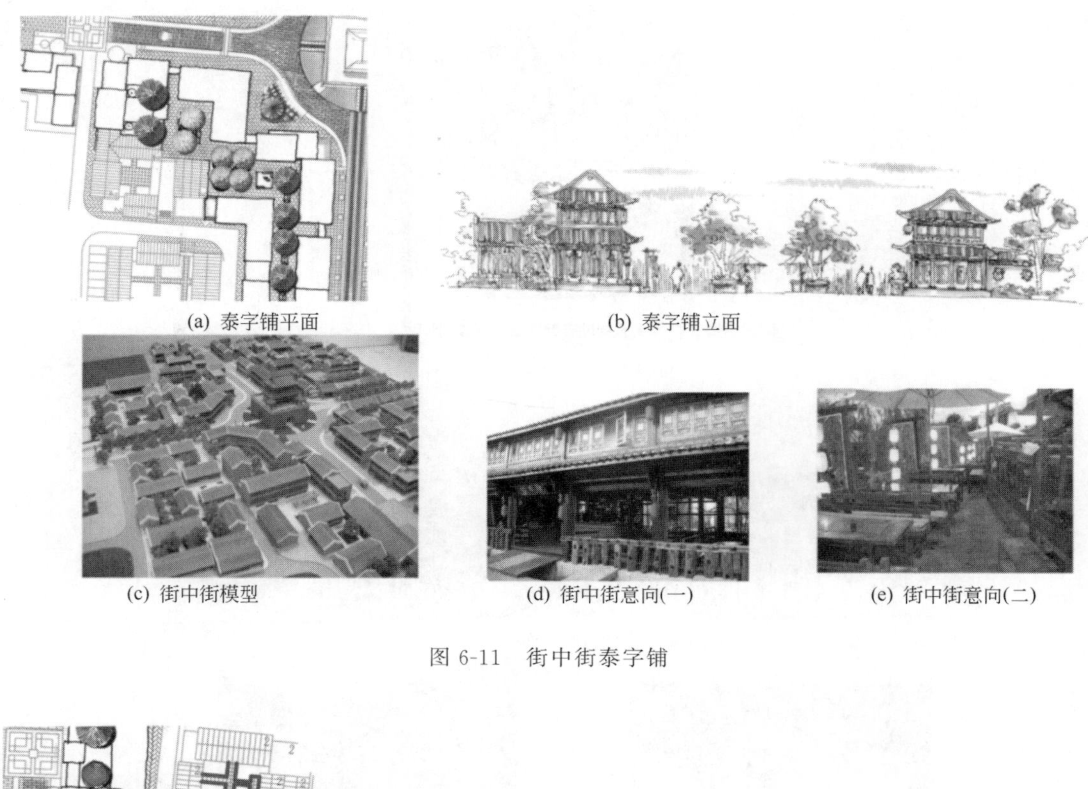

(a) 泰字铺平面　(b) 泰字铺立面

(c) 街中街模型　(d) 街中街意向(一)　(e) 街中街意向(二)

图 6-11　街中街泰字铺

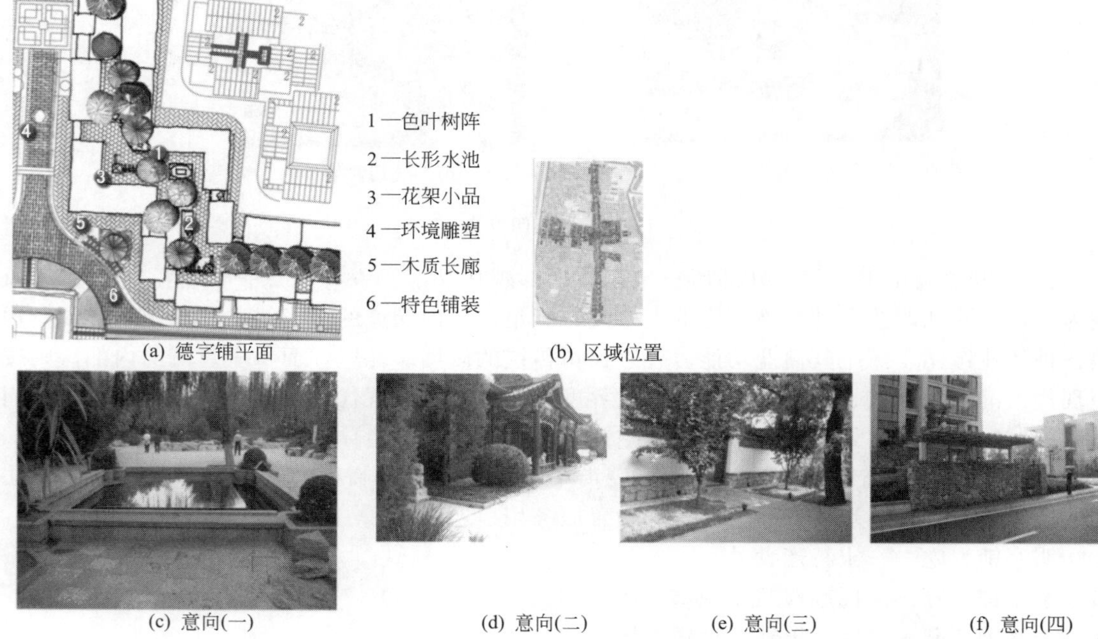

(a) 德字铺平面　(b) 区域位置

(c) 意向(一)　(d) 意向(二)　(e) 意向(三)　(f) 意向(四)

图 6-12　鼓楼东北角德字铺

使人流靠近店铺，迎合商业的需求（图 6-14）。

b. 红月山庄。高级商务酒店，即通过分散的院落式布局来组织，以古建外观与内部景观、传统内饰为特点，庭院空间也多元化，以传统的私家古典园林为主，并使园路成为交通组织的一部分，公共的庭院相对较现代，以满足现代化的功能需要（图 6-15）。

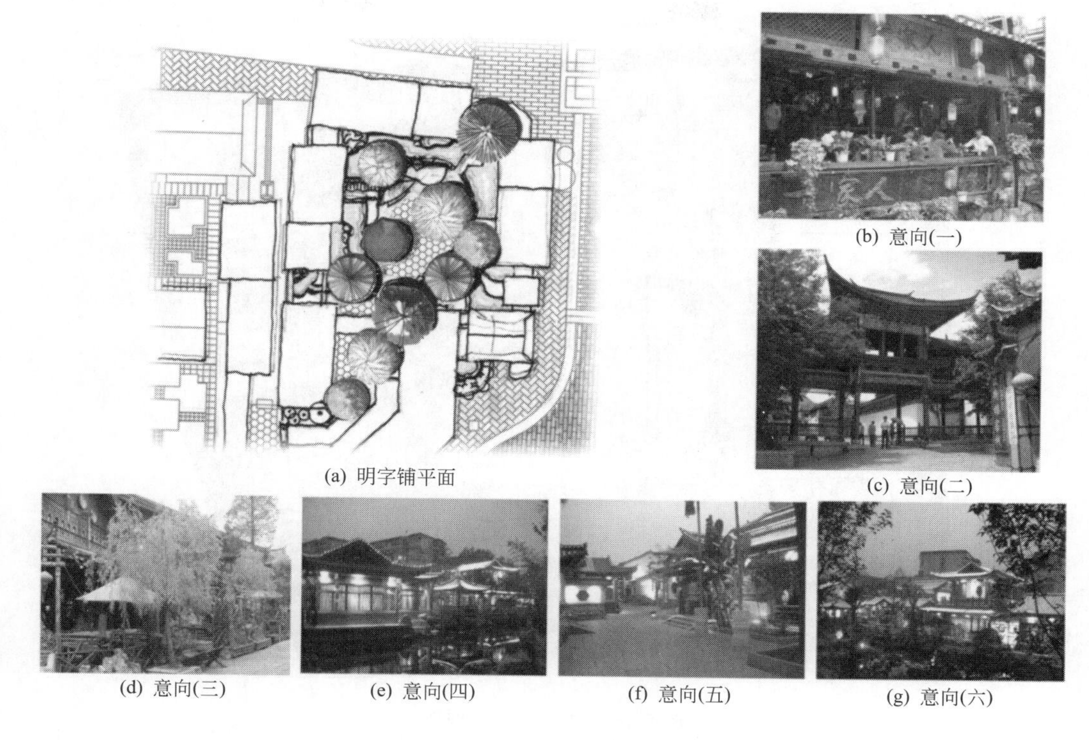

(a) 明字铺平面 (b) 意向(一) (c) 意向(二) (d) 意向(三) (e) 意向(四) (f) 意向(五) (g) 意向(六)

图 6-13 鼓楼西北角明字铺

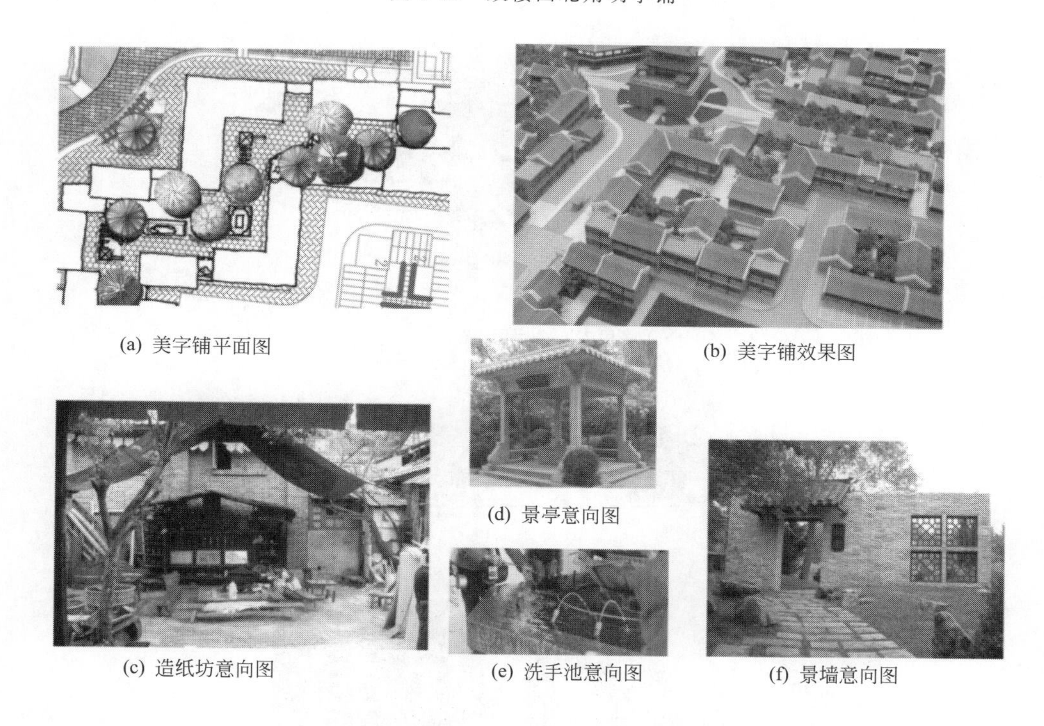

(a) 美字铺平面图 (b) 美字铺效果图 (c) 造纸坊意向图 (d) 景亭意向图 (e) 洗手池意向图 (f) 景墙意向图

图 6-14 鼓楼东南角美字铺

c. 多民族风情区。又称榆关旧市，集多民族多元文化与此，开阔的林下广场，中国古典的私家式园林与公共园林融为一体（图 6-16～图 6-19）。

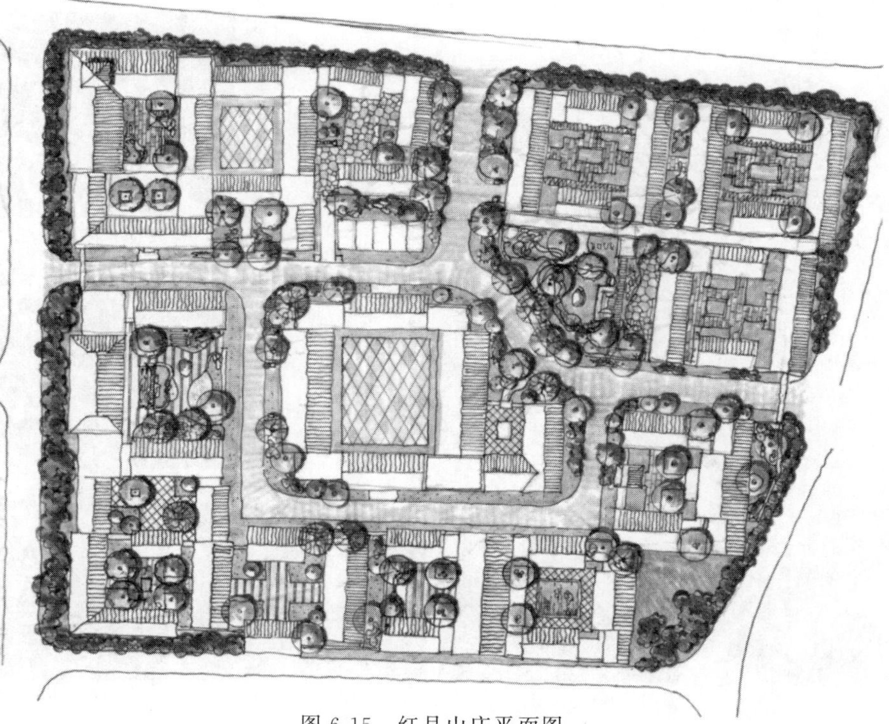

图 6-15　红月山庄平面图

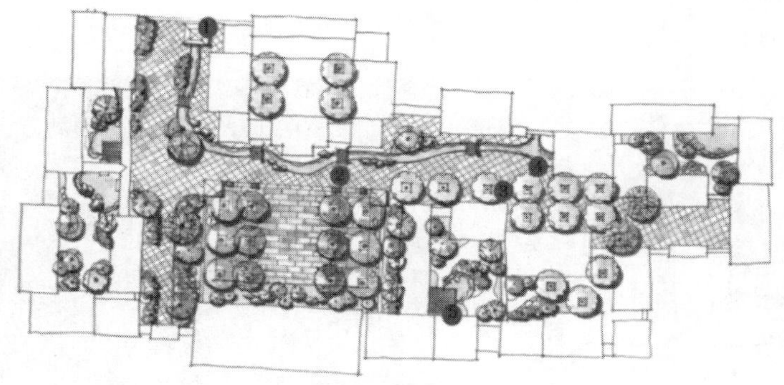

(a) 多民族风情街平面图

(b) 多民族风情街立面图

(c) 区域位置

(d) 意向图(一)

(e) 意向图(二)

图 6-16　多民族风情区一

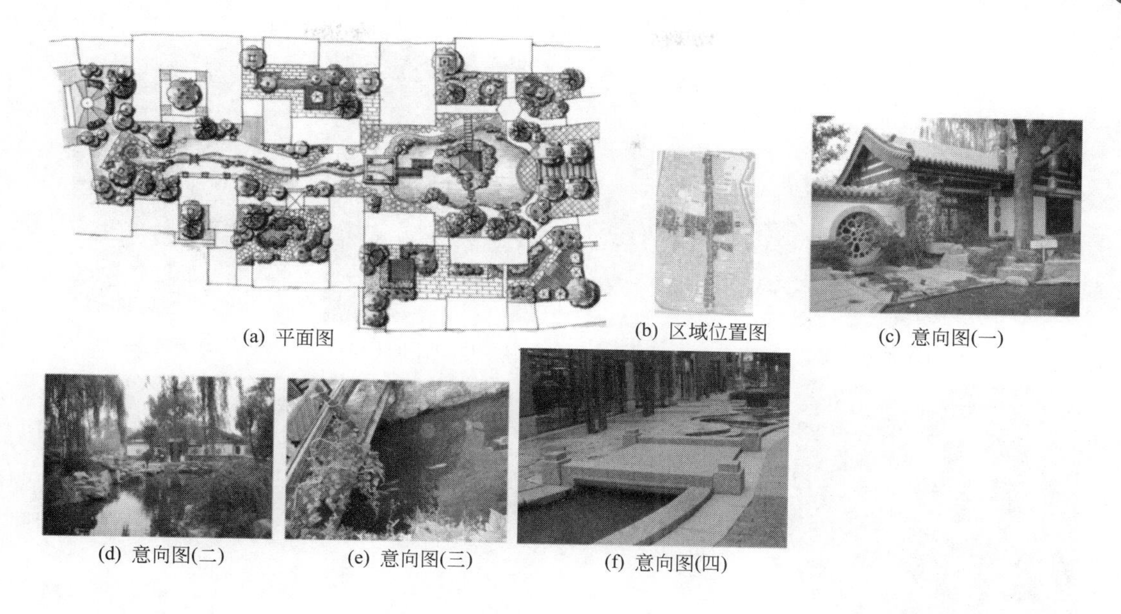
(a) 平面图 (b) 区域位置图 (c) 意向图(一)

(d) 意向图(二) (e) 意向图(三) (f) 意向图(四)

图 6-17 多民族风情区二之平面图

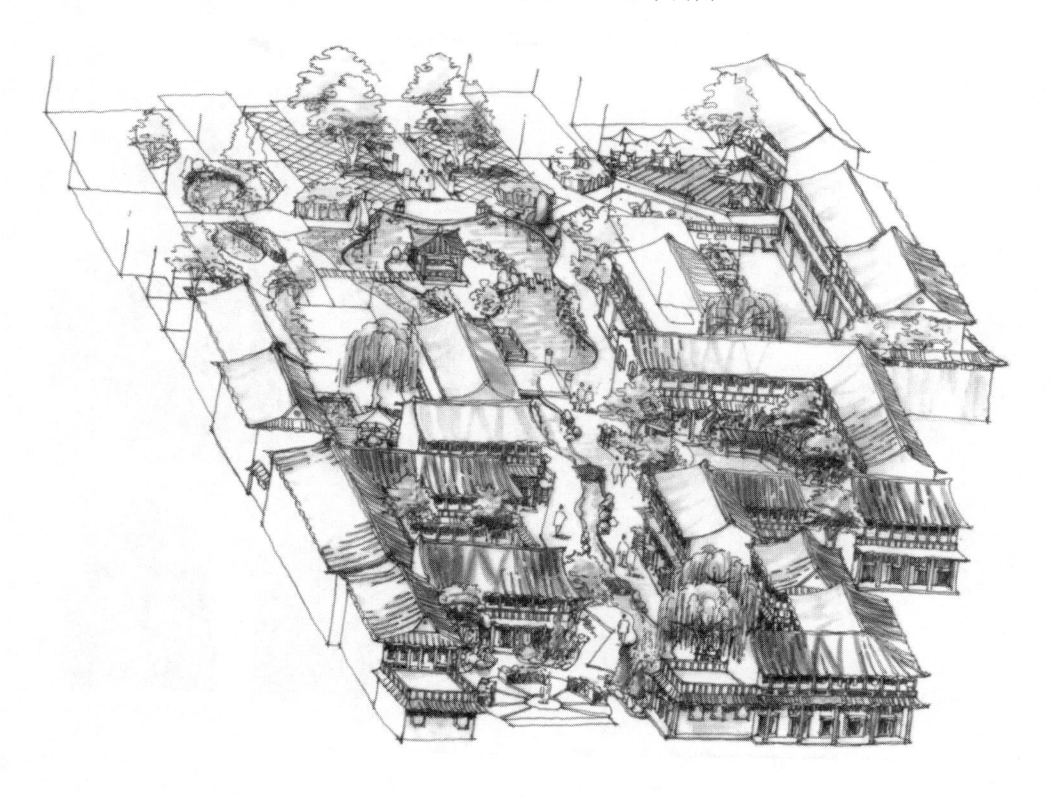

图 6-18 多民族风情区二之鸟瞰图

5）种植规划设计

① 开放空间植物规划。以遮阴的落叶乔木为主，边角处点缀花灌木。东西大街原行道树为银杏，予以保留；南北大街未规划统一的行道树，采用以国槐为主的乡土树种，以便节水，节省管护费用（图 6-20）。

(a) 种植立面　(b) 意向图(一)　(c) 意向图(二)

(d) 意向图(三)　(e) 意向图(四)　(f) 意向图(五)

图 6-19　多民族风情区种植意向图

(a) 平面图　(b) 立面图　(c) 意向图(一)　(d) 意向图(二)　(e) 银杏　(f) 国槐

图 6-20　开放空间种植意向

② 半开放空间植物配置。开阔的公共广场以遮荫效果好的落叶乔木为主，强调植物树形的观赏性和生态性。

③ 私密空间植物配置。由于空间较小，一般规划小型乔木和灌木为主，注意植物品种的观赏性、生态性和安全性（图 6-21，表 6-1）。

(a) 四合院植物小景

(b) 意向图(一)

(c) 意向图(二)

(d) 意向图(三)

(e) 意向图(四)

(f) 意向图(五)

(g) 意向图(六)

图 6-21 私密空间种植意向

表 6-1 植物种植苗目表

品　种	规格/cm	数量/株	品　种	规格/cm	数量/株
银杏	12～15	90	红瑞木	1.2～1.5	1800
国槐	10～12	150	金银木	1.5～1.8	700
毛白杨	8～10	30	丁香	1.5～1.8	600
栾树	12～15	100	榆叶梅	1.5～1.8	700
垂柳	8～10	45	紫薇	1.5～1.8	280
小叶白蜡	8～10	40	连翘	1.5～1.8	700
五角枫	8～10	15	锦带花	1.0～1.2	1200
法桐	8～10	15	迎春	三年生	1600
西府海棠	4～6	40	珍珠梅	1.5～1.8	540
紫叶李	4～6	120	地锦	三年生	320
碧桃	4～6	100	牡丹	三年生	150
棣棠	1.0～1.2	2000	云杉	2.5～3.0	130
大叶黄杨	0.8～1.0	13000	油松	3.5～4.0	60
金叶女贞	0.5～0.8	14000	白皮松	3.5～4.0	60
丰华月季	0.8～1.0	25000	桧柏	4.0～5.0	120
玉簪	二年生	3400	沙地柏	0.8～1.0	4200
红叶小檗	0.5～0.8	17000	马蔺	两年生	10000

6）节点详细设计

① 建筑小品设计原则。四条大街处理上结合平面功能分区。注重小品形式风格协调，多样搭配，色彩装饰重点突出，并通过灯幌、牌匾、小品及绿化等来烘托街道的传统历史气氛。

整体风格与山海关古城风貌相吻合，古色古香、丰富有序。标志性建筑的建筑形式突出强化其个性特征，一般建筑小品在相邻地块之间应具有相似性。相邻建筑应在高度、色彩、材质、雨棚、标志等方面取得统一或协调，建筑柱顶壁缘的凹凸线脚、装饰、材料、质地与色彩上的相似将有助于建筑风格的统一。屋顶以传统的坡屋顶为主，根据空间需要设置部分囤顶。

小品色彩上的总体基调配合建筑的青砖墙，灰瓦坡顶多采用天然材料的自然色彩。如原木围栏座椅，天然石条坐凳，青砖垃圾桶等。少用玻璃和金属等材料，力求天然环保（图6-22～图 6-26）。

② 水景景观设计。山海关地处北方，无法营造江南水乡的风光，但景观中也不能缺乏水景的点缀。

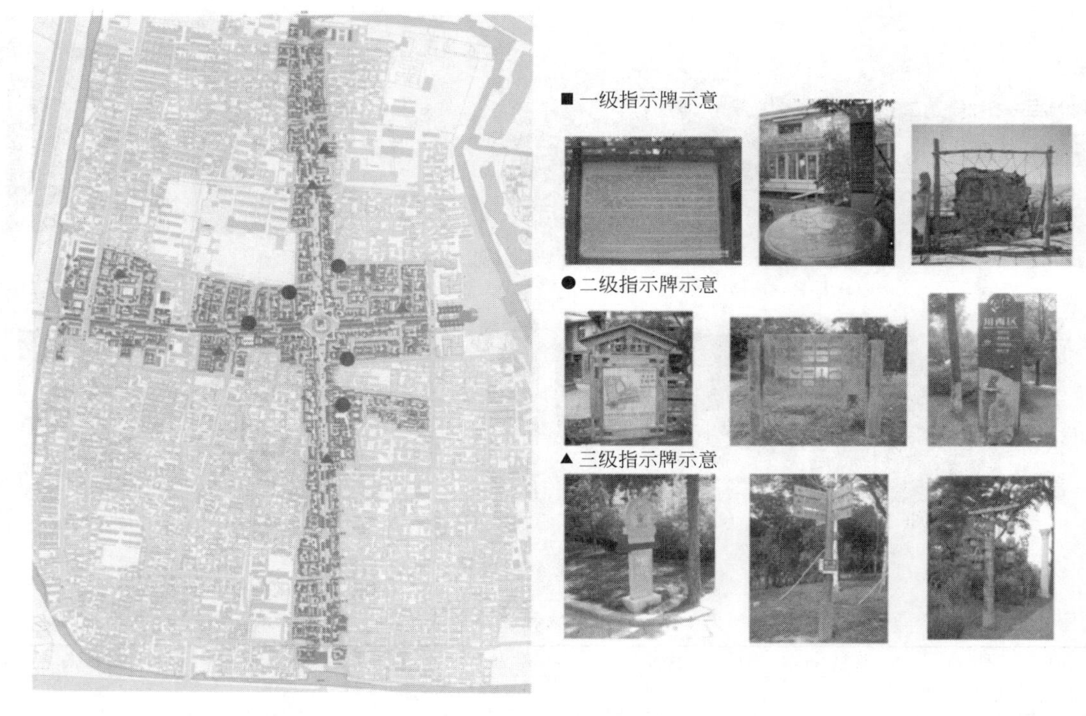

图 6-22　指示牌景观小品意向

图 6-23　特色宣传景观意向

a. 点状水景。适合较小的空间，如街中街、四合院内，需水量较小，又能营造有情趣的空间，大幅度提升物业的档次，出水口的形式主要是以泉的形式出现。

b. 线状河流。模拟小溪流的水景景观，主要应用于较大的开放和半开放空间。人有亲水性，尤其是小孩，在注意安全的前提下考虑到人的可参与性。增加了公共空间的情趣，白天在河流里放生，夜晚在河流里放河灯。出水口一般隐藏成为暗河。

c. 片状水系。天下第一关的东侧有大面积的湖面，因此，古城内较少使用，只在多民族风情区的东部的庭院空间内规划了一处较大的水面，用于高档活动，取得点睛之笔。

图 6-24 景观小品意向——休闲生活景观

图 6-25 护栏山石小品意向

图 6-26 景观小品意向——展示景观

d. 本规划中没有旱喷泉广场，考虑到手法现代，与古城的氛围有偏差（图 6-27）。

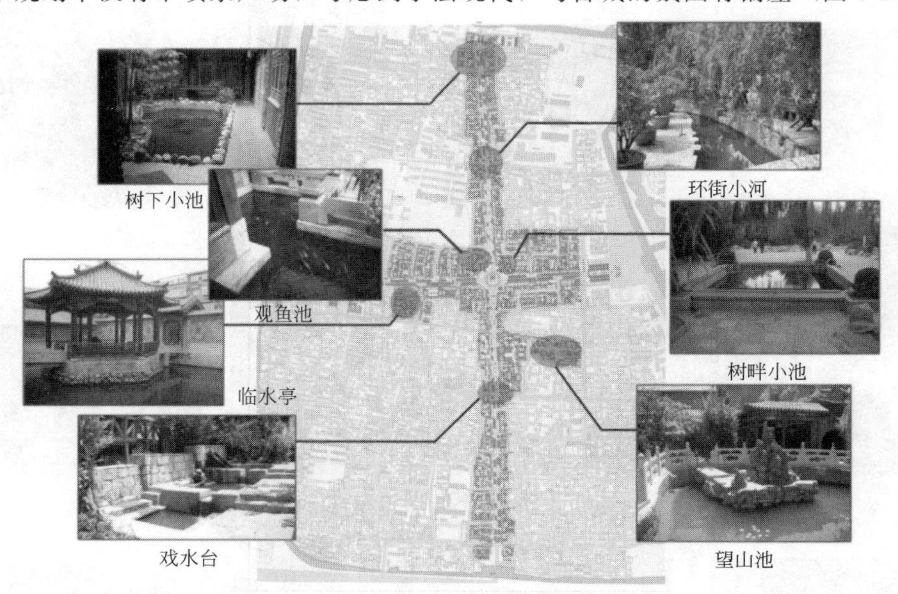

图 6-27 水景意向

③ 夜景景观设计。景观灯饰的设计风格古朴，形势与古城的环境相融合。照明分重点区域、次重点区域和非重点区域三级，重点区域照明分三级，此重点区域分两级，非重点区域只满足供照明（图 6-28）。

图 6-28 夜景景观意向

6.2 蓬莱西关旧街改造

（设计：天津大学 张玉坤等）

项目地处蓬莱市西关路老城区一侧，东西长约 600m，南北进深约 36m，规划占地约

$2hm^2$。规划地段位于蓬莱市旅游中心区，是蓬莱滨海城镇形象塑造的集中展示空间，与蓬莱古城、振扬门、戚继光故里、画河等共同形成自然、历史、传统和现代共生的城市文化品位和空间品质，期望能够发展成为旅游、购物、休闲、住宿的黄金地段，满足旅游游客的需要。

设计者经过调查研究确定了妥善处理传统与现代的关系、体现胶东传统民居特色这样的设计理念。具体为：传统与现代——能够保留下来的不同时代的民居都是民居中的精品，具有鲜明的地方性、乡土性和个性，具有宝贵的价值。但它经受不了现代文明的冲击，也包容不了现代生活，不可避免地面临着保留传统和满足现代生活需求之间的矛盾，是保留还是让位于新建筑是街道设计中必须要解决的问题。胶东传统民居的特色——胶东民居，作为我国众多民居形式中的一种，胶东地区的民居有别于其他地区民居最大的特点在于，多种文化的融合对胶东民居形式的影响共同成就了胶东地区特有的民居形式。同时，受到胶东特殊的地理位置和历史变的影响，完整保留下来的传统民居并不多见，也就显得愈加珍贵。

为了贯彻设计理念，设计者从文脉、传承和风格的把握这三点入手，对整条街道的设计进行了准确地把握。在吸取传统小商业街精华的基础上，根据干道拓宽后空间尺度的变化，靠近西关路的建筑设计以三层建筑为主，辅助以二层和四、五层建筑，以丰富街道空间，同时适当增加了建筑面积，满足开发建设的要求。另外根据总体规划的要求，建筑檐口高度控制在 9m 以下，以保持旧街区的特有风貌。

在平面布局设计中，以画河、街口、保留旧民居为界限，将整个基地划分为五个地段。靠北的四个地段为沿街商业和办公建筑，最南段设计为旅游旅馆。在基地的各个地段上，特别是在几处街口、河道的交叉处，突出了转角节点的变化处理，加强空间层次的变化，使前后街道空间渗透。西关路沿街一侧平面刻意设计出有节奏的韵律变化，有的突出如大门堂屋，有的缩进如深幽小巷，突出和缩进有机结合，相得益彰。不仅从平面布局上，而且从立面空间上使西关路沿街景观更丰富多彩，赋予其现代城市的空间效果（图 6-29）。

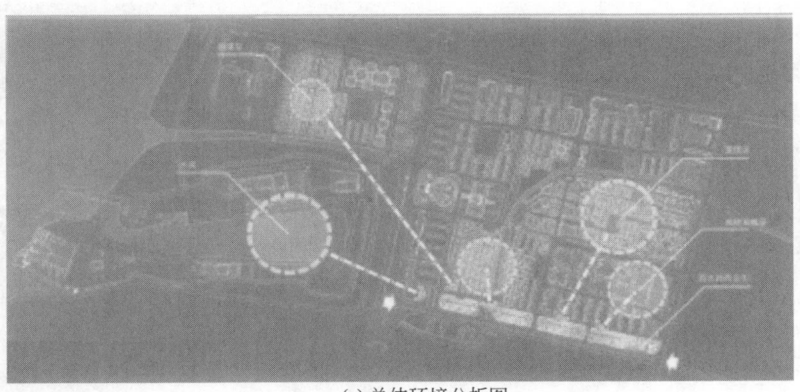

(a) 总体环境分析图

(b) 总平面图

图 6-29　蓬莱西关旧街总体环境分析及总平面图

从蓬莱的气候特点，大进深建筑基地的特殊条件，旅游功能的灵活要求出发，同时吸取了闽南旧商业街的设计手法，在以商业购物功能为主的四个地段的建筑中间位置，从步行街的起始处，设计了一条室内商业步行街。室内步行街贯通二层空间，上有玻璃盖顶，由廊桥相连，以近人尺度和变化的手法，创造一个人看人、人看物、热闹丰富的、室外化的、由室内走向室外的商业步行街。这条步行街联系了建筑两侧的街道空间，为游人提供了更灵活的游览路线，而且可以最大限度地发挥建筑面积的商业利用率，提高单位面积的经济效益。

在立面的风格处理上，步行街设计既要满足功能要求，又要创造古香古色的蓬莱地方民俗风格。总体上从蓬莱民居的立面特点出发，把握住简约、纯朴、造型精美的特点，把处理的重点放在底层、二层及局部三层。特别是吸取蓬莱传统民居对于入口屋檐的处理，突出表现各个商业门脸的特色。同时，把传统民居中对于门窗洞口比例的关系，运用到设计中来。特别注重对建筑细部及建筑材料的运用，慎重选择建筑色彩、恰当应用，真正体现其建筑风格的地方性。在设计中，还集中考虑了各类檐部、屋顶、窗套、门套、柱廊等各种细部大样，并结合单体建筑的具体条件，谨慎把握比例关系，简化、创新并加以应用（图 6-30）。

(a) 第一段(商铺)立面图

(b) 第二段(商铺)立面图

(c) 第三段(旅馆)立面图

图 6-30　具有蓬莱民居特色的沿街建筑立面

在形成建筑群体风格时，注重使其在建筑形式上单体有个性，群体有共性，即变化中求统一，整体协调中求变化。沿西关路整条步行街的建筑形式应突出地方特性，具体的单体设计应有个性地处理檐部、窗套、柱廊、挑台等形式的变化。同时，通过控制整体空间和尺度的协调，对建筑材料及色彩采取局部变化整体一致的做法，从而获得建筑群体、街景效果的统一感。

保护古城文脉，尊重民俗文化，用较传统的空间尺度设计环境造型，着力渲染古城传统街道的民俗文化形象，保持街道空间的文脉延续。总的设计构思就是，既能保护重点历史地段的风貌，又能形成一些新的、环境优美、富有吸引力的城市公共空间，达到一种环境的更新。

6.3 成都武侯祠锦里一条街规划设计

（设计：成都亚林古建筑设计公司　李亚林）

6.3.1 规划与策划

（1）锦里蜀风街建设规划征集意见书　规划设计方案　2000 年 6 月，由成都市武侯祠博物馆策划、四川天成广告公司执行策划完成《锦里蜀风街建设规划征集意见书》。

在该意见书的“区域划分”部分，将锦里一条街划分为如下表所列 3 个区：

功能区域	位置	内容
购物区	在街道上段	各种商店手工艺作坊
休息区	在街道中段	酒楼、茶楼、棋牌、客栈等
娱乐区	在街道下段	戏楼、书场等

在该意见书的“建设规划”部分，主要提出锦里的建筑风格“总体上承袭明清建筑的风格”与武侯祠博物馆相融合；锦里的建筑形态“融入民居、商号、官府等”，“立体地再现明清时期四川社会各阶层的建筑物”。在建筑空间布局上将锦里街分为上、中、下三段，形成三个群落：上段，大致从锦里的入口起向里延伸至 150m 处，街面较窄，要求建筑物小而能引人入胜，这段的建筑主要包括牌楼、碑碣、商铺、临街作坊、民宅等平民化建筑物；中段，大致位置由入口 150m 处至三义庙，这里有河流、山石、池塘，而且面积较广，以大户官宅、园林式建筑、旧式公共建筑为主，包括廊桥、茶楼、客栈、楼阁、亭台、轩榭、王公宅第等；下段，大致位置由三义庙至锦里尾端，空间上的特点是面积大，适合较为雄伟的建筑，包括有衙署、戏楼、陈列馆、园艺馆、书场等。

图 6-31 为成都武侯祠博物馆提供的锦里策划平面图。

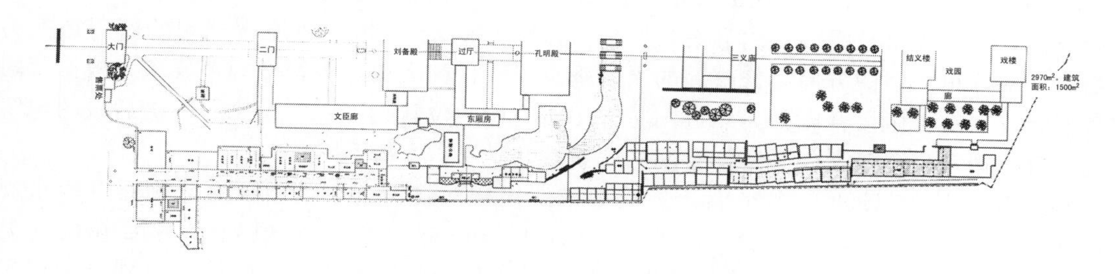

图 6-31　锦里策划平面图（1∶500）

（2）锦里规划与策划——七次研讨会逐步完善锦里策划方案　2001 年成都武侯祠博物馆将锦里一条街设计委托给成都亚林古建筑设计有限公司，成都亚林古建筑设计有限公司经过七次研讨论证、反复设计修改，逐步完善锦里的两个策划方案。

2001 年 5 月 12 日下午在成都市建设路 29 号召开锦里规划设计第一次研讨会，对锦里总平面规划方案草稿的第二稿（见图 6-32）进行研讨。

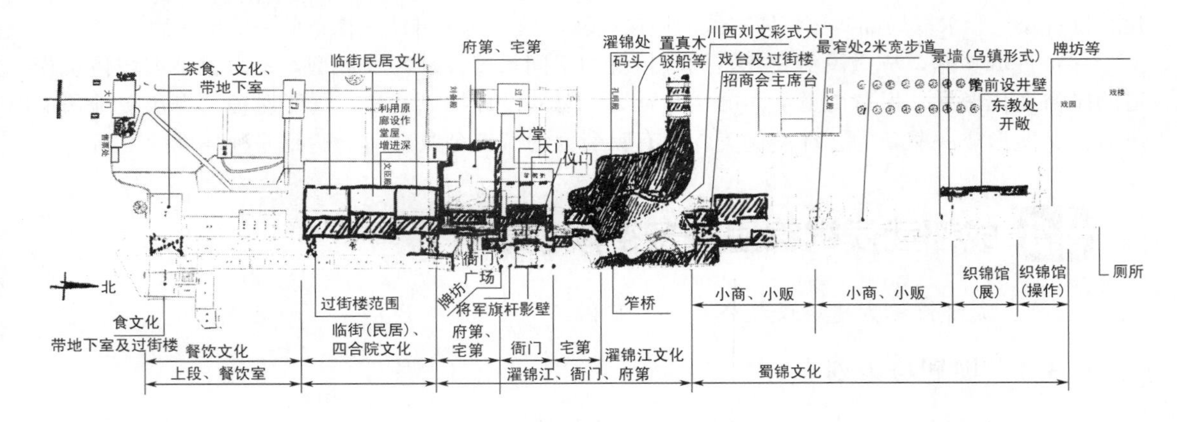

图 6-32 锦里一条街总平面规划方案二（1∶500）

2001 年 5 月 15 日下午在成都市武侯祠三顾园召开锦里规划设计第二次研讨会，讨论锦里总平面规划方案第三稿（见图 6-33）。此方案将街区划分调整为四段，分别为餐饮文化区；住宿区，设置宅第、衙门；丝绸文化区，设置“清明上河图”艺术墙、濯锦处、织锦馆；商业文化区，主要为小商小贩摊铺，街尾设牌坊或关帝庙。

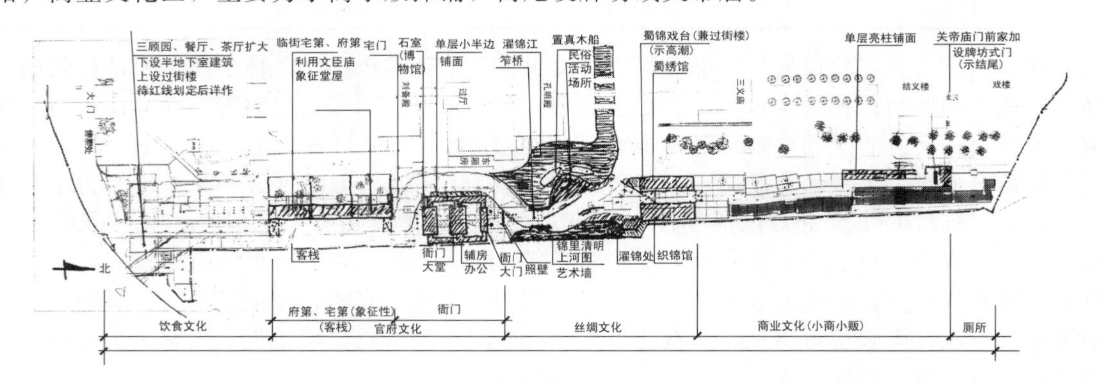

图 6-33 锦里总平面规划方案三

2001 年 5 月 26 日下午，在成都市武侯祠博物馆三顾园召开锦里规划设计第四次和第三次研讨会，研讨锦里总平面规划方案第四稿（见图 6-34）。此方案将原来规划的衙门替换为府第；变更锦里入口的方向，修改后的入口垂直于武侯祠大街，更符合规范要求；根据蒋国权教授建议，在街中段开阔处，靠近国防 611 研究所的位置设计一个楼廊，与街后段的建筑相连，既遮挡现代建筑又保证整体空间的完整性。

2001 年 6 月 12 日和 6 月 20 日，在成都市武侯祠博物馆碧草园会议室分别召开锦里规划设计第四次和第五次研讨会，在两次会议上研讨锦里总平面规划方案第五稿（见图 6-35）。此方案对总平面规划方案第四稿的主要调整修改之处为：街的第二段划分为宿文化区，包括宅第、府第；“清明上河图”艺术墙设在府第前的广场，此广场可展示民俗活动；街的第三段划分为丝绸文化区，作为观赏娱乐活动的场所；靠近国防 611 研究所的二层半边楼廊改为“丝绸之路”深浮雕艺术墙。

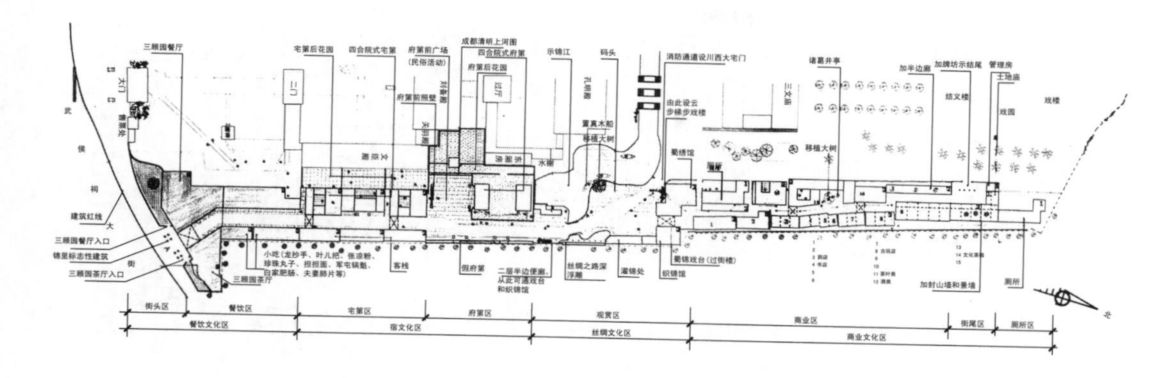

图 6-34 锦里一条街方案设计总平面规划方案四（1：500）

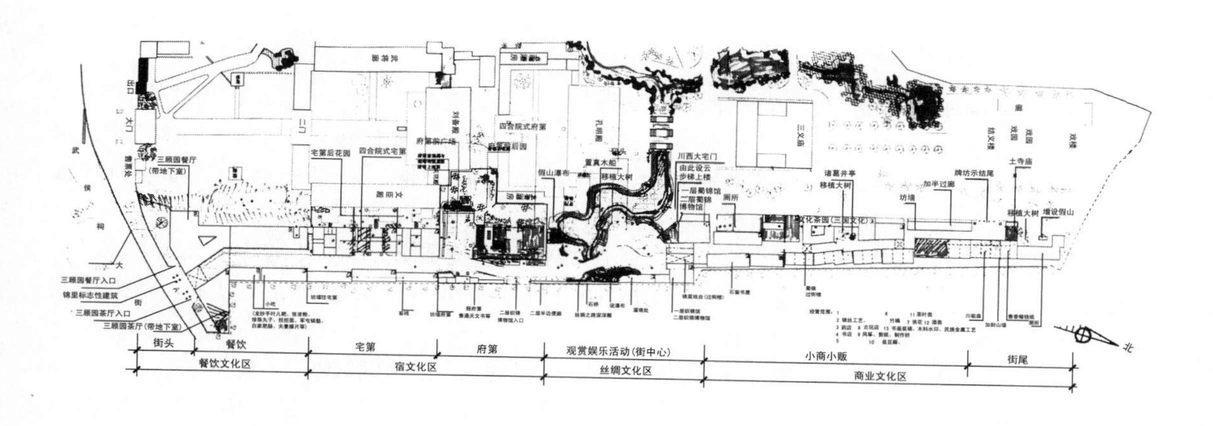

图 6-35 锦里一条街方案设计总平面规划方案五（1：500）

2001 年 7 月 1 日在成都市大熊猫繁育研究基地会议室召开锦里规划设计第六次研讨会，讨论锦里总平面方案第六稿（见图 6-36）。此方案结合总平面规划方案第五稿及锦里一条街规划设计第四次、第五次研讨会意见，将街划分为 A、B、C、D 四段。A 段为餐饮区，包括锦里标识性建筑、三顾园餐厅和茶室（含地下室）等；B 段为客店府第区；C 段为锦绣展示区，戏台两侧功能定位为锦绣馆，根据刘昌诚总工程师的建议，此处作小型过街楼廊；D 段为商业区，街尾设嫘祖庙。

2001 年 8 月 26 日下午在成都市二环路南三段“皇城老妈”皇城店四楼召开锦里规划设计第七次研讨会，制订了锦里建筑内部装修设计原则。

锦里一条街装修设计大纲：(a)“锦里一条街”的内装修应是强化、丰富原建筑设计要表达的创作意念、历史感、文化性及艺术性；(b)“锦里一条街”应是蜀中“第一”街，且是融入了以蜀汉、三国文化为主导的“建筑艺术”，展现了古蜀国的“蜀锦文化”、“民俗文化”、“茶”文化、“饮食”文化。而这些文化，将通过赋予历史感的一条街，有机的、艺术性的结合起来；(c)“锦里一条街”是“武侯祠”相关文化的丰富补充，只有基于“武侯祠”三国文化为主导的装修设计才能使“锦里一条街”具有强烈的个性特点。

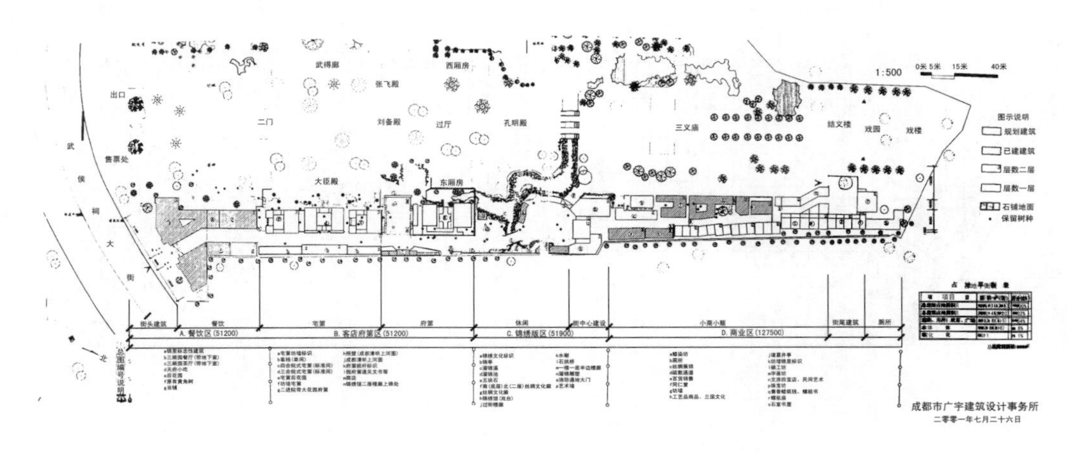

图 6-36　锦里总平面规划方案六

6.3.2　设计理念

① 锦里不同于琴台路（仿古新建筑）、不同于“皇城老妈”（传统元素、现代创作理念及形式）、更不同于全国某一地方。“锦里”是“文物”似的、蜀国民居、官宅、府第等建筑艺术的经典，是含有深厚文化底蕴的建筑“艺术品”。一尸一铺、一景一物、一窗一门等都应具有“可读”性、故事性、艺术性。

② 各种与“锦里一条街”相关的历史遗迹、各种带有蜀汉三国文化特征装饰的纹样、雕刻及传统处理手法，各种楹联配置等，均必须合理的有机的与原建筑结合起来，在强化原建筑风格的前提上与原建筑融为一体。

③ 通过不同档次的内外装饰，把建筑中不同阶层的文化充分展现。

④ 外观内饰的“文物”感与使用功能中的现代化设施（水系统、强弱电系统、空调系统），通过精心设计，把矛盾的二者结合为有机的整体，使游客在欣赏“艺术”的同时享受到现代科技带给人们的便利与舒适。

⑤“锦里一条街”的外装饰及室内经典部位出现的建筑元素（仿古遗迹），均必须精加工，作仿旧处理，以增强历史感、文物感。精加工是依照不同的建筑定位，做不同程度的精处理。

⑥ 内外装修主材：青石、青砖、各种档次的木材、各色涂料、各色乳胶漆。这些材料表面的材质纹理色泽处理，根据具体部位的建筑面选用不同的处理手法。

⑦ 色调以“锦里蜀风街”规划书中所定调的黑白青灰色调为主调，富丽的朱墙碧瓦作点缀的用色原则。根据不同的建筑，在黑白青灰色调、朱墙碧瓦的色彩基础上做不同明度、深浅的配置。

成都市武侯祠博物馆锦里一条街是2001年由成都亚林古建筑设计有限公司设计的，在规划与策划过程中，成都亚林古建筑设计有限公司进行了以下的分析工作。

(1) 工程概况　锦里位于成都市国家级文物保护单位武侯祠博物馆的一般保护区内，南北长330m，东西最窄处约20m，呈狭长条状，总用地9235m^2（约14亩）。西靠武侯祠刘备殿、三义庙、荷花池等，环境优美；东、北临国防611研究所，为普通现代多层建筑，环境视觉欠佳；南面紧接武侯祠大街，交通便利。武侯祠博物馆建筑为成都地区清代官式建筑风格。

(2) 规划指导思想　目的：补充武侯祠博物馆的民俗文化，使更多人了解、熟悉蜀汉文化，进而深入知晓三国历史与成都地区民俗内涵。满足旅游者观光、购物、食宿并参与有关文化活动的需求，推动旅游经济的发展，成为城市重要旅游名片之一，让游人流连忘返。

（3）总体布局构思　在局限的、狭窄的范围内创造丰富多彩的空间，集中展现成都汉代锦官城内的繁荣商贸景象的内涵，清末民初成都地区繁华民俗街市的形式。

（4）功能定位　锦里因在国家级武侯祠历史文化保护区一般保护区范围内，从街区规划、建筑及小品设计、建材的使用，都只能作为武侯祠的配角效果，不能喧宾夺主，与武侯祠又需相得益彰。故定位为以清末民初川西民居风格，蜀汉文化与成都民俗文化为内涵，集吃住行游购娱为一体的城市中心重点旅游区。

（5）建筑风格和布局　建筑采用成都地区清末民初小式作法，延续四川地方风格，建设高度均控制于两层以下，布局高低相间，错落有致，韵味古色古香，将传统的建筑隐入园林、绿化及小品之中，尽量做到步移景异。建筑体制均低于武侯祠，以民居形式为主，营造出市井生活气息。

清代小式做法的建筑

（6）景观构思　一切视觉范围内的景观均具有古朴的、历史的情趣，规划中对东北面视觉较差的建筑采用“俗者屏之”的手法，对西面向武侯祠内之传统建筑则采用“佳者收之”的手法，使得街区有良好的视觉景观。除对四边环境采用“俗者屏之，佳者收之”外，还利用建筑之间低矮墙上开门窗借景，在该范围内有条件的地方用点景手法丰富空间。例如，设计一口古朴的井，体现“市井”景观。建筑及环境均仿古制，力争为武侯祠锦上添花。

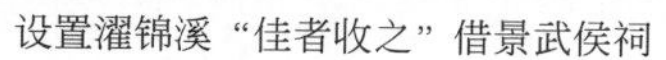

设置濯锦溪“佳者收之”借景武侯祠

设置景观墙“俗者屏之”视觉较差的景观

（7）总体功能分段　锦里共分“饮食文化”“客店府第”“锦绣文化”“民间艺术展示”

四个功能区。

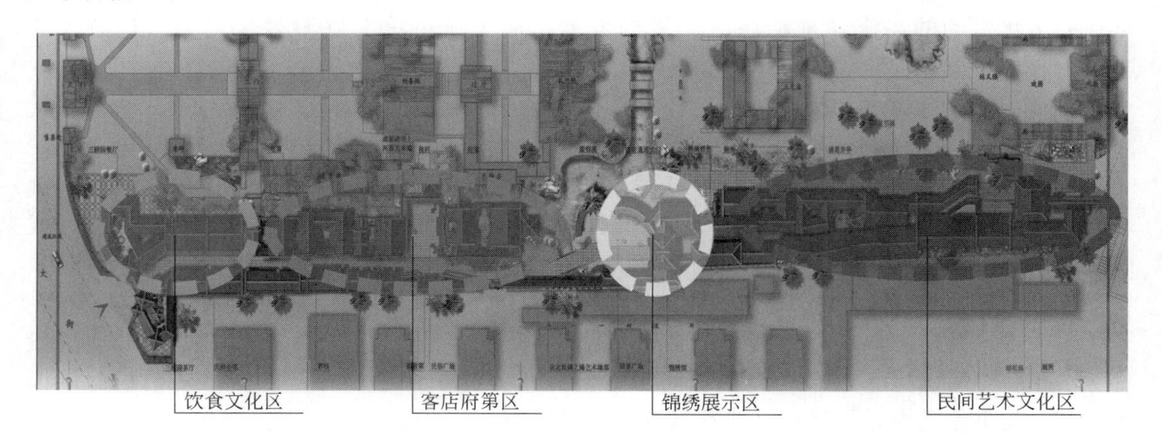

锦里一条街的分区图

（8）交通组织设计　根据四周环境状况，将主入口设在南侧武侯祠大街一面，并设大门，其前后设人流集散位置，既方便人员进出又兼为武侯祠消防通道。

从第一区至第三区广场，路宽4m，可满足消防车进出，再从广场西侧通过消防通道大门进入武侯祠后区，方便消防。

从第三区戏台开始设约2m宽街，使人步行在街上有繁华热闹之感。中间和后面设广场，可供人流集散。路面用青、红砂石铺地（包括广场在内），与古朴环境相谐调。

广场西侧的消防通道

4m宽的街道(可供消防车出入)

（9）绿化系统　由于地方狭小，在局促的用地范围内，绿化面积虽然有限，仍然要尽量用绿化造景，同时借东、西两面用地之外的绿地以丰富本区景色。尽量保留原有树木，并从外移植部分大古榕树。

错落有致的立面设计

6.3.3 规划总平面

锦里一条街建筑风格以明清风格为主，建筑体制均低于武侯祠，以民居形式为主，营造出浓浓的市井生活气息。在整条街中施以绿化和景观小品使得景观更为精致，让人流连忘返。图 6-37 为锦里规划总平面图。

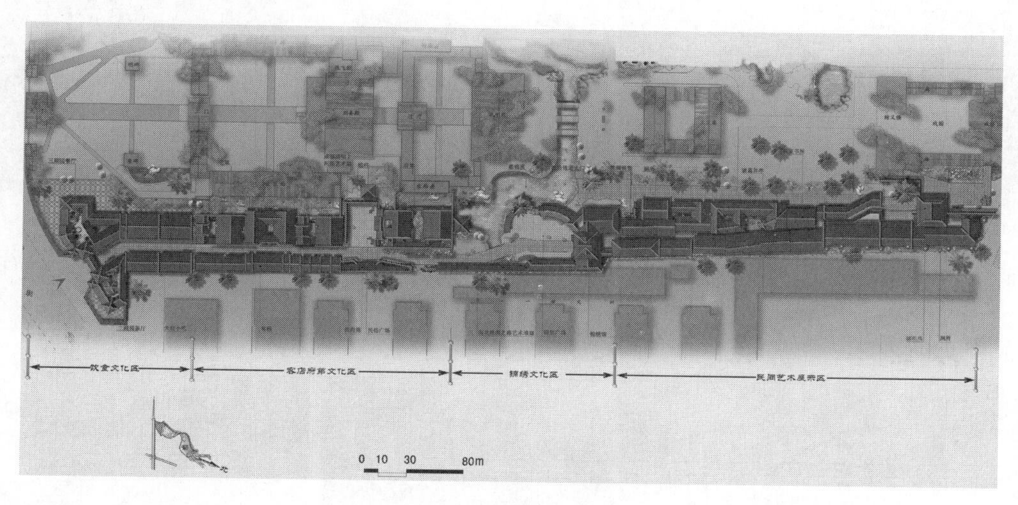

图 6-37 锦里规划总平面图（1∶1000）

6.3.4 规划分区

锦里一条街从南面靠近武侯祠大街一侧开始依次分为饮食文化区、客店府第区、锦绣展示区、民间艺术文化区四部分，以分别满足游客的食、宿、观光旅游以及文化体验的需求。

(1) 饮食文化区　在原“三顾园”基础上改建而成。此处离文物建筑较远，符合消防要求，也为文化展示创造良好条件。

饮食文化区街景

三国茶园

三顾园

（2）客店府第区　此区离文物建筑较近，用高低相间的常绿树、灌木遮挡，若隐若现，分而不离。规划首要原则是不能影响文物区建筑环境和历史文化氛围。该区以静为主，对参观文物区的游客无影响。

客店府第区街景

宅第大门

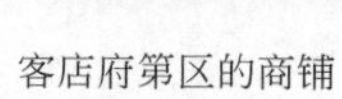

客店府第区的商铺

府第前一角景观

（3）锦绣展示区　锦里的中心区，视野开阔，展示内容丰富。向西蜀汉丞相孔明殿尽收眼底，其倒影映入水中使空间备感开阔，波光摇曳，更具园林韵味。三义庙作为借景，丰富景观。向东设二层浮雕廊，既遮挡与此不协调的多层现代建筑，又展示蜀地丝绸、锦缎的桑蚕文化和南方丝绸之路概况。向北可从戏台下进入商业步行街，两边设蜀锦、蜀绣作坊展示区。戏台上可演出地方小型戏曲，前面设广场，可让游客参与各种民俗文化活动，既能看戏、听曲，又可在此停留休闲，是一处多功能的广阔空间。

锦绣馆丝绸展销

作坊展示区内的织锦机

锦里广场

戏楼

（4）民间艺术文化区　该区可参观生产加工制作的各类工艺品。从戏台下进入此区后，可参观丝绸产品、蜡染坊；观看中医治病、购川内名贵药材；买三国文化纪念品；参观诸葛井；看裱工坊裱国画，请书法名家和金石名家题字、刻印；然后可购买三国文化书籍、字画等物；参观民风民俗的工艺品，如做糖画、打草鞋、纺棉花等；最后是敬奉蚕桑丝绸的祖先嫘祖的嫘祖庙。庙前有一小广场，从此处可进入武侯祠一般保护区。此段街道狭窄，空间丰富多变，可再现《蜀都赋》所描写的市张列肆的景象。

民间艺术文化区街景

民间艺术文化区夜景

沿街商铺

庙前小广场

6.3.5 业态确定

业态布置以彰显地方文化为原则，发挥文化资源优势，利用好旅游资源，充分满足游人的吃、住、行、游、购、娱要求。

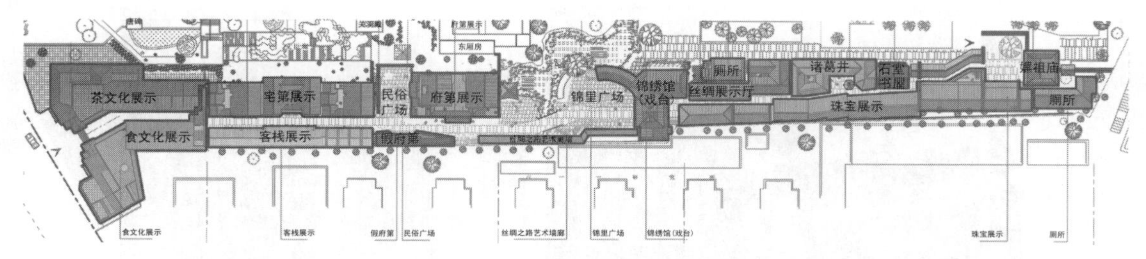

规划的业态图

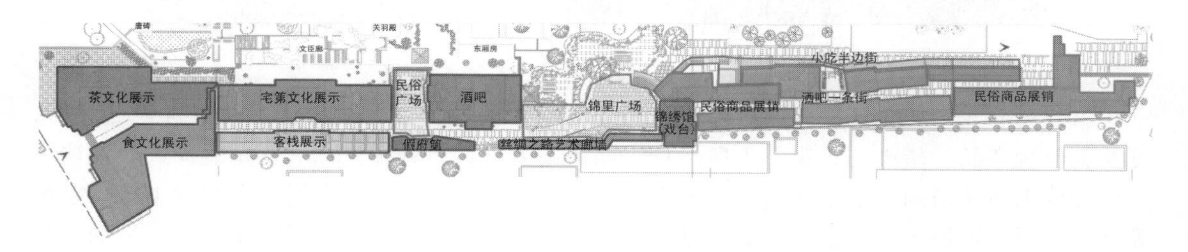

实际的业态图

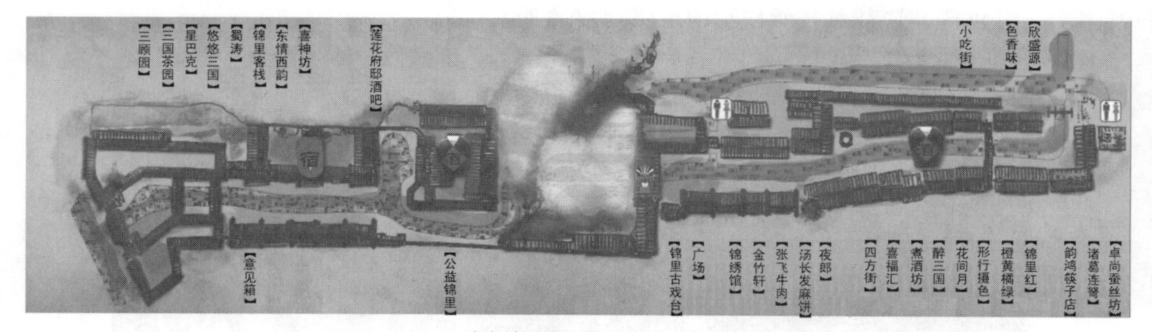

选自锦里官网的业态图

6.3.6 规划立面设计方案

锦里一条街西立面主要包括（从南至北）锦里城门、茶文化、艺术墙、宅第、成都清明上河图浮雕、府第、濯锦溪、锦绣馆、丝绸展示廊、同仁堂、三国文化、诸葛井亭、石室书屋、文房四宝、民间艺术、嫘祖庙。

西立面图

西立面图南段

西立面图北段

锦里一条街东立面主要包括（从南至北）锦里城门、餐饮文化、客栈、假府第、南北丝绸之路浮雕、濯锦溪、锦绣馆、蜡染坊、百货展示厅、裱工坊、字画坊、珠宝展示、嫘祖庙。

东立面图

东立面图北段

东立面图南段

三国茶园　　过街楼　　宅第　　府第

施工调整建成后实景

锦绣馆　　丝绸展销　　此段实际施工时有所调整

东立面图

假府第　　客栈文化　　三顾园

6.3.7 街道剖面图及交通流线图

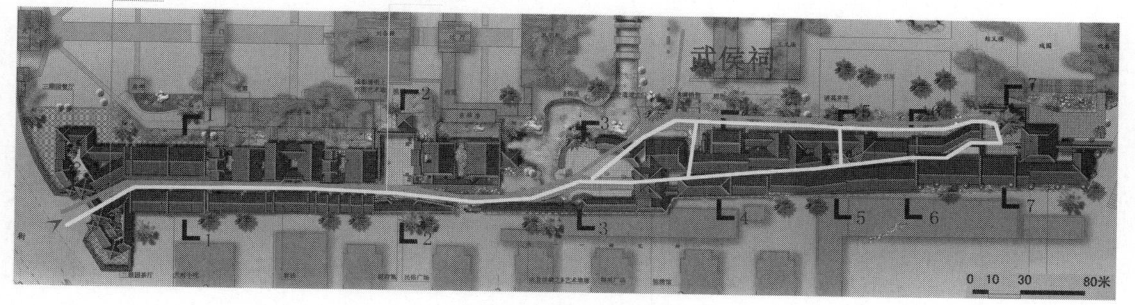

街道剖面及交通流线图

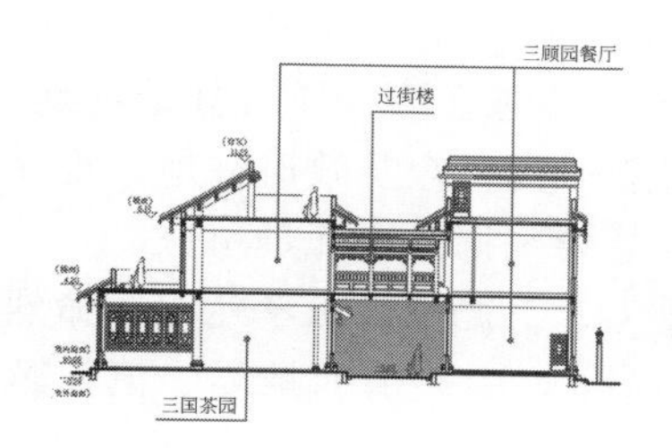

1-1 剖餐饮街区

较宽的街道可通消防，用过街楼将两栋建筑连在一起，形成古街特有的风格

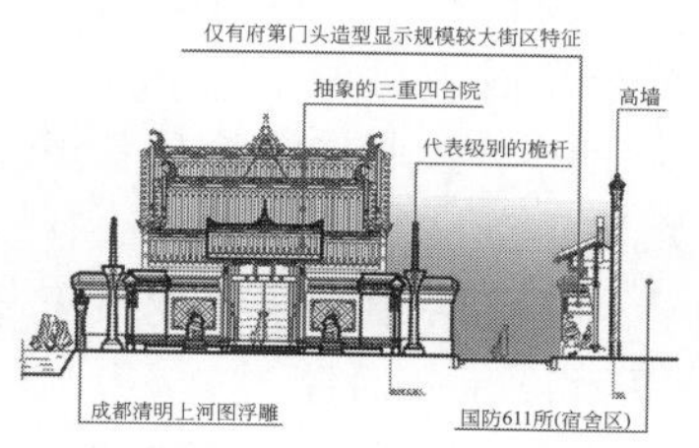

2-2 剖府第街区

具有此街级别最高的府第立面，同时设有两桅杆(因故未建)等，象征更高级别的空间

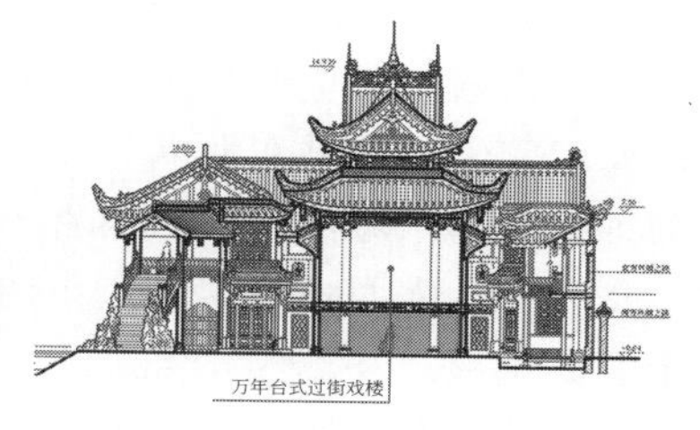

3-3 剖锦绣广场街区

广场东为两层丝绸文化艺术廊，西为假山过街长廊围合，巧妙形成一个此街最大的半封闭空间，做到“佳者收之，俗者屏之”

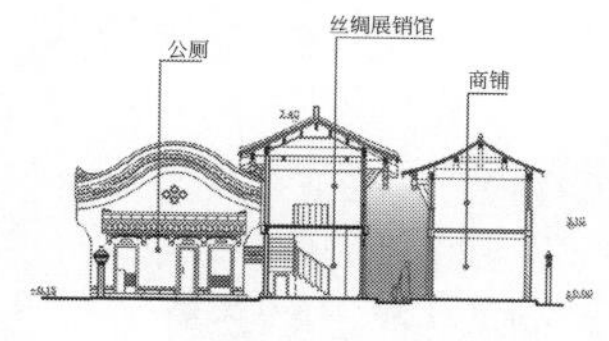

4-4 剖民风民俗街区

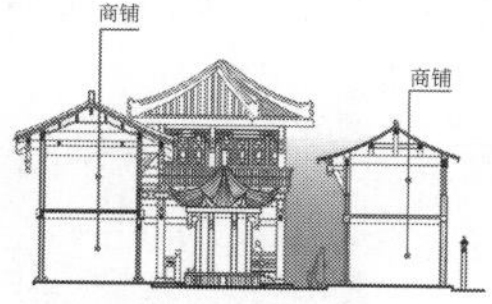

5-5 剖民风民俗街区

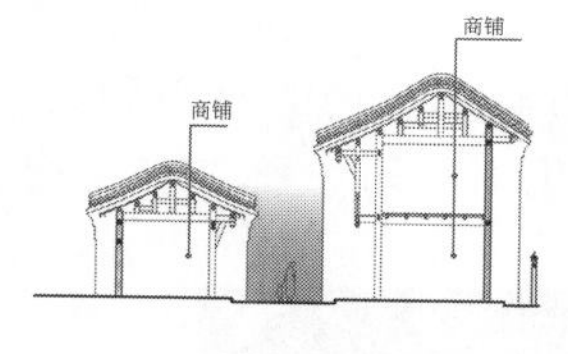

6-6 剖民风民俗街区

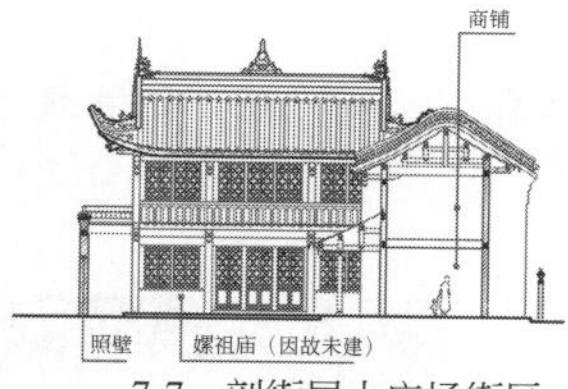

7-7 剖街尾小广场街区

民风民俗街区设较窄的2～4m宽街，游人步行在街上有繁华热闹之感，令人流连。中间和后面设广场，可供人流集散。路面用青、红砂石铺地（包括广场在内），与古朴环境相协调。

6.4 祥云县城历史文化街区特色分析及保护研究

（设计：云南省城乡规划设计研究院 任洁）

祥云县城历史文化街区是云南少数民族聚居地区少见的汉城格局，存留有许多丰富的历史文物古迹。随着社会的发展，人民生活水平的提高，祥云县城历史文化街区的风貌也遭到了严重破坏，出现了许多运用现代装饰材料进行改良的传统建筑，不计其数的大体量、色彩鲜艳的多层建筑在历史文化街区内不断新建，许多有价值的老式建筑（见图 6-37）在逐渐被更新…….现在的祥云县城历史文化街区仅保留下了原有的格局，许多历史的风貌已经不复存在，如不及时采取措施，这些历史的遗迹将有损失殆尽的可能，那一幅幅的历史文化街区风貌也只能留存于人们的记忆当中。怎样对历史文化街区进行保护，怎样对四街以及一些传统巷道进行修旧如旧的修复、整治，怎样让历史文化街区在保护、改造的基础上得到相应的开发和利用，使其能可持续发展……这些已成为迫在眉睫需要解决的问题。

6.4.1 祥云县城历史文化街区格局与特色

祥云县城历史文化街区，始建于汉唐，完备于元明，明代称洱海卫城，于明洪武十五年（1382 年）修筑为土城，周长 600m，高 8.3m；洪武十九年（1385 年）复筑为砖城，周长缩小为 3800m，城墙外层为上砖下石，里层为黏土，高 7.6m，厚 4.8m，周墙设防御垛 1530 个。城外四周护城河宽 13.3m，深 6.7m，沿河植柳。整城格局为象征权利的正方大印形状，正中置钟鼓楼为印柄，与西面卧龙岗相呼应，称为“卧龙捧印”。城设四门，东为镇阳门，南为镇海门，西为清平门，北为仁和门，内置 5 街 13 巷。

祥云县城历史文化街区由明至今先后为洱海卫、澜沧兵备道云南县治、祥云县治驻地。洱海卫官署建在城东北隅，今祥城镇中学驻地；澜沧兵备道置于城南，今县政府驻地。现存的钟鼓楼和东城门洞为云南省第六批重点文物保护单位、祥云县第一批文物保护单位。

祥云县人杰地灵，是杰出的马列主义者中共早期党员王复生、王德三、王孝达等革命烈士的诞生地。1936 年，红二、六军团长征先后路过祥云。1948 年，中共滇西地委、滇桂黔边区纵队第八支队在这里成立，留下了珍贵的革命文物和遗址。

祥云县城历史文化街区具有以下特色。

① 悠久的历史造就了保存较为完整的“四街、八巷、一颗印章”的祥云县城历史文化街区格局。其中四街为东、南、西、北四街；八巷为府前街、西横街、红星街、卖菜巷、北中街、北后街、文庙巷、东壁巷。

② 祥云县城历史文化街区是云南少数民族聚居地区少见的汉城格局，它是祥云城历史文化的活见证，也是城市空间布局的核心和灵魂。

③ 祥云县城历史文化街区历史悠久，文物荟萃（见图 6-38～图 6-44）。

图 6-38 民居院落

图 6-39 东城门洞

④ 祥云县城历史文化街区内保留有一些近百年的一至两层的木结构的传统汉族民居建筑。

⑤ 红军长征路经祥云，在祥云县城历史文化街区中留下了珍贵的革命文物和遗址。

6.4.2 祥云县城历史文化街区存在的问题

① 对历史文化街区保护意识不强。由于长期以来，城市建设集中在历史文化街区发展，

图 6-40 将军第

图 6-41 钟鼓楼

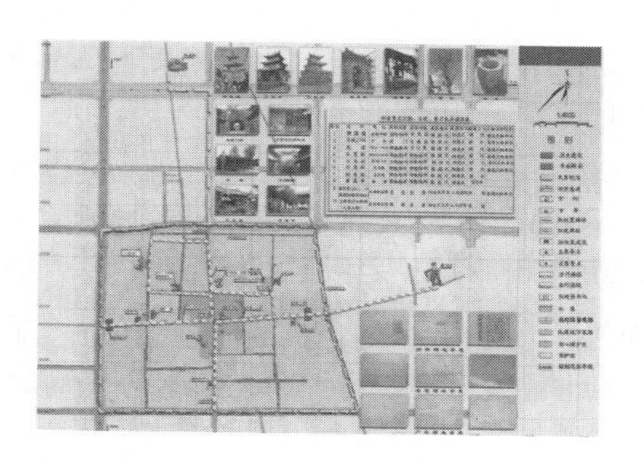

图 6-43 文物、重点民居、街巷保护规划图

图 6-42 文昌阁

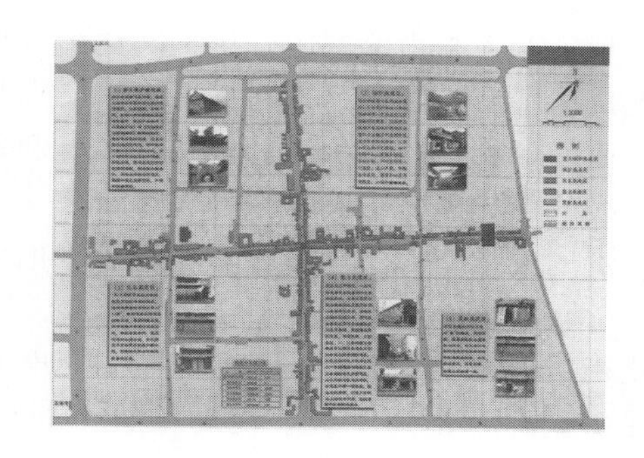

图 6-44 建筑分类评价图

加之对历史文化街区内文物古迹外围环境的保护力度不够，对历史文化街区保护的理解不深，或保护方法欠妥，致使在历史文化街区内出现了很多形式新颖、体量高大、色彩鲜艳的新建筑，破坏了历史文化街区低矮的城市轮廓和古朴宜人的空间。

② 历史文化街区的街巷虽然保留着原有的格局和走向，但已改造为混凝土路面，原有道路的铺地形式已经完全消失，使历史文化街区减少了古朴的韵味。

③ 四街沿街的一些建筑已经被改造，所采用的现代装饰材料各异，广告牌杂乱无章，

破坏了原有街道的历史风貌，而风貌好、质量好的传统建筑却已所剩无几。

④ 历史文化街区四周城墙、护城河及西、南、北方向的三个城门洞已不复存在，只留有残缺不全的东城门洞。特别是与城市主干道龙翔路、清红路相接的南街与西街入口已经完全看不出历史文化街区的痕迹。

⑤ 历史文化街区内文物古迹多，但没有很明显的标识，也没有很好的旅游线路加以组织。

⑥ 历史文化街区内公共、市政设施不完善，电网密布，行人与各种车辆混行，交通混乱，严重影响景观。建筑拥挤，卫生设施较差，居住环境低下，存在较大的防灾隐患，适应不了现代生活的要求。

⑦ 历史文化街区内缺乏绿化和亮化，夜间照明设施陈旧。

6.4.3 祥云县城历史文化街区保护规划总体构思

祥云县城历史文化街区从始建至今有600多年的历史，作为边疆少数民族地区的祥云，深受汉族文化影响，是最早接受汉文化的地区。从公元前109年汉武帝元封二年置云南县开始，汉文化就连续不断地传人祥云，形成了自己的地方特色。

面对这些丰富的历史、文化遗产，我们应当如何保护祥云县城历史文化街区呢?

① 重点在于保护历史文化街区的格局，即突出祥云县城历史文化街区十字型的主街道，一颗印形式的历史格局。

② 还应保护其历史街区，延续历史风貌，即保护历经几百年历史的古街巷的历史风貌。

③ 现在历史文化街区中各种商业、日常生活、旅游休闲、文化教育活动之间相互分离，空间功能相互抵消，已没有足够的吸引力。因此，只有依靠对祥云县城历史文化街区历史文化和传统风貌遗产的合理利用，重塑一个具有丰富文化内涵的，集商贸、文化、旅游、居住为一体的综合性区域，才是复兴历史文化街区的正确道路。

6.4.4 祥云县城历史文化街区保护方法

规划参考和借鉴国内外历史文化街区保护的经验，立足于祥云县城历史文化街区的实际情况，从区域范围而言，采用面、线、点结合的方式。

面的保护——保护区划（文物古迹和传统民居保护区域及其建设控制地带）。

线的保护——重要街道的风貌恢复。

点的保护——文物古迹和传统民居的保护。

（1）面的保护　祥云县城历史文化街区保护是保护世代相传发展变化的祥云县城历史文化街区，从这个理念出发，祥云县城历史文化街区的保护也非全面复古，而是要在全力保护遗存和整体历史环境的前提下赋予当代生活的内涵，并借此传承古老的历史和传统，促进祥云层城历史文化街区的可持续发展。规划将保护内容的无史完整性、街区的整体性、视觉及景观要求和现状的实际情况结合起来，划出满足保护要求、反映环境特点的界线。

祥云县城历史文化街区保护区分为核心保护区、保护区、建设控制区和环境协调区。

1）核心保护区。以钟鼓楼为核心，东至东壁巷、南至卖菜巷、西至北中街、北至北横街，去除范围边缘一些多层建筑的区域，并将红二、六军团指挥部旧址纳入其中，面积为3.99hm^2。

规划要求绝对保护钟鼓楼周边区域的传统风貌。对区域中的文物要求对其进行保护，并定期检查，采取措施，避免发生破坏。当建筑发生破坏时，应采用加固及修复等措施，撤出现状不适宜的单位或用户，在资金允许的条件下可以逐步恢复原貌，适当开发一些作为博物馆、图书阅览室等。

此区域内的大部分建筑要保持原样，仅对部分构件加以修缮，以求“修旧如旧”，如实反映历史遗迹，部分与传统风貌不相协调的建筑应对其进行整治或更新。应保持街道在历史上的空间尺度，传统街巷立面应保持历史样式，不得任意改动。街道应采用地方特色的石板铺砌，在道路较宽地段适当增加绿化，改善环境。

2）保护区。以四街为轴向道路两边扩展25m（约为一个院落，除去核心区）的区域及建筑风貌保持相对较好的历史街区，面积为15.65hm^2。

规划要求保护四街沿街建筑的传统风貌及传统民居院落。对区域中的文物定期检查，采取措施，避免发生破坏。当建筑发生破坏时，应采用加固及修复等措施，撤出现状不适宜的单位或用户，在资金允许的条件下，可以逐步恢复原貌。此区域内部分保持传统风貌的建筑，应对部份传统建筑的构件进行修缮或更换，以求“修旧如旧”，如实反映历史遗迹。多数与传统风貌不相协调的建筑应对其进行整治或更新。街道应采用地方特色的石板铺地，店铺、货摊、招牌、照明电杆等小品要小巧、古朴、简洁。在道路较宽地段增加绿化，改善环境。在全面保持传统风貌的同时，要逐步改善环境质量，完善市政设施，改善居民生活。

3）建设控制区。它是保护和形成整体风貌的重要手段，是根据保护对象对周围环境、空间联系等要求而设定的建筑控制地段。主要分别以文苑路（北）、清红路（西）、龙翔路（南）、二号渠（东）所包围的历史文化街区范围内除核心保护区及保护区以外的其他区域，面积为45.39hm^2。

保留历史文化街区街巷格局，禁止新建道路，但其空间、尺度可稍有变化。历史文化街区范围内建筑要基本保持传统风貌，原有建筑在修缮、翻建时必须修旧如“旧”。主要沿街建筑的立面材料为木板面，木门窗装修，色彩古朴，严禁任意重彩，禁用钢材和混凝土及现代瓷砖等饰面材料。街头小品要求朴实、简洁，在保持传统风貌的同时，要较大程度地改善环境质量，提高设施水平。与祥云县城历史文化街区传统风貌不相协调的建筑应对其进行整治和更新。对处于特殊位置（如历史文化街区四个主入口等），严重影响视觉景砚的多层建筑，视具体情况要求拆除或降低层数并进行立面改造来满足景观要求。与历史文化街区功能、性质有冲突的单位远期应搬迁出历史文化街区。历史文化街区范围外部沿街建筑应采用传统建筑样式，低层商铺一层挑檐，外立面窗做一定修饰，以便从外围的建筑景观上体现出历史文化街区范围。

4）环境协调区。包括历史文化街区范围向外扩100m的区域和历史文化街区到东岳庙宽为100m的景观视廊，面积为37.23hm^2。

环境协调区是为维护历史文化街区外围环境的完整性，防止外部环境对历史文化街区风貌的破坏，同时考虑视觉的完整性。环境协调区要大体保持传统风貌。

环境协调区分为历史文化街区外围城市道路沿街建筑控制段和东岳庙景观视廊段两部分。

① 历史文化街区外围城市道路沿街建筑控制段。区域范围内新建建筑或改建建筑的建筑形式要求在不影响祥云县城历史文化街区风貌的前提下可适当放宽，规划要求新建建筑应与历史文化街区景观协调一致，建筑层数以二、三层为主，严禁建设大体量、色彩鲜艳的建筑，建议按传统的建筑比例和形式建造。屋顶采用不反光的传统瓦屋顶及其他传统的屋顶形式。立面装饰材料局部小面积可采用现代的瓷砖装饰墙体，但颜色应是传统的，禁止采用玻

璃幕墙。店铺的门和铺面在大小、材料和比例上宜按照传统的样式，宜采用的材料为木、普通透明玻璃、黑色金属。窗的设计一定要考虑与墙的协调，宜用木或仿木材料做窗框，窗子的面积可比建设控制保护区适当扩大。围墙应采用传统样式制作，材质采用泥砖或表面抹灰的砖，禁用水泥、钢材。

② 东岳庙景观视廊段。作为祥云县城历史文化街区专统风貌的延伸，其建筑形式、体量、色彩基本与历起文化街区相协调，应保持现有风貌，禁止新建大体量、色彩鲜艳的建筑。房屋装修、改造应按传统样式进行。

（2）线的保护　线的保护即对传统街巷的保护。目前历史文化街区中道路为较规则的方格网状道路，原有道路的叽理基本存在。主要问题是传统街巷风貌日益遭到破坏，较完整保存历史风貌的街巷正在减少，街巷的路面也基本为混凝土路面。

规划将本着保持历史文化街区原有的布局肌理，保护传统街巷空间环境及防灾要求为主要规划目标，采取以下规划手段保护历史文化街区的传统街巷。

① 保持现有的道路格局和骨架，不再增设新的道路，历史文化街区的交通通过它四周的城市道路（清红路、龙翔路、文苑路等）来缓解，满足城市发展的需要。

② 历史文化街区内限制城市干道交通穿越，四街内禁止机动车进入，只允许消防、公安、救护车辆全日通行。有单位、居住区分布的巷道，如府前街、西横街、红星路、九峰路等，允许消防、公安、救护、环卫车辆全日通行，允许持入城通行证的祥云县城历史文化街区内居民私家车辆、居民日常生活服务、基建等小型机动车辆在规定时间内通行。这些车辆应尽量避免穿越祥云县城历史文化街区四街，禁止穿越历史文化街区核心保护区，而其他机动车辆禁止进入祥云县城历史文化街区。

③ 为保证祥云县城历史文化街区范围内的步行环境和氛围，进入祥云县城历史文化街区的游客可选择步行、或乘坐旅游人力三轮车，禁止三轮摩托车驶入四街中。历史文化街区内现有的人力三轮车较为陈旧，应进行翻新和修饰，并应设置集中的停放点加以管理。

④ 保持祥云县城历史文化街区原有道路的空间线型及尺度，除了结合不协调建筑的拆除，增设部分疏散通道、疏散场地外，对历史文化街区内道路交通设施的改善应尊重原有的交通方式与特征，维持原有道路格局、街巷尺度，改造街巷的混凝土路面为传统石板铺砌，显示质朴而具有浓郁的地方特色。保护传统街巷的古树、古井等节点，保持整体祥云县城历史文化街区景观风貌特色。

⑤ 保持四街建筑外观，不得改变其立面形式，营造传统风貌空间。对不协调的建筑物和构筑物逐步进行拆迁和改进，恢复传统建筑形式。同时严格控制其立面形式、建筑材料及街巷尺度，必须保护其连续性与丰雷性的界面特征。

⑥ 祥云县城历史文化街区内的街巷应恢复原有传统名称，并且统一设置古色古香的路名标志。

（3）点的保护

① 省级文物保护单位。钟鼓楼、东城门洞须依据《文物保护法》和相关法规进行严格的保护并修缮。

② 宗祠寺庙。整理和恢复原有院落，维修历史建筑，对不合理占用文物建筑的单位应坚决迁出。文物建筑修缮整理后应对外开放，保护的重点应是文物古迹周边环境，特别要加强周边绿化。位于祥城镇第一中学内的尊经阁急需保护和修缮。

③ 重点保护类传统民居建筑（红二、六军团指挥部旧址、王孝达烈士故居）及保护类传统民居建筑：它们是传统建筑艺术和建筑风格的集中体现，保护的同时应加固和

修缮。

④ 对于历史文化街区内原有的牌坊，应根据历史资料进行恢复、重建，要求“修旧如旧，原貌恢复”，体现祥云特色。

⑤ 古树、古井。对历史文化街区范围内的古树名木，应建立古树名木的档案和标志，划定保护范围，加强养护管理。古井存在于民居院落中或街边，是人们生活历史的见证，应予以标识和保护。

6.5 山地之城——陶尔米纳历史文化街区特色分析与保护设计

陶尔米纳是意大利南部西西里岛（Sicily）上墨西拿省（Province of Messina）的一个城镇，坐落在一处古老的地质结构之上，就像一个巨大的阳台栖息在山坡处，遥望壮观的埃特纳火山景观和广阔的爱奥尼亚海景（Ionian Sea）。城镇面积仅有 13.16km^2，平均海拔高度 204m，小镇上居住着约 11075 人，大多数依靠旅游业为生，小镇散发了亲切祥和的魅力。

6.5.1 浪漫多姿的山地小镇

（1）倨山面海的自然环境

城镇中心海拔大约 300m，是一处陡峭而近乎独立的岩石结构。从这里 45min 的车程就可以到达欧洲最大的活火山——埃特纳火山（见图 6-45），海拔约 3350m，岩性边界约 250km，表面积约 1260km^2。火山全年有 6 个月被冰雪覆盖，形成了壮观的火山与雪山交融的景观。这些美景被完美地引入到了陶尔米纳的城镇之中，形成小镇美丽的背景。

图 6-45 埃特纳火山（图片来源：http://www.panoramio.com）

陶尔米纳城镇是爱奥尼亚海东海岸的城镇之一，海岸从卡佩罗海角（Cape Peloro）和帕塞罗海角（Cape Passero）一直延伸大约 160km，其中 55%由沙滩组成。

城镇依偎在陶罗山平缓的半山腰，俯瞰着壮阔的爱奥尼亚海，是建设城镇的绝佳位置。城镇到海岸地形陡峭，并以岩石结构为主，确是一处易守难攻的军事宝地。现在的陶尔米纳已经发展成为旅游胜地，山脚下的海滩和海岛、柔软的细沙成为舒适的度假场所。

陶尔米纳独特的地理位置是城镇最显著的特色，造就了气候温润宜人，视景辽阔壮观的小镇景色。

(2) 曲折幸运的历史进程

现在的陶尔米纳镇是一处融合现代功能的古老城镇。优美的城镇景色，丰富的文化资源，便利的旅游设施和独特的地理位置使陶尔米纳成为西西里岛上重要的沿海城镇。两千多年的时间积淀，陶尔米纳的历史进程丰富而曲折，从希腊时期到罗马时期，从拜占庭帝国到阿拉伯的统治，从阿拉贡王朝到波旁王朝，以及期间诸多的战争和占领，小镇从军事重地到旅游胜地的兴与衰都与它特殊的地理位置有着重要的关系。曾经重要的军事哨岗使小镇一次次遭到战争的破坏，而东海岸独特的自然环境也让小镇繁荣发展，备受关注。便利的交通枢纽位置和得天独厚的自然环境成为陶尔米纳城镇发展现代旅游业的重要资源，这也使其在和平年代找到了自己的定位——一处安逸祥和的旅游度假胜地。

(3) 丰富多彩的文化生活

小镇除了优美的山景和海景，还拥有柔软的沙滩，时髦的时装设计商店，豪华的旅馆，古老的教堂，热闹的酒吧，高级餐厅和古董店，还有保存完好的历史遗迹和雄伟的城堡。所有的这些都使陶尔米纳成为西西里岛上最独特，最受欢迎的游览胜地。

陶尔米纳在旅游者、文学家、艺术家的认可下，旅游业发展更是蒸蒸日上，并带有浓郁的艺术色彩。陶尔米纳艺术节是西西里岛最重要的节庆活动之一（见图 6-46）。另一个重要的节日则是陶尔米纳电影节，它是除威尼斯国际电影节之外意大利最古老的电影节。

除了这些艺术节、电影节等文化活动外，宗教活动也是陶尔米纳的一大特色。在每年 9 月的第二个周末小镇会举行纪念圣母的宗教游行活动，镇上的人们将圣母的雕像安置在城镇和莫拉城堡（Castel Mola）之间的地方。

图 6-46 陶尔米纳节日期间的广场装饰（图片来源：http：//www.panoramio.com）

陶尔米纳的魅力吸引了成群的夏季游客，城镇举行的众多艺术节和音乐节也使游客的数量不断增长。节庆活动的主要场地是壮观的古希腊剧场遗址，歌德曾将剧场评价为“最伟大的艺术与自然的作品”。(《意大利之旅》，1789)

在陶尔米纳小镇的空中咖啡馆和露天餐厅，可以享受夏日的微风和冬日的暖阳。在城镇的主要广场周边坐落着古老的教堂，凭栏远眺，墨西拿海湾壮丽的景色尽收眼底（见图 6-47）。这里是游人的必到之处，也是当地居民生活的重要场所。广场周边是高雅的露天咖啡座，是小镇著名的夏季夜晚活动的地方。旅行者和当地居民一起，在这里喝上一杯开胃酒，然后去附近的酒吧进餐。

图 6-47 陶尔米纳中心广场（图片来源：http：//www.panoramio.com）

6.5.2 沿山而生的城镇结构

(1) 依山拓展的城镇结构演变

在古代，陶尔米纳城镇被城墙包围着，三重的防护系统从北部开始，在墨西拿东北方向，结束于西侧，卡塔尼亚方向。这些城墙的痕迹仍清晰可见，在城镇北部的陶罗山山腰处，有一些古城墙遗址，大量的古建筑残迹遗留在场地中，包括水渠、墓地、人行道、水库等。城墙的遗址展现了这里在古代曾经作为重要的防御城市。除了这些遗址，在陶尔米纳城镇中心的两座城门，即墨西拿城门和卡塔尼亚城门是城镇重要的中世纪遗址（见图 6-48）。

图 6-48 古城墙遗址

陶尔米纳的城镇布局是在数条街道的基础上逐渐发展起来的，其中，平行于山脚的古老街道科索翁贝托街（Corso Umberto Street）是城镇的中心街区。城镇依山势，沿着古老的城镇主街向两侧延伸，新区建在两座历史城门以外，与地形的高差变化紧密结合，整体的形态并没有改变太多，依然是沿着山腰环抱着向外延伸，新城区与老城区完全的衔接使城镇结构协调而统一，并没有明显的界限。

除了城镇新区，连接山脚海滩与城镇的道路也有了一定的发展，多条车行道使城镇对外的交通更加便利。尤其在著名的古希腊剧场周边有多条主路环绕，并在道路的周边建设了很多现代的酒店和公共建筑，满足日益增加的旅游业需求。

（2）海山之间的带状城镇布局

城镇的中心区域集中在半山腰，呈现沿山体的带状布局形式，北侧是萨瑞森城堡（Castello Sarancen），可以俯瞰整座城镇；南侧山脚下是海滩，有主路相连。城镇的主要道路近乎于相互垂直的布局，包括与山体等高线平行的数条城镇主街，以及沿海滩的道路，还有连接海滩与城镇的街道，其中 Via Pirandello 路盘山而上，其他数条道路以古希腊剧场为中心，近似地垂直于城镇主街。

城镇按照建筑分布的情况以及山体地形的变化，可大致分为三个层级。其中，城镇的主街及两侧的中世纪建筑位于中心一层，地势相对平缓，建筑布局紧凑，密度高，尺度宜人；向北沿山等高线升高，这一层的建筑密度低，受到山体的限制，主要沿着较平缓的地带发展；最后一层位于最南端，大多数建筑选择视野最佳的地段，散落地布置在陡峭的山间。三个层次总体上代表了城镇的布局形态，主要的特点是与地理环境仅仅咬合，生长于陶罗山的山腰之间。

陶尔米纳的城镇拥有了自然城市山与水的两大优势，带状的城镇布局，既顺应了山体的等高线方向，便于布置主要的街道与建筑，又占据了较长的海岸线，使城市更加贴近于自然。虽然陶尔米纳拥有独特的地理位置，但更重要的是城镇的建设与地理环境紧密契合。陡峭的地形形成了灵活的城镇布局结构。城镇在山与海之间的带状形态也为更多的建筑与街巷的视线廊道提供了最优美的海景与山景。

图 6-49 古希腊剧场眺望小镇

（3）台地网络中的城镇空间格局

山地的地形高差变化决定了城镇衍生出错动的网格。陶尔米纳城镇的垂直布局呈现不同高度的连续层级，其中狭窄的小路与街巷以台阶或坡地的形式垂直于城镇主街，形成了三维空间中的网格形式。在这个网络中，风格统一的中世纪建筑和围合的公共空间错落点缀，其尺度与质感都创造了适宜人们活动的场所，如室外咖啡座，露台，私家花园，中庭等等，形成了城镇亲切而舒适的氛围。

陶尔米纳城镇的空间格局具有层次丰富的空间感，充分利用了山地陡坡的优势，合理组织公共空间及街巷，使每一个观景点都处于绝佳的位置，并随意地分布在城镇之中，形成紧凑的城镇结构。在不同的层级之间，有变化的台阶和坡道联系着主要的环山道路，使小镇的数层台地之间形成了易于到达的便捷交通网络。城镇的内部有一个循环的交通网络，街道两端的城门作为始发和终点车站。但车辆交通并不经过中心翁贝托街，它是小镇重要的人行街道，车辆在街道两侧的城门外绕向其他主路，形成了城镇主街人车分流的空间格局。主街两侧错落有致的台阶也是主要的人行网络系统，在城镇的中心形成了非常舒适宜人的空间场所。

城镇三个重要的历史遗迹景点——古希腊剧场、萨瑞森城堡和公共花园（Giardino Pubblico）分布在小镇中心区的南北两侧，这三个重要的控制点联系着山景、城镇与海景，相互交织的视觉廊道提供了城镇最佳的景观效果（见图 6-49）。

6.5.3　多元化的中世纪建筑图景

（1）和谐的中世纪城镇景观

陶尔米纳和谐的中世纪景观来源于建筑风格的统一和建筑色调的和谐。城镇的中世纪建筑集中于中心区的翁贝托街道两侧。这些建筑有共同的时代背景和建造时期。在中世纪之后，欧洲的城市和建筑景观都受到了文艺复兴风格的冲击，而陶尔米纳作为意大利南部的一个小镇，并没有像一些重要城市进行了风格的彻底颠覆。见图 6-50。

图 6-50　和谐统一城镇景观

陶尔米纳的和谐统一也来源于城镇的色彩。中世纪的建筑多以米黄色为主，辅以砖红和象牙白，形成了亲切的暖色调。在小镇中还生长着温润气候下茂密的植物，成排的棕榈树，叶子花属植物，柑橘属果树点缀在广场和街角，增添了优雅的情趣。小镇中世纪房屋的窗户和阳台上种满了各种各样的花草和灌木。暖色调的一排排房屋分布在陡峭升起的街道与阳光斑驳的广场周围，形成了充满生机，色彩斑斓的城镇景观。中世纪风格的建筑就夹杂在这些生长茂密的本土植物之间，使小镇成为了自然与艺术的最完美融合。

小镇整体和谐一致，形成了独具特色的中世纪城镇景观。在陶尔米纳当地盛产大理石，它们成为了住宅或教堂、博物馆等主要的建筑选材。这使得不同时期的建筑修复、加建或改建始终有统一的材料作为支撑。城镇中心的中世纪建筑风格形成了基础性的建筑图景，和谐而丰富。

（2）多元的中世纪建筑风格

在美丽的中世纪城镇里，不同时期建造的主要建筑有着各自典型的特色。教堂、宫殿、博物馆等，虽然建在中世纪这个漫长的历史时期之内，不同的年代以及后续建筑风格的改建，都叠加在城镇之中，为统一的城镇景观增添了丰富的点缀和精致的装饰。小镇很多重要的建筑都经历了不同时期的建筑风格的叠加，或保留了希腊城墙的遗迹，或留存了巴洛克风格的立面和文艺复兴风格的玫瑰窗。这些建筑虽以中世纪为基础，却体现了多元的历史积淀。

图 6-51　卡塔尼亚城门

城镇中心的两座城门——卡塔尼亚城门和墨西拿

城门（见图 6-51 和图 6-52），是对中世纪城镇建设的重要记载，也是城镇形成的标志。

图 6-52　墨西拿城门

另一个翁贝托街上的城门是位于四月九日广场入口的拱形城门和钟楼（见图 6-53）。最近的研究证实，钟楼基座的大面积陶尔米纳石材要比它第一次建造的年代古老很多。因此推测，钟楼最初是基于一个更古老的防御墙建造的，城墙可以可追溯至陶尔米纳城镇的起源，也就是公元前 4 世纪左右。

图 6-53　钟楼

陶尔米纳另一个典型的中世纪建筑是位于陶罗山顶部的萨瑞森城堡遗迹，建在原希腊卫城中的“Citadel”堡垒基础上。城堡可以俯瞰整座城镇。在城堡的山腰处有一些古城墙遗址，大量的古建筑残迹遗留在场地中，包括水渠，墓地，人行道，水库等，还有一处较宽敞的，被称为“Naumachia”的空间，但具体的功能已经不能确定。城墙的遗址展现了这里在古代曾经作为重要的防御城市。

城门、钟楼与城堡是陶尔米纳典型的中世纪建筑，其他的教堂、宫殿和博物馆是城镇中世纪建筑图景多元化的重要标志。科瓦伽宫殿（Corvaja Palace）（见图 6-54）位于艾曼纽勒广场（Piazza Vittorio Emanuele）上，是中世纪的西西里宫殿，融合了阿拉伯、诺曼和加泰罗尼亚哥特式建筑风格。最初由阿拉伯人于公元 10 世纪建造。宫殿内的城垛，拱形的窗棂和幽暗的庭院都受到了阿拉伯风格的影响。科瓦伽宫殿在后来发展的各个时代加入了不同的建筑风格，现在保留下来的是 15 世纪的建筑。建筑的主体是阿拉伯风格的塔，在当时用来守卫城市。塔的立方结构是当时许多阿拉伯塔的典型样式，也被认为设计引用了麦加（Mecca）的卡阿巴清真寺（Ka’aba）建筑风格。在 13 世纪，阿拉伯塔被诺曼人扩建，并增加了一翼，包含礼拜堂和其他一些优秀的艺术作品。西班牙紧随其后，在 15 世纪初期加建了建筑的另一翼，并在 1410 年，这里成为了西西里议会所在地。20 世纪上半叶，第二次世界大战期间，科瓦伽宫殿一度年久失修，成为贫困家庭的居所。战争结束后，宫殿再一次恢复了曾经的辉煌。在 1945 年，宫殿由阿曼多迪约（Armando Dillo）重新装修。1960 年加建了另一部分，作为当地旅游中心。在 2009 年，建筑成为了住宿和旅游酒店的场所。现在宫殿的主要部分是西西里艺术与民间传统博物馆。

图 6-54 科瓦伽宫殿

圣尼古拉教堂（Church of San Nicolo）是城镇的主教堂（见图 6-55），在 1400 年一个古老的教堂基础上改建的，建筑的立面有粉红色的大理石柱廊和丰富的雕刻。教堂的主要入口重建于 1636 年，拥有文艺复兴风格的玫瑰花窗，室内以哥特式风格为主。教堂的规模很大，加之建筑屋顶划分的城垛，使教堂拥有显著的中世纪堡垒特征。

另外，还有杜奇·圣·斯特凡诺宫殿、圣多梅尼科修道院等。

（3）复合的建筑功能分布

在陶尔米纳城镇，建筑功能的分布呈现复合化的状态。在城镇的中心街道翁贝托街两侧，建筑的功能偏于商业化，向城镇两侧过渡，是越来越多的居住区。在大的功能分布基础上，每一个局部都因功能的多元化而充满了活力。在翁贝托街上，中世纪统一的建筑形式下，酒店、餐馆、食品店、手工艺品作坊、化妆品店等小商铺以透明的玻璃窗展示着建筑的功能，期间夹杂着民居、办公室、银行，各类功能交互混合，活力四射。在翁贝托以外的区域，以住宅为主，其间点缀着花园、食品店、艺术家工作室、酒吧和餐厅、或民居改建的旅馆，充满了祥和安逸的气氛。

图 6-55 圣尼古拉教堂

6.5.4 人性化的场所精神

（1）绿荫覆盖的公共花园

在 19 世纪后半叶，大量的贵族定居在了陶尔米纳，在小镇中很多景色迷人、视野开阔的地方建设了他们的花园和别墅，最好的例子是由佛罗伦萨（Florence）的特里维廉

(a) 辽阔的海面成为公园的背景

(b) 公共花园茂密的植被

(c) 公园的装饰繁杂而精致

图 6-56 公共花园

(Trevelyan) 建立的花园，现在是城镇中心的公共花园，被称为“吉迪诺花园”(Giardino Pubblico)。公园中植物茂盛，以热带植物和地中海植物为主，篱笆和草坪，鹅卵石小巷纵向连接着公共的绿地。图 6-56 是公共花园的景观实例。

(2) 错落有致的街巷空间

城镇街道的整体结构和谐，规律明确，由数条近乎平行的主要街道组成基本结构，狭窄的台阶和其间的台地花园纵向地联系着几条主路，使路径四通八达。这是独特山地环境形成的典型街道格局。城镇中布满了主要的街道、胡同和小巷，由拱门、台阶相连，形成了独具特色的城镇街道空间。连接主路的台阶或斜坡小径随着地势的变化有明显的转折，在转折处街道空间适当扩大，形成空间的节点和转换点。

台地式的数层街道结构（见图 6-57），使不同层级上连接主路的台阶如打开的通道，巧妙地因借了远处的海景和火山景观，视线因为高差的变化而毫无遮挡。这一个个视线的通廊不仅仅串联主路的交通，更重要的是为城镇中心街巷空间的每一个位置都提供了变幻的景观视线。台阶和小径的布局方式也形成了一曲海景与山景的乐章，视廊的间距变化控制着乐章的节奏，在重要的街道节点位置，即城镇的公共空间，都会形成乐章的高潮点，将人们的视野带进无尽辽阔的海天之际。

图 6-57 台地式街道

在错落的街巷之间，最具魅力的是宽窄不一的街巷公共空间，可能形成了一个露天的咖啡座，摆满盆栽的花园，大户人家的住宅入口或商店门前的小广场。街巷的公共空间尺度适宜，布局灵活多样。这种多样性与不期而遇的惊喜，让街巷空间更加富有人情味。高低错落，层次丰富的室外空间，规模一般在 30～40m^2，具有明确的边界界定和良好的封闭感，但并不压抑，一个原因是建筑的色彩与高度恰到好处，另外，就是通向辽阔的爱奥尼亚海岸的无尽视野，会让人们心绪飞翔。这些街巷中的小空间是城镇市民享受下午茶，读报聊天的重要场所。

(3) 宜人尺度的城镇广场

陶尔米纳城镇的广场与标志性建筑物紧密相关，由教堂或宫殿等围合而成，是典型的中世纪广场，城市附属的室外厅堂。这些广场集中于陶尔米纳的城镇中心区，均匀分布于主要街道两侧，形成城镇公共空间收放有序的节奏感。翁贝托主街全长约 800m，是一个步行街道适宜的尺度。街道两端的标志性城门分别到第一个广场的距离都是 80m 左右，起到强调入口景观的作用。四月九日广场大致位于整条街道的中心，是城镇最重要的广场。与东西两侧的入口广场距离分别是 350m 和 290m，达到了基本的尺度平衡，并控制了街道开放空间变化的节奏。从西侧卡塔尼亚城门进入翁贝托街，第一个开放空间就是大教堂广场(Piazzadel Duomo)，广场上坐落着圣尼古拉教堂，它是城镇的主教堂。广场的中心景观是一个巴洛克风格的喷泉，是陶尔米纳城镇的象征（见图 6-58）。喷泉分为三个部分，四面都有柱子支撑的水盆，神话中的小马俯视着这些水盆，喷泉的水从它们的嘴里流出。喷泉的东部包含四个水盆，已经废弃，现在作为一个动物的饮水处。喷泉中央是一个更小的八边形水

图 6-58 巴洛克喷泉（图片来源：http：//www.panoramio.com）

盆，只剩下了四个边角。喷泉中的雕像是三个希腊神话人物——特里同（Triton）拿着武器高举过他们的头顶，支撑更低一级的水盆上的装饰物。这个水盆里面圆形基础支撑着一个水果篮，顶部矗立着陶尔米纳的战争标志。

6.5.5 城镇景观的保护与发展

（1）城镇政策性保护措施

陶尔米纳建立了自然景观服务处，监督法律规范的公正性，它是一个执行保护行为和可持续发展行动的组织。陶尔米纳的全部历史，建筑和领土景观都受到 1967 年 11 月 1 日制定的 D.P.R.S. 法律的保护，并被称为“伟大的公共财产”，将所有权统一。包括古希腊剧场的考古文物以及建筑遗址在内，所有的城镇遗产都归公民所有，并受到 2004 年 1 月 22 日制定的 D.L. 第 24 号（文化遗产和景观的代码）规定保护。还有城镇中的私人住宅建设也受到各种专门的法律规范限制与保护，这些法律的制定从整个城镇出发，公正地保护历史和文化的遗产。城镇主要经济收入就是来源于这些公共的财产——自然、人文资源的旅游经营。城镇并没有完全的商业化。城镇的居民满意于旅游的经营，经济情况取决于一年中旅游的情况。

目前，陶尔米纳并没有完全现代化的建设和开发，商业化程度较低，城镇依然保持着真实的场所感和人性化的空间，以西西里岛的典型地域特征持续着城镇的发展。

（2）城镇典型景观的保护与利用

陶尔米纳的自然景观和历史景观是无价的资源，受到相关政策法规的保护。同时，这些资源也与人们交融生长，合理的利用建立在保护的基础上，为这些文化遗产提供了可持续发展的机会。

具有历史，自然和环境价值的伊索拉贝拉海岛（见图 6-59）及海湾景观，在陶尔米纳区域权威机构进行的具体保障行动计划中得到关注。计划中强调伊索拉贝拉海岛景观属于西西里地区的共有财产，整个区域受到 2004 年 1 月 22 日制定的 D.L. 第 24 号规定，以及地方法律的 98/81 号、14/88 号文件的保护。为保证伊索拉贝拉自然保护区的完整性，行政当局委托一个组织建立了自然保护服务机构，实施保障措施和可持续利用计划。其中，伊索拉贝拉海湾的海水深度过大是保障的对象之一。伊索拉贝拉还受到世界自然基金会（WWF）的保护。

（3）城镇平衡性的保护与发展

城镇的旅游开发强度与景观的保护、地域的精神达到了一定的平衡。这种平衡维持着小镇的生命与活力，也保留着地域的文化与特质。小镇的居民在平衡中得到经济的利益和宁静的生活；外来的游客在平衡中体验了古老的历史和安逸的享受。虽然很难将一种平衡量化，但却可以挖掘达到平衡的深层原由。

城镇的政策性保护措施以及重要自然与历史景观的保护与利用是城镇发展的基础。带状城镇的拓展结构有力地保护了城镇的历史中心区域，新城区的建设沿着城镇中心街道的两侧向外发展，新建的酒店等公共设施选择了城镇下方陡峭的山间空地，新建的建筑在材料和色

图 6-59 伊索拉贝拉岛（图片来源：http：//www. flickr. com/photos/salvovasta/）

彩上形成了与历史中心区的和谐统一。

建筑、广场、花园和历史遗迹，城镇复合的功能分布使得当地人和游客之间不存在很大差别。仿佛小镇上的居民氛围存在着某种磁场，将外来的游客吸引到其中，成为小镇的一部分，不可分割。广场、室外的咖啡座、露台、花园，既是当地居民聚会的场所，也是游客体验古老历史和自然景观的地方。

陶尔米纳的亲切感存在于现代与传统，外来与地域之间的平衡中，它是小镇持久魅力的来源，也是无限活力的源泉。

7 城镇广场规划设计实例

7.1 燕山迎宾广场景观规划

（设计：北京市园林古建设计研究院　李松梅）

7.1.1　设计说明

（1）区位　燕山地处北京东南的房山区内，被燕山山脉环绕，燕山石化的厂区和职工的生活区，主要分布在这里。

燕山位于北京市东南，距市区 30 多千米，虽然有京石高速公路和国道与市区保持便捷的交通，但该区作为一个卫星城镇依然有较强的独立性，其不是一个简单的工厂生活区，更需要为生活在此的上万职工及家属提供茶余饭后的休闲场所。

迎宾广场所处的位置在燕东路以北，岗东路以西，燕化办公区以东，由燕山以外进入燕化的主路边（图 7-1）。设计理念有以下几点。

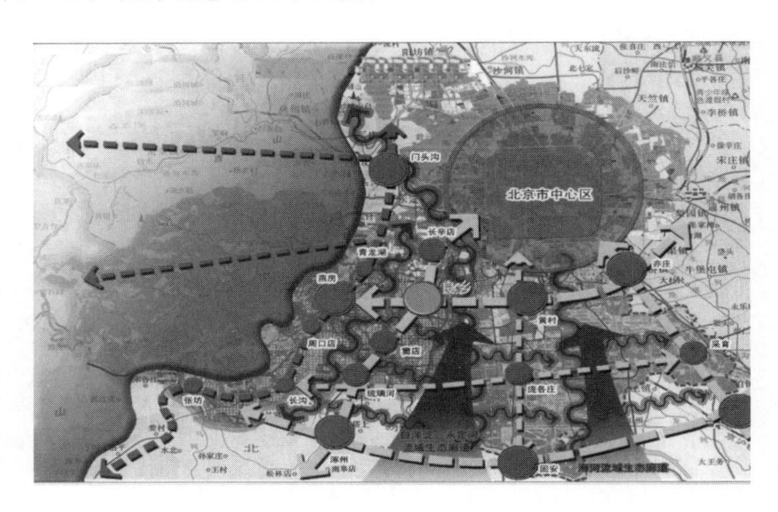

图 7-1　燕山迎宾广场景观规划

① 亲和。营造整洁而疏朗的景观氛围：(a) 沿燕北路开放的布局折射出燕化人热情好客的襟怀；(b) 几何图形构成的路网和小品衬托出燕山区的整体风貌整洁宜人；(c) 以人为本设置休憩设施服务公众。

② 生态。基于现实，模拟自然：(a) 现代感的园林景观交融于自然环境中，起伏的地

形，疏林草地营造自然宜人的林荫空间；（b）外围充分展示园林的自然美，健身小径，岩石花园散布于林中，与北侧的山林浑然一体。

③ 实用。尽量利用地形和现有植被。

（2）整体布局　规划用地为不规则四边形，地势北高南低，前后高差约 4m，靠近燕北路沿线受地下管线的影响，种有低矮的色带苗木，其地势低洼且开敞，北面为苗圃地，局部设有高差达 2m 的挡土墙。整个用地内现满栽各种乔木，被绿色所覆盖。

① 西入口　广场的西部靠近健身广场处设有供燕山居民使用的入口广场，管理和服务性建筑结合入口景观也布置在此。

② 东入口　东南角靠近燕东路和岗东路交汇处，设有辅助入口，欢迎从外面来燕山的客人，在此点缀提名景石和花卉植物，给人以醒目亲切的感觉。

③ 沿道路景观带　保持开放的格局，用装饰性较强的植物组成模纹色带。

④ 主景观区　一条抛物线形的主园路——“苍穹漫步”将规划的迎宾广场分为两部分，抛物线形的园路像行星划过天空时留下的轨道，它组织公园的主要人流和物流，其内侧有平行构图的园路；园路边设有节奏感强烈的休息亭；抛物线顶部结合地形设有跌瀑水面、周边的道路广场都可以观赏水景、为了使人更亲近水面，驳岸设计成沙滩状，还有木栈道和桥梁探入水中，造型简洁现代，突出现代感。道路广场间的绿地尽量舒缓自然结合地形的整理，利用现有的植物，增加造型优美的雪松和叶色丰富的乔木，营造既富有现代感，又整洁而疏朗的环境。

⑤ 林下休闲区　抛物线形的园路的外面结合现有的林木营造以植物景观为主的休闲空间，林下蜿蜒的休闲漫步小路、结合地形地貌设计的岩石植物花园。

⑥ 百花径景区　结合原地形裸露的岩石营造林中岩石园，各色的花卉装点于林间小径边，使游人体会在花径中畅游的乐趣。

（3）详细景观规划

1）植物景观规划

① 沿道路景观带。因为受地下管线的影响，并且广场景观的前景，因此只能种植低矮的灌木。规划以金叶女贞、红叶小檗、大叶黄杨等色带苗木及宿根花卉为主，在局部组团是种植春季盛花的灌木。照顾四季景观的同时强调春天的气息。

② 主景观区。结合地形营造疏林草地的疏朗植物景观。选用的乔木注重树姿和叶色，尤其是选用秋色叶有丰富变化的银杏、槭树、柿树、白蜡等，与雪松、白皮松等常绿树精心配置植物组团，点缀夏秋开花的紫薇、锦带等花灌木，突出夏、秋季景观。

③ 外围林下休闲区。以现状常绿树木为基础，沿休闲步道增加大型落叶乔木和春花灌木，营造舒适度较高的林下空间。

2）硬质景观规划。广场内的建筑小品的风格简洁，富有现代感，采用钢、木、混凝土为主要制成结构，外里面以涂料为主，石材为辅，局部装饰有玻璃。

重要景观区域的铺装、小品、挡墙等以花岗岩石材为主，彩色高档混凝土砖为辅。次要景观区域的铺装、小品、挡墙等以天然青石板和中档混凝土砖为主，辅助以各色卵石、面砖等。

3）景观照明规划。主景观区景观照明层次较丰富，结合水面跌瀑、休息亭、桥、重点广场、主要景观树木设有景观照明，大面积的范围以功能性照明为主。

外围林下休闲区以功能性照明为主。

照明及水景泵房动力控制箱结合西门区建筑设于室内。

4）喷灌及排水规划。为节省投资，建议浇灌采用中水，全园布置给水管网快速取水阀，浇灌时设立临时喷灌支架，与人工浇灌相结合。绿地排水利用地形自然排水为主，在绿地内局部设有暗藏式雨水收集设施，最大限度地使雨水回灌地下，多余的雨水沿园路排入周边道旁的市政排水沟。

水面跌瀑的水源由中水管网补充，定期抽取湖水灌溉绿地，以避免水质变差。水池泄水建议接入市政排水管网。

7.1.2 工程概算

序号	项目名称	工程量	单位	单价/元	总价/元
1	中高档铺装	2800	m^2	240	672000
2	中档铺装	6500	m^2	120	780000
3	水面	1170	m^2	500	585000
4	网球场	2000	m^2	180	360000
5	重点绿化	18700	m^2	80	1496000
6	周边绿化	27800	m^2	40	1112000
7	周边便道	3250	m^2	50	162500
8	亭	80	m^2	2500	200000
9	叠泉	1	组	160000	160000
10	桥	2	组	60000	120000
11	小品	4	组	25000	100000
12	山石	450	t	200	90000
13	挡墙	320	延长米	400	128000
14	休息设施	120	组	1800	216000
15	树池	30	组	1100	33000
16	土方	6200	m^3	14	86800
17	喷灌	54500	m^3	5	272500
18	排水	62300	m^3	2	124600
19	外围照明	29800	m^3	3	89400
20	中心区照明	19700	m^3	10	197000
21	合计	62300		112.12	6984800
22	另管理房	260	m^2	1500	390000

7.2 房山体育广场

（设计：北京市园林古建设计研究院　李松梅）

7.2.1 体育广场平面和效果图

如图 7-2、图 7-3 所示。

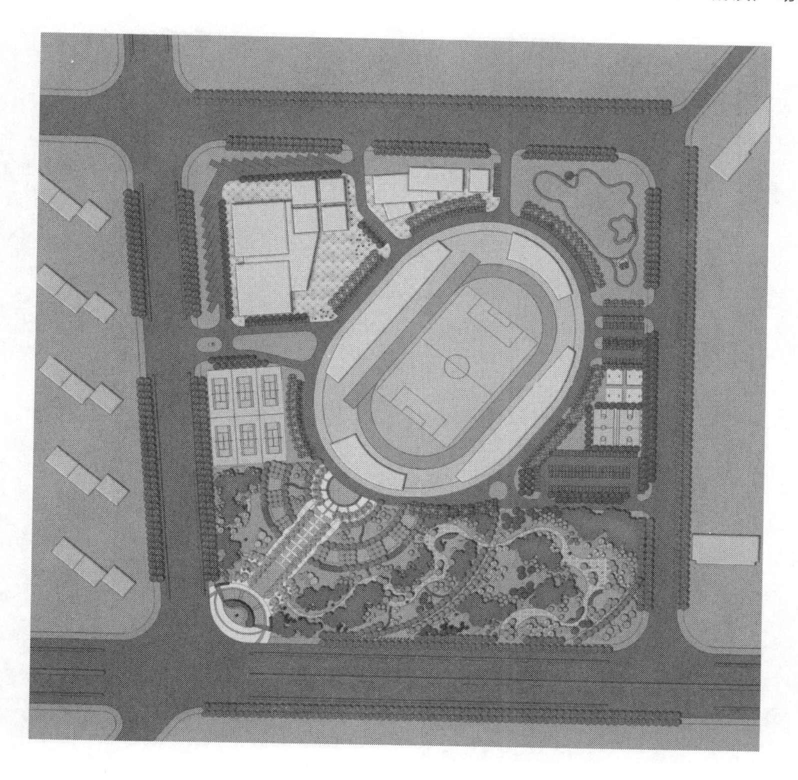

图 7-2 体育广场平面图

图 7-3 体育广场效果图

7.2.2 体育广场各局部效果图

体育广场局部效果如图 7-4 所示。

(a) (b) (e) (c) (f) (d) (g)

图 7-4　体育广场局部效果

7.3 丰城市工业园入口广场设计方案

（设计：北京市园林古建设计研究院　李松梅）

（1）区位优势　江西丰城市居江西省中部，赣江下游地区，鄱阳湖盆地南端，东临进贤，临川，南连崇仁，乐安，新干，西接樟树，高安，北毗新建。南昌。全境南北长 70.5km，东西宽 74km。

丰城工业园区位优势十分明显，紧临浙赣、京九铁路、赣粤高速公路和 105 国道，有专线铁路直通园区，新梅一级公路穿园而过，距南昌和昌北机场 60km，区位优越，交通便利。园区位于赣江之滨、紧邻丰城电厂，有丰富的水、电和蒸汽资源。

丰城市委、市政府举全市之力倾力打造优良的投资环境，使园区的政策环境、生态环境、服务环境、人文环境、法制环境全面提升和优化。以亲和的姿态欢迎海内外有志有识之士前来考察、指导、投资、发展，共同把丰城工业园打造成为新型现代化生态工业园，成为江西省最具有竞争力、吸引力的投资福地，舒适优雅的人居乐园。初步形成能源、电子机械、建材、轻化和食品5大支柱产业，发展水平不断提高，发展优势日益凸显。

（2）现状问题

① 优势。现有规划布局完整，入口区域留有大量绿化和山体，有足够的空间展示园区。现有绿化可以部分利用（见图7-5）。

图7-5 规划前的绿化和山体

② 劣势。绿化景观规划滞后，产业布局随机，因此使工业园的整体骨架完整，细部风貌不够整体，部分产业的引进对工业园的整体环境景观构成负面的影响。此次规划的工业园入口区域地处进入丰城和丰源工业园的主要道路上，问题尤为突出。入口地处进入丰城市区和工业园区的主要位置，规划的西延道路没有实施，使该处的交通、景观都有待改善（见图7-6）。

(a)

(b)

图7-6 规划前的交通和景观

来宾进入丰城市乃至工业园的标识性，引导性不强；规划的路口东北角已经是建设用地，除西部的两个角外，地势低洼，周边的建设没有到位，荒地裸露，景观杂乱；东南的区域是以龙头山为背景的大片绿化，但龙头山本身体量较小，相对高度只有二十多米，天际线平缓，山体上植物稀疏，山上有一座亭子作为点景，山体西侧临近丰源大道的地方建有水池广场，用山石对崖壁进行了处理，但山体对入口的呼应不明显。景观层次单弱，缺乏引人注目的焦点景观。

入口东面的兰丰水泥厂生产设备体量突出，距离入口较近，给入口景观带来负面的影响。

(3) 发展方向　丰城城市总体规划“一江两岸、一城四区”的核心区，丰城工业园批准规划面积 9km^2，以重构城市发展为战略，按照“接轨国际、充满活力的开放之城；辐射带动、功能卓越的产业之城；显山露水、和谐共生的生态之城；灵秀文润、人居最佳的诗韵之城”的发展理念，高起点规划建设的一个相对独立的城市组团，按功能内设 6 个特色工业区和 1 个商贸物流中心。

工业园按照“决战工业园、打造增长极”的总体部署，瞄准建成全省一流工业园目标，坚持“规划先行、产业推进、服务跟进、环境保证”的发展思路，现已完成了 4km^2 的“三通一平”和绿化、美化、亮化等配套设施建设，正在拉开 6km^2 的建设框架。

(4) 景观设计的出发点　作为一个以现代工业产业生产为主的工业基地，新型现代化生态工业园。景观大气恢宏而又不乏精致的细节，继承传统的同时又有现代气息。

① 提示作用。这里作为从高速公路到丰城及丰城工业园的入口，通过景观、雕塑、小品等的布局处理，暗示来此的人已进入丰城工业园，从而使园区内的一草一木都给来客留下深刻的印象。

② 安全作用。合理的布局，在交叉口道路中间布置环岛，合理的增加人性的细节，吸引人们的视线，从而使经过这里的车速降低，提高安全系数。

③ 宣传作用。将工业园的园区“开放，亲和”的精神通过环岛及周边的景观、小品、雕塑等传达给来客，使来客在这里留下深刻的第一印象。

④ 文化内涵。该入口作为工业园的入口，适当兼顾丰城文化历史的展现，突出园区自身的历史文化，并适当地将驻园企业的文化融入到入口景观中。

⑤ 象征意义。雕塑小品主题造型取材等有积极向上、符合时代要求的寓意，使雕塑成为画龙点睛之笔。

(5) 设计理念

① 理念一：龙从这里腾飞。丰城工业园入口原有十字路口东北角是建设用地，由西北角开始，平面构图的抛物曲线，向东南角延伸，最终收于东南角，和龙纹样不谋而合。象征龙的腾飞，也象征园区的盘旋发展（见图 7-7）。

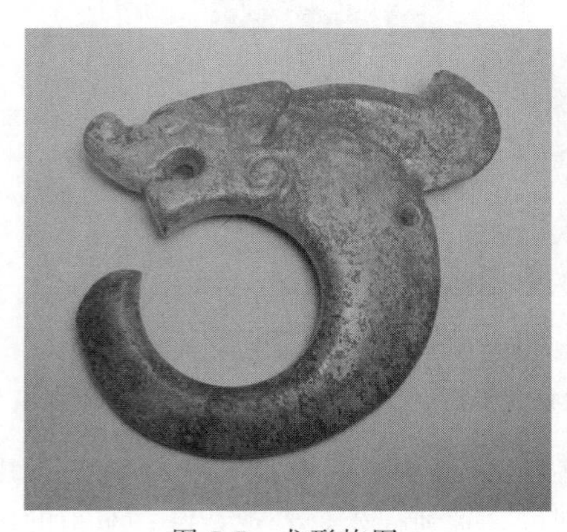

图 7-7　龙形构图

构图组成的铺装及景观墙将其余三角连贯围合起来，使入口的景观形成一个紧密的整体。靠近道路部分是水池或象征水的铺装或绿化，呼应园区的发展理念——显山露水。抛物线的起点在路口的西北角，在起点处有一个象征园区起步的雕塑——财富之源。一泓清泉从黑色的雕塑中涌出，水代表财富，黑色石头代表代表园区发展的基础。地上的铺装象从源头流出的小溪，象征财富汇集的规律，点滴细流汇成大川。外侧是低矮的墙体，在空间上起到分割内外，强调抛物线构图的作用。

西南角抛物线形的铺装渐渐变宽，象征园区的路越走越宽。外围的墙体也越来越高，并且具有了文化装饰纹样，展示园区的历史，临近道路的部分，绿地内的膜纹象征水流波浪。

在东南地块抛物线造型的铺装渐宽渐高，代表园区的发展之路越来越宽，越走越高。在铺装最高龙头位置像画卷一样卷起的雕塑，布置有仿真的铜质人像在画卷上书写，象征园区人在不断地书写自己的历史。铺装上有圆形的树池及环形的纹样，象征园区建设者在此洒下的汗水激起的涟漪，使园区才具有了蓬勃的生机。结合外围越来越高的景墙，并且墙体的宽度越来越窄，最终成为建设者的丰碑。龙纹铺装和道路之间是集中的水面，涓涓细流最终汇成大湖。湖面有喷泉跌水等水性变化，在节庆时可以增加欢乐的气氛。龙型画卷（见图7-8）靠近道路一侧布置有一排雕塑柱，将在园区建设中的重要事件或重要企业入住等事件记录于雕塑柱上，以增加入园企业的对园区的归属感，增加亲和力。

图 7-8 龙型画卷

道路中间的环岛具有交通分流和视线焦点的双重作用。中心是一组风帆造型的张拉膜雕塑，象征在园区发展精神的指导下成风远航，雕塑的总高度为 20.03m，象征开发区建成的纪元——2003 年（见图 7-9）。环岛内用绿化模纹同样采用抛物线型，与外侧的景观构图上取得一致，且外围低，中间高，象征园区发展的盘旋上升。

图 7-9 张拉膜雕塑

设计方案中局部效果如图 7-10 所示，总平面如图 7-11 所示，景观意向如图 7-12 所示。

② 理念二：以人为本、科技与自然和谐相处。本着“以人为本”的设计理念，园区以生态、绿色为主题，建筑融于环境，人融于自然。

③ 景观风格：现代大气。景观风格如图 7-13 所示。

图 7-10 局部效果图

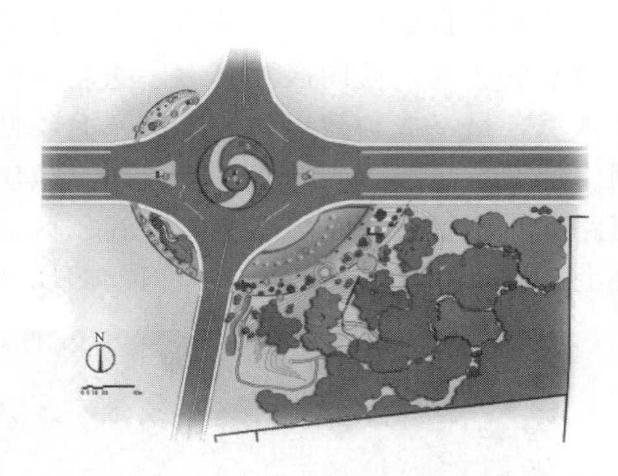

图 7-11 总平面图

(a)

(b)

(c)

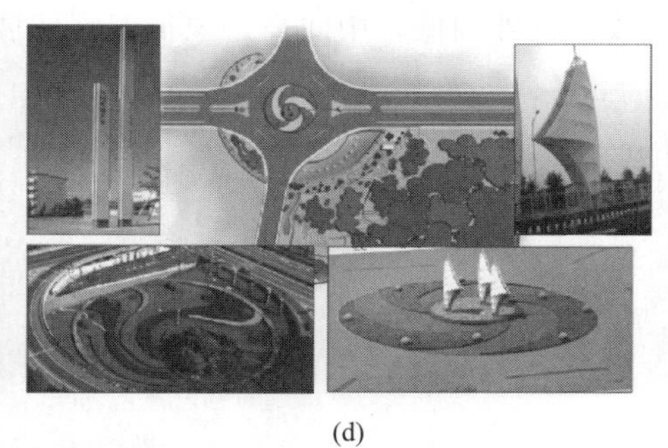

(d)

图 7-12 景观意向图

图 7-13 景观风格

7.4 北京市延庆县千家店镇中心广场

（设计：北京工业大学 建筑与城市规划学院 杨宁 张建）

（1）地理位置 千家店镇位于延庆县东北部。全镇总面积 371km²，占全县总面积的 1/6。千家店镇镇域内山清水秀，风光旖旎，旅游资源丰富。北京延庆硅化木国家地质公园总面积 2261km²，是集观光旅游、休闲度假、垂钓烧烤、科考健身为一体的综合性景区，是延庆县五大景区之一。

随着城镇建设的全面展开以及北京四大功能分区的确立，千家店镇走上了一条快速发展的道路。在新编制的镇区和镇域规划中，千家店镇很好地利用了自然资源，点、线、面结合的多层次绿化体系和景观体系，大大地提升城镇的人文和自然环境的质量。

该镇中心广场位于镇政府办公楼南侧，周围是行政、商贸活动区，因此该中心广场将成为城镇建设中的核心节点。白河的河水从广场南面缓缓流过，隔河相望的是通往镇区的干道滦赤公路，因此广场也将展示和代表千家店镇的形象和风貌。该中心广场南北长约 120m，东西宽 57m，尺度适宜，交通可达性强，最适合城镇居民开展集会、文化娱乐、休闲等活动。

（2）功能定位及划分 千家店镇中心广场处于城镇规划中心，是代表城镇形象的重要广场。适于城镇的各种庆典活动、较大规模的集会活动，是城镇居民节庆活动的重要场所中心广场作为城镇景观轴线的主要景观之一，也体现了城镇生态公园的功能，是居民日常休憩、游玩以及亲近白河的最佳场所。此外，广场还充分反映了当地的自然、人文环境的特色。将当地自然地理特色的硅化木主题引入其中，增加其文化品位，是这一广场设计最夺目的亮点。中心广场形成了集集会、休闲、文化、生态公园于一身的综合体，完全适合该镇的需求，也符合一个城镇广场应有的特点。

基于以上定位，整个中心广场从北到南依次划分为集会广场区、硅化木主题区、中央林荫道、健身活动区和滨水休闲区。空间序列的展开有一条主轴线贯穿其中，将各个功能分区统一起来，主轴线上的景观依次是硅化木雕塑、两道弧形景墙、石主题雕塑等。各个功能分区之间的关系及位置充分考虑了配合主题的层层展开、居民及游客的游览路线和空间节奏等几方面的因素（图 7-14）。

① 入口集会广场区。位于广场最北段，呈方正的矩形布局，具有城镇中心广场大气、庄重的氛围。广场两侧有规则布置的乔木绿化和政府宣传栏等设施。从北向南望去，可以清晰地看到下一空间序列的硅化木主题雕塑，引导人们向主题区走去。

② 硅化木主题广场区。中央是具有象征意味的硅化木雕塑，统领整个广场，坐凳和旱喷泉环绕四周，更加烘托了雕塑的力量。地面以尺寸较小的广场砖环成圆形图案，很好地结合了广场的整体形态，使其更具亲和力。在景墙适当位置刻有关于千家店镇旅游资源、硅化木等内容的介绍，使游客很好地领会主题、了解该镇的旅游特色。为烘托主题而设立的 6 个圆形小空间，也为人们欣赏雕塑、休息聊天提供了较为私密的场所。此功能分区与集会区有几步台阶的高差，增加了环抱感和围合性。该主题广场区是整个中心广场的高潮所在。

③ 中央林荫道区。以南北各一道的景墙作为其起始点，道路两侧整齐地沿弧线铺地列植高大乔木，树下设坐椅，便于人们休息纳凉。东西两侧设缓冲休息带，既与中间道路高差保持一致，又在铺装上加以区别。区内采用自然的石子铺地，便于游客在其中休息停留，如图 7-15 所示。

④ 健身活动区。位于中央道东西两侧。西侧开辟了一片健身活动场地，提供健身器材

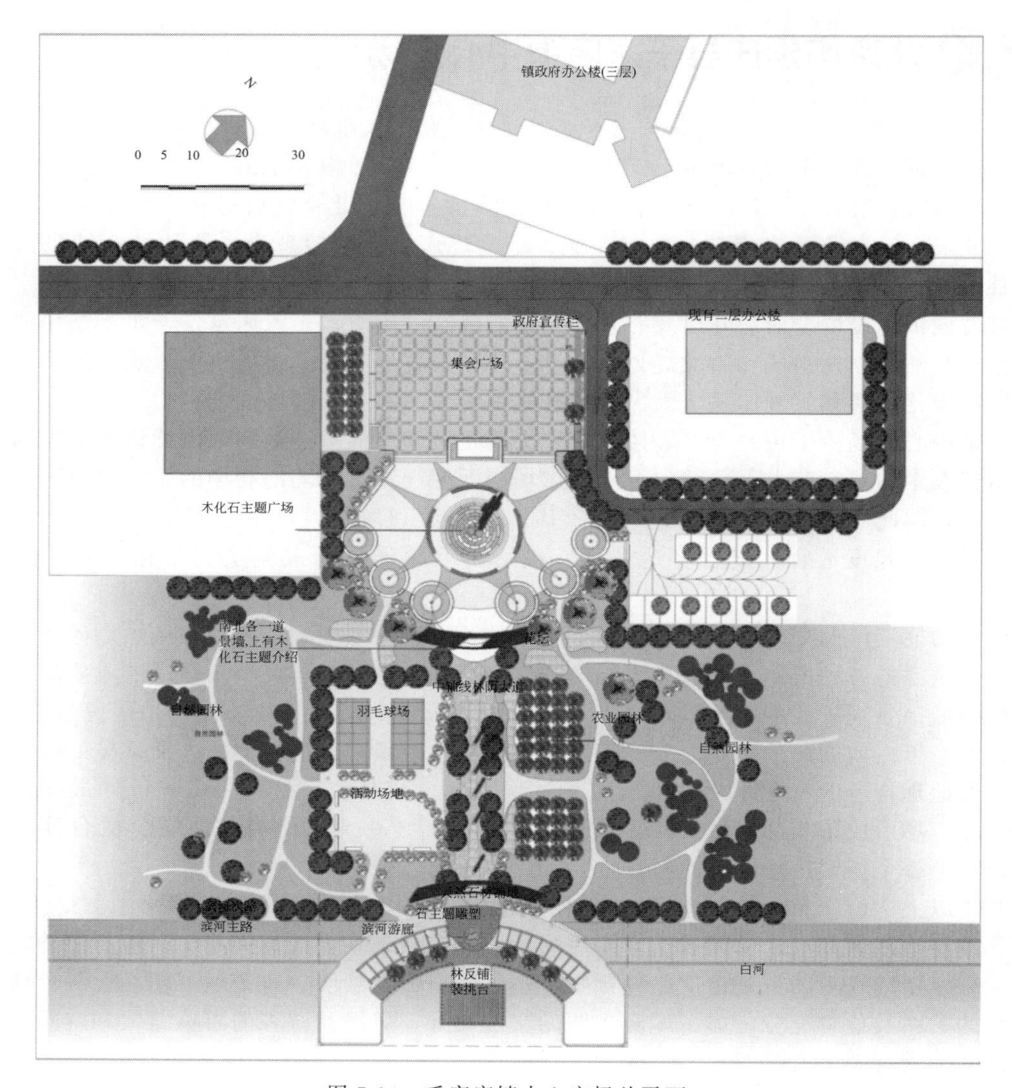

图 7-14　千家店镇中心广场总平面

和羽毛球运动场。其他部分是自然生态园林景观，大面积绿化，各种植物配合种植，其间小路配合路灯、坐凳等设施，为人们营造了散步、休闲、放松心情的理想去处。由于整个广场地处一条东西向沿河绿化带上，因此该部分是绿化带与城镇广场间的重要过渡空间。

⑤ 滨河休闲区。此区域用弧形元素尽力营造人与水亲密的关系，码头形式的开敞式对称布局暗示了千家店向游客敞开怀抱的寓意，也为从河对岸公路上观景提供了良好的效果。东西平台是观景的绝佳场所。两侧对称的游廊既是观景的场所又提供了相对私密休息的空间，廊上的藤本植物增加了这一区域的绿色生态效果。

（3）设计原则和理念

① 主题的挖掘与象征性的运用。目前很多景观设计缺乏对这一方面的把握。在千家店镇中心广场设计中，设计者吸收了中国古典园林造园风格的地方特色，着力挖掘场地所处环境的自然与人文的特性，使人身处这一广场之中便产生特别的感觉。

此广场所在的千家店镇有一项特有的自然景观——硅化木，是上亿年前的树木保存到今天形成的化石群。该镇硅化木地质公园具有很高的考古价值，已成为该镇风景旅游的一大特

图 7-15 千家店镇广场景墙透视图

色。因此，中心广场利用硅化木作为景观主题，提升了该广场的文化内涵和可识别性。“象征性的形式能给空间带来一种特定的内涵，因此它们能增加一种神秘的色彩并且对不同的人有不同的理解”。硅化木主题广场中重复的圆的造型和铺装，以及景墙上树皮纹理的质感，都用来象征树与树桩的形象，起到进一步烘托主题的作用。

② 可持续发展观。设计中把集会区、主题区的空间相对限定，而为以绿地为主的广场提供充分的灵活性和可变性，今后可随着社会、经济的发展而不断获得充实和完善。

③ “回归”白河。千家店镇是北京地区重要的水源涵养地，白河是千家店人民的母亲河，人们理所当然地应对这样一条河流充满着敬畏和感恩之心。白河与千家店人民的生活息息相关，“回归”白河表达了人们近水、亲水的愿望。

（4）设计手法

① 整体空间形态的考虑。该广场主体部分呈矩形南北向分布，从主要入口北侧集会广场向南望去，空间层次丰富，空间纵深感很强。但也带来了不利因素，即使人感到纵向尺度过大，容易失去亲切感。为扬长避短，一方面在平面布局的划分上尽量使用流畅的曲线保持其贯通的空间品质，从南面公路看更增加了其作为镇中心象征的强烈效果；另一方面，运用景墙、台阶高差、材质和色彩的变化等巧妙的方式，将整个纵向空间划分为几个相对较小的空间，使其更接近人的活动尺度，给人提供良好的亲切感和舒适度，但又不破坏整体性。景墙既能划分空间又具有透视的效果，中间的开洞就像照相机的取景器一样起到了框景的效果。

从南到北层层抬高的空间变化符合基地的缓坡特征，体现了整个区域的地貌特点，也使人们从入口就有一种逐渐接近自然、河流的感觉。景观路线的安排有开有合，不断变化，避免了单一路线的单调乏味，做到了步移景异。

广场北面集会的空间接近镇政府所在地，方便举行大型活动，由于三面有建筑，围合感强，适宜集会等群众活动。在远离街道的广场南部区域采取了比较宽松的布局形态，使空间层次变化丰富。

② 主题关系的把握和发展。广场从北到南依次是硅化木主题雕塑、石主题雕塑、白河河岸三个可视的具体要素，其蕴藏着木、石、水三个主题的发展；这三个主题也是自然界中三个基本的、常见的元素，其中水是自然和生命之源，从木到水的过程就暗示了对历史、对人的起源、对生命的追溯和回馈，同时也就体现了“回归”白河的精神。这样一种发展变化的过程，使静态的雕塑具有了一种动态的效果，可谓是“寓动于静”。

在这三个主题中，硅化木的主题是其核心。在空间安排上，主副题之间存在着较长的过渡，这既是避免等距排列造成空间上喧宾夺主，又是留给人从容的遐想时间，体味其中的内涵。就像一首交响乐在高潮到来后，将尾声拉得很长，使人充分体会其中的含义，别有一番韵味（图 7-16）。

图 7-16　千家店镇广场鸟瞰图

7.5 河北省迁西县西环路南入口广场

（设计：北京工业大学建筑与城市规划学院　张建　郭玉梅　张剑宏）

作为城镇的入口广场，是人们到达、进入城镇的第一空间，也是认知迁西县城的重要窗口，因而广场的设计应有强烈的标志性、时代感和地方特色，给人留下深刻的印象。

在靠近城镇入口侧，广场留出一定的硬质地面作为人流集散的空间，硬质地面的后面分别以倾斜的草地、背景墙上标注出迁西县城，提示人们已经开始进入县城。在背景墙之后，以 5 个形似栗子兼具休息厅功能的构筑物组成一组象征栗乡（迁西是著名栗乡）的标志物，并以此作为广场的主题，给人以强烈的印象。广场同时强调绿化的种植，在背景墙之后，围绕标志物有迁西县西环路南入口广场透视面积的园林绿化，绿化强调草坪、花卉和乔灌木的配植，并同广场上的水面有良好的关系，突出迁西山水园林城镇的特色（图 7-17～图 7-19）。

图 7-17 迁西县西环路南入口广场透视

图 7-18 迁西县西环路南入口广场立面

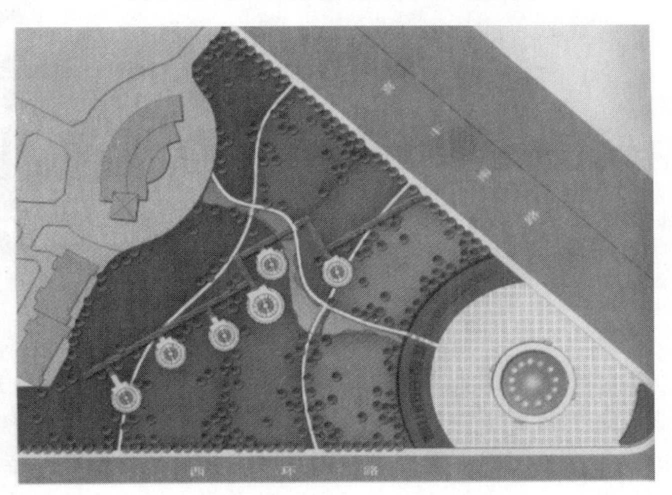

图 7-19 迁西县西环路南入口广场总平面

7.6 福建省惠安县螺城镇中新花园广场设计

（设计：天津市城市规划设计研究院 厦门分院 黄晶涛 李泽云 唐燕 指导：骆中钊）

惠安中新广场是一个城镇广场设计的优秀范例。惠安县位于福建东南沿海中部，地处台湾海峡西岸经济繁荣带的中心位置，位于泉州湾与湄州湾之间，东濒台湾海峡，是闽南著名的侨乡和中国台湾汉族同胞主要祖籍地之一。惠安中新花园是惠安县螺城镇的新兴现代化小区，它位于城市干道建设大街以西、中山北路以东，由八二三东街与惠兴街所围合的地块，是惠安县城的中心地带。小区总用地 240 亩（约 $1.6\times10^5\mathrm{m}^2$），总投资 2.7 亿人民币。中新绿化广场位于区内的心脏部分，占地 50 亩（约 $3.3\times10^4\mathrm{m}^2$），总投资 1500 万元。

中新广场犹如一颗璀璨的明珠，是中新花园最精美的共享空间，同时也是整个城市的公共交往场所。中新广场因其所处位置与惠安城市建设的现状而成为社区广场与城市广场的结合体，城市广场是社区广场对其服务对象、服务范围的扩展与延伸。中新广场在建设大街一侧设计 60m 宽的主出入口，结合绿化、跌水、雕塑、小品、音乐喷泉、假山、铺地等形成别具一格的中心城区公共活动空间，向路人展示生动多变的场所魅力，是集休闲、娱乐、购物于一体的城市中心广场（图 7-20、图 7-21）。

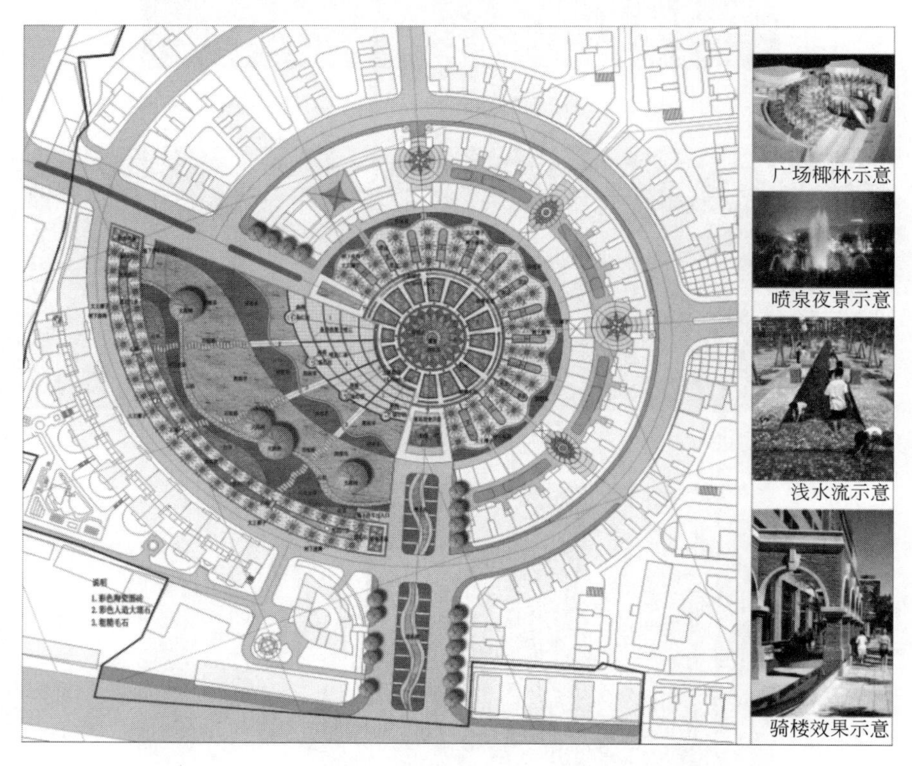

图 7-20　惠安中新广场平面

（1）环境与文脉要素分析　惠安古城称“螺邑”，牧海捕鱼的生活方式使惠安人民与海结下了不解之缘。惠安因此留下了许许多多有关海、螺、人的美丽传说。惠安历史上经历了倭寇与西方殖民者的双重磨难，因而形成了中西合璧、欧日文化杂糅的特殊城市风貌。

如今的惠安，则以其独具特色的“惠安三宝”吸引着络绎不绝的中外游客，它们分别是惠女、惠泉和惠石。

① 惠女。黄斗笠、花头巾、银腰带、短上衣、宽裤筒，配以精巧艳丽的头饰，可与蓝天白云相衬映，随大海波涛而起舞。她们的奇特风情给古城风光增添了无穷魅力。

② 惠泉。天下第二泉在今锡惠公园内，原名惠泉，始凿于唐大历年间，因唐代名士陆羽品水誉为天下第二而得名。宋政和时，钦定二泉水为贡品，月进百坛。以后历代名士纷纷来此游览吟咏，元代大书法家赵孟俯和清代书法家王澍皆为“天下第二泉”题额，此为惠泉史之流传。今日惠泉的声名在全国范围内的建立更大程度取决于它的酒业——惠泉啤酒。

③ 惠石。惠安素有“中国石雕之乡”的美称，优质的天然石材和历代相传的精湛的石

图 7-21 惠安中新广场鸟瞰图

雕工艺使惠安人引以为豪。惠安石雕历史源远流长。勤劳智慧的惠安人民以频繁的锤与钻，赋顽石以灵性和神奇，形成了独具一格的石雕工艺，创造了千古不朽的惠安石文化艺术。

惠安这些最具代表的性的城市文化在中新广场的设计中都得到了应用和体现。挖掘广场内涵是设计中非常重要的一笔，同时设计强调的是文化内涵的展示与功能、空间、景观要求的结合，使游人在不知不觉中体会到地域文化深厚的积淀。

(2) 设计构思及理念

① 布局形态——“螺”的母题。现代城市广场空间环境组合要素可以分为显性的和隐性的两种：显性要素是指绿化、道路、铺地、建筑小品、构筑设施、水体、建筑和其他一切可视形象；隐性要素包含人的空间行为、情感要素、广场的文化内涵等。隐性要素的实现往往难于显性要素，因此也表现出更深层次的内涵。在螺城惠安，面海而居的惠安人民对螺有着特殊的乡土情结，方案构思中“螺”便成为灵感的出发点。将广场的平面形式设计为螺形，结合周边建筑的围合，塑造出极具地方特色、富于层次变化、独一无二的城市空间。以“螺”为主题不是单纯为了追求平面构图和几何形式，而是在设计中表达出文脉的传承与历史的尊重，赋予广场显形的含义。走在这个螺形的广场上，市民对城市的感怀与记忆不知不觉中被唤起，这一特定的场所得到了自我认知。

小区与广场自然镶嵌咬合，中新花园的整体路网就是螺形，广场是整个居住区的中心，亦即“螺”的中心。由螺心向外缓缓展开，通过喷泉广场、硬质铺地、踏步、坐椅、绿地等一系列组合由内及外地展开其空间序列。广场周边环绕骑楼式的商业店面，是社区的服务中心。这样，中新广场便成为一个以历史文化为底蕴，文化活动与旅游、休闲、购物为功能，“螺”为载体的现代化城市型文化广场。

② 广场上的活动——“水”的广场。水是重要的环境构成的要素，有了水，城市平添了几分诗意；有了水，城市的层次更加丰富。虽然面海，但惠安城却依旧缺乏淡水，对水的珍视成为历代的主题材。

行走在惠安古城，难见一处水景，这对于气候炎热的福建地区来说不得不说是一大遗憾，因此该设计坚持突出水的重要性，做水的文章，同时也呼应了“螺”的主题，音乐喷泉、跌水、溪流、观赏鱼池，这形形色色的水在广场上跳荡，像一根红绳串起了广场上的一切活动。水成为广场空间观赏的重点，它的静止、流动、喷发、跌落都成为引人注目的视觉中心。广场建成后，引了大量市民来到这里，大人、小孩兴高采烈地在水雾中穿梭，其乐无穷。当广场上的旱喷泉停喷以后，开阔的中心又成为人们聚会的场地（图 7-22）。

图 7-22　在中新广场上戏水的人们

（3）功能分区和设计手法

① 空间序列及功能分区。广场设计的正确概念是建立一个有序的空间，中新广场群落由多条轴线控制，将自然要素的光、水、绿和人工空间形态组合在一起。建设大街一侧主出入口引导一条主轴线，一直延伸到广场的中心。轴线上依次布置假山石、花台跌水、螺女雕塑，通过这三个序列将人流引入中心广场。这些序列映射着“惠安三宝”——惠石、惠泉、惠女的形象，深刻地反映出惠安古城的文化特色。螺的广场形成螺旋放射的奇特空间，充满运动变化之美，又不乏向心力。入口的跌水是景观与休憩场所的结合，“螺心”是聚会交往空间，“螺翼”是休闲漫步绿化带。有张有弛、有疏有密的空间布局形成了分区合理、功能完善的广场整体。

平面功能分区是建立在对文脉的传承与对人的关怀之上的，各功能区之间的联系通过功能的变换与相对应的文化内涵的变化得以实现。设计中广场布局结构由轴线跌水区、主广场活动区、次广场活动区、休闲娱乐区及草坪绿化区 5 个功能区构成，形成以跌水为引导、以螺女雕塑为中心，以绿化草坪区为背景的平面布局结构。

1）主入口跌水区。进入广场，迎面望见的是掩映在花丛中的欧式跌水，跌水的端头是精心雕饰的“惠石”。流动的水体使空间显得格外深远，透过跌跌落落的水尽头隐隐约约能看见广场中间的惠女雕塑。水台用精致的石材雕刻而成，两侧布满鲜花，既连接了视线，划分了空间，又是主轴线的起点。

2）主广场活动区。主广场中心为大面积的音乐喷泉，花瓣形的喷泉水柱内外有别，错落有致，极富层次感。外围是环行水池。当喷泉关闭之时，主广场活动区又可为一定规模的聚会、晨练、歌舞提供足够的空间，能满足大中型、组织型、正规型群众团体的广场文化活动需要。四周以踏步与其他功能区相连接，形成围和的下沉式广场空间。螺女雕塑居于主广场活动区的中心，统领着整个广场，是广场的高潮，象征着惠安人的勤劳和质朴。

3）次广场活动区。主广场活动区向外螺旋延伸出次广场，同时也是主广场活动区与草坪绿化区的过渡空间。次广场与草坪绿化区交界的界面处，设置了四组坐椅及灯柱，以满足人们的休憩所需，同时也形成了优美的景观序列。次广场的扇形喷泉是音乐喷泉的延续。主广场与次广场共同组成了螺形平面构图中的又一个螺形曲线，再次加强主题。

4）休闲娱乐区。环绕着主广场的是休闲娱乐区，以硬质铺地与草地及椰树结合，自螺心向外呈放射状布局，其外缘为波浪形的绿地。椰树之下设置大量坐椅供人休息。人们亦可在此间驻足观赏，通过一条条向心的视廊，景观被有效地组织起来，轻松愉快的气氛中形成内在的秩序感。

5）草坪绿化区。草坪绿化停留的位于次广场活动区的外围，呈扇形。园区以爬根草、福建茶、马尼拉草、红草等多种多样的草本植物与保留的大榕树相搭配，形成错落有致的绿化开敞空间。草坪之间有石板路穿行，通过不同的绿化分割形成不同的景观效果。设计借用许多日式手法，营造一种空灵的意境。区域外围狭长的弧线，是整个广场与外界相接的主要界面。中间设置带状溪流，两侧植椰树，树下设坐椅。溪流以假山、石桥等点缀，增加了空间的层次与情趣。

② 紧扣文脉的设计方法

1）多种设计手法糅合应用。将中国、西欧与日本的设计手法糅合在一个方案之中，看似有些不可思议，而在惠安，这种手法的糅合是由它特殊的历史背景所决定的，并非牵强附会。明朝时期日本倭寇的侵扰对惠安人的生活方式乃至城市建设都产生一定的影响，而近代鸦片战争，西方殖民主义者对沿海地带长期殖民统治所带来的各种影响也不容忽视。正是因为这几段血泪的历史，惠安的土地上就此刻上了无法消磨的日本文化、西洋文化的痕迹。伴随着惠安本土文化的生长发展，这些外来文明逐渐被吸收同化，形成一种兼收并蓄、中西合璧的独特文化，这种多元文化的结合而使其表现为一种拼贴画似的城市形态。中新广场就是这样文化拼贴的再现。

中新广场的设计同时应用了 3 种设计手法，即中式、日式、欧式。音乐喷泉广场采用中式手法，下沉的圆形向心式设计，隐喻着圆满、幸福的主题；中央是站在螺中的惠女雕塑，边缘环绕中式的简化石柱，喷泉停喷时，这是一个绝佳的晨练、歌舞、戏剧、集会舞台（图 7-23）。园林绿化区是日式的，借用了很多日本庭院的手法，碎石小径穿行其间，假山、枯石点缀其上；绿化用草地、绿篱穿插布局，讲究一种禅的意境（图 7-24）；轴线叠水的做法是欧式的，层层叠叠的水顺势而下，两侧布置相应花台，溢满了浓郁的西洋风情（图 7-25）。强调文脉绝不是复古与怀旧，研究传统也只是手段而非而目的，文脉本身即意味发展，多样化的统一是文脉追求的境界。所以，建筑师应在关注传统文化的同时吸收新的、外来的文化，从而丰富地区文化，满足社会发展的需要。

2）雕塑小品的独到设计。环境小品等显形要素是广场设计不可或缺的重要组成部分，中新广场的建设利用惠安悠久的石材、雕刻艺术，创造了许多别具一格的环境形象，起到了出其不意的效果。这些设计都潜藏着丰富的文化内涵，像不停出现的旋律一遍又一遍地重复着广场的主题。

重复主题的细部——螺是广场的主题，在设计中这一主题得到了不断的加强和再现，每一个细部的都在讲述着同一个有关螺的故事。仔细观察旱喷泉上的铁篦子，旋转着优美的

图 7-23　中式喷泉广场

图 7-24　日式园林绿化

图 7-25 欧式花台跌水

螺纹，水从螺中喷出，像跳荡的精灵（图 7-26）。广场中央伫立着巨大的螺女雕塑，其基座为田螺，神化的螺女从螺口飘然而出，双手高擎一颗明珠（图 7-27）。成熟美丽的螺女是惠安妇女勤劳聪明的化身，螺女力图与地名、民间传说、环境相协调。城市文化的记忆一次次撞击游人的心灵。

图 7-26 重复主题的细部

图 7-27 螺女

发光的石头——灯光决定了广场的夜景。在中新广场上是找不到明显的地灯的，原来这些灯具都隐藏在石头里。广场上的每一个石墩、石柱、石雕中都设置了照明灯具，石头表面有镂空的简洁纹理，一到夜里，灯光便从缝隙中渗漏出来，星星点点地照亮了广场的每一个角落。这种灯与石景相结合的设计可谓独具匠心。大的广场照明灯则设计成雕塑石柱，精美的灯柱成为广场上最好的竖向点景（图 7-28、图 7-29）。

图 7-28 石雕灯柱（一）

图 7-29 石雕灯柱（二）

图 7-30 会唱歌的螺雕

会唱歌的螺——中新广场上的雕塑简洁明快，引人入胜。音乐喷泉周围布置了一圈一人高的石螺雕，螺的肚子里藏着小音箱，叮叮咚咚唱个不停。孩子们都在奇怪地寻找是什么东西在歌唱，惠安古城又开始流传一个新的“神话”：惠安的石头会唱歌（图 7-30）。

（4）小结 城镇的广场设计应以人的活动需求、景观需求、空间需求作为出发点，牢牢把握人文、文化、生态、社会、特色等几个基本原则，在此基础上对城市空间环境物质要素进行深入研究和精心设计。城镇通常是渐变而非突变的，文脉的观念要求我们要以整体的环境及历史为背景，以取得协调。但这不是做无原则的妥协甚至重复，应提倡创新的同时保持原有文脉的延续，使城镇得以进行正常的新陈代谢。在惠安中新广场的设计中，设计者对城市历史的尊重、对城市文脉的延续，紧紧抓住对主题的把握，通过实现主题的表达，展示了一种社会及其文化生活的模式。

7.7 泉州隆恩小区广场

（设计：庄楚寰）

景观主题：城市地标《石文化广场》

项目背景：泉州市地处福建省东南部，与台湾省隔海相望，枕山面海，属亚热带海洋性季风气候，境内自然文化景观资源丰富，秀美的河山与深厚的历史文化积淀使得泉州成为驰名中外的旅游胜地，随着改革开放的不断深入，泉州的城市经济建设得到全面的发展，人民的生活水平得到了较大的提高，城市居民对居住环境的要求也不断提高，居住观念也随之改变，喧闹嘈杂的中心市区不再是居民的首选目标，宁静休闲的城西成为新兴的居民区。

（1）现状分析　区域位置：该地位于泉州丰泽区，双阳中路跟双阳南路交界处，属隆恩集团地块，西北方有为著名旅游胜地，历史文化名山：清源山，从该地块到山上，无论是徒步或乘车皆十分方便，东南方为泉州盆景园。

（2）场地特征　现状用地呈南北侧较窄，中侧较宽，景观用地板面积为 1.26hm^2，地形起伏较大，首尾高差 3m 左右，清源山风景区紧邻地块西北，景观条件良好。

（3）设计依据　甲方提供的原始地形图及任务书，其他相关的国家规定、规范，《风景园林图例图示标准》，设计方实地勘察标准。

（4）景观设计目标　景观设计的目标是创造具有鲜明时代特征的持续性成长的环境空间。具有优美舒畅，宜人的空间特征。

① 文脉　从区域外部环境总特征出发，延续历史文脉和尊重城市格局，维护本地区生态环境，创造丰富、宜人、连续的城市空间。

② 环境　坚持生态性原则，以良好的自然生态环境叙谈场所和景观的底色，创造和谐、有序、舒适、优美的广场空间的整体性。

③ 交通　根据空间的游赏和功能组织空间，公共空间注重造景开阔、大方的效果。动线流畅，保证消防及人流的疏通。

（5）设计理念　强调人的参与性是现代景观设计的趋势所在，人与自然和谐共生的风景才是最美丽的风景。基于泉州是石头之乡，又受外来文化影响，而且经济也发展较快，具有现代化的时代气息，因此，在设计中采用了本土文化与现代文化结合的手法打造具有泉州特色的石文化主题广场。

（6）具体设计　在布局上从整体地形上考虑，借鉴了意大利台地式园林景观，顺着坡度以大块板岩砌成大台阶，不紧解决了该地势坡度大的问题，还创造了层次丰富的小区广场景观，同时也体现了泉州石文化之乡的特色，在整个广场中心形成以大型石雕喷泉、主题建筑、不规则大型石阶为核心的向心性广场特征，同时在形式上尽量简单、大气，体现石文化精髓。

（7）绿化设计　植物配置在某种程度上决定园林景观生态的合理与否，生态配置的原则就是按层次划分的植物群落为基本单位，进行单独的或组合的小面积或大面积的层次配置，讲究植物的质感与色彩的配置（图 7-31）。

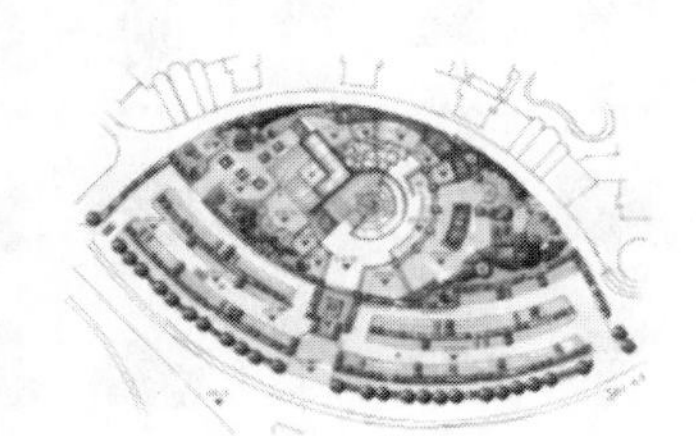

(a) 总平面图

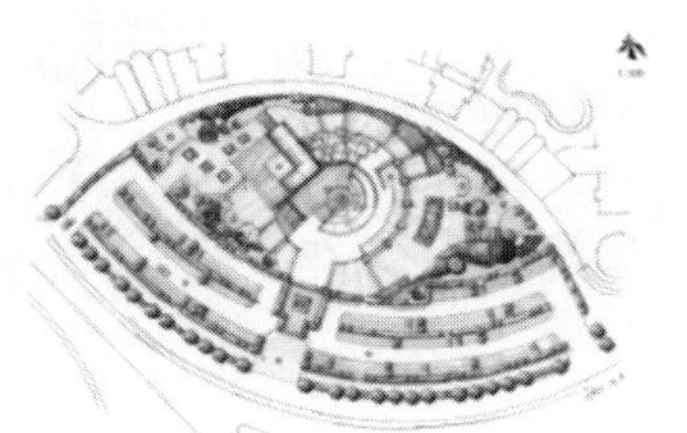

(b) 流通平面图

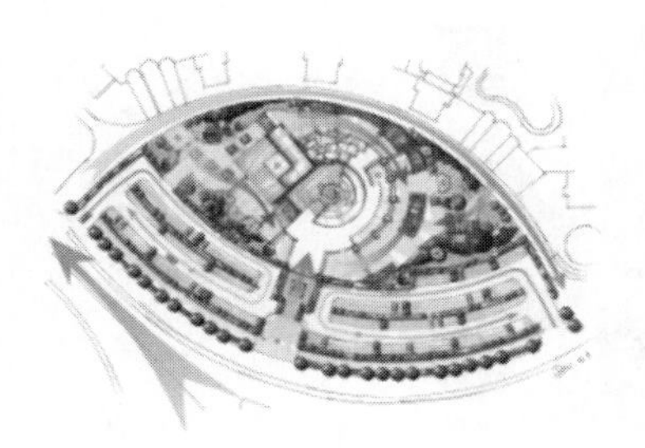

(c) 标高分析图

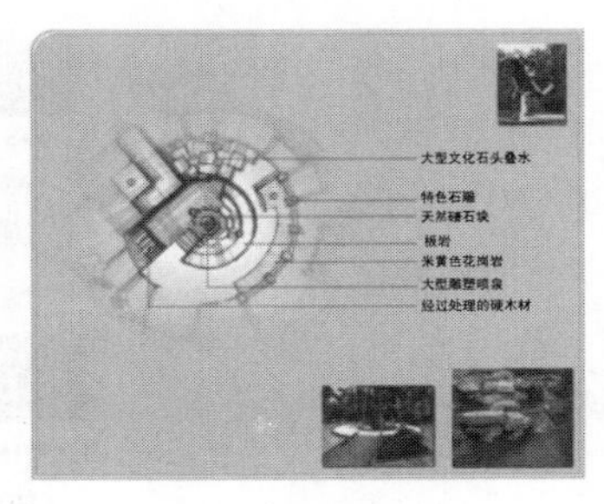

(d) 主题广场平面

图 7-31

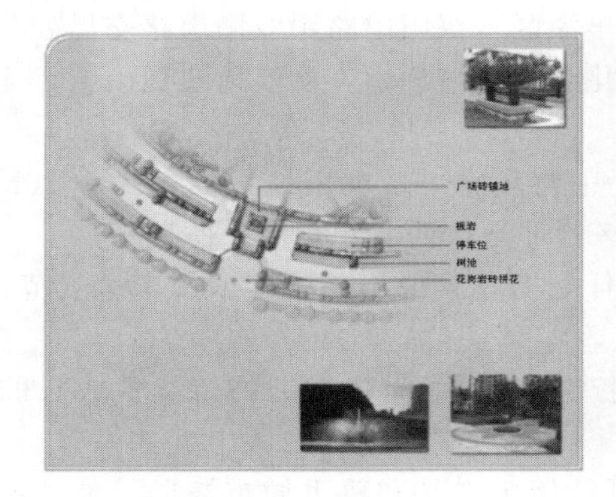

(e) 主入口平面

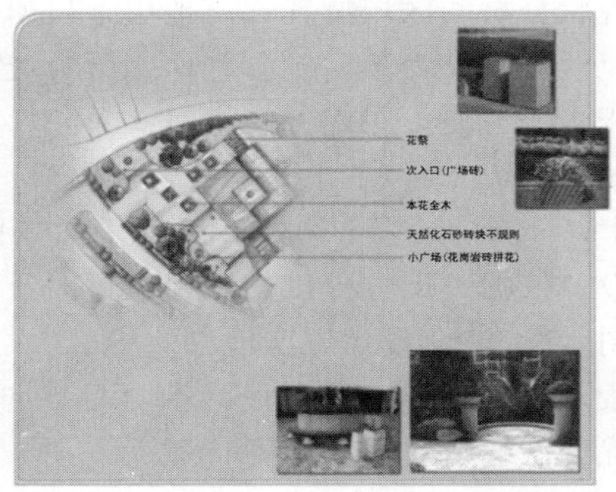

(f) 次入口平面

(g) 剖面图

(h) 石文化广场

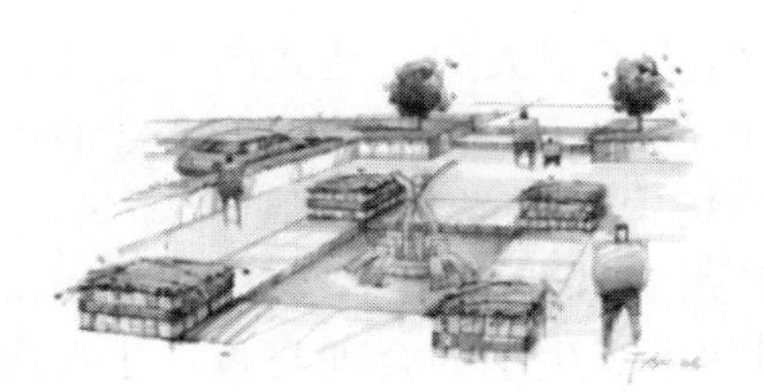

(i) 主入口

(j) 浴光花架

(k) 主题建筑

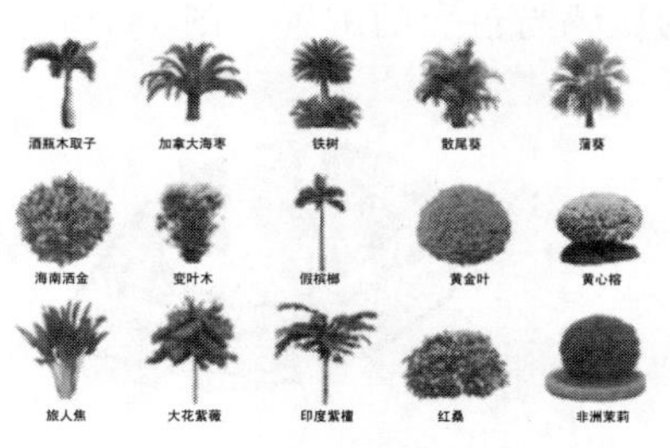

(l) 植物配置表

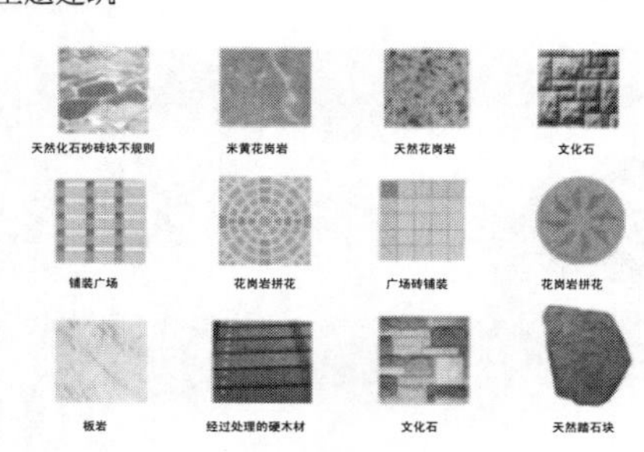

(m) 铺装大样

图 7-31　绿化设计

7.8 炎黄广场

（设计：北京市园林古建设计研究院）

（1）现状概况　炎黄广场位于郑州市黄河风景区内，距郑州市市区 20km，距黄帝故里——新郑县 70km。

郑州市黄河风景名胜区位于黄河中下游交界处，是国家旅游黄金线路——黄河之旅的龙头。炎黄塑像具体位置位于黄河风景名胜区内老铁路桥西侧的向阳山（即始祖山）上，向阳山海拔 166m；面向黄河雄伟壮观，这里不仅山前可建大型广场，且距黄河铁路桥最近处仅 600m，距桥北端最远处为 2.6km，每天过往黄河的十余万旅客均可瞻仰炎黄二帝塑像的雄伟形象。

炎黄塑像高为 106m，由两部分组成，上部头胸系由钢筋砼框架结构支撑外壳、外壳面采用条石雕砌，其下部以山体为身。塑像以山为体，使山人合一，浑然天成，融黄河、黄土、黄帝三者为一体，以体现与大地共生，与山川同在，与日月同辉，气势磅礴、雄浑、博大的艺术效果。造型粗矿、浑厚、雄伟。

炎黄二帝广场宽 300m，长 500m，从像前一直延伸到黄河老滩，总面积 $1.5\times10^5m^2$。广场南面为向阳山，北面为黄河，背山面水，广场现状地形南高北低，南侧标高为 103.2m，北侧标高为 96.7m，南北高差约为 6.5m，其中南侧为平地，北侧为鱼塘。

从以上分析得出，炎黄广场大的区位优势明显，小气候良好，为一处不可多得的佳地。

（2）建设目标　建设好的炎黄广场将是一个以体现中华民族、人文、悠久历史，体现中华凝聚力、象征中华一统的大型纪念性生态广场。为弘扬民族文化，促进祖国的统一和繁荣富强起到积极的作用。

（3）总体规划

① 规划原则。尊重历史、尊重中华文化的原则；生态性原则；以人为本的原则，体现群众的参与性；纪念性原则；景观性、文化地方性的原则。

② 总体布局。炎黄广场根据其纪念性广场的性质，纪念、集会等功能，将广场按轴对称进行布局，显示出炎黄广场的庄严、沉稳，轴与磁北交角为北偏东 17°。

在轴线上依托着炎黄塑像依次布置一级纪念广场、二级观赏广场、三级集散及休憩广场、坛道、纪念坛、坛道、广场主入口，形成一个完整、庄严、宏伟的视觉景观线。

在坛两侧分别布置姓氏馆和华侨馆，周围为大片柏树背景林，东西各有一个次出入口，绿地内有一条环行路，为游人环行林荫道，同时也解决整个广场的消防、运输等功能。

1）一级广场。一级广场是每年清明和中秋节时祭祖举行大典的地方，广场中放置有炎黄三鼎，中间有一大鼎——炎黄鼎，高 6m，两侧鼎各高 4m。

鼎位于一级广场边向南 30m 处，这样保证了在一级广场上观赏塑像的良好角度，避免了鼎存视线上对炎黄塑像的干扰。

在一级广场举行祭祖，在视觉上形成一种仰视效果，可以加强后人对炎黄二帝的仰视之情，同时活动可以与炎黄三鼎完美结合。

2）二级广场。二级广场为举行活动时游人观看的主要场所，在二级广场西侧放置钟，东侧放置鼓，钟为金，为阳，鼓为阴，左为上，右为下。钟与鼓是古人与天沟通的工具，在这里象征今人与我们的祖宗在意念上相沟通。

3）三级广场。二级广场东西两侧布置林下三级广场，为游人提供林下休息、集散的场所，在举行大型活动时，可以分散二级广场的人流量，同时也是活动结束时的疏散口。

4）坛道。坛道在广场主轴线上，宽 30m，从北向南依次抬高，在坛北侧，坛道与绿地在标高上基本相平，从坛南侧起，坛道以约2%的坡度抬高，这样在视觉上形成一种向上的感觉，加强游人对炎黄二帝的敬仰之情，同时坛道抬高，两侧树林的相对高度降低，使轴线更具有庄严、神圣的感觉，同时保证了游人观赏塑像的视线畅通性。同时抬高的高度保证了通行车道的立交穿插，保证了坛道的完整性和通行车道的功能性。

坛道两侧设置具有中国文化特色的灯杆及旗杆，对坛道起一定的界定作用，防止游人太靠近坛道边缘而发生危险，另外也在满足一定的照明功能。

5）坛。坛是前广场上最主要的建筑物，占地99m×99m，纪念坛分两层，占地面积为3600m^2。

纪念坛的形式遵循了地坛的布局形式，以坛、垣、水几个元素构成，形成了广场中心开阔的草坪景观，也形成了以坛为中心的前广场的视觉中心。

纪念坛的“地”，代表的是一种地域性土地概念以及土地“生物养大”的功能。

下层坛台上设五岳、五镇、四海、四渎，代表祖国山河，江山一统。

坛的面层铺装最上层坛台中心为6×6=36块方石，四周又分为8个区，每区8×8=64块方石铺设；下层为16个区，每区8×8=64块方石。与中国传统文化的内涵相一致。

6）博物馆。从坛两侧设坡道进入坛下博物馆，地下博物馆为两层，布局自然灵活，展览炎黄时期发明及技术。

7）姓氏馆及华侨馆。坛两侧，广场绿化带中设计两座纪念馆——姓氏馆及华侨馆。姓氏馆展示炎黄子孙寻根溯源和姓氏文化研究的地方；华侨馆展示数百年来海外华侨对世界文明所做的重大贡献。

③ 功能分区规划。根据对炎黄广场功能、立地条件及日常游览需求的分析预测，进行如下功能区划：炎黄塑像区，祭祖区，林下活动区，祭坛及博览区，背景林区，入口区，停车区。

④ 视线分析。炎黄广场的轴线布局是严格按照视线规律进行布局的，整个轴线从入口开始，显示了观赏炎黄塑像的几个视觉段。首先是入口段，视线比较放松，可以完整的观赏炎黄塑像，前进到坛跟前，则视线被坛分割，显示出坛的雄浑、壮观，而行进到坛上，观赏角度则比先前一下子显得不同，而再往前走，则达到视觉的最佳距离内，进而达到仰视效果，从祭祖广场对塑像仰视的视线刚好显得塑像的崇高。

从视线分析可以看出，周边柏树林的种植不影响视线的开阔性和观看炎黄塑像的效果。

⑤ 道路交通规划。广场主干道为中轴线上的坛道，宽为30m，保证了主行线的交通及疏散，车行道为9m，是穿过炎黄广场到达黄河景区的主要交通干道，它在坛道下侧形成立交，保证了坛道的完整性，广场环道为林荫道，宽4m，是广场的环行游览线路及运输、消防通道。

广场北侧主停车场引导游人进入主入口，返回时利用广场东侧的停车场。

大型活动时的集散，可以利用林荫广场两侧的疏散门进行人流疏散，避免人流拥挤造成事故。

⑥ 植被规划。“夏后氏以松，殷人以柏，周人以栗”，广场乔木种植单一大片的柏树林，茂密的柏树衬托出庄严、神秘、宁静、肃穆的广场氛围。

地被植物的选择符合炎黄广场纪念性广场的性质，以表现庄重、沉静、粗犷的绿色系、黄色系及蓝色系的低矮地被植物为主，衬托柏树林的庄严、大气。同时大量乔木的种植也大大缩减了以后的养护成本。

地被植物的品种选择以地方性、多样性为主，参考当地野生地被的自然生长模式，体现生态性原则，同时也易于管理。

在坛周围及主要干道两侧种植观赏性比较好的冷季性草，突出广场的景观效果。林荫道两侧种植麦冬，其他柏树底下，尽可能用野生草做地被，以体现生态效益。

⑦ 建筑风格规划。整个广场的风格以大气、古朴、宏伟、庄重的风格为主。

广场的铺装尽量取材与当地自然材料，与炎黄二帝的年代相照应，坛道的铺装以自然青白石块铺设，这样既显得大气又经久耐用，坛四周铺设经过特殊工艺处理黏合的青、赤、白、黑四色土。坛的立面坛面的面材为与黄土相似的土黄劈裂砖，使整个坛显得浑厚、沧桑、稳重，与大地融为一体。

过车通道为沥青铺装，林荫道以黏合沙土铺装为主，即节约成本，又体现生态渗水的特点。

建筑风格以体现古朴、粗狂、大气的中国传统建筑风格为主，华侨馆、姓氏馆为悬山、筒瓦缓坡屋面；粗柱子、大斗拱显得整体建筑简洁浑厚、刚健稳重。主入口大门及东西侧门与两馆的建筑风格相一致。

⑧ 照明。广场照明满足使用要求的同时，兼顾景观的塑造。坛道宽度 30m，采用双侧布灯的形式，选择灯高度兼顾景观与照明的需要，高度为 3m 左右。通行车道注重功能要求，兼顾景观的塑造，采用双侧布灯的形式，选择高杆路灯，高度 $H>3.5$m，注意避免眩光，采用金卤光源。林荫道两侧布置庭院灯，满足夜间照明。主要景观点则结合建筑及环境要求进行具体灯光配置，增强景观效果，同时达到景观主次的区别。

⑨ 给排水规划。广场给水采用浇灌井与喷灌相结合的方式，方便管理，减少投资。

水景部分采用循环水，可采用临时潜水泵，抽取水池内水浇灌。周边绿地，再给水池补水以利水池更新水质。

排水：尽可能采用地表排水，在自然排水不能满足要求的情况下采取有组织排水。

（4）技术指标

道路：12000m^2，占总用地 8%。

广场：54000m^2，占总用地 36%。

绿地：65720m^2，占总用地 43.8%。

水：11680m^2，占总用地 7.79%。

建筑：6600m^2，占总用地 4.4%。

（5）游人容量计算　二级广场面积为 27184m^2，按照 0.7m^2/人计算，可容纳 38834 人；三级林荫广场面积为 16120m^2，按照 1m^2/人计算，可容纳 16120 人，因此炎黄广场的瞬时游人容纳量最高约为 55000 人。

炎黄广场方案如图 7-32 所示。

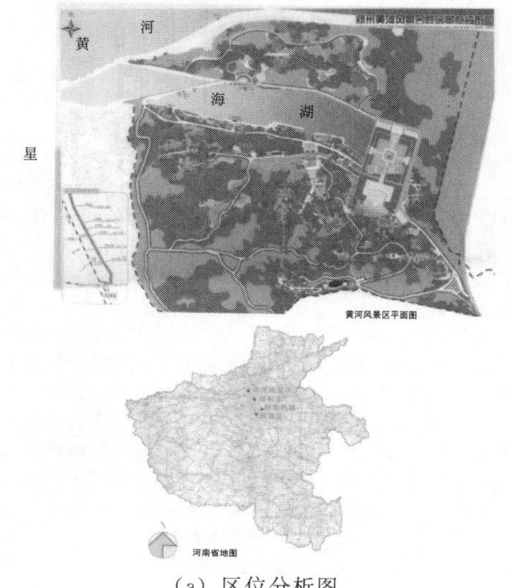

(a) 区位分析图

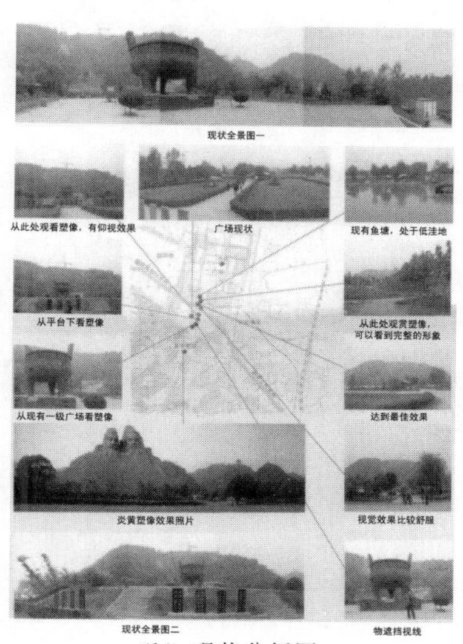

(b) 现状分析图

图 7-32

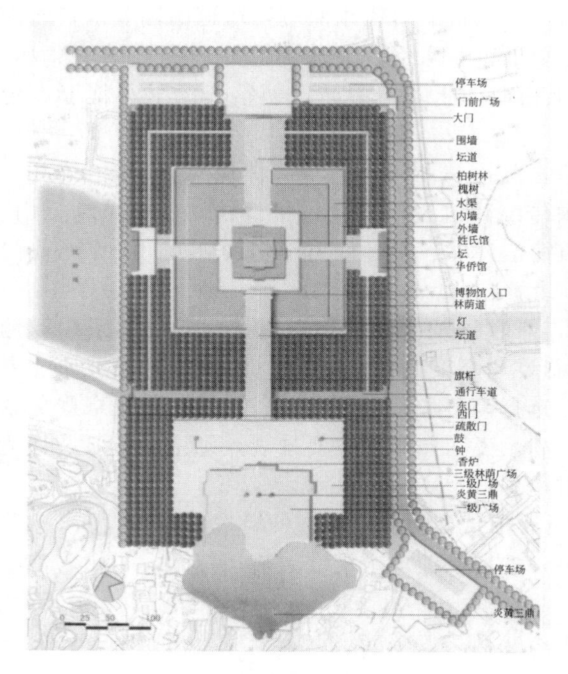

(c) 平面图

(d) 交通分析图

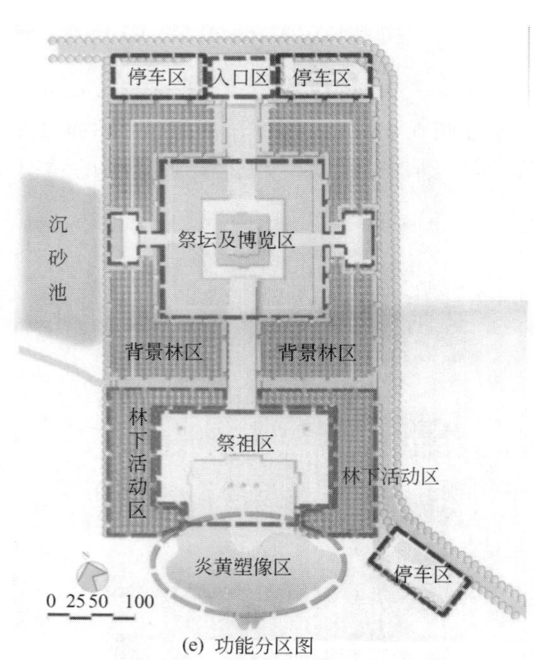

(e) 功能分区图

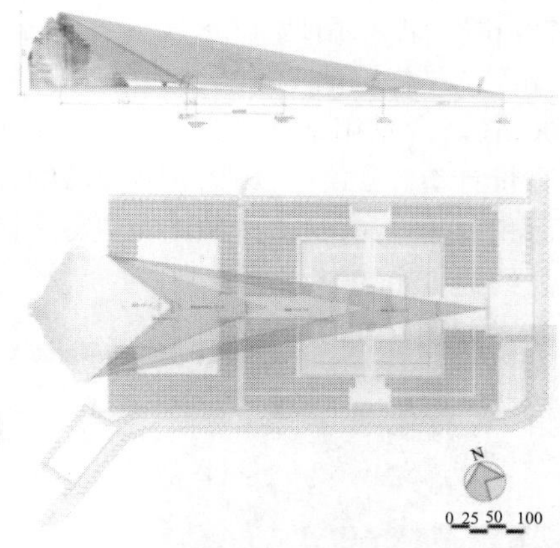

根据仰角的视线分析可以看出，从规划广场主入口至炎黄塑像段形成了观赏塑像从入口的仰角 10.2°至一级广场的 31.4°的比较合理的仰角，中间坛的分割打破了视线的单一性，形成了游览线上视线的变化，鼎放置位于一级广场南北向 1/3 的位置，注意了从一级广场观赏塑像的视线干扰，保证了鼎和塑像在视觉上的合理比例。

根据平角的视线分析可以看出，30m 宽的坛道保证了视线的开阔性，坛道相对两侧绿地的抬高避免了两侧树林对于视线的干扰，从仰角及平角视线分析看出：规划广场种植不影响视线，保证了最佳视线的开阔性、通透性以及庄严性。

从最佳视角可以看出，观赏塑像的最佳距离为坛南侧坛道至二级广场段，这段在竖向上的渐次抬高的坡度，既增加了游人对炎黄塑像的敬仰之情，又可以将绿地的高度相对降低，避免了树木对视线的干扰，同时又保证了坛下过车通道的高度。

(f) 视线分区图

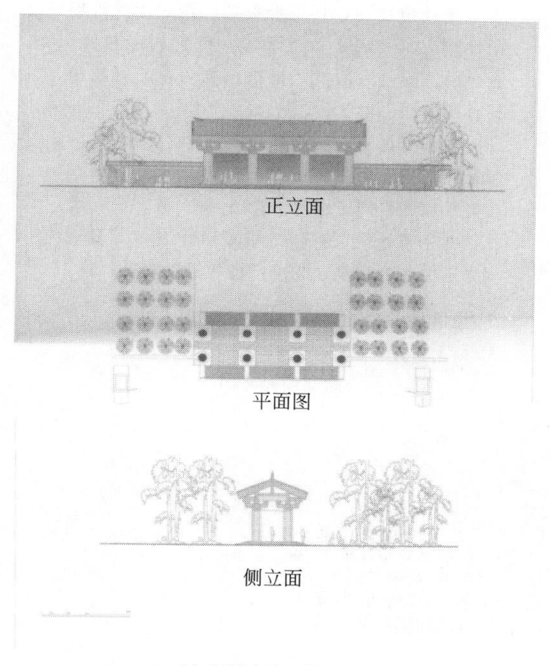

(g) 广场主入口图

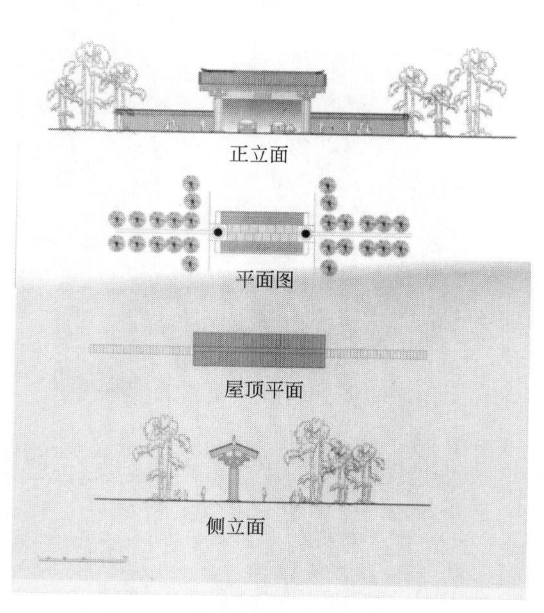

(h) 广场次入口大门图

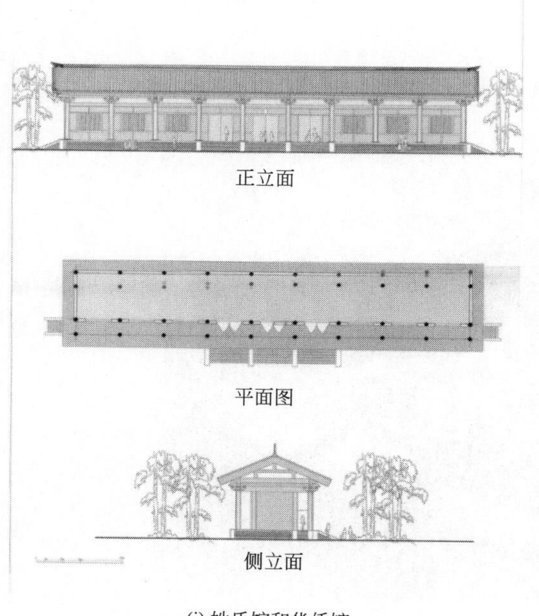

(i) 姓氏馆和华侨馆

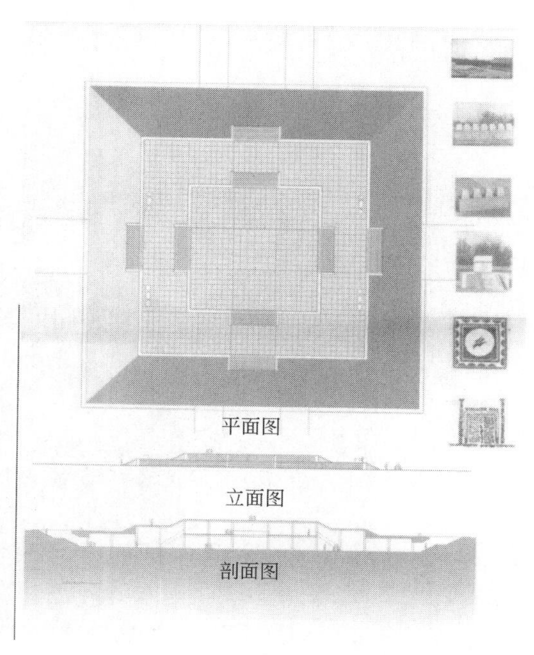

(j) 方坛图

图 7-32

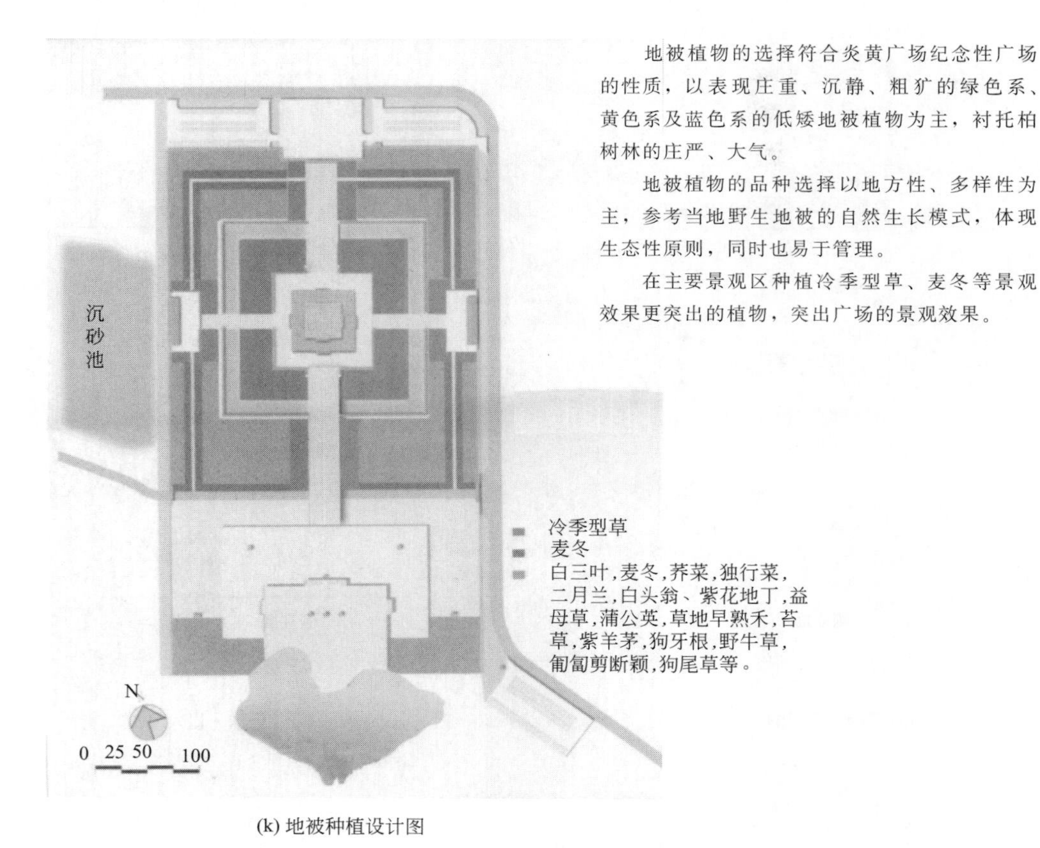

(k) 地被种植设计图

地被植物的选择符合炎黄广场纪念性广场的性质，以表现庄重、沉静、粗犷的绿色系、黄色系及蓝色系的低矮地被植物为主，衬托柏树林的庄严、大气。

地被植物的品种选择以地方性、多样性为主，参考当地野生地被的自然生长模式，体现生态性原则，同时也易于管理。

在主要景观区种植冷季型草、麦冬等景观效果更突出的植物，突出广场的景观效果。

(l) 总体效果图

图 7-32 炎黄广场方案

7.9 云霄火车站广场设计

（设计：中建设计集团有限公司厦门分公司　刘蔚）

（1）区域分析图　云霄县位于福建省南部沿海。地理坐标为北纬23°45′-24°14′，东经117°07′-117°33′，总面积1054.3km²，人口42万人（2006年）。

全县辖6个镇、3个乡：云陵镇、陈岱镇、东厦镇、莆美镇、凯屿镇、火田镇、下河乡、马铺乡、和平乡、县政府驻云陵镇。

地势从西北向南倾斜，东北、西部以及西南部边沿均为山地，中部至东南部为沿海平原，海岸线长48km，漳江流经县境，上游建有峰头水库和向东渠配套。年均气温21.2℃，年降水量17427mm。漳沼高速、324国道、双东、漳云省道过境。通水运。

名胜古迹和纪念地有尖峰夏商贝丘遗址、圆岭商周印纹陶文化遗址、仙人峰、青崎岩画、云山书院，威惠庙、树滋楼、漳州故城，石矾塔和第二次国内革命战争时期中闽南特委所在地乌山十八间洞。天地会创始地高溪观音亭和陈政墓是省文物保护单位。

（2）区域交通分析　云霄县云陵工业开发区系1991年10月经福建省人民政府批准，总规划面积1080亩（1亩=667m²），首期开发288亩，开发区以县城为依托，利用国道324线贯穿全区，交通便利的有利条件，实行开发、招商、配套、投建四同步。现已投入基本建设资金3000万元，完成区内水、路、通讯等基础设施建设。区内已批准企业46家，其中三资企业40家，吸引外资4140万美元，实际利用外资2385万美元。整个开发区发展形成了规模，带动了云霄建筑业，建材业，服务业的快速发展。

火车站站前广场位于云陵工业开发区中部（见图7-33），七星山风景区东侧区位优势明显。在其东北方向一公里处有324国道通过，在往东方向24公里处有沈海高速。两侧还有城市道路通过，分别是站前大道和马山大道。

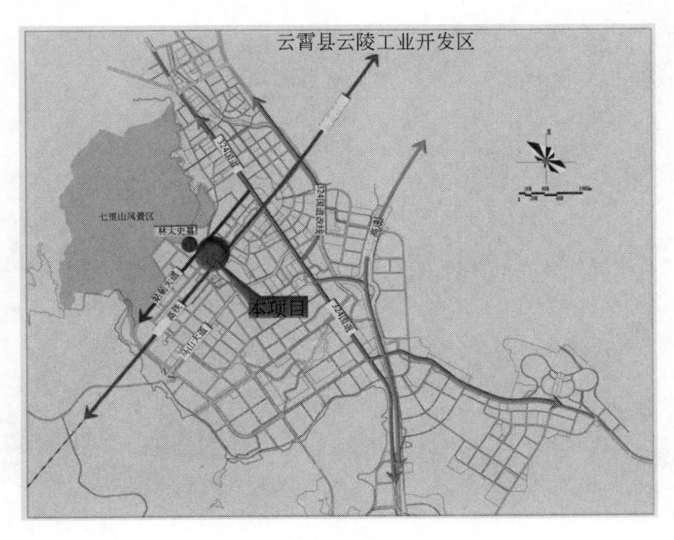

图7-33　云霄火车站在云霄县云陵开发区的位置

（3）设计理念

① 以打造“城市名片”作为站前广场的设计理念，注重广场整体的以人为本的环境，并融入当地的人文、历史、地理气息、塑造简洁、大气的城市文化形象，使站前广场成为县

城对外宣传的主要窗口。

② 以解决城市交通广场的集散问题为首要目标，对广场的地面空间进行合理的功能划分，使人流、车流互不干扰，形成快速，高效、便捷的交通体系。

③ 广场空间尺度与本身的功能要求相一致，利用景观小品的组合搭配来控制广场的空间关系和节奏，形成一个空间收放有致的交通集散场所。

(4) 设计立意　云霄是漳州文明的发祥地，素有“开漳圣地”之称谓，拥有得天独厚的区位优势，与台湾海峡隔海相望，历史闽粤往来必经之地，是闽南金三角的一块丰沃宝地，其南亚热带的旖旋风光令人流连忘返。

规划设计一方面响应海峡西岸经济区发展战略号角，另一方面充分挖掘并融入当地的人文、历史、地理气息，把相关资源通过传统窗花式铺装及景观的形式抽象出来，结合到站前广场的整体设计当中，形成独具特色的对外宣传窗口。

设计意向：(a) 以云霄博大精深的历史文化为背景；(b) 以人为本的设计理念；(c) 满足火车站站前广场建设的目的；(d) 符合火车站站前广场设计的基本要求；(e) 以现代的手法，结合现代的人文景观总体营造。

总体风格：(a) 整体上开放的、大气的时代风格；(b) 布局上对称的、和谐的民族风格；(c) 细节上深邃的、优雅的文化风格；(d) 局部上精粹的、兼容的通俗风格。

(5) 设计构思

① 轴线的形成（见图 7-34)。在广场中部连接高杆灯、大唐盛世浮雕和升旗台形成整个广场的文化景观轴线，以升旗台为结尾代表着走向美好明天，形成景观文化长廊。

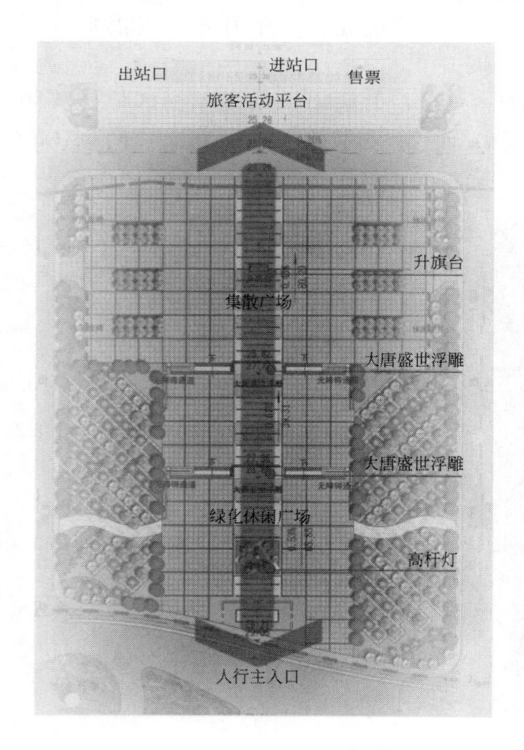

图 7-34　轴线形成图

② 人车分流。遵照“因天时、就地利”的设计宗旨，规划利用站房与现状场地的高差，在交通方式上最大限度地组织人车分行的交通体系，尽量减少行人与车辆的相互干扰，做到

车辆流线便利、快捷、通畅，人行流线安全、便捷（见图 7-35）。

1）车行系统。车行交通自成系统，在集散广场两侧形成两个车行环路，分别各设置车行入口及车行出口，整个车行交通系统便捷、通达。

2）人行系统。进站人流：步行旅客进站可通过绿化休闲广场、集散广场到达站房；乘出租、私家车、大巴的旅客可通过集散广场两侧的通道进入集散广场后直接进入站房。

出站人流：出站人流直接从出站口经旅客活动平台向两侧分流进入社会车辆停车场、出租车停车场、大巴停车场上车离开，亦可经绿化休闲广场步行至广场外围道路，选择其它交通方式离开。

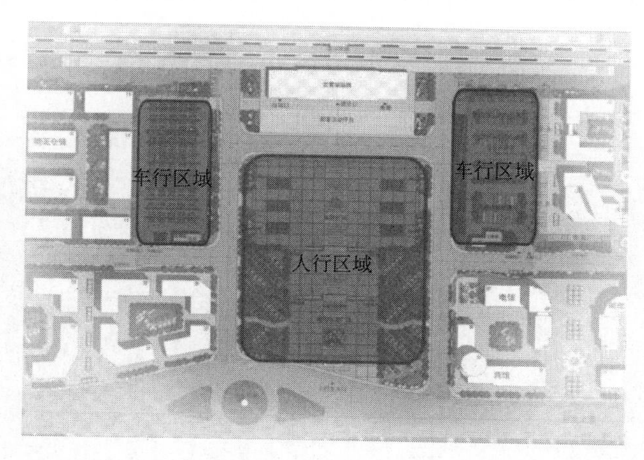

图 7-35 人车分流

③ 细部概念设计构思（见图 7-36）。通过特色地面铺装及绿篱、适宜的植物配置及休闲设施的布置等，营造舒适、独具特色的环境氛围。

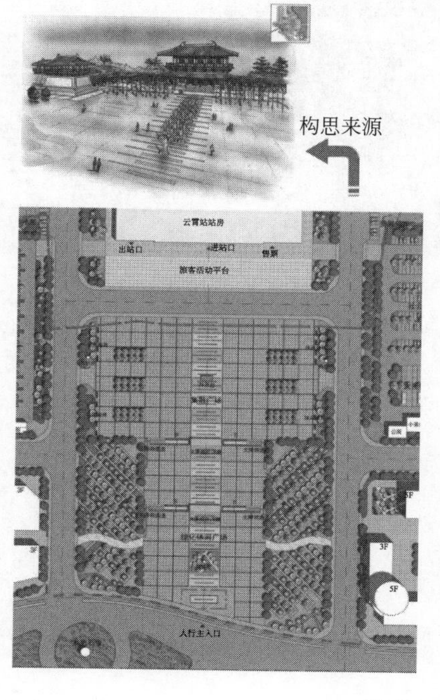

图 7-36 细部概念设计

设计中结合火车站建筑布局，满足火车站人群疏散及休闲停留功能，设计以“大唐盛世浮雕”为主要景观线索的文化广场满足人群疏散，在广场两侧设置休闲座椅以便旅客在此休闲停留。

通过树阵、块状绿地及枝叶茂盛的树种的相互协调，打造多种类型的绿色空间，另外通过乔木＋小乔木＋灌木＋地被，乔木＋灌木等多种搭配方式，营造出一个多层次，高密度的生态环境，打破地形的呆板，创造多空间的视觉。

休闲设施主要结合树池进行设计，让其融入整体的环境之中，为集聚于此的人们提供遮阳挡雨目的的同时也作为休闲的好去处。此外，坐凳结合树池设计的方式还起到人流引导的功能及广场空间划分的功能，而且还作为大环境设计中的微观景象。

（6）总平面图　如图 7-37 所示。

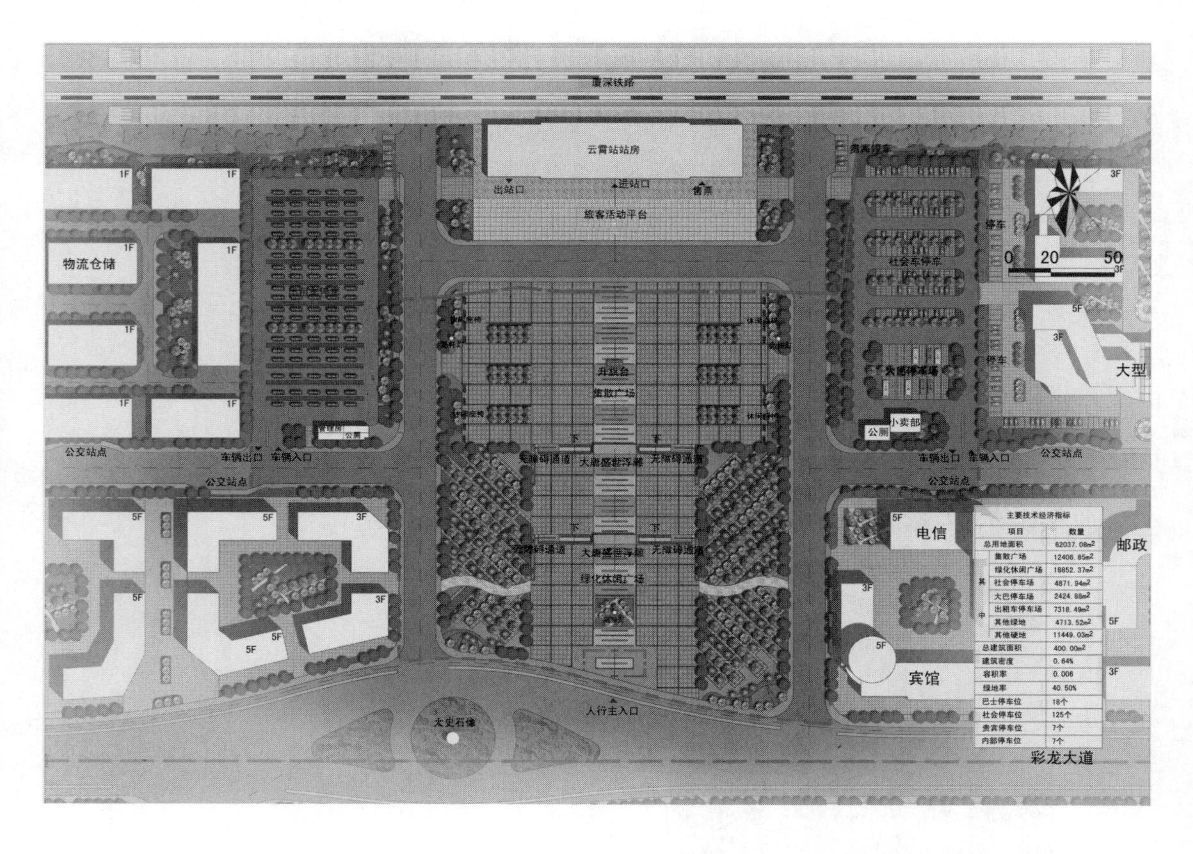

项目		数量
总用地面积		62037.08m²
其中	集散广场	12406.85m²
	绿化休闲广场	18852.37m²
	社会停车场	4871.94m²
	大巴停车场	2424.88m²
	出租车停车场	7318.49m²
	其他绿地	4713.52m²
	其他硬地	11449.03m²
总建筑面积		400.00m²
建筑密度		0.64%
容积率		0.006
绿地率		40.50%
巴士停车位		18个
社会停车位		125个
贵宾停车位		7个
内部停车位		7个

图 7-37　总平面图

（7）功能结构分析图　见图 7-38。

（8）车流线分析

① 外部车流线分析如图 7-39 所示。

② 内部车流线分析如图 7-40 所示。

（9）人流线分析

① 进站人流线分析如图 7-41 所示。

② 出站人流线分析如图 7-42 所示。

（10）广场设计效果图　如图 7-43 所示。

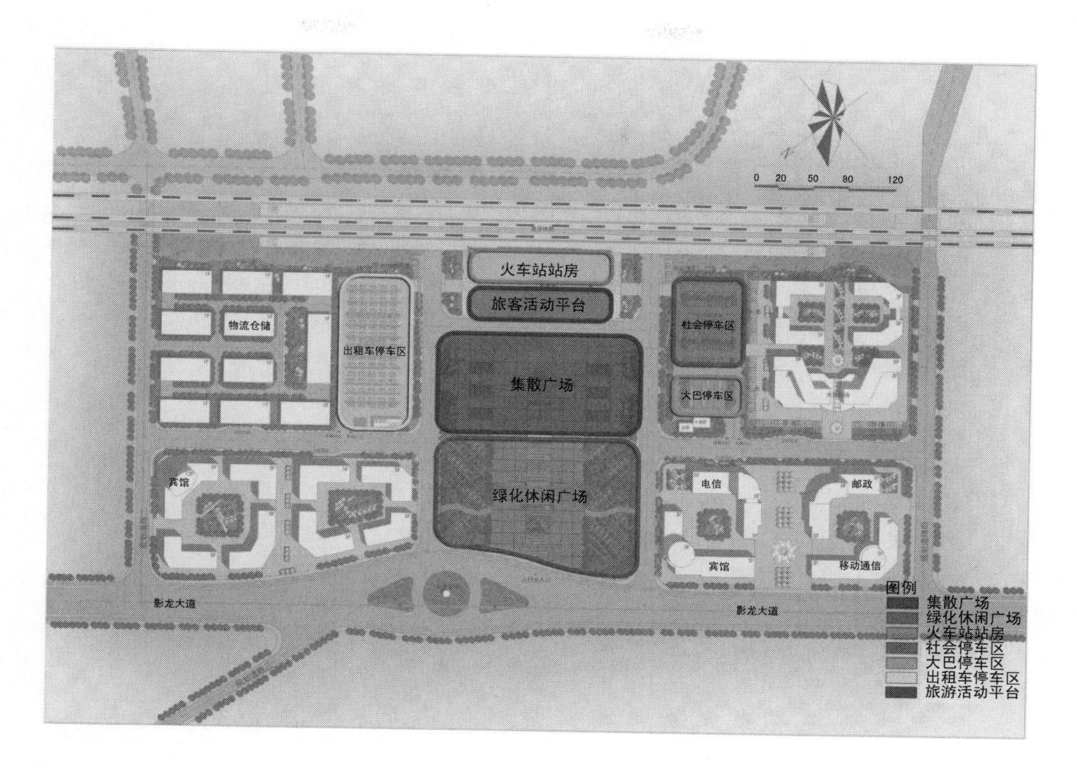

图 7-38 功能结构分析图

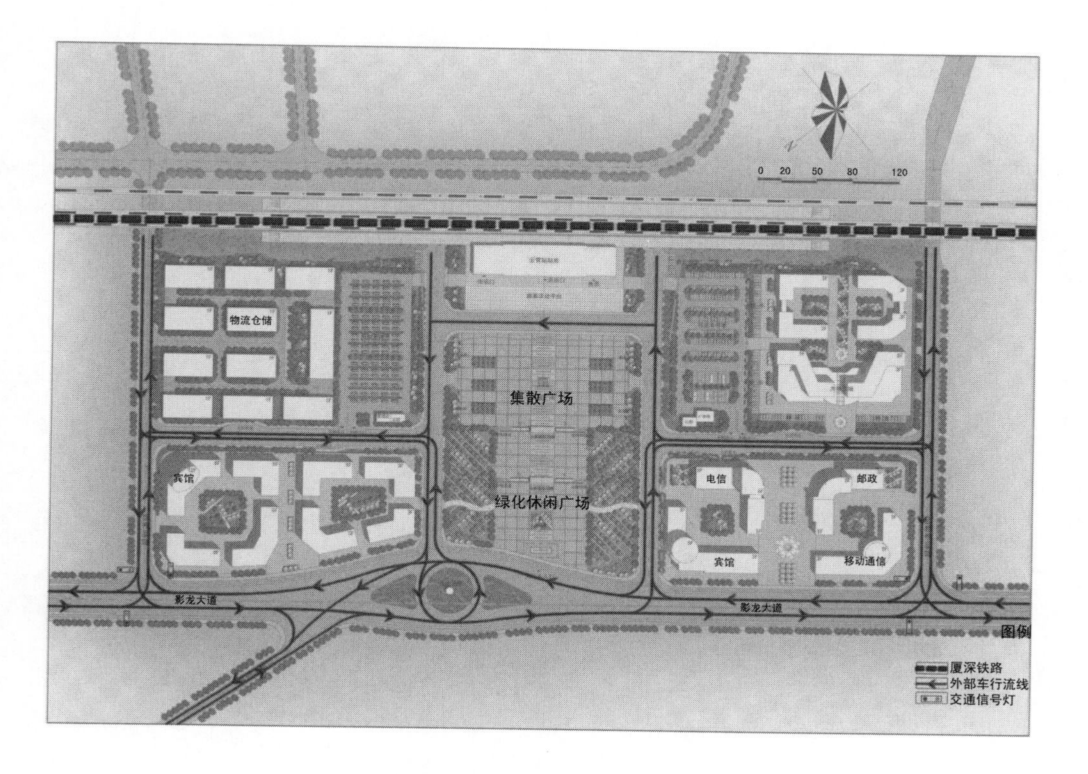

图 7-39 外部车流分析图

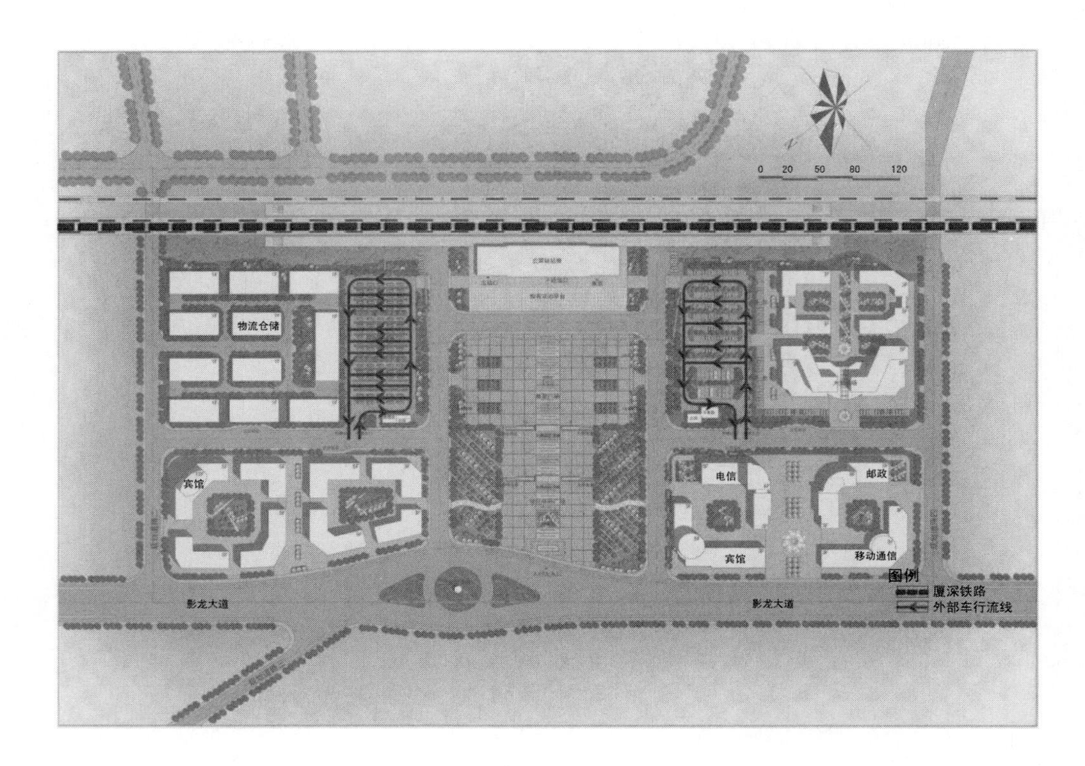

图 7-40 内部车流线分析图

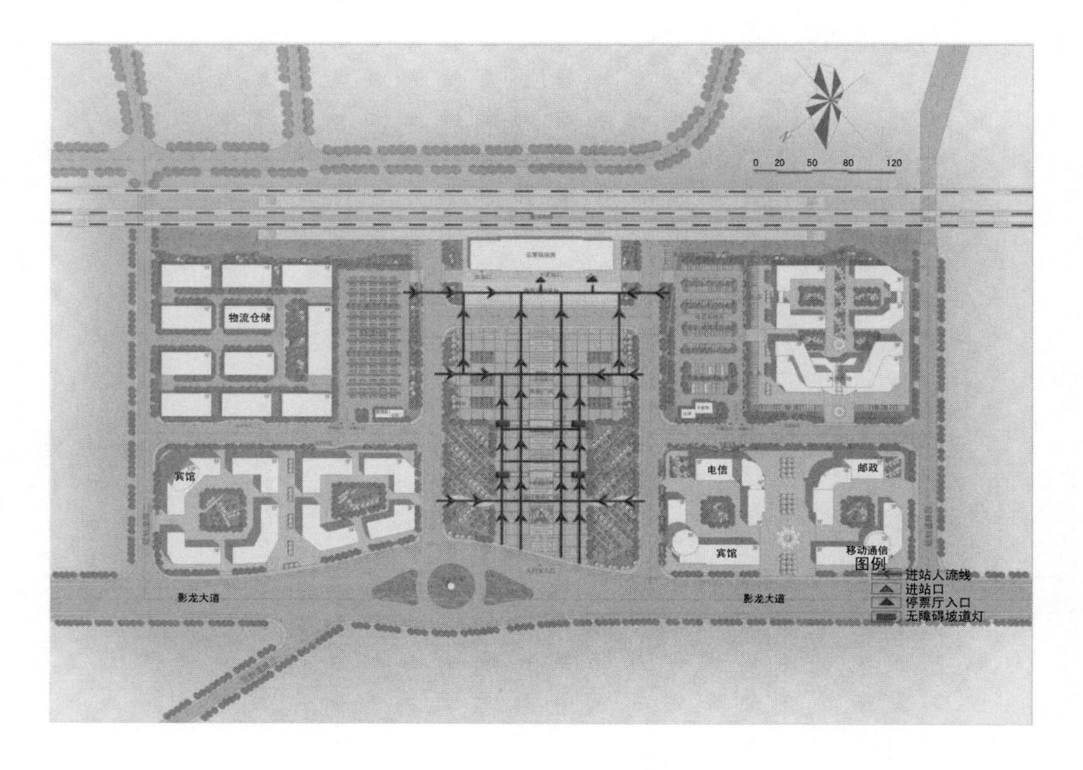

图 7-41 进站人流线分析图

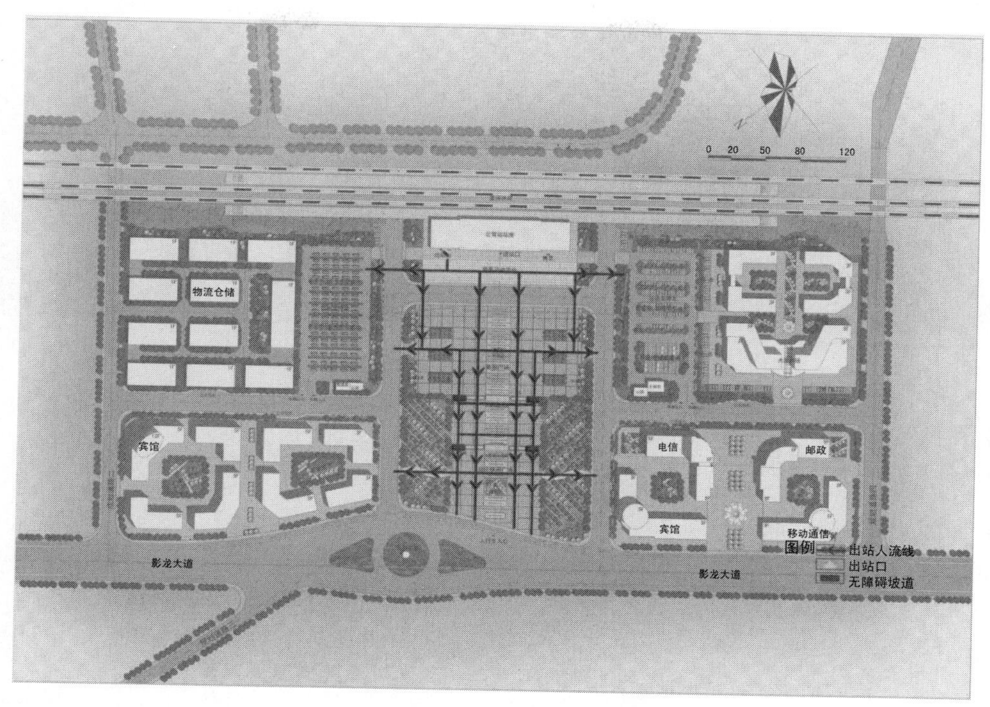

图 7-42 出站人流线分析图

图 7-43 效果图

8 城镇街道规划设计实例

8.1 福建省惠安县螺城镇建设大街详细规划

（设计：中国建筑技术研究院　骆中钊、刘燕辉、刘东卫）

（1）基本概况　惠安县属福建省泉州市，地处闽东南沿海湄洲湾和泉州湾之间（北纬24°49′～25°15′，东经118°37′～119°05′）。西接泉州市鲤城区，西北与莆田市仙游县相邻，南隔泉州湾与晋江县、石狮县相望，北隔湄洲湾同莆田市遥对。东邻台湾海峡，和台湾省一衣带水，是著名的侨乡及台湾同胞的祖籍地之一。

螺城镇是惠安县人民政府所在地，是全县政治、文化、经济中心。位于惠安县中部（即东经118°47′，北纬25°02′）。西北依山，与黄塘乡交界；其他三面同螺阳乡接壤，连成一片。全镇面积5.25km²，建成区面积1.724km²。新福厦公路从东边擦城而过，螺城镇位于福厦公路的中点，南距泉州市市区29km、距厦门137km，北距莆田市59km，距福州市169km；距肖厝经济开发区36km。

① 历史沿革　惠安，汉时属会稽，晋时属晋安，梁陈时属南安，唐时属武荣州。

开元八年属晋江县，宋太平兴国六年（公元981年）分晋江县东乡十六里置县，取名“惠安”意在“以惠安民”。相传置时卜地螺山之阳，近五代闽将张悃坟于青山之下。以其他设县治（即今螺城镇所在）。至明嘉靖三十一年（公元1552年），为御日本倭寇始筑城池，两年后城成，周长五里余，内外皆砌以石，设东、西、南、北、水五个门。城墙于1932年改建马路时拆除。由于城背西北，面向东南。火山、科山、莲花山、螺山、大坪山、潘山等主要山峰由南而北犹如屏障，而螺山负邑，形如“螺蛳吐肉”，故称螺城。

② 自然条件

1）地形地貌。本镇地处丘陵地带，境内大小山头18座，最高是潘山海拔145.1m，其次是科山，131.2m。地势由西向东倾斜，属中生代火成岩、花岗岩地质。西部花岗岩突露于地表，东部埋藏于地下深处。

2）工程地质状况。新街一带地表下约1m厚为耕植土、杂填土、坡积土，1～6m为亚黏土、黏土、中细砂和砂土，东关街长潭至考棚一带为亚黏土、砂黏土。

3）地震设防。处长乐——南澳断裂带，地震烈度定位6度。建筑设计按7度设防。

4）气候。地处南亚热带，气候温和，夏季多偏东风，秋至及早春则多东北风，全年静风频率占23.04%，西南风占15.4%，东北风占31.7%，年平均风速为6.9m/s，年平均气温在19.8℃，日最高气温38.2℃(1966年8月16日)，日最低气温在－0.3℃(1977年3月1日)，全年霜期很短。

本地区年平均降水量（1949～1984年）为1280.7mm，最大降水量是1983年为

1906mm，年最低降水量在 1954 年 672mm，雨量主要集中在 5～6 月份，平均占全年的 35%，其次是 7～8 月份，最大日降水量在 1973 年 7 月 3 日，为 238.6mm。

故有诗曰：四季有花长见雨，一冬无雪却闻雷。

古朴的民情风俗、优雅的传统文化：闽南一带多为中原之后裔，其习俗仍保留着不少的古风遗韵。

惠安石雕历史悠久，出神入化，巧夺天工，名扬四海；宋元以来名将辈出，不朽之作难计其数。现已形成圆雕、浮雕、线雕、影雕四大类，数百个品种。巨者雄伟壮观，微者掌中把玩；赋顽石以灵气，龙凤麒狮、人物花鸟，无不栩栩如生，令人叹为观止。惠安石雕民族风格突出，地方特色浓郁，备受赞誉。

惠安的妇女尤以勤劳、纯朴、贤惠的品德闻名遐迩。他们不但是田间和家务的承担者，而且是养殖、捕鱼、建筑业、石雕、手工业诸多行业的生力军。惠安的妇女堪称是善良女性的代表。妇女的美德始终得到社会的尊重，这里至今仍保留着母系社会的遗风。

③ 独特的建筑风格。据有关史料记载，唐五代闽王王延钧赐其母后在其家乡惠安张坂依都宫宇营造宅第，误传为赐家乡百姓仿帝都宫宇建造民居。这“帝王特许”、“圣眷皇恩”难能肯定，但是闽南一带的建筑自古以来确实极其精美，深受赞誉。

1）民居。这一带民间最富特色的建筑，就是那些遍布于各乡各村富丽堂皇、古色古香的旧式宅第（俗称古大厝）。这一座座红砖白石交相映衬的屋宇，都是高啄的檐牙、长龙似地凌空岳飞的雕饰。一家家的白石门廊，都镶满金石雕刻的题匾、门联、书画卷轴和各种人物、花卉、飞禽走兽的青石浮雕。墙基柱础亦尽是珍禽异兽，花草虫鱼的浮雕。门屏窗饰尽都镂空雕花。一式石砌的庭阶栏柱，真可谓“雕栏玉砌”。每一幢宅第简直都是融石雕艺术为一体的杰作。

这里的先民来自中原一带，他们带来了传统四合院民居的建筑形式，巧妙地结合当地的气候特征，创造出风格独特的闽南古大厝，它把原有四合院的倒座、东西厢房和正房围绕庭院串联组合在一起，使庭院变成天井式的封闭内庭，并把正房的厅堂向天井一面敞开为敞厅，形成一个防风雨、遮阴避阳和通风良好的封闭式空间群体。在结构上，基本上沿袭着立贴式的木结构、砖墙、瓦顶。门楼的重点装饰，丰富多变的檐下、樨头和屋脊，山墙的装饰尽管有不少的发展变化，但从总体看仍甚酷似四合院的传统民居。

早在一千多年前的唐代，泉州就是我国东南对外通商的重要口岸之一，出现“市井十洲人”的盛况。宋元时期，与九十多个国家和地区通商贸易，成为与埃及亚历山大港齐名的世界大商港之一，被誉为“海上丝绸之路”的起点。当时来中国的意大利旅行家马可·波罗和摩洛哥的伊本·巴图泰都对刺桐城（泉州的别称）的繁荣昌盛倍加赞赏。如今泉州仍保留着世界各种主要宗教的遗迹，被赞颂为“地上历史文化博物馆”、“世界宗教博物馆”。外来文化的影响，使这一带的建筑更加绚丽多姿。柱廊和屋顶的各种拱券花饰反映出伊斯兰教文化的影响；开元寺大雄宝殿的印度式石柱、飞天斗拱和深棕肤色、赤脚露胸的金刚又反映出印度教、基督教文化影响给这里的建筑增添异彩。

这里是著名的侨乡，漂洋外出的广大侨胞，怀着思念故乡的深情，几乎都在故乡修筑新居，他们带来异国他乡建筑文化的特征。因此，出现了一种被人们习惯成为“洋楼”的民居。它是一种融东西方建筑形式于一体的新式楼房，颇富侨乡特色，这种楼房虽然采用现代化的建筑材料——钢筋和水泥，有着哥特式拱券门窗，多是圆形廊柱、阳台、壁炉、百叶窗以及檐头的山花等西方建筑的装饰。但其以房看厅的平面布置（最常用的是四房看厅）和结合当地的气候条件，利用宽敞的深廊给室内创造一个纳凉消夏的场所。这些都保持着古大厝的平面组合特点。那门庭垣墙，仍然是传统的砖石结构。仍然有石刻的题匾、门联以及种种的青石浮雕，依然处处保留着古大厝富丽堂皇、金碧辉煌。近几年来，新建的栉比鳞次的楼房屋宇，已不再是饰有龙脊凤檐，古色古香的大厝，也不是西式装饰的“洋楼”，而是既注重美观又注重实用的现代民居，但也仍然保存着传统砖石结构的特色和喜饰石刻题匾、门联的风习，也依然保持着以房看厅、宽敞深廊、厅廊紧接的平面组合特色。

民居随着经济发展而演变，但其文脉极其清晰。因此，不管是古色古香的大厝、洋楼或现代民居，它们都能共存、相互衬托、相互辉映，这些都更加显现出当地民居的独特风格。

2）商业建筑。以骑楼式建筑为特征的传统商业街成为这里颇具创意的商业建筑。

约在20世纪30年代以前，这里街道建筑以木结构的骑楼为主，只是接到宽度随着历史发展逐渐加宽而已，这以后即出现砖混结构和钢筋混凝土结构的骑楼，一式的二、三层楼、一式的柱廊骑楼，形成了极其整齐雅致的街道。柱身、柱帽以及二、三层沿街立面上各式各样的窗顶拱券花饰、女儿墙上的花饰栏杆优美多姿，使得沿街建筑既统一又富于变化。商店全都敞开的门面是这里商业建筑的另一特点。

3）绚丽多姿的石建筑。石匠之乡的石建筑更是凝结着勤劳和智慧。这里盛产花岗岩，是著名的“石匠之乡”、“石雕之乡”和“石建筑之乡”。百根石柱构筑的大雄宝殿显示了泉州开元寺的雄伟气魄；殿前东西两座宋代大石塔，经受数十次大地震依然傲立，堪称我国古代石建筑的奇珍瑰宝。建于北宋祐五年的洛阳桥，有“海内第一桥”之称，此桥建于江海汇流处，规模宏伟、耗费巨资、气势非凡、巧夺天工。

明洪武二十年，为防御倭寇而建造的崇武古城，全部由白色花岗岩垒成，至今仍屹立在台湾海峡之滨，是闽南地区尚存的古代战争遗址之一。

4）材料的巧妙应用、强烈的色彩对比。就地取材，广泛应用花岗岩作为建筑材料是这里世代匠心独运的创造。他们的神工鬼斧莫能及的技艺，用钎凿和锤子雕磨着每一块石头；他们珍惜着每一寸石头，因此在运用石头的同时，努力继承和应用生土作为建筑材料（如土坯、夯筑墙等）；烧制出精致的红砖和各种色彩鲜艳、光亮夺目的琉璃花饰。

瑰丽洁白的全石建筑，犹如一座座水晶宫，用白色花岗岩、红砖和绿色琉璃栏杆、花饰构成的古大厝、“洋楼”，比起“红装素裹”更为妖娆。处处构成一幅幅色彩绚烂、布局有致的精美图画。建筑材料的运用为这里独特的传统建筑风格增添了异彩。

古朴的民情风俗，优雅的传统文化造就了这里独特的建筑风格，极其精美，引人遐思。

（2）建设大街的形成及其作用　螺城镇现有街、路、巷共63条。建设大街在20世纪60年代以前，原是福厦公路擦城过境的一段。60年代以后，由于经济的发展，在这条公路的两侧不断地出现行政办公、商业服务性的建筑、住宅和工厂，使其成为一条贯穿城市中心的过境公路，与此同时成为螺城镇社会、经济、交通的大动脉。交通的严重混乱和螺城镇的发展规划迫使福厦公路改线东移。但由于历史的延续，建设大街的位置以及居民的传统习惯，使它不但不会削弱它在螺城镇的作用，相反的还将对螺城镇的经济、交通、景观和基础设施的改善起着更为重要的作用。

（3）现状分析　螺城镇现有的主要街道都已铺设路面。镇区现有各种建筑物总面积$1.0819\times10^6\text{m}^2$，其中二层和二层以上的楼房达$5.992\times10^5\text{m}^2$，占55.39%，这些建筑物多数是新中国成立后建成的，尤其以20世纪70～80年代为多，近几年落成的新东街建筑群，均为四层以上的楼房。市容整齐、初具规模。全街长约1华里，宽30m。根据总体规划，目前正讲解道穿过建设大街继续向东延伸至擦城而过的新福厦公路。

镇区住宅总面积$6.496\times10^5\text{m}^2$，每人平均住宅建筑面积为$13.36\text{m}^2$，人均居住使用面积为$6.87\text{m}^2$。私房建设形成高潮、仅1985年全镇私房投资200万元，竣工面积为20153m^2，属住宅的有18545m^2。根据1985年统计资料，全镇居住总户数6456户、总人口为33756人，按规划，近期人口确定为4万～4.5万人；远期确定为5万～6万人。

随着人口的不断增长和建筑规模的不断扩大，城市公共设施的建设虽也有所改观，但由于建设大街一直是福厦公路南北贯穿城区的干道，加上规划、建设的管理尚欠完善和经济能力有限，致使它的改建一直难以实现。因此尚存在着一些问题。

① 道路交通

1）交通混乱。

2）公交站过于集中，拥挤不堪。

3）停车场地及人流疏散场地缺乏。由于各种车辆缺乏专用停车场和停靠站，造成乱停乱放，妨碍交通，破坏市容。

4）非法占用路面严重。摊贩随意设摊，违章建筑普遍，造成了摊贩违章建筑与车辆争路，严重堵塞交通，影响通行能力。

② 建筑现状

1）建筑质量差。规划范围内的民房多为全花岗岩的底层简陋建筑，七零八乱，质量较差，缺乏抗震措施。

2）建筑外观破旧，杂乱无章，难能形成城镇的时代风貌。

3）建筑物的功能与使用相矛盾。商店多为民居店面，铺面进深太浅，顾客回旋余地少，更缺乏必要的仓储面积，商店发展受阻，居民出入不便，极难适应时代发展的需要。

③ 建筑布局

1）建筑占地密度大。建设大街中段两侧建筑基本占满，且多为低层的小民房，建筑占地密度过大，给改建带来困难。

2）建筑布局混乱，用地各自为政。工厂、住宅、商业服务设施、行政办公、公共场站掺插严重，不利于各单位的日常生活和正常的发展，且影响环境质量。

3）违章建筑严重，私人建房、自行其是，乱占乱建，挤占道路，损坏了建设大街的整体面貌。

4）沿街新建建筑缺乏整体规划，未能有机的组合，更难形成一定的建筑风格。

5）主要结点的处理乃是一片空白。整条大街景观不佳，枯燥乏味。

④ 环境质量

1）环境污染严重。生产、生活、行政、商业各类建筑犬牙交错，造成了严重的环境污染。

2）基础设施差。供水管网缺乏，排水不畅，卫生条件极其恶劣。步行便道没有形成，大街照明尚属空白，消防设施不全。

3）缺乏绿化，整条大街行道树寥寥无几，更没有供人们休息停留的绿地和广场，街道缺乏生气。

4）商业服务网点没有规划，布局零乱，档次较低。

（4）规划指导思想

① 指导思想

1）以总体规划为依据，力求满足人们现代化生活、居住、交通、游憩的需要，合理布局，统筹兼顾，达到经济、合理、方便、安全、切实可行。

2）考虑沿街各区段，各单位和个人的特点，尽量照顾其利益，尽量减少拆迁。

3）结合当地自然条件、人文特色、传统建筑风格，因地制宜、就地取材，运用现代手法，创造一个具有地方性、人情味、现代化和充满生机的建筑、道路、绿化空间，以改善物质环境，体现对居民的关怀。

② 规划原则

1）保持地方特色，发扬传统建筑风格。

2）从实际出发进行规划布局。

3）从长计议，组织景观序列。

4）从物质和精神两方面进行综合处理。

③ 规划要点

1）明确建设大街的性质，合理进行功能分区。

2）确定规划范围，立足现状，划定重点规划区和相关规划区，利于整体设计、尽快形成。

3）确定道路红线。结合道路拓宽改建，合理组织交通。

4）加强绿化建设。结合节点设计，丰富街道景观，点、线、面结合形成完整的绿化体系，改善环境小气候。

5）配套完善各项基础设施。

6）注意保持城市社会结构，合理布置商业服务业网点。

7）整体考虑接到艺术景观，确定建筑红线和高度限制。注意体现传统风格与时代气息。

（5）建设大街性质及规划范围的确定

① 性质。福厦公路改线，引走了过境交通，加强城里的交通管理，为建设大街提供了极有利的条件。根据螺城镇的总体规划，拟把建设大街这条近10里长的街道，逐步建成带有商业、行政、文体、居住和工业综合特征的全镇性生活干道、交通干道和基础设施的大动脉。

② 规划范围。建设大街起止点群均在新、旧福厦公路的交叉点，全长42km，规划范围用地约35hm²。这一范围是本次规划的重点区。为了保证规划设计的完善和便于实现，避免街道建设两层皮的弊端，规划时根据螺城镇的地形特点，采用以建设大街为主干鱼骨形的道路网络，向两侧纵深发展，进行了相关区域的规划设计。其中包括南住宅区、华侨新村、传统商业街——中山东路、新街、新东街、文化中心、体育中心以及工业小区等，占地约62hm²。总共规划范围约在螺城镇总体规划范围的1/3（图8-1）。

（6）专项规划

① 功能分区。根据总体规划和螺城镇经济、社会、文化的发展特点，把建设大街自南到北分为住宅、行政、文化和工业四个区段。由于建设大街位于东、西两侧居住区的中间，因此在各个区段内可根据具体情况，配置商业服务和店面，形成居住区的服务中心，以方便居民的生活。

② 交通系统

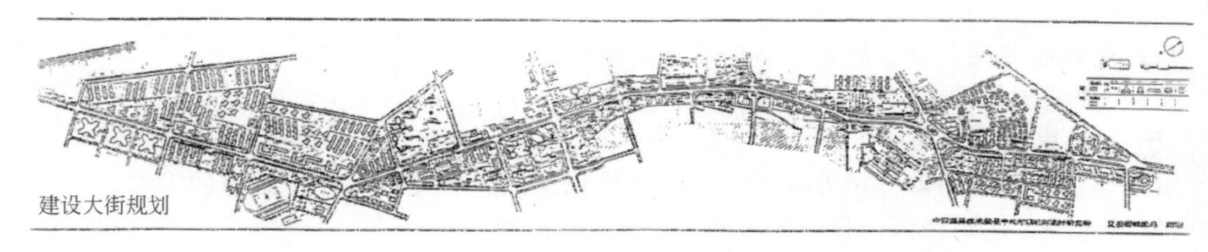

图8-1 规划图

1）引出过境交通。把福厦公路改线东移，禁止一切过境车辆穿越建设大街。除持有特别通行证的城内客运车外，禁止其他车辆穿越，以保证大街的正常秩序，使其成为城市主要的生活干道。

2）合理布置公交场站。规划中把两个境外长途客运站分别搬迁至建设大街南端的西侧和新东街东面入口处的南侧，以减少客运站过于集中。在建设大街中段的原客运站仅作为县内公交客运站和出租汽车站。在道路网的组织时，重视方便县内客运站与境外长途客运站之间的联系。

3）重视组织静态交通。根据各种交通增长趋势，结合各结点的规划和沿街的改建，着重解决汽车、自行车停车场、汽车加油站、修理站等有关交通设施用地。

4）慎重安排人流较大的公建、商店，规划时都应留有足够的疏散用地；或退进建筑红线，以扩大人行道的宽度。

5）改建路面。总体规划把道路红线定位 24m，人行道、车行道分开。

6）封闭次要交叉路口，加大交叉口的距离。

7）加强管理。除确定道路红线外，尚应确定建筑红线，在建筑红线外一律不准新建房屋，坚决杜绝占街为市的恶劣现象。健全道路行车标志及交通信号，以保证车行、人行有良好秩序。路面划分车行道，设行车指示标志。交叉路口应绘出人行横道斑马纹。

③ 绿化系统。城市的园林绿化，可以改造自然，消灭灾害；大面积的绿地，可以净化空气、调节小气候、减低噪声，从而保护环境。同时还可以改变城市面貌、提供休息游览场所和利于防震防灾。然而现有的建设大街，绿化极差。为了改变这种“四季如春街无树”的现象，在大街改建时尤其必须重视加强绿化建设。充分利用地形，以点、线、面相结合的方法，把建设大街这条城市主干道建成不仅优美且具特色的绿化体系。以改善建设大街的物质环境和视觉环境。

④ 基础设施和市政设施规划。建设大街是螺城镇全程基础设施的大动脉。因此，改建时应把上水（包括消防）、排水、电力、通讯统一布置。

⑤ 建设大街的建筑风格。建筑设计应吸取闽南建筑的特点以及传统的建筑处理手法，并应根据各区段功能分区的不同，在建筑形象上、材料选用上、室内外环境上有所侧重，强调连续性和多样性。使其既富乡土气息，又具时代风貌，为居民创造一个良好的环境和优美的城市景观。

1）在集中的商业段，沿街的商业、服务型建筑，应力求突出骑楼的特点或用悬挑，或用骑楼、或透空的柱廊，使两侧沿街的建筑均能形成避雨遮阳地连续步行道。

2）行政性区段的建筑物应退出道路红线，形成广场绿地和停车场地。沿红线即可设置漏花围墙或花架、空廊、使其与相邻的骑楼相连。建筑物的设计即应尽可能采用单廊，以防日晒、加强通风，并使立面形成丰富的光影效果。再现简洁、明快的地方特色。

3）住宅建筑的平面组合应尽量吸取古大厝、“洋楼”和现代民居的处理手法。深廊与厅堂紧接，并布置在主要受风面一侧（一般都布置在南面）。深廊的进深一般应大于或等于 2.4m。

4）螺城镇地处丘陵，城西科山诸峰衬托着整个城市，建筑应有高低错落，高者宜为点状，且疏密有致，已获得丰富的城市轮廓线。

⑥ 景观序列规划（图 8-2）。建成后的建设大街将是全县、全城的社会、经济、文化中心、交通、生活干道，基础设施的大动脉，也是形成县城艺术骨架的主轴线。沿街长达 42km，为避免产生单调重复的吊板冗长感，在大街的总体艺术布局中，必须处理好构图中心的“结点”，使整条大街的面貌，获得良好的变化；对各个区段的建设应各显其长，沿街建筑有主有次，有高有低，有高潮有序曲，空间又开又闭，有大有小，有动有静，层次丰富，呈现节奏，韵律感。与行人的心理，行为达到有机的结合和统一，使之具有严谨的规律关系。把点、线、面结合起来，形成系统，互相衬托，使其获得完整的艺术效果。

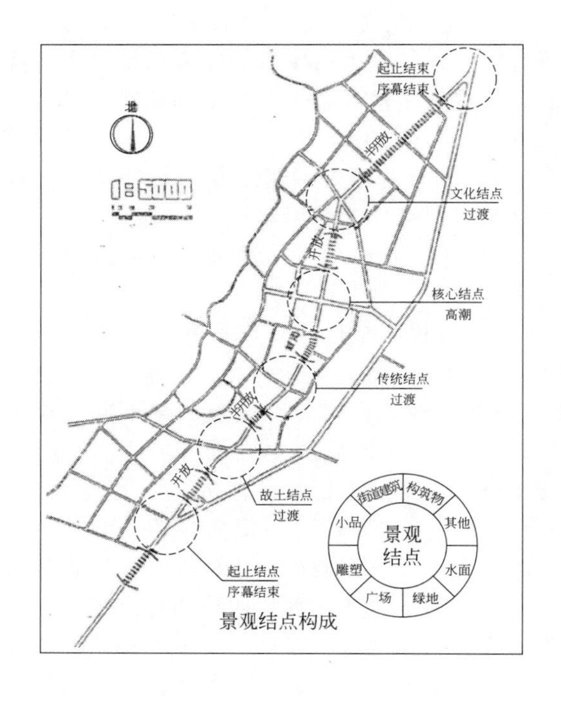

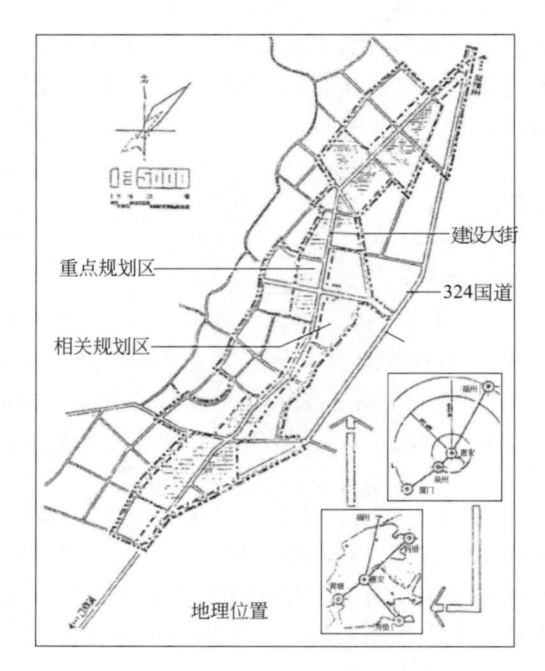

图 8-2 景观序列规划

根据螺城镇总体规划的要求，沿街自南向北以六个节点把建设大街按功能分为五个区段。每个节点在城市景观序列中都形成一个不同程度的高潮，但又各有特点。

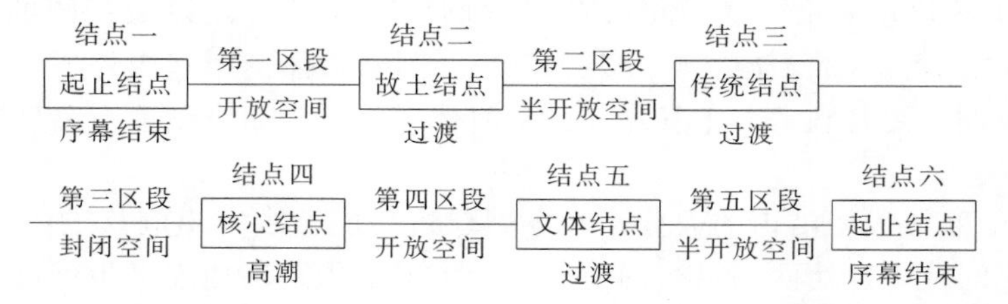

结点一。为起止节点，也即进出城区的标志节点，是县城景观序列的第一重点，力求醒目突出，视线集中。它以 3 座高层住宅烘托着象征城区入口标志的石雕为主组织绿化小游园，使其以朴实的形象揭开县城景观的序幕，在入口处大街西侧布置县外长途汽车站、汽车修理厂、加油站和停车广场组成的交通核心，满足了分散、控制城区交通的功能要求（在汽车站的设计时，应把旅馆，饭店综合成一座综合性建筑），加强了城区入口结点的形象。

第一区段为居住型区段，东侧是底层别墅式华侨新村及其发展用地（近期保留现有村庄）。地坡向阳，依坡建设，层层叠叠，三度空间感较强；西侧是新建南住宅区（其中原有村庄近期保留，远期改为高层住宅），高低结合，疏密相间。大街南端西侧，一改过去建筑小乱的布局，辟建行政、办公、贸易等综合建筑群。中间两侧结合住宅区的建设，沿街布置一、二层的商业服务网点。整个区段以新建建筑为主，色调应力统一协调，以淡雅为主，局部配以鲜艳的色彩，创造一种明快、活泼的居住气氛，形成一个开放的街道景观，给人以更新感。

结点二。它是融侨胞、港澳台胞和在外工作乡人思怀桑梓、感念母校等种种情感为一体的故土结点。它把道路中间的绿岛、惠安一中的操场以及交叉路口的几片绿地广场组织在一起。在惠安一中操场周围用透空的栏杆围墙与广场形成一个既分又合的整体空间，部分围墙可用作布置宣传栏与小卖部相结合的建筑小品，以活跃结点的气氛。以怀念乡情、激发乡思为题材的石雕、题刻和水池绿地组成的中间绿岛突出了结点的主题；北面富有传统风格的惠安一中教学楼（改建时，建议保持原立面）犹如结点广场的一片屏障。围绕节点的其他三面，分别配置高层综合楼（如包括超级市场、写字楼等），形成现代化气息与传统风格的新旧强烈对比，把心境、环境、意境统一起来，塑造一个故土情思的景观高潮，颇具诗意。配合结点的设计，在几个共建面前布置汽车、自行车的停车场。

第二区段为行政性区段，这是一个旧区改造的重点区段。应结合大街的建设，对旧区进行改进，原地上楼，建设以多层住宅（或办公楼）为主和沿街布置一、二层公共建筑组合而成的建筑群，既改善居民的居住条件，又为沿街居民提供一个继续开店营业的可能，创造高低错落、富有变化的建筑群体空间。对处于道路红线之外保留下来的一些规模、体量较小的行政办公建筑应进行综合整修，使其与新建建筑群相协调。色彩的运用，即以素洁为宜，创造了一种朴素、宁静的气氛。保留改造原有农贸市场，并把相邻的公交场站辟为小游园，把二者结合成一个洁净的多功能活动空间。通过改造，使其形成一个半开放的街道景观。

结点三。它把传统商业街——中山东路改为步行街后，在与建设大街交叉路口形成了反映传统风貌的结点。这里是明嘉靖三十一年，为防倭寇所筑城池的东门（称启明门）之所在。城墙在 1932 年改建马路时拆除，东门头毁于 1939 年。这一传统结点拟在大街西侧，中山东路入口处夏建石砌启明门，并以其为主题组织步行广场，配以花坛、座椅、雕塑与灯光、广告相结合，突出传统、繁华、兴隆的气氛；南北两侧绕以风味小吃和传统工艺两个绿化内庭式的环形服务楼（二层），并以此作为中山东路步行街的起点（步行街只考虑消防车、救护车，其他车辆一律不准入内）。中山东路建议保留骑楼的传统风格，沿街建筑不可超过三层（总高度不超过 9.5m）。大街之东，建筑退出红线，形成一个存放自行车的广场，突出传统商业街的入口，使其更富传统色彩。

第三区段，集中着县内的客运站和主要商业服务业。其是整条大街的商业服务中心，人流最为密集、建筑密度最大的商业性区段，改建最为困难。

对这里的公交场站近期应着重把过境交通迁出，并把其清理整顿成仅担负县内交通的客运场站；远期应改建为底层公交场站、二层候车及超级市场、二层屋顶花园和高层写字楼组成的综合建筑群，既保证使用要求又节省用地。形成这一商业性区段的主要商业服务中心，突出本区段的商业特点。

保留下来的行政、商业服务业原有建筑，必须积极改造，使其保持骑楼的传统风格。老旧区建筑成片改造，但仍应坚持就地上楼的风格，从而使沿街两侧形成以传统骑楼为特征的商业性区段。沿街建筑色彩以清新明快为主，适当配以鲜艳的标牌和霓虹灯、广告，使其气氛活跃，既富传统风格又具时代气息。以密集带形骑楼构成一个安全与封闭、购物与休息、亲切与安定的商业空间，运用“内中有外，外中有内，内外相融”的效果，体现出商业的竞争性，从而形成一个封闭的空间。

在这区段中环卫处及其周围空地，开辟为小游园，以求闹中取静，为这里的居民和行人提供一个休息的场所，也给这一商业区段更增加活力。

结点四。地处 30m 宽的新街与建设大街的交汇处，根据总体规划和道路组织的特点，这是核心结点。本应处理成一个以大型中心绿岛为主的对称结点，以便把景观推向最高潮。遗憾的是近年新建的西南角邮电局和在建的东北角霞张小商品市场紧压大街道路红线，迫使规划时不得不放弃这一构思而另辟新径。这里是全城的中心，把其作为核心结点处理是肯定无疑的，鉴于以上情况，只好把建造较早、质量较差的皮件厂和霞张旅社拆除进行改建。在结点的西北角，把近期即将落成的八层县宾馆作为结点周围的主要建筑，并配以低层半圆形的文化馆，形成高低对比的一组建筑群；文化馆前面辟为广场，并在中间布置标志县城特征的石雕、水池和绿地等，原霞张旅社拆除退出道路红线，建设大型高层综合楼，楼前设停车场和广场。形成了一个以高层综合楼和县宾馆为轴线的核心结点。这一构思把周围的建筑统一起来，匠心独运，更富新意，颇具现代气息，把县城景观推向最高潮。

第四区段是文体区段。通过结点四的空间组合把大街的景观转向一个完全开放的空间。大街西侧的文化馆、少年宫和县宾馆构成了一组主次分明、构图活泼的建筑群，展现出生动活泼的优美景观。往北的坡地上在保留部分建筑的基础上，添建一批多层住宅和行政办公用房，沿街底层辟为商店。再往北是影剧院。在这一组建随地形起伏而变化的沿街建筑的西面，以实验幼儿园为先导，向北开辟儿童乐园，利用坡地，建筑体量大小不一，高低不同，空间疏密各异，创造了丰富新颖的建筑空间，形成了一个轮廓起伏、色彩丰富、艺术性较强的文化娱乐区。加强了核心结点在整个县城中重要作用。在影剧院的北面是新辟的多层住宅区。从这里往北直至结点五是原有村庄的保留区，由于这一城区的工程复杂，工程量大，故近期保留现状，远期成片改造成联立式低层高密度的农村住宅，改善居住条件，形成新的面貌。大街东侧，霞张近期保留现状，远期改建为多层住宅与商店组合而形成的建筑群，往北的种子站和教育印刷厂应退出红线进行改建。印刷厂往北，地势低洼，拟辟为文化公园，建设时应因地制宜，挖低补高，积水成池，堆土成山，配以体型多遍、小巧玲珑的青少年科技馆和露天石雕艺术展场，形成全城最大的成片绿地，它与城西的螺山，山光水色，遥相呼应，使得这一区段的景观更为开放，更为活跃。往北南向坡地上的村庄，与大街西侧的村庄一样，近期保留现状，远期改建为新型农村住宅。

结点五。是处于文体区段北端的过渡性文体结点，它以道路绿岛为中心形成结点，绿岛上布置婀娜多姿的舞蹈群像和矫健有力的体育形象石雕，表现力与美的统一，变化与速度的性格。结点东南角为高层大型综合楼，东北布置行政办公楼，西北为体育馆，西南角远期为联立式低层高密度新型农村住宅区。这一结点生机勃勃，催人奋发，颇具激情。

第五区段是一个以工业为主的区段。在文体结点（结点五）的西北角，地势较低，成片辟为体育中心，按照国家体委规定布置符合国际比赛要求的二场一池一馆（即400m跑道的田径场、足球场和露天游泳池、容纳1200～1500人的体育馆）。这里除满足多种比赛要求外，应考虑直接为群众服务，以提高人民群众的健康水平，丰富人们的精神生活。体育中心除了考虑必要的交通疏散广场外，尚应着重艺术处理，力求反映体育运动的激烈竞争和劲松活泼，配以绿化，给人以充满生机的感受，并使得整个体育中心与文体结点在空间组织上连成一片，融为一体。文体结点的东北角地势较高，沿街布置一些以行政办公为主（底层为商业、服务业店面）的建筑群，往东是住宅区。从这里开始，除大街西侧的北端按总体规划辟为工业小区，其他部分为住宅区，沿大街两侧除布置的高低错落的高层、多层住宅外，尚组织为居民服务的商业、服务业，方便居民的生产和生活。建筑群体突出节奏、韵律，达到活泼与庄重的效果，创造一个半开放的空间街道景观。

结点六，也是起止结点。但因其处于工业区段，故本结点除表现县城入口标志外，尚作为工业序幕节点处理。此结点仍以象征性的石雕为主体配以绿化小游园，周围布置汽车修理厂、加油站以及汽车、自行车的停车场。满足入口结点各种功能的需要。

整条大街的景观序列构思，顺其地势，因地制宜，高者建房，低者辟为公园绿地、体育中心、以城西的科山、螺山诸峰为背景，创造了丰富多变的轮廓和气氛不同的空间，使其表现出独特的风格，形成了完整的城市艺术面貌。

（7）规划的实施

① 资金来源　城市建设主要是物质建设，需要一定的人力、物力和财力。在一定的经济发展水平下，财力的大小及其提供的可能性是决定城市建设发展过程的一个重要因素。

改革开发给这里带来了生机，虽然目前政府的财政状况尚属紧张，但惠安是著名的侨乡和港、澳、台胞的祖籍地，广大侨胞和港、澳、台胞及其关心并积极投身于桑梓的开发建设，惠安又是著名的建筑之乡，每年都有十几万工人遍布全球各地，他们对家乡的建设寄予厚望；当地的干部、群众热切的要求尽快对建设大街进行改造。这些都为大街的改建提供了极其有利的条件。因此，大街改建的资金来源，可以根据不同的情况，采取银行贷款、上级部门直接拨款、群众集资、争取港澳台胞和侨胞捐赠或投资、各单位自筹资金等多种途径。

② 实施步骤　建设大街的改建，必然受当时当地的经济水平、技术条件和环境状况的限制。因此，改建工作必须考虑轻重缓急，突出重点，分期进行。争取在较短的时间内，充分、合理、有效地利用现有资金，迅速改变城市建设面貌。按实施的必要与可能，具体步骤先后安排如下。

1）现场应尽快按规划定道路红线（建筑物外墙面与人行道边缘的距离不应小于1.5m），清理违章建筑，改建路面，车行道与人行道分开；设置路灯照明；完善排水系统；种植行道树和街道绿化。抓紧形成大街的道路工程。

2）集中力量，建设南面城市入口结点和惠安一中前面的故土结点以及它们之间第一区段沿街两侧的建筑，开发南住宅区和华侨新村。争取在2年内初步建成。

3）开辟儿童乐园和文化公园，使其初具规模，尽快为青、少年和居民提供文娱、科技活动的场所。

4）对第二、三、四区段，严加控制，填平补齐，酌情改造。

5）建设核心结点及其周围建筑的改建。

6）开辟工业小区。

7）兴建体育中心。

8）改建商业中心区。

9）改建旧村庄。

以上步骤也可根据具体情况，提前或交叉进行。

③ 关于建设大街改建措施的几点建议　在总体规划批准实施后，城建局在县委、县政府的支持下，坚持执行审批制度，进行了大量的工作，建设大街的道路红线基本上得到控制。为了确保大街的顺利建设，提出如下建议。

1）实行统一规划、统一开发、统一建设。对县各开发公司的开发项目进行归口管理，按分期建设的区段和内容，集中力量、集中开发、集中建设，成熟一片建成一片。

2）加强对规划的管理和审批制度，未经审批的设计，决不允许施工。加强对规划、设计人员的培训和监督，努力提高设计水平。严格控制单体建筑的位置、体型、高度、风格和色彩的处理，确保大街建筑既有统一的风格又有多变的形式。

3）配合大街的改建，拆除破烂不堪的低矮房屋，按规划进行集资成片改建，沿街底层辟为店面，以安置因拆迁而失去店面的居民，二楼以上可安置原地其他拆迁户，缓和因拆迁给居民带来的影响。

4）严禁修建独院低层住宅。

5）适应侨乡特点，集中开发华侨新村，以外汇出售，并严格控制和审查购房资格。

6）集中开发新住宅区，疏散城内住房困难户，禁止非本城镇户口购房；并提供成片改建的拆迁周转房。各房屋开发公司除承担新区开发外，亦积极配合成片改建的任务，以加快大街的改建步伐。

7）严格控制规划范围。在规划用地范围内，必须坚持按规划，安排建设项目，绝不准任何人、任何单位建设与规划内容不符的项目。

8）凡在规划范围内，已办理征地手续尚未开工，所拟建设项目与规划内容有矛盾者，应从全局出发，停止修建；另行协商，统一安排。

9）严格控制旧房翻建。除经鉴定，确属危房，一时难能实现成片改建者，可以原拆原建外。必须坚持按规划成片改建。尤其是对规划范围和相关规划范围内的旧房更应从严执行。以杜绝炮楼林立，影响改造，破坏景观的弊端。

10）在规划道路红线外，保留下来的建筑物，应广种攀援植物，加强垂直绿化，改善周围环境。如建筑物前面尚有少量空地，一律辟为广场绿地，不准随便修建任何建（构）筑物。

11）沿大街两侧的围墙大门，一律不准采用封闭式，而采用各种镂空花饰栏杆。围墙总高度距地不超过1.8m，其中底部封闭部分距地高度不超过0.6m，并可配置各种绿化。大门的高度可酌情参照，但不得过于庞大。围墙及大门的设计方案，必须经管理部门审查后方可施工。

12）加强市容管理，严禁在沿街两侧乱堆乱倒各种材料和脏土；禁止随意设市摆摊。确保市容整齐、干净。

（8）效益分析

① 经济效益

1）结合总体规划对建设大街进行改建，促使城市布局趋向合理，提高了土地使用率及土地经济效益。

2）重新调整了用地，使商业、住宅、行政办公、工厂各得其所，促进了生产，方便了生活。

3）疏导了交通、避免交通事故的产生。

4）完善了各种基础设施和市政工程设施，为居民的生活和生产提供了方便。

5）建立消防设施，加强安全感。

② 社会环境效益

1）改善原有建设大街的生活环境，有利于居民的身心健康，有利于优良社会道德的培养，激发居民的劳动和生活热情。

2）通过沿街商业服务设施的调整、充实，可增加部分从业人员。

3）为居民提供了文娱场所和休息场所。

4）形成了整齐清洁的大街，可以改善道德观念，给全城带来了强有力的更新感，体现了现代城镇的新风貌。

8.2 安徽省池州市孝肃街规划

（设计：清华大学　单德启等）

孝肃街是一条位于安徽省池州市的老街，大约有100年的历史，全长200m。老街的格局、尺度尚在，但与城市肌理的联系完全失去。街的南段，有部分民国及新中国成立前的老建筑保存较好，而北段新建、改建建筑较多。街上几乎每幢房屋都经过不同程度的改建或加建，没有文保单位。孝肃街是省级文化名城池州市仅存的一条老街，其如何发展对池州市有着十分重要的意义。

孝肃街贯穿在现代化住区——南湖杏园基地南北，一个是待更新的传统街区历史碎片，一个是待开发的房地产项目，两者不期而遇，形成了历史与现实的碰撞。规划设计的目的就是要在碰撞中找到合适的切点，既传承历史，又改善地区环境，振兴地区活力。

对“孝肃街”的“历史风貌片断”该如何保护呢？对于那些历史遗存较少的城镇，这样的“片段”更显得难能可贵。然而由于历史风貌片段的尺度较小，即使完整的保护下来也很难形成历史回归的氛围。因此，在对待这些“文明的碎片”时要着重考虑的是保护其传统的风貌特色，而不是机械地保留建筑物本身，当然对确有保留价值的碎片还是应采用适当的保护措施。保护历史风貌片段的风貌特色，主要包括以下内容。首先，要保护和延续其原有的空间结构体现在传统的道路格局上；其次，要保护原有的空间尺度感觉，包括建筑物的体量高度、街道的宽度等，这些显示了建筑物与外部空间的关系体现了城市肌理；最后，要保护空间的界面特征包括立面符号、装饰主题、窗洞布局大小、色彩材料等。

保护的同时也要更新，主要包括两方面：一方面是为改善环境质量所作的更新，包括房屋的结构、构造、基础设施和市民生活设施等；另一方面是为了更好的保护传统风貌所做出的更新包括拆除破坏景观的建筑物，对年久失修的历史建筑物进行局部改造等。

传统的继承和风貌的协调来源于对共有地域特色的挖掘和利用，或是深厚的文化底蕴在现代的延续。如在整饬、维修甚至重建的过程中，质量风貌较差或者经改造过的房屋在整饬时可以采用一些新的材料和较为简化的符号，不必要完全复古；对于不可避免出现的新建筑，可以借鉴传统建筑的风格、手法乃至具体的材料、色彩和装饰母题，但应是完完全全的新建筑，与老建筑有明显的区别。这样，新老建筑拼贴在一起，从一系列的建筑成员上既可看到延续性，又可看到时代的变异性，从秩序中获得统一。

规划精心保留这一历史“残片”，千方百计留住池州这一文脉。将整条孝肃街作为步行街保留在南湖杏园住区内，规划为传统风貌步行商业街。北段风貌协调，南段就地保护、维修和适当改造，孝肃街周边布满住宅楼，从规划分区和内外道路交通的联系上“激活”这一条街的生命力。

规划将孝肃街定位为下店上居、只求特色不求完备的商业街。要求保护传统的城市肌理与格局（包括街的走势、建筑物的密度等）、空间尺度（包括街的宽度、建筑物的体量与高度等）、空间的界面特征（包括立面符号、装饰主题、窗洞布局和大小、色彩、材料等）

在规划设计中，对一条街的空间结构、道路路面和建筑立面的空间界面，空间和建筑尺度、色彩、“符号”材料等，以包容和协调为技术措施的理念；追求南段与北段的协调，“新”与“旧”的协调，“街”与“住区”的协调，“地段”与城市协调等。

遵照“原真性，整体性到可持续性”的原则，整条街采取新旧拼贴的办法从秩序中获得统一：北段以新建为主，保留部分状况较好的老建筑，南段则以保留整饬为主。从南到北，逐渐由历史建筑过渡到现代建筑，通过对共有地域特色的挖掘而达到风貌的协调。

另外，要求南湖杏园的住宅楼开发项目除建筑风貌努力与老街协调外，在高度、视线、视角上也精心比较、权衡，使得在老街中看不到或较少看到住宅楼，感受不到多层住宅楼在体量上反差，避免空间的压迫感。图 8-3 为池州市孝肃街规划图。

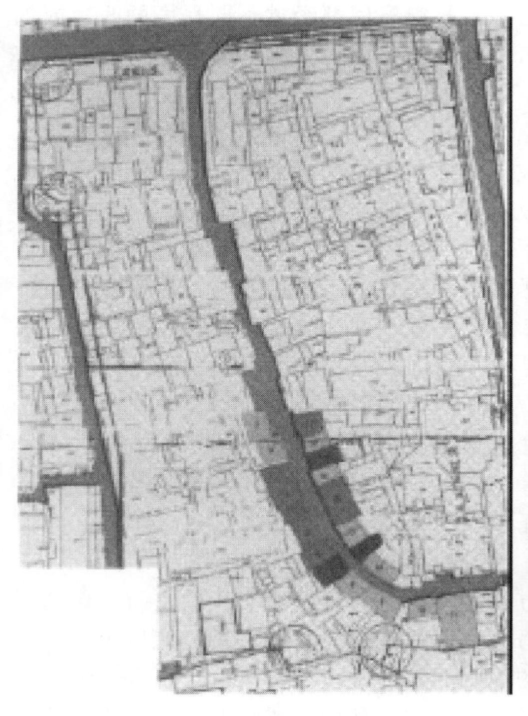

(a) 基地现状

(b) 孝肃街屋顶肌理

(c) 总平面图

(d) 立面图（新旧做出区别）

图 8-3 池州市孝肃街规划

8.3 福建省泰宁状元街的设计创作

（设计：骆中钊）

位于闽西北的泰宁县是一个新兴旅游区，其中的金湖是国家重点风景名胜区、全国“4A”级旅游区，尚书第古民居建筑群是全国重点文物保护单位。另外，还有国家级森林公园、国家地质公园以及省级旅游开发区和旅游度假区。

为了适应金湖国家重点风景名胜区的发展和加快旧城改造的需要，泰宁县县委、县政府根据创建“新兴旅游城，文明小康县”的奋斗目标。1999 年定在泰宁古城开辟一条与全国重点文物保护单位尚书第古民居建筑群相毗邻的新街。泰宁县历史悠久，是汉唐古镇、两宋名城。为了展现“隔河两状元、一门四进士、一巷九举人”的文化底蕴，特地将新街命名为“状元街”，并提出“求精不求大，求特不求洋”的指导思想。为此，就要求在设计中必须特别注重将当地明代民居的传统文脉有机地融入现代建筑之中。

（1）创作的回顾 接受状元街的方案设计任务，本身就是一个挑战，既是压力又是动力。创作之初，对于沿街建筑的布局就摒弃了更改原先规划中由一小幢一小幢有天有地的单门独户布局形式，提出了采用从整体入手的城市设计理念，要求把 430m 长的状元街进行统一地规划，确定了沿街连续的布置方案。在沿街立面造型设计上，尽管走访周围的古村名镇收集了大量的资料、参阅了很多著作文献，但方案的创作却始终徘徊在青砖灰瓦的马头山墙之中，一个个方案都觉似曾相识且缺乏个性和特色，对此深感不满。于是以青砖灰瓦马头墙门牌楼为代表的创作理念使方案创作有了突破，在泰宁县建设局郑继同志的帮助下，初步方案得以制订；随后在方案的深入中又从传统民居的吊脚挑廊和古民居沿河商铺的檐廊和近代南方街道骑楼建筑中得到了启发。历经近一年多时间的创作，方案终于得到泰宁县县委、县政府的肯定，并提交组织施工图设计和实施。

（2）特色的构思

① 灵感缘于传统民居

1）闽北独特的青砖灰瓦马头墙山墙和门牌楼。在江西东北部、浙江南部和福建北部的古村落中广泛采用的青砖灰瓦各式马头墙山墙（图 8-4）有别于以粉墙黛瓦为特色的徽州民居和苏南、浙北民居。而以青砖灰瓦层层收台的重檐马头墙门牌楼，只在福建北部的官宦富豪大宅和大量的民居中广泛采用，它以淡雅古朴在山水协调韵律的映衬下，形成独具特色的闽北风貌。以门牌楼为重点装饰的建筑造型，其台阶式的层层升高青砖灰瓦马头墙的门牌楼，飞檐重叠或二层三个屋顶、或三层五个屋顶、或四层七个屋顶，但都以大量精致卓绝的砖雕装饰，显耀其超人的地位和荣华富贵。最具代表的已历经1000余年，至今仍保留着许多宋代时期建筑风格的五夫里兴贤古街，这里牌坊、民居林立，最著名的当属宋代朱熹讲学授徒的兴贤书院（图8-5）。兴贤书院门牌楼高耸、门饰砖雕雀鸟人物，上嵌石刻"兴贤书院"竖匾，围以龙凤呈祥浮雕。门牌楼造型雄伟凝重，飞檐重叠，极为壮观。散布的各地民居则大多为明清风格的建筑（图8-6）。而一般的民居虽然较为简单，但门面也多有砖雕、挑廊吊脚，青瓦屋顶，起架平缓，墙体多采用立砖斗砌，木柱板壁，也皆富闽北明清建筑风貌（图8-7）。泰宁的李氏宗祠（图8-8）尽管是20世纪80年代重建的建筑，青砖雕饰也极为简单，但是青砖灰瓦重叠的马头墙门牌楼之气质亦不减当年的风韵。

(a) 将乐洋源的民居马头墙

(b) 泰宁某宅的马头墙

(c) 泰宁某宅的马头墙

(d) 武夷山天心某宅的马头墙

(e) 武夷山茶坪某宅的马头墙

图 8-4 闽北民居的马头墙

图 8-5 闽北武夷山五夫镇宋代朱熹讲学授徒的兴贤书院的门牌楼

(a) 大埠岗某宅门牌楼

(b) 下梅某宅门牌楼

(c) 五夫某宅门牌楼

图 8-6 闽北武夷山明清风格的民居

(a) 五夫街头的门牌楼

(b) 赤石某宅的门牌楼

(c) 岚谷某宅的门牌楼

(d) 和平古镇某宅的门牌楼

图 8-7　闽北一般民居的明清门牌楼

图 8-8　泰宁李氏宗祠的门牌楼

2）闽北木结构民居的吊脚挑廊。木结构吊脚挑廊，利用木结构的材料和构造特性做了外挑处理，可避免结构占用底层的空间影响使用，其外挑不仅可避免门窗和木结构枣树长期日晒雨淋，提高结构的耐久性，而且还可增加光影效果，使得立面造型更为轻盈活泼（图 8-9）。

(a)　武夷山星村民居的吊脚挑廊

(b)　泰宁古镇胜利一巷木结构民居的吊脚挑廊

图 8-9　闽北木结构民居的吊脚挑廊

3）木结构的檐廊店铺和近代的骑楼商业街。先民们用其聪颖的睿智，利用大自然的河溪，创造性地以竹、木为交通工具进行交往，沿河建设带有檐廊的店铺，达到了店铺与檐廊空间相互渗透，使得滨河店铺的檐廊起着集遮阳避雨的交通、贸易场所的延伸和家务休闲的交往等功能于一体的作用（图 8-10）。

(a) 武夷山下梅滨河店铺的檐廊

(b) 角直镇的檐廊式滨水商业街

(c) 安徽唐模临河的檐廊式步行

图 8-10　滨河店铺的檐廊

随着社会经济的发展和技术的进步，在南方近代建筑中传承了檐廊店铺的文脉，出现了颇具地方特色的骑楼商业街（图 8-11），收到了很好的效果，在现代的城市建设中也仍广为运用。

② 创意源于传统文化。泰宁古城的尚书第建筑群是全国重点文物保护单位，为明朝兵部尚书李春桦的家宅，号称“五福堂”，乃江南保存最为完好的明代民居建筑珍品，其周边还有保存较为完好的明清街巷和民居（图 8-12）。尚书第背靠古城西侧的炉峰山，大门向东面朝三溪交汇的杉溪。根据泰宁古城的现状和保护发展需要，泰宁县委、县政府决定在保护区的北侧原杉城古镇的边缘地带进行旧街改造，建设一条展现“隔河两状元，一门四进士，一巷九举人”盛况的状元街。为了适应城市发展的需要，在适当提高建筑高度的同时，为杉城古镇的北侧增加了一道防风屏障。状元街的方案设计如果简单地参照 20 世纪 90 年代初期建设的尚书巷（图 8-13），采用青砖灰瓦马头墙山墙的建筑造型，虽然与尚书第可以基本取得协调，但却极容易与徽州等江南民居的风貌相似，难于形成独特的风貌。在对传统民

(a) 泉州中山路骑楼商业街

(b) 厦门中山路骑楼商业街

图 8-11　骑楼商业街

图 8-12　泰宁古镇保存完好的明清街巷

图 8-13　20 世纪 90 年代初重建的尚书巷

居的再三推敲中，提取了青砖灰瓦重檐马头墙的门牌楼、吊脚挑廊以及檐廊骑楼等元素，在传承文脉的基础上进行简化和组合，特别是将独具风采的青砖灰瓦门牌楼的简化符号，作为沿街住宅建筑立面的主要构图元素，使其获得了与仅仅展示青砖灰瓦马头墙硬山墙的江南民居的形象有了较大的差别。利用骑楼展现了商业街的形象，在骑楼上采用颇富吊脚挑廊韵味的悬挑楼层作为骑楼商铺与楼层住宅之间的过渡，增加了沿街建筑的立面层次，获得更为耐人寻味的光影效果。

整条状元街的天际轮廓线犹如一曲优美的乐章（图 8-14）。状元街的局部以丰富的层次、精致的细部装饰、富有古风遗韵的宫灯和骑楼内展现现代商业气氛的灯箱广告、招牌引人入胜，耐人寻味（图 8-15）。

③ 风貌在于古今结合。风貌应具有地域性、历史性、民族性和时代性。

1）状元街用对青砖灰瓦的马头墙门牌楼进行简化的立面造型，传承了以门牌楼独具风采的闽北建筑文脉、高低错落、层次丰富、简洁明快的立面造型展现了鲜明的时代气息（图 8-16）。

2）带有古典韵味的铁艺阳台和空调外机栏杆在简洁的现代化墙面的映衬下，以其轻盈与厚重产生的对比，黑与白的对比，给人以新颖独特的感受（图 8-17）。

3）吊脚挑廊形态和骑楼的结合，展现了结构的轻巧和刚劲的结合（图 8-18）。

(a) 状元街设计草图

(b) 状元街全景

图 8-14 泰宁新建的状元街

图 8-15 泰宁新建状元街丰富的层次、精致的细部装饰

(a) 构思草图

(b) 状元街局部

图 8-16 对马头墙门牌楼进行简化的立面造型

图 8-17 给人以新颖独特感受的状元街

图 8-18 吊脚挑廊形态和骑楼的结合

4）传统造型的庭院路灯，骑楼下的传统宫灯和现代商业灯箱广告、招牌，交相辉映，既传承了传统的文脉，又塑造了浓郁的现代商业气氛。

5）采用当地廉洁、透水性强、耐磨防滑心更好的红米石铺设带有“盲道”的人行道以及花池、休息条凳的组合和颇具现代气息的公共电话亭，都充分地体现了以人为本的现代设计思想，展现出其独特的地方性（图 8-19）。

6）夜景工程融合古今时空，营造出五光十色、流光溢彩的梦幻美景（图 8-20）。

图 8-19 带有“盲道”的红米石人行道

(a) (b) (c) (d)

图 8-20 融合古今时空的状元街夜景

(a) 住宅小区

(b) 泰宁一中实验楼

(c) 急救中心

(d) 泰宁县政府办公楼

(e) 泰宁县金湖宾馆

图 8-21 展现泰宁风貌的新建筑

（3）精心的建设

① 领导的远见。状元街的设计方案经过泰宁县县委、县政府和人大、政协的讨论，最后统一了认识，做出了方向明确和具有远见的决策。县委、县政府的主要领导坚持必须按照统一规划、统一设计进行建设、不准随意更改、并以身作则等，克服重重困难，顺利地完成。

② 得力的措施。状元街的建设是泰宁县这只有3万人口小县城的一件大事，宏伟的蓝图在县委、县政府的明确决策后，广大干部都深深地理解到它对泰宁县发展旅游业，促进经济发展的重大作用和深远影响，因此负责状元街建设的各部门都积极、热忱地投入工作；泰宁建设局更是全力以赴，学习有关城市建设的方针政策，借鉴各地的先进经验，虚心向专家学习。坚持高起点的规划设计，并根据泰宁的具体情况，认真地探索了一系列“经营城市”的理念。以公开拍卖、公开招标等办法是状元街的建设成为一项深得民心的“阳光工程”，解决了开发建设资金缺乏的难题。切实做到严格按照统一规划、统一设计、统一施工、统一管理的原则进行建设。集中建设街区水电、通讯等地下管线工程，完善道路，绿化和夜景工程等配套设施，有效地促进了土地升值，吸引了县内外众多经营业主入街投资兴业。

③ 群众的拥护。建成后的状元街，深受当地干部群众、各地专家学者，以及广大游客的喜爱，县内外经营业主竞相入街投资经营，状元街已成为一条集观光、购物、休闲等功能为一体，颇具特色的旅游商贸街。状元街的开发建设，既做到了经济上收支平衡且略有结余、增加了税源，又改善了泰宁古城的居住化境，丰富了旅游项目，为泰宁旅游城市增添了一道亮丽的风景线。同时也为福建省的新农村建设树立了一个典型的榜样。为此，2002年11月福建省建设厅授予泰宁县状元街为全省第一个“新农村优秀试点建设工程”的荣誉称号。

（4）风貌的影响　状元街的成功建设，充分表明传统建筑文化具有无限的魅力和吸引力，在广泛征求意见的基础上，泰宁县委、县政府决定以状元街的建筑风貌作为泰宁古城建筑风格的基调，主要领导亲自加以引导和监督。这一决定得到了社会各界的热忱反响和广大群众的支持，使得泰宁古城的建设步入了一个新的台阶。住宅小区、学校的教学楼、商业服务楼、政府的办公楼、高层旅游宾馆、医疗单位和和平路的改造建设都坚持按这一基调严格执行（图8-21）。甚至公共厕所、公路收费站（图8-22）也都按照风貌的要求进行建设，更令人赞叹的是这一决定也已变成群众的自觉行动，很多群众的自建房（图8-23）和附近的农村建筑（图8-24）也都主动地按照这种风格进行。

(a) 公路收费站

(b) 公共厕所

图8-22　公路收费站和公共厕所

(a)

(b)

图 8-23 群众自建房

图 8-24 音山村服务中心

与此同时，泰宁进行了一系列颇富成效的园林景观建设，使其与这一系列独具泰宁风貌的建筑群互相渗透、映衬，彰显泰宁优秀传统文化的神韵，展现了泰宁独具特色的古城风貌。

8.4 福建省龙岩市新罗区适中古镇中和小区和民俗街规划设计

（设计：福建村镇建设发展中心范琴 指导：骆中钊）

（1）区位 适中是文化之乡，历史悠久，名胜古迹星罗棋布，242 座土楼群气势雄伟，堪称中国民居之瑰宝。2003 年被评为“省级历史文化名镇”，2005 年被评为“全国创建文明村镇工作先进村镇”及“全国小康建设明星乡镇”。

（2）自然条件 适中属亚热带海洋性季风气候，夏凉无酷暑，冬暖无严寒，且雨量充沛，全镇耕地面积 2.91 万亩，林地面积 37 万亩，水域面积 3847.5hm^2，是理想的农业基地，现已形成了具有适中特色和规模的农业产业化种养基地。

（3）交通条件 中古镇中和住宅小区和民俗街用地位于国道 319 东南侧的镇主街两侧，交通条件较好。

(4) 人文环境分析　适中古镇十年三庆的盂兰盆节热闹非凡（图 8-25），已被列为福建省非物质文化遗产；适中方型土楼，风貌独特，也为世人瞩目；适中经济发达，工农业生产迅猛发展，服务业和旅游业也正在崛起。

(a)

(b)

图 8-25　适中盂兰盆节热闹非凡

(5) 中和小区规划　中和小区规划平面设计、景观结构分析及道路系统分析如图 8-26 所示。

(6) 民俗街范围　民俗街东起保留土楼的望德楼和符宁楼，并与建于宋代供奉民间图腾“圣王公”的白云堂相接，以确保盂兰盆节庆典活动时，满足抬请“圣王公”出巡队伍浩浩荡荡的需要。

西至南北贯穿适中镇过境 319 国道的白云堂牌楼，穿过 319 国道再往西可达最为豪华之一的土楼——国家级文物保护单位的典常楼和建于宋代的古丰楼（图 8-27）。

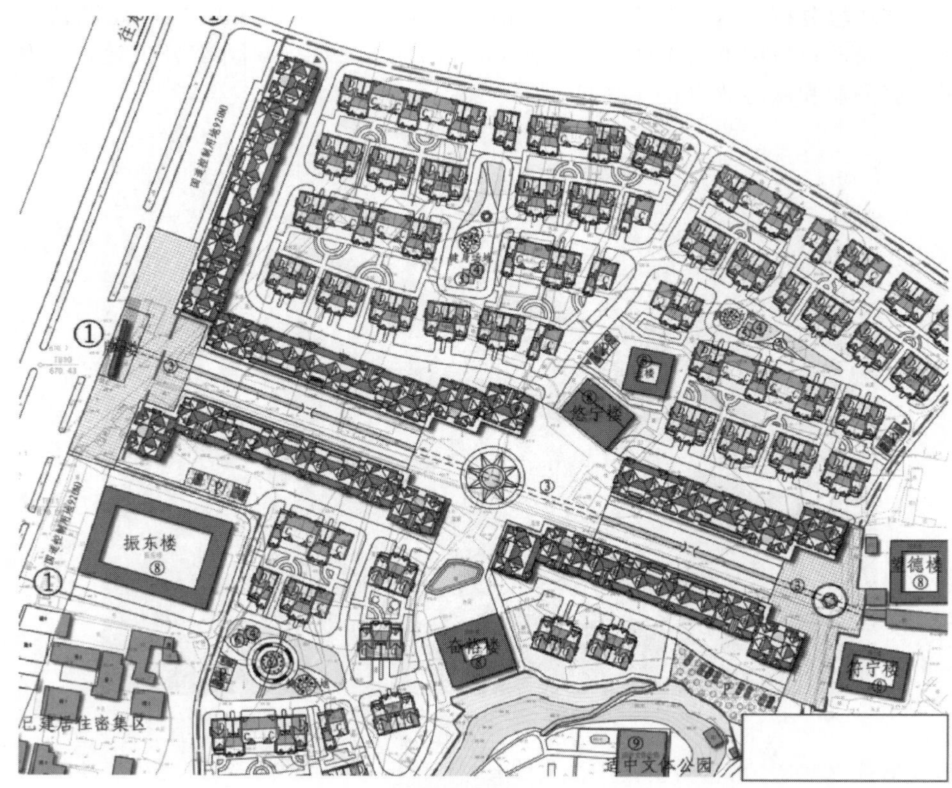

(a) 适中中和住宅小区民俗街规划总平面图

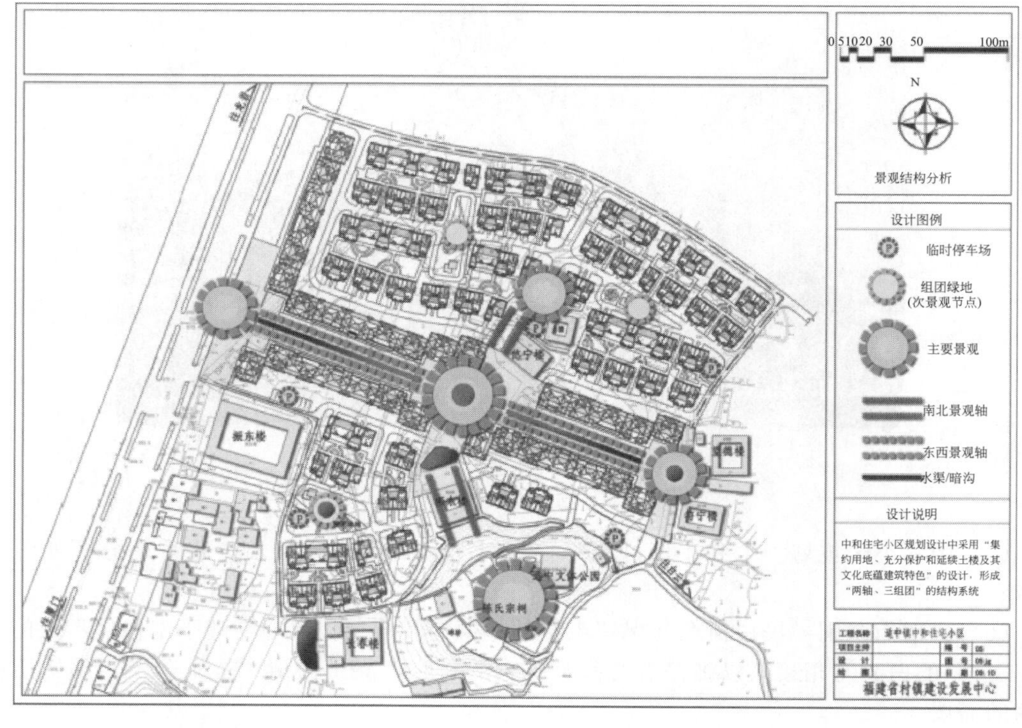

(b) 景观结构分析

(c) 道路系统分析图

图 8-26 中和小区规划

图 8-27 建于宋代的适中古丰楼外景

规划用地南靠青山和适中文体公园，自然环境优美。

（7）民俗街的规划构思

① 规划中街道中心节点，把需要保护的土楼——奋裕楼、悠宁楼有机地组织在一起，不仅形成了中和住宅小区东西景观轴交汇处的核心景观中心广场，同时适应盂兰盆节大型群众集会活动的需要，又便于组织景观，满足开展适中方型土楼旅游。

② 借助街道中心需要设置自东向西排洪沟，在将其组织为宽 2.0m、深 0.5m 的开放式的景观水渠（局部封闭以满足车辆调头和行人过往的需要）的同时，在中心广场地下设蓄水池及地面上人水交融的激光音乐旱喷泉，使得水渠、旱喷泉、奋裕楼前的月形水池和景观轴南侧的山上文化体育公园共同构成了融自然和人工于一体的显山露水的诱人景观。

③ 街道两侧的垂直界面，充分吸取适中方型土楼内庭中（周圈通长的）吊脚挑廊和坡顶披檐逐层退台的布局特点，图 8-28 为土楼内景。使得街道剖面在街道宽度 18.0m 时，街道垂直界面的高度和街道宽度的比值都控制在（1∶1）～（1∶1.5）之间（图 8-29）。

④ 既能起到便于两侧往来围合聚气、繁荣商业活动的作用，又颇显宽敞开放，避免压抑感。立面造型虚实对比、层次丰富、高低错落、进退有序，以及时长时短的通廊处理，呈现了适中土楼的独特风貌和诱人的文化内涵。

⑤ 吊脚挑廊的设置，既便于铺面的经营和管理，又为行人创造一个遮阳避雨的街道人行廊道，突出了地方特点，还便于旅游活动的开展、夜市的开发、创造更为活跃的商业活动。遮阳避雨的街道人行空间布置，突出了地方特点。廊道前布置了 3.0m 宽的步行道，既可用作墟集和夜市、摊商设摊的场地，也是城镇居民出行上街的停车场地。对于方便群众生活、繁荣城镇商业活动起着极为重要的作用。

⑥ 为了适应大型群众民俗活动的需要，中心水渠两侧设置了 5.0m 宽的车行道，但在日常生活中，可在路边有停车时确保车辆顺利通行的需要。

(a) (b) (c) (d)

图 8-28 土楼内景

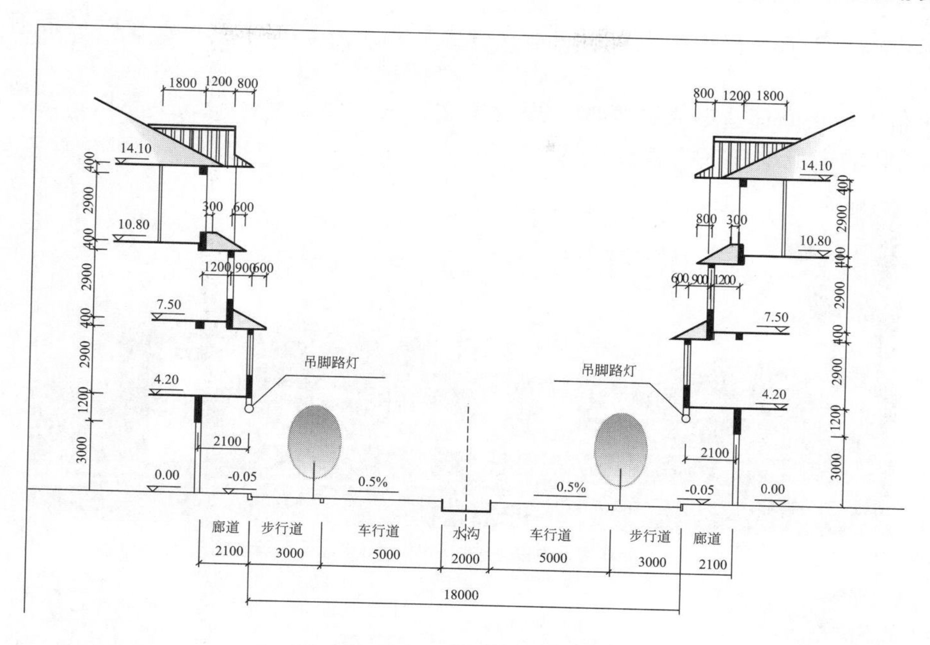

图 8-29　民俗街街道断面

⑦ 民俗街所有商店招牌和灯箱广告统一布置在吊脚挑廊内商店门上 1.0m 高的范围内，其他地方不得随便悬挂，以免破坏街景的外观。利用街道两侧吊脚挑廊的吊脚，设置特制的艺术造型路灯，不仅可以减少灯杆的障碍，还可避免路灯对二层以上居民的灯光干扰，也可以提高街道的景观效果。节庆的大红灯笼统一布置在吊脚挑廊下和各层的外廊。街道夜景照明统一采用分段向建筑立面投射彩色灯光。

⑧ 街道两侧的步行道和车行道之间不设分道的道牙石，仅以不同材料和铺砌方式区分，并在步行道上设盲道，以扩大街道的视觉感受，提高社会文明。

步行道上不设通常的行道树，而是在与铺面开间相对应的位置相间种植观赏性的四季常青的乔木（桂花或玉兰）和灌木（美人蕉等）（图 8-30 为民俗街平面详图），以提高街景的绿化景观效果，并提高生活环境的质量。

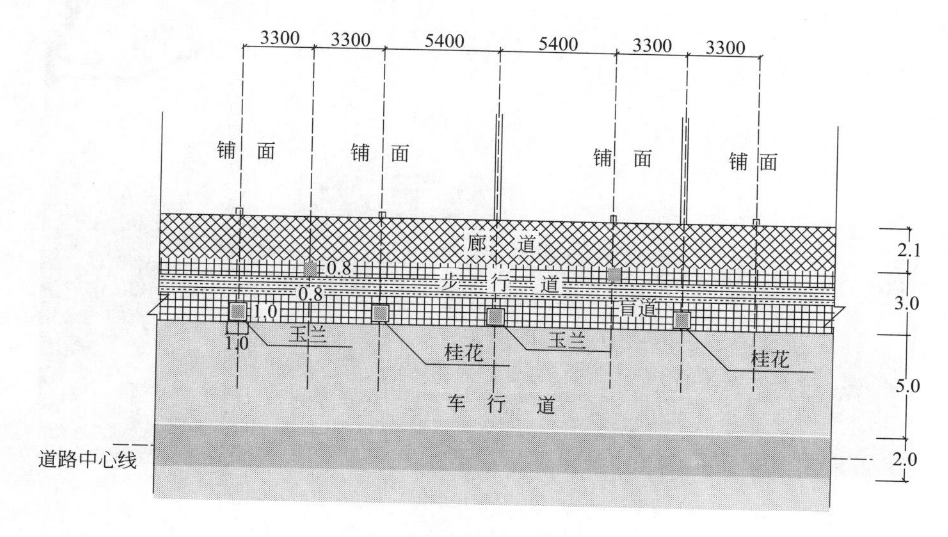

图 8-30　民俗街平面详图

⑨ 民俗街采用面宽和进深均为相同的 5 种下店上宅式住宅类型，建设时可根据要求进行调整。

⑩ 民俗街沿街立面造型充分吸取土楼建筑文化的主要元素，形成了高低错落、变化有序、风貌独特的街道景观（图 8-31）。

(a) 适中古镇中和住宅小区民俗街——东北街段效果图

(b) 适中古镇中和住宅小区民俗街——东南街段效果图

(c) 适中古镇中和住宅小区民俗街——西南街段效果图

(d) 适中古镇中和住宅小区民俗街——西北街段效果图

图 8-31 适中古镇中和住宅小区民俗街

8.5 河北省迁西县东西环路街道景观设计

(设计：北京工业大学建筑与城市规划学院项目负责人郭玉梅 张建等)

规划用地位于迁西县城的东、西两侧边缘地带的东、西环路，是城镇的外环路，规划的内容为东、西环路及沿线的街道景观设计。这两条路承担着重要的交通职能，同时它们也是城镇对外联系的重要窗口，体现着城镇建设的水平，对城镇形象品质的提升有着重要的意义。

街道景观设计的范围分为两部分进行控制：第一部分为西环路，南至县城南入口（西环路与喜峰路的交叉口），北至西环路的北端（即西环路与原三抚公路交界处北侧路口）长7058m，街道两侧各30～50m的范围；第二部分为东环路，从喜峰路与津源街的交叉口处开始，向东、向南延伸至东环路到新集镇方向出口，再沿东山公园北侧向西至与景忠西街交叉口处为止，长4346m，街道两侧各约30m的范围。

在东、西环路的功能定位上，本规划与《迁西县城总体规划》基本保持一致，明确这两条路作为外环公路的街道性质，以对外交通为主，并据此对总体规划确定的用地性质、原则进行具体落实。利用可建设用地，适当建设为对外交通服务的一些交通设施，如汽车修理、停车场、加油站等；同时，由于将城镇的一些重要公共活动空间（广场、公园、市场、长途汽车站等）串联起来，因而又具有了一定的生活性及景观功能。

由于自然及建设条件的限制，本次规划确定东、西环路采用两种不同的景观营造方式，其中西环路突出山地自然特色，绿化以高大乔木和各类灌木为主；东环路突出滨水优势，绿化以草坪与乔灌木相结合为主，展示一种开阔的美。

对景观的控制不应局限于规划范围确定的道路两侧范围内，对道路两侧的山体、河流的可能纳入到街道视线范围内的环境也应进行适当的控制，如保持自然地形，并进行适当的绿化、美化等，以增加街道景观的层次，远近结合。

对现有无建筑的用地进行严格控制，尽可能地用作绿化，并对街道中的重要景观点进行重点设计。

对两条环路周边的环境进行综合的整治，依托环路相邻的西山、东山、沙河、滦河等大的优美的自然山水结构，通过对道路及其两侧的建筑环境的整合，使之与优美的自然环境相协调，成为具有完整自然空间结构的区域。

在景观方面，本规划从 3 个层次进行控制，分别为景观节点、景观点（地标）和景观视廊。在每个层次，根据景观方面的重要程度又分为不同的级别。

（1）西环路

① 景观节点。结合现状和总体规划的要求，本规划确定西环路有一级景观节点 1 个，即西环路与喜丰南路的交叉口，也就是城镇南段的入口；二级景观节点 3 个，分别是景忠西街、渔丰街与西环路的交叉口和西环路最北段的道路交叉口；另有三级景观节点 4 个。

② 地标。也就是景观点，分为两级，集中分布于一、二级景观节点上，作为标志性的景观进行控制。如这里的一级地标是城镇入口处的广场，规划要求广场上应设置反映迁西特色的标志物。

③ 景观视廊。为保证从各个不同方向观赏景观点及自然环境（山体）时视线的通畅，设立景观视廊，视廊两侧不允许建设可能阻挡视线的构筑物。如将与景忠西街相对的加油站取消，代之以小型的绿化广场，作为街道的对景；保留紫玉街到凤凰街口西侧裸露的自然山体形态，既可使道路景观富于变化，又可更好地体现山水园林城市的城市总体定位。

（2）东环路　从街道景观总体上来讲，东环路也是从景观节点、景观点和景观视廊这 3 个层次进行控制。但由于东环路两侧的景观以绿化为主少有建构筑物，且东环的两侧相对于西环来讲相对平坦，因此对东环景观控制的重点放在了绿化景观的设计上，为避免单纯的绿化容易给人造成单调乏味的感觉，这里将东环分为 5 段进行绿化景观的设计和控制，根据各路段的不同性质进行不同的设计。

两条道路的绿地系统按总体规划提出的标准，由城市公园、街道绿化和街头绿地等组成，以点、线、面相结合的布置方式形成完整统一的绿化系统，创造良好的城市生态环境，为居民提供亲切宜人的休憩娱乐、接触自然的生活空间。

迁西县东西环路街道景观设计如图 8-32 所示。

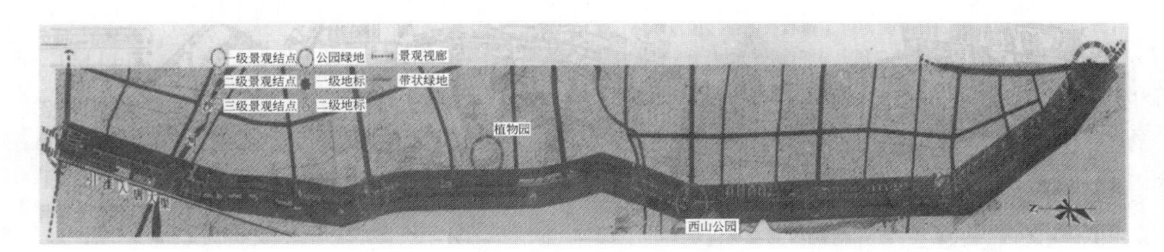

(a) 西环路街道景观序列分析

(b) 西环路中段街道景观意向（一）

(c) 西环路中段街道景观意向（二）

(d) 东环路街道景观意向 (一)

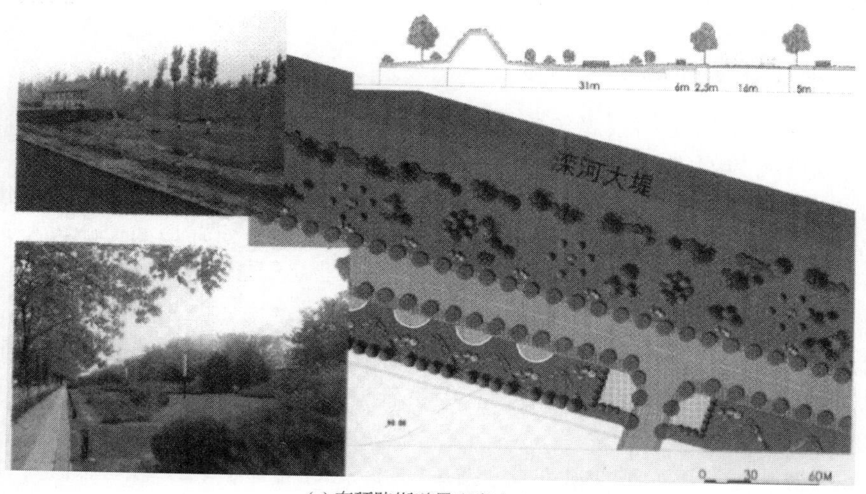

(e) 东环路街道景观意向 (二)

图 8-32　迁西县东西环路街道景观设计

8.6 汝城县神农路与环城西路第三期延长段景观设计

（设计：安陆禄）

8.6.1 设计背景

汝城物华天宝、人杰地灵，自古以来就由许多名人名家在此地成就一番事业。古有炎帝神农在汝城农耕做耒耜；北宋理学鼻祖周敦颐就任汝城县令，功德卓著，影响深远。毛泽东、朱德、彭德怀、陈毅等老一辈无产阶级革命家都曾在汝城留下光辉的足迹。在这个湘南县城里，自有其悠久的人文历史与独特的地方民俗风情特色。

汝城是中国农耕文化的发源地之一，其神农（农耕）文化在湘南一带影响深远。据记载，公元前26世纪，中华民族的人文祖先神农炎帝在汝城城南五里的耒山发明了耒耜等农业生产工具，从而掀开了中国农耕文明史上的第一页。

本次神农路及环城西路第三期延长段景观设计方案所追求的设计目标就是结合现代景观设计要素，同时把汝城的神农文化（农耕文化）融入到道路景观设计中。汝城农耕文化这一人文主题始终贯穿整个神农路及环城西路第三期延长段规划设计中。景观设计充分体现“人—文化—环境”设计思想。

8.6.2 现状分析

汝城县位于湖南省东南部，与广东、江西两省接壤，有“毗连三省，水注三江（湘江、珠江、赣江）”之美称，是镶嵌在五岭山麓的一颗璀璨明珠。县境东西长72km，南北宽63km，总面积为2401km^2。汝城县地理位置十分重要，目前国道106线和省道324线呈“十”字形纵贯全境，交通便利。建成后的厦蓉高速和岳汝高速，更使汝城成为湘南门户、三省的重要交通枢纽。规划中的汝城大道将成为县城的主要干道贯穿汝城，而本方案中的神农路将与汝城大道交汇。建成后的神农路（及环城西路第三期延长段）和汝城大道将为沿线周边的居民带来的极大的交通便利性。畅通的交通网络对汝城的经济发展起重要作用，同时，经过道路景观整合的神农路将汝城农耕文化这一城市品牌向人们精彩展现。

8.6.3 设计理念和意象

（1）设计思想之源　道路景观包括道路自身及其沿线地域内的自然景观（气候、水文、土壤、地质、地貌、生物等）和人文景观（各种建筑、农田、人工植被、雕塑、人工标志等）的综合景观体系。对其可定义为：由地貌过程和各种干扰作用（特别是人为作用）而形成的具有特定生态结构功能和动态特征的宏观系统，体现了人对环境的影响以及环境对人的约束，是一种文化与自然的交流。

赏心悦目的植物绿化，农耕文化小品，极具本地特色的节点广场，共同构筑一个“人一文化一环境”空间。整个道路景观设计始终围绕着农耕文化这一主题。汝城深厚的文化底蕴在神农路及环城西路第三期延长段景观设计中被着力挖掘。

（2）设计理念

① 生态理念。在继承汝城农耕文化的基础上，规划融合了现代的生态观，注重生态体现自然的原则，形成景观与道路建设的统一性与凝聚性。

充分发挥道路规划的效益，满足道路沿线居民的要求，创造一个舒适便利的道路生态环境，坚持以人为本，充分体现现代的生态环保型的设计。

② 景观理念。充分考虑周边环境，保护利用现有的景观资源，使景观环境空间遵循本地自然的景观格局。围绕汝城农耕文化的特色，满足沿线居民的文化，休闲等需求，适当布置小品，小品设计力求在颜色、造型及做法上体现文化内涵。运用植物造景与小品衬托，共同营造出“人一文化一环境”的生态环境。

③ 设计意象。设计意象包括：(a) 强调农耕文化的历史传承；(b) 突出农耕文化的在现代景观设计的表现；(c) 体现景观布局的合理性与功能性；(d) 协调其他道路的景观设计；(e) 营造宜人的景观空间。

8.6.4 总体构思

本设计结合现代道路景观设计要素，突出农耕文化主题，协调汝城大道道路景观，规划为“人—文化—环境”的共生空间。道路景观的展示与融合，展现汝城悠久的农耕文化以及着力挖掘汝城深厚的文化底蕴。道路景观要表达的是汝城文化已得到更好的传承。

具有农耕文化特色的节点广场以及雕塑小品表现出农耕文化的起源与进步发展。同时，运用植物造景，以乔、灌、草的合理搭配，造就出宜人的绿色景观空间。

设计理念围绕着汝城农耕文化的历史传承及其在现代景观设计中的表现。汝城农耕文化这一城市品牌将通过神农路的景观设计向人们精彩展现。建成后的神农路及环城西路第三期延长段将为沿线的居民带来极大的交通便利性和休闲性。

8.6.5 造价估算

(1) 环城西路第三期延长段造价估算

见表 8-1。

表 8-1 环城西路第三期延长段造价估算

类别	项目名称		宽度/m	长度/m	工程量	单位造价/元	合价/元	备注
绿化带	分隔带		2	750	1500	150	225000	
	人行道树池		0.2	750	150	200	30000	约 150 个
	人行道景观带		5	750	3750	180	675000	
节点	岳汝高速节点				1330	260	345800	
专项工程	给水工程	绿化分隔带喷灌			1 宗	200000	200000	
		游客用水补水点			1 宗	32000	32000	
	排水工程				1 宗	160000	160000	
	景观照明工程				1 宗	640000	640000	
	市政配套设施	垃圾箱			1 项	32000	32000	
		指示牌			1 项	64000	64000	
		港湾式停车站候车亭			1 项	160000	160000	
		小卖部、电话亭			1 项	160000	160000	
		休闲座椅			1 项	32000	32000	
合计							2755800	

注：1. 本估算表暂按总长为 0.75km 来设计；2. 本次节点设计单位包含了节点内除主题雕塑以外的小品、园路、平台、园亭、花架廊等园林建筑工程建设费用；3. 本估算未包含景观工程设计费、景观工程监理费以及工程项目管理费。

（2）神农路造价估算见表 8-2。

表 8-2　神农路造价估算

类别	项目名称		宽度/m	长度/m	工程量	单位造价/元	合价/元	备注
绿化带	中央分车带		8	1180	9440	180	1699200	
	分隔带		1.5	1180	1770	160	283200	
	人行道景观带		6.5	1180	7670	200	1534000	
节点	环城西路节点				1800	260	468000	
	汝城大道节点				5980	260	1554800	
	106 国道节点				1870	260	486200	
专项工程	给水工程	中央分车带喷灌			1 宗	300000	300000	
		绿化隔离带喷灌			1 宗	300000	300000	
		游客用水补水点			1 宗	40000	40000	
	排水工程				1 项	200000	200000	
	景观照明工程				1 项	800000	800000	
	市政配套设施	垃圾箱			1 项	40000	40000	
		指示牌			1 项	80000	80000	
		港湾式停车站候车亭			1 项	200000	200000	
		小卖部、电话亭			1 项	200000	200000	
		休闲座椅			1 项	40000	40000	
合计							8225400	

注：1. 本估算表暂按总长为 1.18km 来设计；2. 本次节点设计单位包含了节点内除主题雕塑以外的小品、园路、平台、园亭、花架廊等园林建筑工程建设费用；3. 本估算未包含景观工程设计费、景观工程监理费以及工程项目管理费。

8.6.6　规划分析

（1）区位分析　汝城县，位于湖南省东南部，与广东、江西两省接壤，有“毗连三省，水注三江（湘江、珠江、赣江）”之美称，是镶嵌在五岭山麓的一颗璀璨明珠。全县辖 15 个乡 8 个镇，总人口 36 万。县境东西长 72km，南北宽 63km，总面积为 2401km^2。

汝城县属亚热带季风湿润气候区，温暖湿润，热量丰富，雨量充沛，光照充足；年平均气温为 16.6℃，气温宜人，素有“小昆明”之称。

汝城是一个有着文物大县、文化大县、古祠堂之乡、省级历史文化名城、中国农耕文化的发源地等众多称谓的千年古城。据史书记载，中华民族的人文祖先神农炎帝在汝城发明了耒耜等农业生产工具，掀开了中国农耕文明史上的第一页，把中国原始社会从渔猎社会带入了农耕社会。

（2）交通分析　汝城县地处湖南省东南部，与广东、江西两省接壤，地理位置十分重要。目前国道 106 线和省道 324 线呈“十”字形纵贯全境，交通便利。建成后的厦蓉高速和岳汝高速更使汝城成为湘南门户、三省的重要交通枢纽。

建成后的神农路（及环城西路第三期延长段）和汝城大道将为沿线周边的居民带来的极大的交通便利性。畅通的交通网络对汝城的经济发展起重要作用，同时，经过道路景观整合的神农路将汝城农耕文化这一城市品牌向人们精彩展现。

（3）设计定位

① 在道路景观设计中融入农耕文化特色，将汝城的农耕文化品牌通过神农路突出展示。

② 着力挖掘汝城深厚的文化底蕴，结合具有强烈现代特征的新道路景观要素。

③ 充分考虑道路绿化所承载的绿色屏障功能，并将绿化与道路协调统一，营造出一个生态型的绿色景观空间。

④ 与汝城大道的设计相协调，为汝城带来崭新的城市面貌。

⑤ 尽快形成景观效果，同时做到合理地控制工程造价。

（4）交通节点分析　如图 8-33 所示。

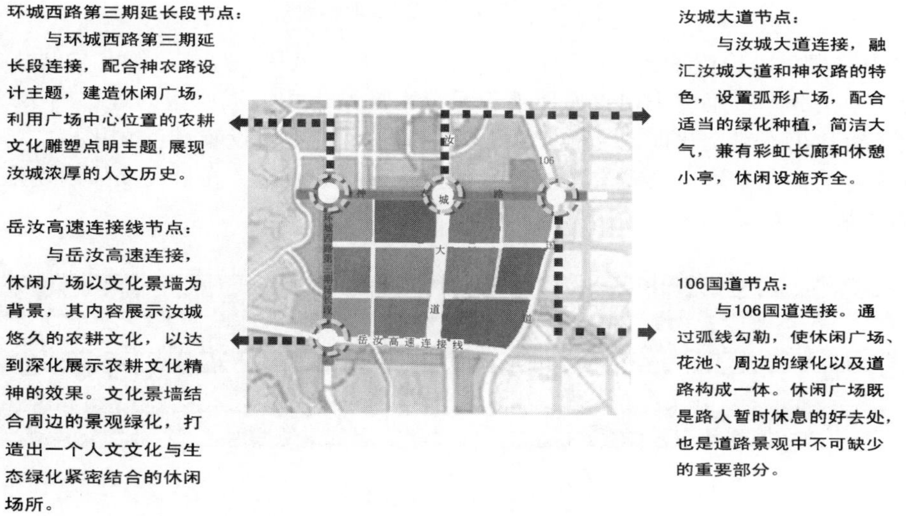

环城西路第三期延长段节点：
与环城西路第三期延长段连接，配合神农路设计主题，建造休闲广场，利用广场中心位置的农耕文化雕塑点明主题，展现汝城浓厚的人文历史。
岳汝高速连接线节点：
与岳汝高速连接，休闲广场以文化景墙为背景，其内容展示汝城悠久的农耕文化，以达到深化展示农耕文化精神的效果。文化景墙结合周边的景观绿化，打造出一个人文文化与生态绿化紧密结合的休闲场所。
汝城大道节点：
与汝城大道连接，融汇汝城大道和神农路的特色，设置弧形广场，配合适当的绿化种植，简洁大气，兼有彩虹长廊和休憩小亭，休闲设施齐全。
106国道节点：
与106国道连接。通过弧线勾勒，使休闲广场、花池、周边的绿化以及道路构成一体。休闲广场既是路人暂时休息的好去处，也是道路景观中不可缺少的重要部分。
106
岳汝高速连接线

图 8-33　交通节点分析图

（5）道路分析　道路分析如图 8-34 所示。

环城西路南南延线节点
汝城大道节点
106
106国道节点
神
农
路
环城西路
汝城大道
国
道
岳汝高速连接线
岳汝高速连接线节点

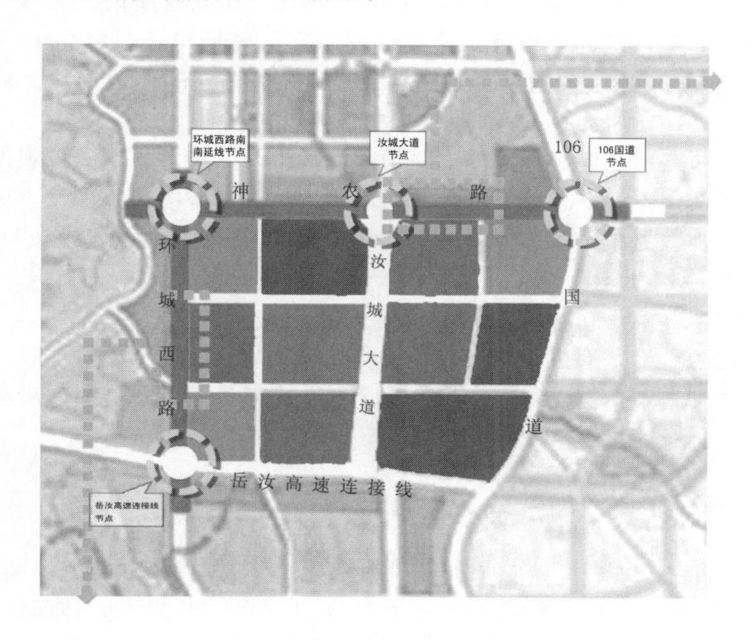

图 8-34　道路分析

① 环城西路第三期延长段。环城西路第三期延长段将延续神农路的设计风格，非机动和机动车分隔带主要采用乔木和灌木球的交叉种植，形成节奏感强烈的绿化分隔带。人行道景观带中设置各式休闲小广场，其中点缀农耕文化雕塑以及配合周边的植物造景。如图 8-35 所示。

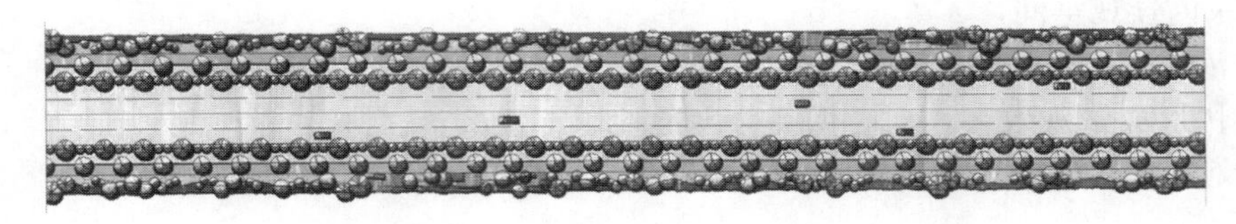

图 8-35 环城西路第三期延长段

② 神农路段。沿用汝城大道的“山水会客”、“都市风情”风格，融入农耕文化特色的设计思想。中央分车带主要采用整形地被和乔灌木搭配为主。流线型的地被图案蜿蜒曲折，如流水般，表达出农耕文化的源远流长。在人行道景观带中将设置特色文化小广场、农耕雕塑、蕴含寓意的文化景墙以及富有自然气息的坐凳等配套设施，在供民众休闲娱乐之时，亦可融入到农耕文化的氛围中。如图 8-36 所示。

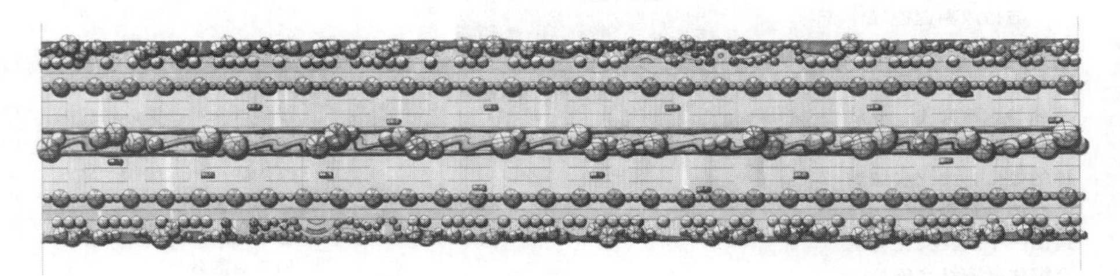

图 8-36 神农路段

(6) 功能分析 神农路自东向西与汝城其中三条重要的交通干线交汇。这三条交通干线分别是汝城大道、106 国道及环城西路第三期延长段。神农路与环城西路交汇后，通过环城西路第三期延长段连接湘深高速。神龙路长约 1.1km，环城西路南延长线则长约 0.7km。作为交通网络重要一环，建成后的神农路及环城西路第三期延长段将与汝城大道在岳汝高速、厦蓉高速、106 国道所组成的大交通网络中起到纵横相连的作用，其带来的交通便利性将为汝城的经济发展提速加油。

神农路及环城西路第三期延长段的道路景观设计中，除考虑现代的景观设计要素外，还将融入汝城的农耕文化。郁郁葱葱的绿色空间，供人休息散心的休闲广场，极具农耕文化特色的小品，将成为神农路的“人—文化—环境”一景，向人们集中展示汝城的农耕文化品牌。功能分析如图 8-37 所示。

中间绿化带如图 8-38 所示。

通过以图案式的设计，形成开阔大方，整齐简洁而又不失生动的风格。流线型的地被，搭配乔木的群落式种植，适当点缀灌木球。整个绿化布置沿着蜿蜒的曲线种植，以增加流线效果。

8.6.7 规划设计

(1) 神农路标准断面设计 中间分车带的绿化布置中，主要根据各树种生态习性不同，乔木和灌木搭配体现出层次错落，疏密有致的效果，形成了大体量、多层次自然和谐的植物群落结构。如图 8-39 所示。

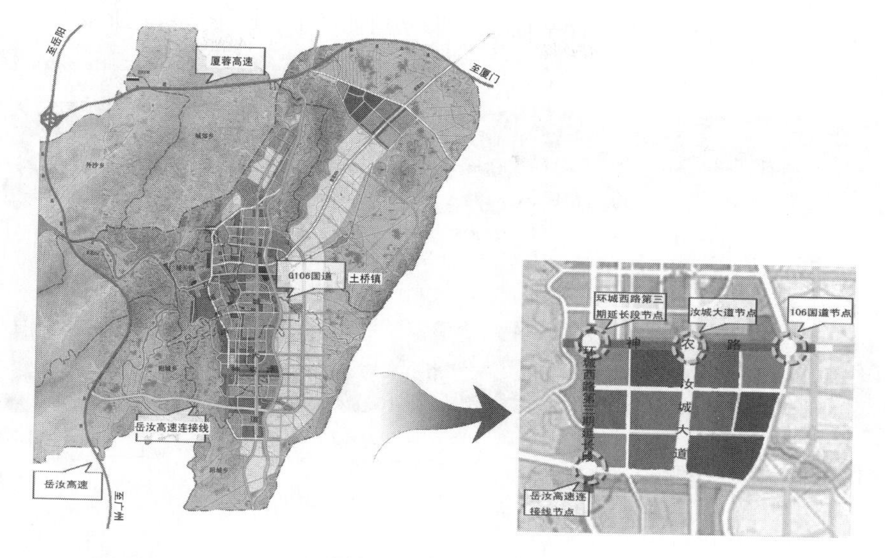

图 8-37 功能分析图

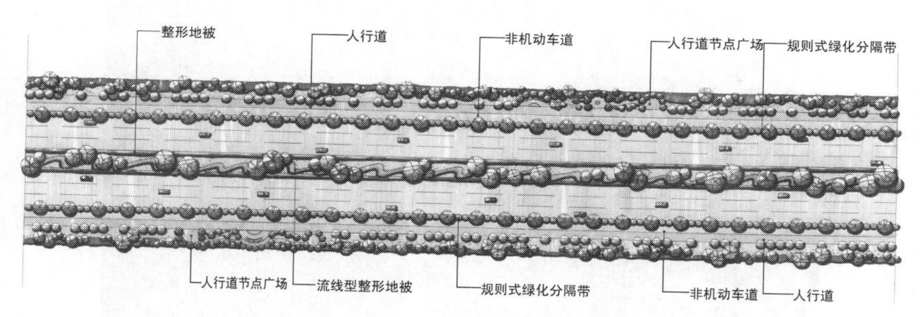

图 8-38 中间绿化带平面图

图 8-39 神农路断面设计图

(2) 人行道节点设计 人行道绿化布置以强调植物季相变化为主，灌木和地被采用大块面布置，充分体现了新时代气息。

乔灌木以自然生态型模式搭配，表现出郁郁葱葱、绿树成荫的生态效果。在居民聚居地附近设置了小广场等休闲区，为公众提供活动空间。点缀雕塑小品和文化景墙，着重表现汝城深厚的文化内涵。人行道节点设计平面、效果分别如图 8-40、图 8-41 所示。

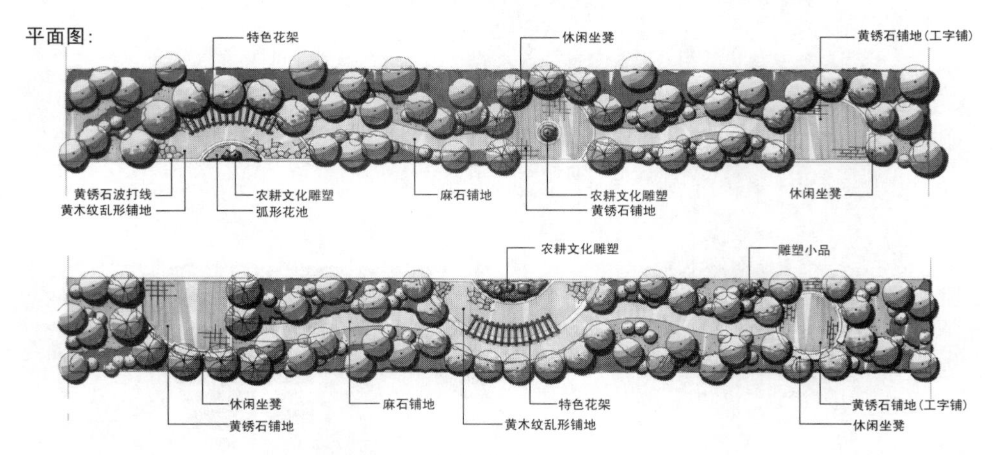

图 8-40 人行道节点设计平面图

图 8-41 人行道节点效果

休闲小广场，以圆形花坛为中心，花坛内种植适宜当地气候的草本花卉，让整个小广场充满季相交替的变化美，同时，花坛以神农雕像为中心景点，充分展现神农路的“文化长廊”特色。

(3) 环城西路第三期延长段标准段设计　环城西路第三期延长段总宽度为 42m，其中，绿化带设置于机动车道与非机动车道间、非机动车道与人行道间以及人行道外侧的绿化防护林带内。位于机动车道与非机动车道之间的绿化带采用规则式种植方式，主要由香樟、白兰等乔木与茶花、红檵木球等灌木交叉种植而形成。位于非机动车道与人行道之间的绿化带，则采用统一的一种乔木进行绿化分隔。而绿化防护带则采用自然式的种植方式，以檫木、乐昌含笑、榲树、红花木莲等乔木与雀舌黄杨、苏铁、白绢梅等灌木自然搭配，下面栽种沿阶草、阔叶麦冬、细叶结缕草等地被，让绿化防护带在发挥防护作用的同时，也给人一个如同大自然般的绿色空间。另外，位于绿化防护带的人行道节点广场，也是行人休息的良好的场所。设计平面如图 8-42 所示。

(4) 环城西路第三期延长段标准道路断面设计　环城西路第三期延长段标准路设计为双向四车道（见图 8-43)。在机动车道与非机动车道之间的绿化分隔带采用规则式乔灌木交叉种植方式，从而让整个绿化带错落有序、富有节奏与韵律。而绿化防护林带则采用自然式种植，植物种植疏密交错，形成多层次的自然绿色空间。

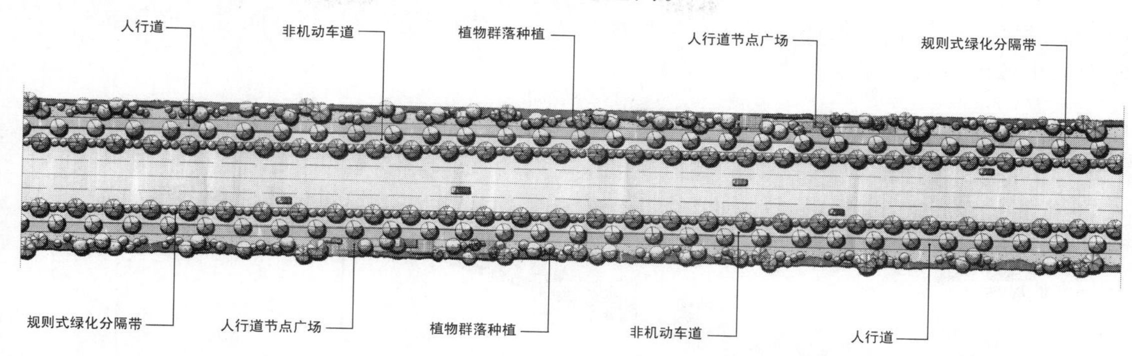

图 8-42　环城西路第三期延长段标准段设计平面图

图 8-43　环城西路第三期延长段标准道路断面设计图

（5）国道节点设计　该节点位于神农路与 106 国道的交汇位置。弧形小广场配以弧形花池。花池内以规则式种植花卉，给广场增添四季美。广场周边弧形树阵，结合花池内规则式的种植，让广场成为一个整体。浓密的树荫配合休闲坐凳，给行人的暂时休息提供了一个良好的场所。如图 8-44、图 8-45 所示。

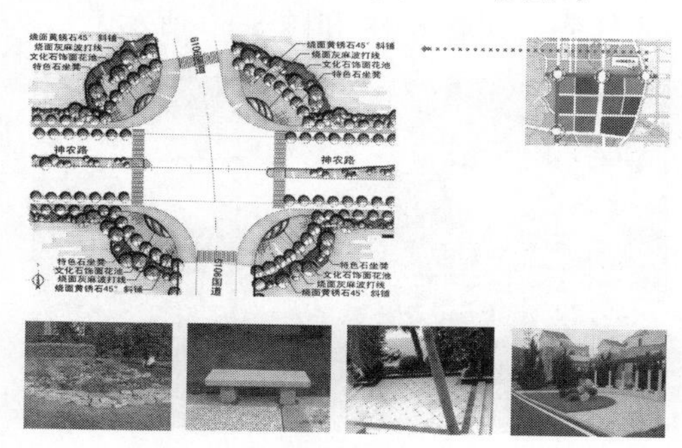

图 8-44　106 国道节点设计图

图 8-45　国道节点效果图

(6) 高差分析　该路段位于神农路＋280～＋560 桩位，高差为 7.478m。在绿化处理上，上坡的前半段种植较高的乔木，点缀一些灌木，增加绿化种植层次，起到引导视线的作用。上坡的后半段选用低矮的灌木和整形地被为主，使视线更为开阔，同时，也营造出多层次自然山体的景观效果。如图 8-46 所示。

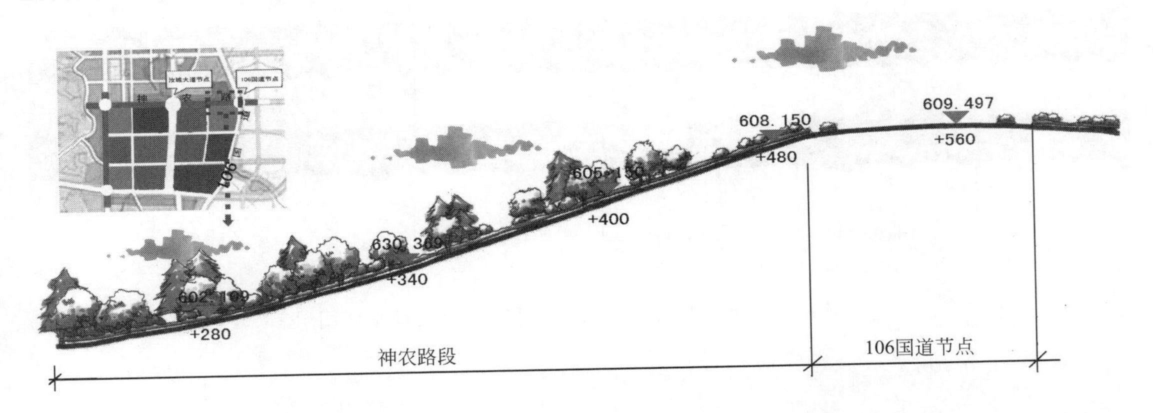

图 8-46　神农路＋280～＋560 桩段剖面图（比例 1∶1000）

(7) 汝城大道节点　该节点位于神农路与汝城大道的交汇位置。棕榈树阵广场，美观大方的同时提升了整个广场的气势。彩虹廊给行人休息提供了荫棚。整个节点的小品，既发挥了其功能作用，又与周边的绿化植物充分融合，形成了一道亮丽的风景线。如图 8-47 和图 8-48 所示。

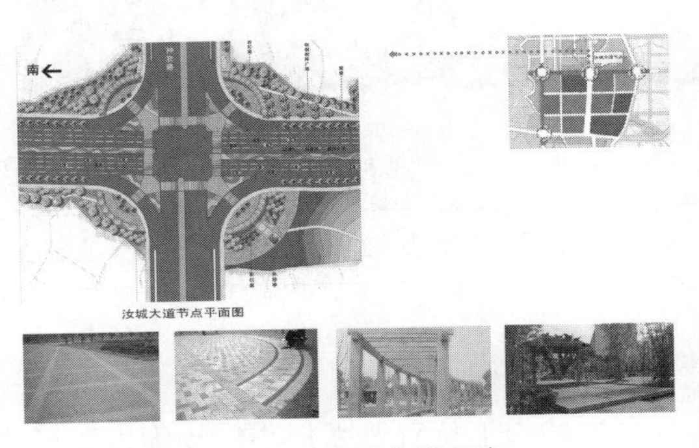

图 8-47　汝城大道节点

图 8-48　汝城大道节点效果图

(8) 环城西路第三期延长段节点设计　该节点位于神农路与环城西路第三期延长段的交汇位置。休闲小广场以农耕文化雕塑为中心，重点突出汝城浓厚的文化背景，切合神农路的设计理念。广场种植的弧形树阵，提升了整个广场的气势。如图 8-49 和图 8-50 所示。

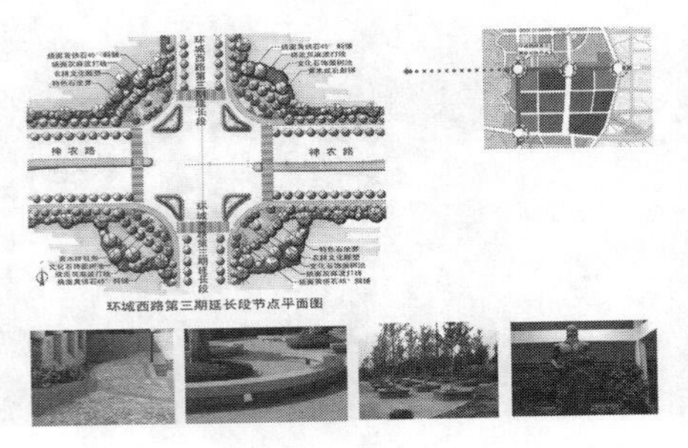

图 8-49　环城西路第三期延长段节点图

图 8-50　环城西路第三期延长段节点效果图

（9）岳汝高速节点设计　该节点位于环城西路第三期延长段与岳汝高速的交汇位置。紧密围绕“农耕文化”这一设计理念，用文化景墙展示汝城悠久的农耕文化。休闲小广场以及特色石坐凳，给暂驻的行人提供了休息的场所。见图8-51、图8-52。

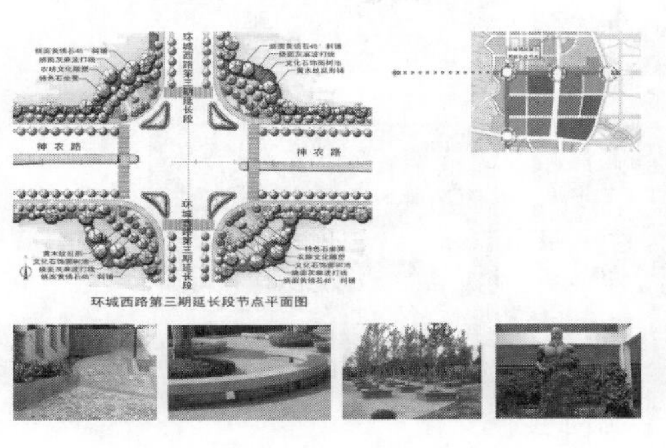

图8-51　岳汝高速节点图

图8-52　岳汝高速节点效果图

8.6.8　专项规划

（1）配套设施设计　道路景观设计配套服务设施包括了休息坐凳、垃圾箱、指示牌、邮箱、地标、书报亭、文化景墙、景观雕塑等。在设计造型时，让其能够在发挥其功能之余，充分结合整体设计风格。整体风格的协调一致造就出统一而独特的道路景观。

（2）人行道铺装形式　人行道铺装形式多样，如图8-53所示。

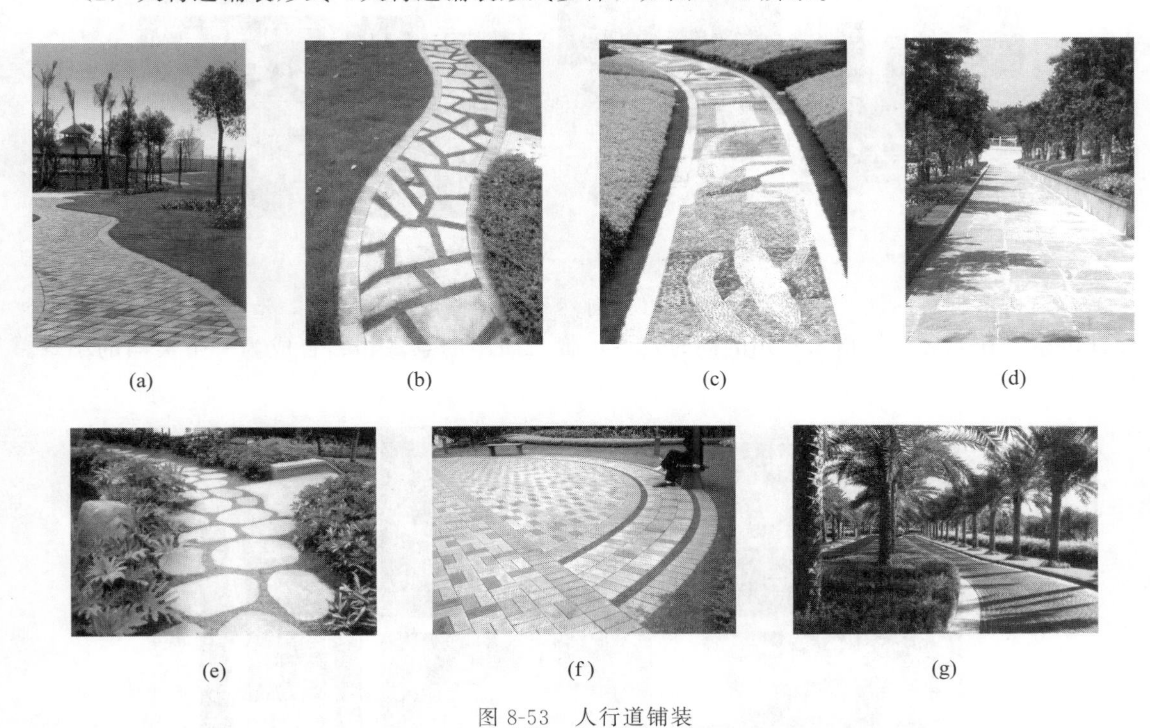

图8-53　人行道铺装

（3）坐凳意向　根据设计主题，在对坐凳的选取上，采用自然石块和木材为原料制作而成的石凳、木凳，既自然简约又富有时代感。如图8-54所示。

（4）景观灯、垃圾桶意向　景观灯及垃圾桶设计风格充分围绕设计理念，在色调、形式上和周围的环境相融合，与整个道路设计协调统一。如图8-55所示。

图 8-54　坐凳意向图

图 8-55　景观灯、垃圾桶意向图

（5）指示牌意向图　指示牌采用木材或自然石块为原料制作而成，造型自然古朴，符合设计风格。在充分发挥指示作用的同时，指示牌与周围的景观相结合成为一个美丽的小景。如图 8-56 所示。

图 8-56　指示牌意向图

（6）景观雕塑意向　采用形态各异的景观雕塑，再现汝城悠久历史。通过景观雕塑刻画出一幅幅生动的农耕文化景观，再次深化设计理念。如图8-57所示。

(a)　(b)　(c)

(d)　(e)　(f)

图8-57　景观雕塑意向图

（7）植物品种选择　在对植物品种选择上，充分考虑本地的土壤特点、植物四季季相更替和色彩的搭配。另外，注重凸显植物群落之间的层次和节奏变化，使整个道路设计景观，在充分发挥植物绿化效果的同时，造就一个立体感强，层次丰富，给人以美的享受的绿色空间。植物品种选择意向如图8-58～图8-60所示。

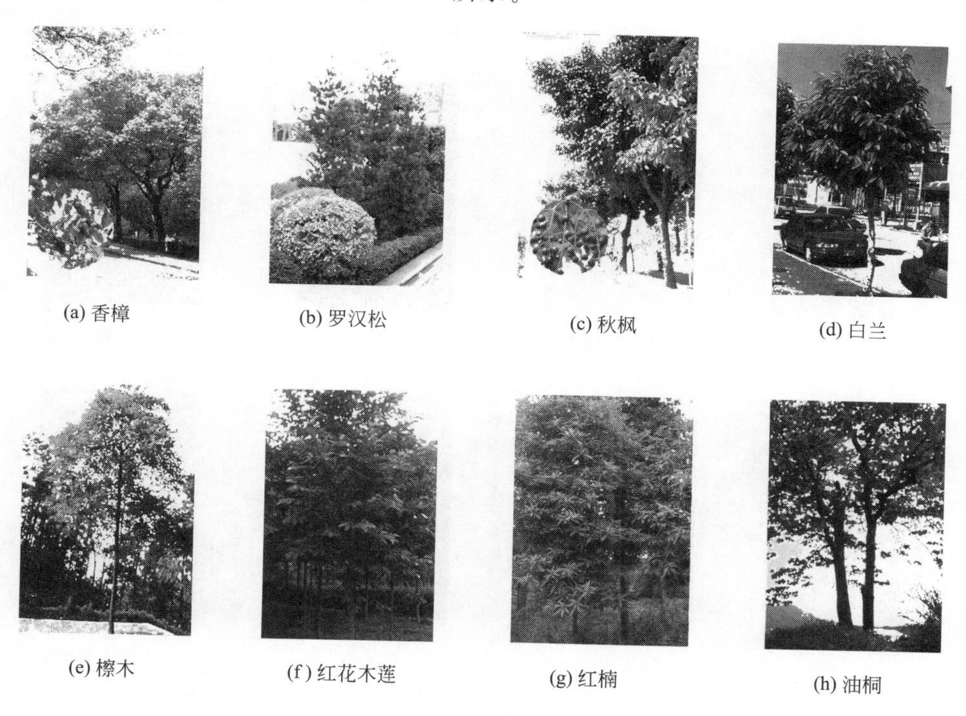

(a) 香樟　(b) 罗汉松　(c) 秋枫　(d) 白兰

(e) 檫木　(f) 红花木莲　(g) 红楠　(h) 油桐

图8-58　植物意向图（一）

① 乔木。香樟，罗汉松，秋枫，白兰，檫木，红花木莲，乐昌含笑，金缕梅，红楠，油丰同等。

② 灌木。苏铁，雀舌黄杨，白鹃梅，茶花，桂花，红继木球，云锦杜鹃，火棘，笑靥花等。

③ 藤本。紫藤，凌霄等。

④ 地被。栀子花，红花酢浆草，沿阶草，阔叶麦冬，大花萱草，过路黄，细叶结缕草等。

(a) 乐昌含笑 (b) 金缕梅 (c) 榲树 (d) 白鹃梅

(e) 桂花 (f) 茶花 (g) 雀舌黄杨 (h) 苏铁

图 8-59 植物意向图（二）

(a) 云锦杜鹃 (b) 红花檵木 (c) 笑靥花 (d) 火棘

(e) 紫藤 (f) 凌霄 (g) 栀子花 (h) 沿阶草

图 8-60 植物意向图（三）

8.7 襄垣迎宾大道景观设计

（设计：北京市园林古建设计研究院　李松梅）

（1）项目背景　襄垣地处山西省中南部，南部重镇长治的北部，太长高速公路从境内贯穿，对外公路交通联络方便，现在已有两条主要公路连接襄垣县城和过道公路及高速公路。承载主要交通之一的便是迎宾路。

① 迎宾路存在下列问题

a. 现有干道分割简单，上下交通混行，机动车与非机动车混行，存在很大的交通安全隐患。

b. 现有的道路路面只有15m，但目前却承载了大量的货运交通，载重量大，负荷严重超标。对道路路面破坏严重，严重影响了车辆行驶的效率，因此急需改造以便提高道路的通行能力。

c. 道路及两侧景观带薄弱，且通过的车辆主要是运煤车辆，车辆尾气污染严重，经常发生货物遗撒，使道路及两边的建筑及景观被粉尘煤灰污染，景观较差。

d. 襄垣迎宾路周围有许多的景观因素，如东调引水工程，没有很好地整合到道路景观体系中。

② 项目建设的必要性　襄垣县的经济有了较大的发展，城市面貌也有了很大的改观，而从高速公路通过迎宾大道来襄垣城的路上却感觉不出这种变化。为展示襄垣新风貌，增加道路的安全性和舒适性，改变现有道路设施破旧，道路绿化景观单调，道路两边建筑风貌乏味的现状迫在眉睫。

③ 项目建设的可行性　现有迎宾路路板宽度为15m，道路的两侧现有行道树为杨树，可将现有路板用绿化带分割快慢行两部分，相应向北扩充同样的路板，在上先行之间用绿化景观带分割，宽度可根据景观需要而设计。由某水库向东常年引水工程可平行于道路设置。水景和绿化景观同时为道路增色，给来往襄垣的人们留下美好的印象。

（2）方案一设计说明　本方案在原有道路北侧设置较宽的景观带，水景和绿化景观都集中在主景观带内，新建道路与原有道路分上下行，位于主景观带的两侧，形成滨河路的景观效果。道路的外侧主要是起绿化隔离作用的植物景观带。

水景景观注重节点的景观节奏变化，水景主要以规则的流水道，大约100m间隔设置联络两岸的人行小桥。在景观节点处，水面变宽，形成穿在河道上的一处处小水潭，潭边布置亲水的平台，周围布置供人观赏的鸢尾、蒲草等水生植物，注重近观的效果。植物景观上，除布置节点外，更突出能衬托水景的植物，它们拥有婆娑的倒影，如垂柳、桃花等。春季柳岸花堤，独具特色。

两侧的植物景观带对称布置，景观相应简单，在微微起伏的地形上布置高低起伏的树丛；作为后面建筑物的景观的前景，其起到隔离和美化的作用。

① 景观性。主要的绿化景观带位于上先行分车带内，景观集中，且靠近车型道路，为行车人提供高质量的景观效果。

② 经济性。绿化带和水景景观集中，且道路征地范围也相对较窄，因此施工面较窄，投资较小。

③ 安全性。主要的景观到位于道路中间，势必吸引行人穿行马路，进入景观带，会造成人流和车流的交叉干扰，需要完善信号灯、人行道、隔离网等设施，否则会有很大的安全

隐患（图 8-61）。

(a) 鸟瞰效果图

(b) 剖面图

(c) 立面图

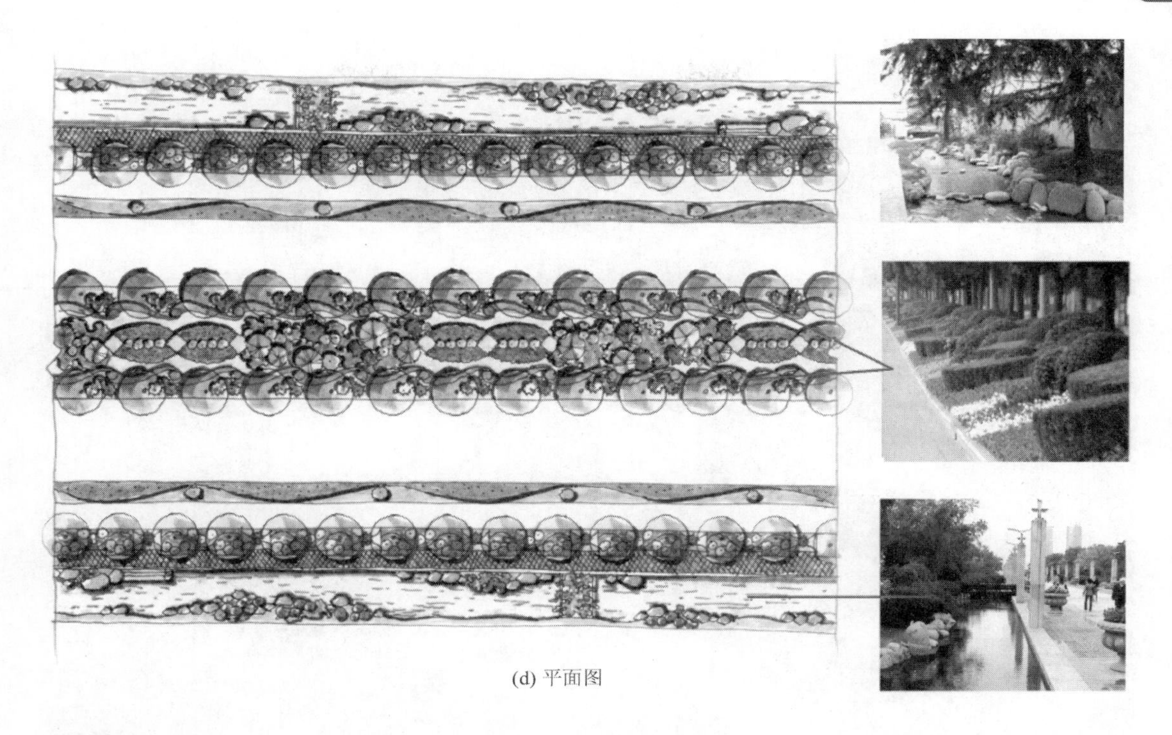

(d) 平面图

图 8-61 方案一设计

（3）方案二设计说明 规划道路总路宽约 70m。本方案由中间为较宽的绿化带，路两侧绿化带内设置水渠组成。

中间绿化带宽 15m。绿化带的两侧是现有的行道树。对它们进行了合理的保留。中间是微微抬高的地形。以剪形模纹植物，自然小乔木及灌木组成的植物景观。两侧的高大行道树在夏季是良好的庇荫地，而在冬季落叶后又不妨碍阳光的照射。在这条路上它们起到了庇荫，滤尘，减噪的作用。而树下位于中间的植物景观主要有花灌木，常绿的针叶植物，地被植物以及修剪整齐的模纹植物组成，做到了四季有景可观，在统一协调的基础上又不缺乏变化。这种以乔、灌、地相伴生长的混植方法不但丰富了道路景观，而且提高了隔离防护的作用。

路侧绿化带宽 3.5m，由大乔木以及修剪灌木组成。曲线形的剪形植物让整齐统一的两侧道路景观富有韵律。

由水库引下来的水被设计成两道水渠，位于道路的两侧。临路的一侧是树下人行道，亲水的设施增加了人的参与性；位于对岸的另一侧则是自然的坡地。点缀山石及水生植物，让水渠充满了野趣及生态感。有了这一自然的优势不但提高了道路的艺术趣味，同时也起到了优化道路沿线环境质量的作用。

丰富的植物景观具有特色的水景，让枯燥乏味的行车之旅变得轻松、享受。

本方案技术评估如下。

① 景观性。水景位于道路外侧，步行及非机动车车景观效果佳，车行景观离水景较远，景观稍弱。

② 经济性。水景分布在道路两侧，势必造成施工面及工程的复杂程度加大，水景和道路，以及地下管线交叉较多，投资会相应增加。

③ 安全性。水景方便游人亲近，不会发生人流与车流的交叉，安全性好（图 8-62）。

(a) 鸟瞰效果图

(b) 剖面图

(c) 立面图

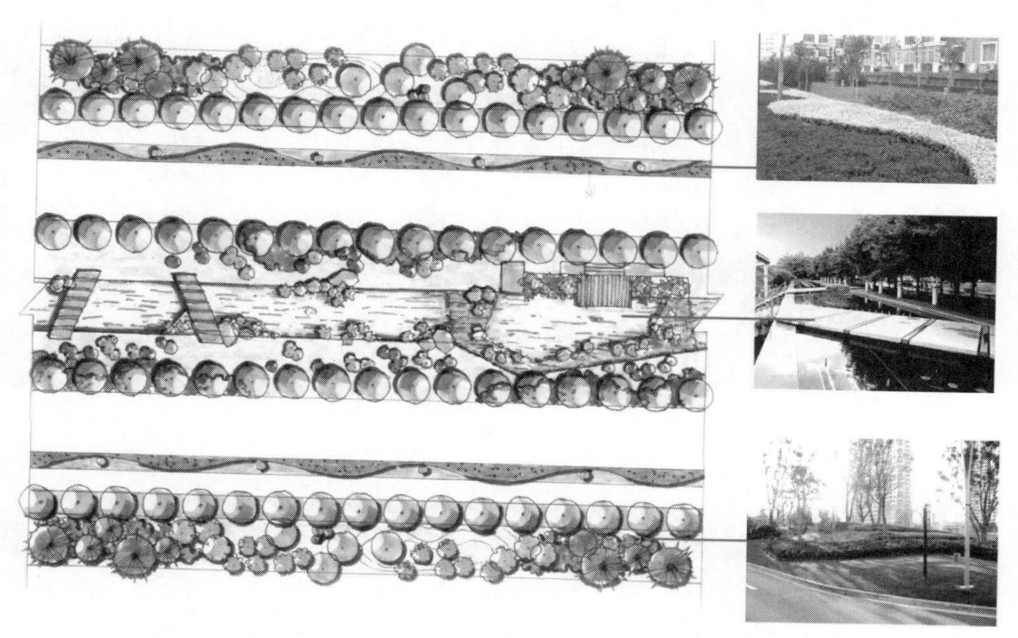

(d) 平面图

图 8-62 方案二设计

（4）方案三设计说明　为四板五带式的绿化平面类型，在原有道路的基础上向南扩规划特色水景景观带向北扩出路面外，还布置了二十多米宽的绿化植物景观带。

植物景观区以人行道一侧为观赏面，以自由曲线形式依次种植地被，花灌木、大乔木，在道路的纵向延伸方向上，常绿针叶树、落叶乔木、彩叶树种在间隔设置的微地形上有规律、有序列地变化种植，使植物景观在整条道路上具有强烈节奏感、韵律感。自然与规整的变化凸显出植物创造的丰富层次，给人以充分的视觉享受。

特色水景景观带则借助有力的自然优势——丰富的水资源，沿着整条道路设置一条以规则式驳岸为特色的水渠，岸上的行道树下设置树池坐凳，行人可以坐在树池里种满鲜花的树池坐凳上欣赏河水缓缓流动，河对面的垂柳随风摇曳。走下两步台阶踏上伸展在水中的木平台上，与水近距离地接触。

机动车道与非机动车道之间的绿化带在绿化景观上力求简洁、大方，创造安全的行车环境，以绿色草地打底，紫色小檗篱沿规则曲线种植，绿色草地上每隔 25m 放置一栽满时令花卉的花钵。

中央分车带，在合理保留原有槐树的前提下注重道路的观赏性和生态效应，树下规则地种植黄杨、金叶女贞和紫叶小檗，黄杨篱和丰花月季组成的半圆形图案以 25m 为间隔规律种植，红、黄、绿色彩斑斓。

本方案简洁大方，不仅合理地保留原有树种，在植物种植色彩力求丰富，使各个植物层次分明；并结合自然优势在一侧设置水渠，合理地利用了丰富的水资源，又为城市的景观建设增添了一个新的亮点。

本方案技术评估如下。

① 景观性。水景景观带位于道路南侧，绿化植物景观带位于道路北侧，步行及非机动车车景观效果佳，车行离景观较远，则景观感稍弱。

② 经济性。水景分布在道路一侧，管线工程可布置在道路北侧。工程的复杂程度相对

较小，水景和道路、地下管线交叉不多，投资会相应更合理。

③ 安全性　水景方便游人亲近，不会发生人流与车流的交叉，安全性好（图 8-63）。

(a) 剖面图

(b) 立面图

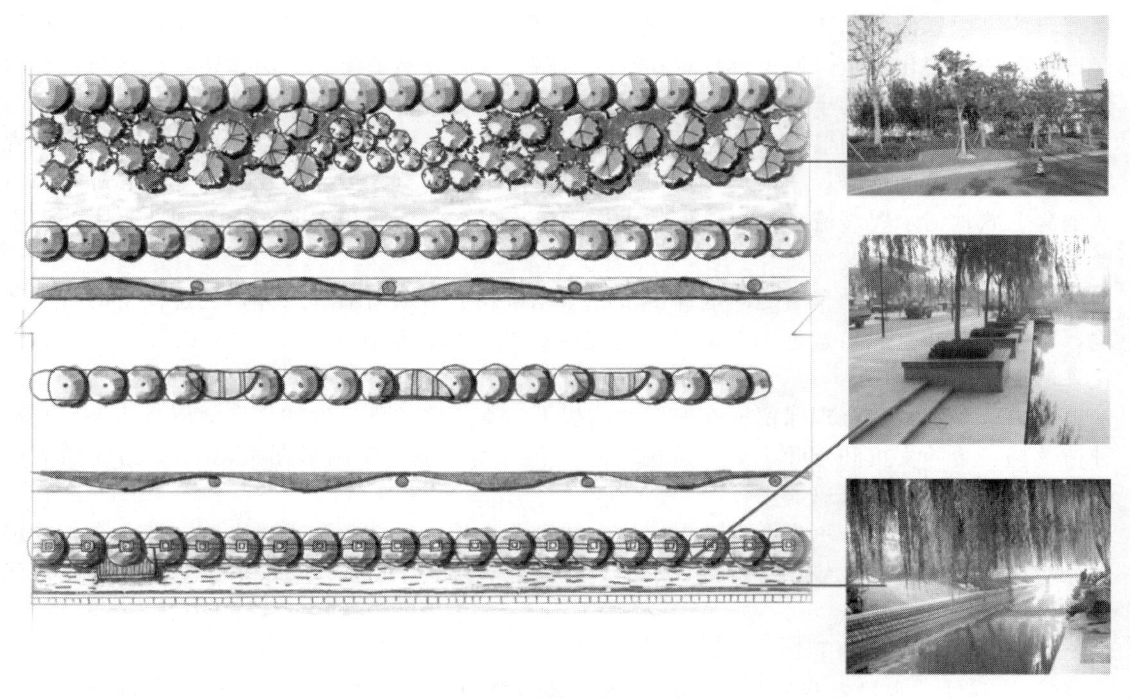

(c) 平面图

(d) 鸟瞰效果图

图 8-63 方案三设计

8.8 长乐滨海大道规划

（设计：尧风（厦门）景观规划设计有限公司　黄江湖）

（1）项目概况

① 区位关系分析

1）项目区位。长乐市是福州市域、闽江口城镇群的重要组成部分，位于该区域沿海、沿江轴线的交汇中心，是未来福州城市由滨江向沿海发展战略构架下的重要组团，是海西经济区经济增长的核心地区。

长乐滨海大道贯穿长乐市域东部海岸线，起于梅花，经湖南、文岭、漳港、文武砂、江田至松下，是福州市战略规划长乐片区“五纵五横”交通网络中的“一纵”。建设滨海大道，将进一步把闽江快速通道、机场高速公路、京台高速公路等交通干线相串联，有效地完善长乐东部滨海片区与福州的交通网络，是大福州未来滨海景观的重要载体。

本规划项目位于长乐滨海大道南北澳段，北起海西动漫创意之都，南至环海大酒店，总长度约 5.6km，以及北连接线约 4km，南连接线 1.3km。建设南北澳段及其连接线工程，不仅可以有效解决海西动漫创意之都对外通道问题，还对提升滨海旅游产业产生积极意义。

2）长乐旅游资源分布。长乐市位于闽江口南岸，福建省中部沿海，是福州市的门户，国内屈指可数的空海“两港”城市。市区距福州市中心 29km，长乐国际机场距福州 49km，全市总人口 66 万人。长乐市江海山野自然风光绚丽，尤其是沿海旅游资源十分丰富，海岸线绝大部分是可供开发的沙质、石质海岸，不仅适宜开发海滨浴场，而且是修建休闲娱乐度假设施的理想区域，因此，在改善和保护长乐生态环境的前提下开发旅游资源和生态旅游，对于建设长乐港口工业和滨海旅游城市的宏伟目标，对于促进长乐社会与经济快速、健康、持续发展，具有重要而深远的意义。

② 规划回顾总结

③ 现状综合分析

1）现状土地利用　规划区所涉及范围内用地分为以下几类。

沙滩：分布于象鼻山及南澳滨海一带，自西向东绵延约 6km，沙粒较细，具有极高的休闲价值。

水田：集中分布于大鹤村数块基本农田分布的水塘。

林地：分布于用地范围内各处，主要树种为松树以及木麻黄等。较为集中的林地位于地形坡度较大的地带以及沙滩和滨海路之间的防护地带。

村庄：规划区内有大鹤村、石壁村、谭赶兜村等三个现状村。

已建用地：包括环海大酒店、吉香水产养殖场、象鼻山船舶管理站等。

现状交通系统：规划区尚未形成完整的道路系统，主次干道及支路尚未组织，仅有几条狭窄的水泥路和土路，水泥路为 3～5m，道路密度低，路面质量差，受雨季影响大。目前规划区缺乏停车场和交通服务设施。

基础设施建设：规划区旁紧邻着福州长乐国际机场，规划区内有机场雷达站和机场污水处理厂和一个加油站外其余基础设施建设落后。

其他：包括空置地、南澳军事用地、机场雷达站等。

2）旅游资源和开发现状分析

自然资源景观：规划区北部为大鹤树林公园，森林茂密，环境优美，空气清新，是长乐市城镇体系中确定的滨海旅游岸线之一，也是长乐市旅游规划中的重点区域之一。规划区中部山峦起伏，沙滩连绵，海边奇石树立，海中小岛列耸，组合成山、峰、石、海、滩、岛礁珠联璧合的滨海景观。

人文资源景观：规划区内现有居民多为渔民，在南北澳均有渔港船坞，规划可根据当地渔民的日常生活场景、捕鱼经历，开发渔家风情区，让游客体验海文化、渔家文化，提高旅游区参与性，让游客感受当地古朴的民俗风情。规划区南部海域为长乐海蚌资源保护区，身价暴涨的漳港海蚌目前已经成为高档酒店的特供海产品，游滨海风光，品美味海鲜已经成为规划区不可替代的开发特色。此外，规划区内还有包括驻军撤走留下的战壕，坑道等军事设施，规划可结合军事展示和教育场所进行开发利用。

开发现状：规划区建设有南沃环海大酒店、远东城别墅和开发滨海浴场等旅游设施，但现状都处于闲置和停滞开发状态，离旅游区的标准还有很大的差距。随着海西动漫创意之都和滨海大道南北澳段的建设，这状况将能得到极大的改善。

山：沿海岸线分布着平地拔起的小山头分别为南澳山（33.5m）、东澳山（29.3m）、钱筒山（21.4m）、雌山（27.5m）以及葫芦山（55.7m），山头植被有些较差，通过景观改造它们，结合它们的高差以及海岸线的弯曲形成丰富的景观。

石：海岸线有石头伸入形成礁石岸线，有猫山等造成巨浪拍石的壮观景象。沙滩也分布着一些大小不一的石头，成为沙滩点缀异样风景。南澳段的沙滩石头较多。

沙滩：沙滩宽窄不一，约 30～80m，沙质品质较好。此沿海沙滩未真正开发，环境污染较轻。

海水：海水较清澈，水质较好。

3）地质地貌。规划区域内主要为沙丘和山林，地势高低起伏不平，高差较大。用地高程在 2.0～38.0m 之间。从地层来看，第一层为风积沙层，厚度 4～6m，土壤承载力约 10t，第二层为海积层，为细粉砂和细砂，其下为残积层到基岩，含有泥质或中间薄层淤泥，厚度5～7m，承载力10～15t。防护林主要是松树，木麻黄等乔木，沿海已有不少防护林被沙所侵蚀，形成沙包。山间存在挖掘地和采石场，已造成沿海的植被和生态破坏。规划区内草地植被较少，水系分布少，平坦地几乎以农田种植和水产养殖开发。

4）水文气象。规划区气候类型为亚热带海洋性季风气候，气候温和，雨量充沛。年平均气温19.3℃，平均降雨量1382.3mm。全年主导风向为东北风，平均风速4.1m/s。夏季有台风登陆，最大风速34m/s。附近海域的潮汐明显，属正规半日潮。多年平均最高潮水位为3.89m（黄海高程），平均高潮水位2.444m，50年一遇年最高潮水位为5.07m，该海域潮汛为有规则半日潮，周期从初一至十六。受潮水高潮顶托，容易造成6m以下高程地区内涝。

5）分析结论

a. 有利因素。全线临海，有绵延数里的沙滩。海水洁净，水温适中，沙滩清一色的细纯沙粒，如银屑布地，质细坡缓，沙软潮平，滩床宽阔，是沙滩休闲、踏浪嬉水和开展各项海上沙滩运动的理想场所。基地内有保护较好的几片木麻黄防护林区，这些防护林不仅能抵御风沙的侵蚀，同时也是滨海景观的一大特色。海岸线上座落着几座形态迥异的小岛和礁石，独具风格，为滨海旅游增添不少亮点。

b. 不利因素。该地区处于台风的多发地带，并常年风沙大，虽有防护林抵挡着风沙的侵蚀，但由于岸边沙滩没有得到锚固，海水还是携着沙土不断向海岸线侵蚀。海岸线的土质相对盐碱度较高且较为贫瘠。这些都不利于部分生态群落的生长，从而影响植物景观的塑造。可建设用地较少，由于长乐国际机场二期发展用地紧临海岸线以及现状有几处部队用地，对基地的开发和景观组织带来一定的限制。

基于对滨海大道沿线的地形地貌及水文气象的分析，我们可以看到这些由海、沙滩、防护林、农田、渔村组成的大地肌理是大自然与人们生产生活过程中经过若干年岁月更替而形成的。这片土地的特征，代表着当地的地域文化，她有着深层的意义。因此本次的规划设计应很好地结合这片土地的艺术地域肌理，保留其沉淀的积极信息，并充分考虑工程建设带来的消极因素。例如，如何采取有效措施保护海岸线免受侵蚀、如何将工程建设带来的生态破坏程度降到最低、如何将防风固沙工程与景观美化相结合等问题。

（2）规划依据与期限

① 规划依据。《中华人民共和国城乡规划法》，《中华人民共和国土地管理法》，《城市规划编制办法》（2006年4月1号），《城市规划编制办法实施细则》，《旅游规划通则》，《旅游资源分类、调查与评价》，《城市用地分类与规划建设用地标准》（GBJ 137—90），《城市道路交通规划管理技术规定》（GB 50220—95），《福建省控制详细规划编制办法》，《长乐市域城镇体系规划》（2002年），《长乐市旅游发展规划》，《长乐市漳港总体规划修编》（2005年），《空港南北澳控规》（2008年），等等。

② 规划期限。规划期限为2009～2020年，建设分近中、远两期实施。

近中期：2009～2015年。远期：2016～2020年。

（3）规划设计原则

① 生态可持续发展原则。尊重现有的海岸线，寻求保护海岸线与区域发展建设并重的方案解决措施。以绿地、沙滩、海面为主基调，合理组织道路交通，利用现有环境资源形成良好的旅游休闲环境，遵循低密度、低强度开发的原则；同时尽量满足游客的亲水性需求。

② 协调区域发展原则。注重与周边旅游项目的协调统一，包括用地功能、道路交通联系、景观风貌建设，以及旅游设施项目等方面，使其成为长乐市滨海观光带的有机组成部分，提升长乐市东部城市形象。

③ 实施可操作性原则　利用现有的土地资源优势，实施整体设计、分期建设战略，注重社会效益、经济效益和环境效益。

（4）规划设计理念

① 规划构思。依据景观生态学原理，遵循海岸线的自然生态群落结构，保留和修复离最高潮位线30～60m的原始生态植被，确保海岸生态完整性。

充分利用滨海生态资源，进行科学保护、适度开发建设，通过带状空间中的重要景点，形成系列景观、突出各段主题，提高游客的参与性。

以抗风固沙植物造景，形成“功能与生态”相结合的交融环境，打造一个富有生态特色的滨海景观大道。

② 功能定位。在福州城市“东进南扩”的战略框架下，长乐东部滨海地带的交通和区位条件得到极大的改善和发展，以海西动漫创意之都为标志集创意产业、文化旅游、休闲度假项目的启动，为长乐滨海大道的建设带来良好的契机。滨海大道将成为未来福州滨海新城的重要交通干道，承载着福州环江环海交通功能兼观赏休闲功能。

③ 规划主题。综上所述，我们初步确定本次规划设计主题为“滨水纽带　生态长廊”。

解读：滨水纽带，水域孕育了城市和城市文化，成为城市发展的重要因素，而修建于海岸线上的长乐滨海路更是滨海旅游经济发展的重要引擎和纽带，同时也是展示长乐优美的滨海景观和经济文化的重要窗口。生态长廊，以建设滨海路为契机，依托现状沿海防护林，大力开展生态建设，构建以完善海岸带林地系统为基础的绿色长廊，从而改善生态环境，营建优美的海岸景观，实现海岸带区域社会经济与生态环境的全面协调和可持续发展。

（5）总体规划布局

① 规划结构与布局分析。规划结合现状资源，通过道路交通组织，最终形成“一轴、两区、三段、四带”的功能结构形式。

一轴：滨海旅游发展轴，依托滨海自然资源、地理区位、人文环境等优势，以建设滨海路为契机，遵循低密度、低强度的开发原则，打造一条集休闲度假、生态观光旅游为主的综合滨海旅游发展轴。

两区：商务休闲度假区、渔家风情体验区。

商务休闲度假区：该区域位于南澳片区，东至滨海，西至机场二期用地，依山临海。现状为防护山林，规划从环境角度综合考虑，适度开发，主要设有游艇码头、商务星级酒店、海滨沙滩浴场等，将南澳片区打造成一个集商务、度假、游玩于一体的综合性旅游度假区。

渔港风情体验区：该区域位于北澳象鼻山，现状有自发建设的避风港和成片的防护山林，规划将对其整合成一个渔人码头，并在避风港一侧建造江南风情的渔家小院美食街，结合象鼻山观光林地，山地木栈道、迎风亭等休闲设施，形成一处吃、住、游玩一体的旅游场所。

三段：生态密林段、临海迎风段、创意发展段。

生态密林段：该段位于南澳山西侧，风景秀丽，防护林茂密葱绿，规划将利用其自然风貌，并通过增植花灌木和观赏性乔木，强调绿色生态结构，形成一段富有生态特色的道路景观。

临海迎风段：该段紧临海滩，风沙较大，面临海岸侵蚀的风险，规划将通过采取防风固沙植被的选择、种植初期防护等一系列措施，保证植被的成活率，形成一段具有特定的物质结构，符合自然科学观念的滨海道路景观。

创意发展段：该段位于象鼻山西侧，紧临海西动漫创意之都，受风沙影响较小，规划将通过布置富有新颖创意的小品和适当种植色叶乔灌木与创意产业相呼应，形成一段让人耳目一新的创意道路景观。

四带：旅游观光带、生态保育防护林带、沙滩休闲带、海上运动娱乐带。

旅游观光带：将南澳现状道路加以改造整合，形成7m观光车道和4m人行步道，并在两侧布置富有特色的休闲木屋、观景平台、咖啡吧等设施，形成一条供游人停车驻足、漫步休闲的滨海旅游观光带。

生态保育防护林带：沿海防护林体系是滨海城市的重要防线，但滨海路的建设势必破坏部分原有生态林，使周边用地及道路暴露在风沙之下受侵袭的危险，因此，本规划将沿着距离滨海路30～60m处修筑一条顺岸坝，作为第一道防线。并在顺岸坝内侧种植木麻黄、马鞍藤等防风固沙植物，结合原始生态林形成生态保育防护林带。

沙滩休闲带：该段沙丘连绵，沙质细腻洁净，是极佳的天然游玩场所，因此，本规划建议对沙滩上不良垃圾进行清理不做过多人为干预，为游人提供一处看海、观潮、听涛、戏沙、漫步沙滩的休闲带。

海上运动娱乐带：海上运动娱乐是人们度假休闲、享受自然的最佳方式之一，规划将在临沙滩海域设水上排球，摩托艇、气垫船等一系列娱乐项目。

② 总体鸟瞰图（图8-64）

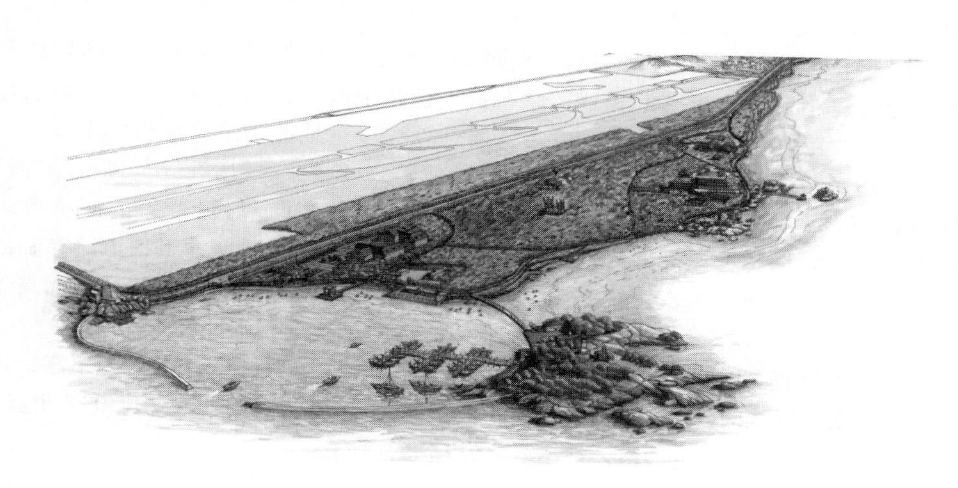

图8-64　总体鸟瞰图

③ 总平面规划图（图8-65）

（6）专项规划研究

① 线型走向方案比较。本项目路线按城市一级主干道标准进行设计，红线宽度64m，设计速度每小时60km，并提出三种线型走向方案。

1）方案一（推荐方案）。方案概况：线型沿着南澳山西侧，穿过机场红线、农田通达海西动漫城片区。优点：道路竖向处于最高潮水位之上，对海岸线生态资源破坏小，南澳山地段受风沙影响也较小。保证旅游休闲空间不受来往交通所产生的负面影响。与周边相交道路衔接较好，工程造价较低。缺点：道路由于处在防护林中，景观视觉界面较弱。

2）方案二。方案概况：沿南澳山东侧临海布置，沿沙滩边界布置，通达海西动漫城片区。优点：全线临海，景观视觉界面优越。缺点：对原有防护林破坏较大，海岸防护工程难度较高，受风沙侵袭的程度更为严重。

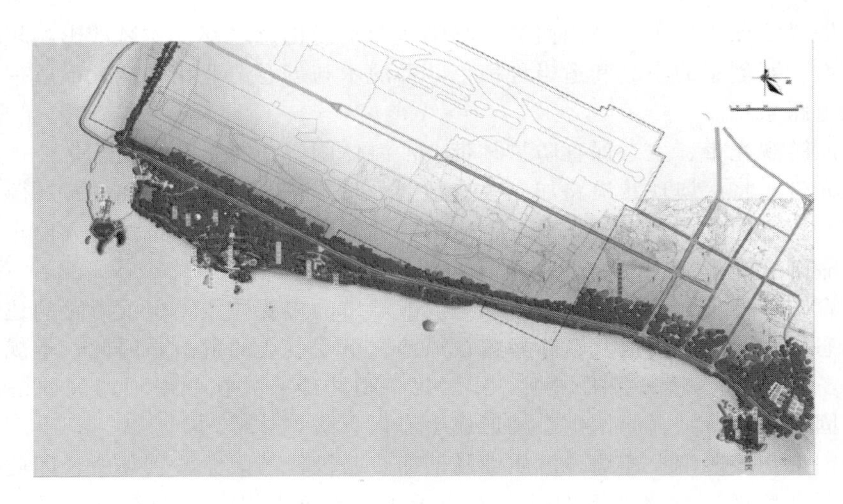

图 8-65　总平面规划图

3）方案三。方案概况：沿南澳山东侧临海布置，并在临海岸线海域设置高架桥通达海西动漫城片区。优点：保护海岸生态资源，不受风沙影响，不影响机场建设用地，交通顺畅。缺点：造价昂贵，与周边道路衔接存在难度，对周边地块开发不利。

② 推荐道路方案系统规划

1）道路规划。本项目路线方案基本上以规划选址蓝图道路走向为主，南连接线路线均利用机场侧原有道路。南北澳段沿规划道路布置，道路中段 K1＋400～K2＋460 段占用了规划长乐机场的红线范围，考虑机场建设的特殊条件，该段远期改为下穿通道的形式，近期暂按标准断面修建。路线起点位于动漫创意之都，道路起点至长乐机场红线范围段均为跨海滩段，长度约 2.4km；受大海潮汐和台风的影响，该段道路现状为海沙覆盖的海岸及防沙林段；根据现场情况，现状地面高低起伏，临海段沙滩低洼；为了实现本工程道路在临海段海堤“四防”标准，道路线型基本按规划走向，临海段适当靠内侧，同时确定道路标高走高线（填方为主）以满足“四防”标准。

平面线形：南北澳段全线共设平曲线 2 处，平曲线半径均为 1500m，不设超高；南连接线共设平曲线 2 处，平曲线半径为 80m、10000m，不设超高；北连接线共设平曲线 4 处，平曲线半径为 320m、300m、150m、75m，不设超高与加宽。

2）交通工程组织

设计原则：通过对设计项目重要性的深刻理解，对本项目建设特点的归纳与分析，以及对设计项目区域道路网规划、交通量发展、交通组织分析、道路交通工程现状的认识，针对本项目交通工程勘察设计我院确立如下原则。紧密结合项目特点，考虑项目所在地的实际情况，特殊问题专项研究。交通工程的设计将始终贯彻“安全畅通”的设计理念，从道路使用者与道路管理者的利益和需求出发，结合道路特点，充分发挥交通工程和沿线设施对道路科学管理及安全服务的功能。综合考虑交通工程及沿线设施的安装、使用、维护和功能扩展等需求。

工程概况：交通标志，本次设计在全路段都设计交通标志牌以便和交通标线配合达到快速、安全的疏导车辆和行人的目的。具体详见“标志一览表”。交通标线，本工程范围内在全路段均采用交通标线划分车道，所有地面线和标记均采用白色热熔反光材料，具体如下。车道线：机动车道标线由车道边缘线和车道分界线组成，车道边缘线为实线，线宽 20cm，车道分界线为 6m 划线，9m 空的虚线，线宽为 15cm。在正常路段上，根据道路机动车道横断宽度，机动车道划分为双向 6 个车道，车道宽度均为 3.75m（车道线中心到中心的距离），路边缘线距机动车道立缘石距离 25cm（车道边缘线中心到立缘石的距离）。停车线及人行横道线：人行横道宽 5m，停车线距人行横道线 3.0m，均为白实线，线宽 0.4m。箭头：在交叉口处表示车道功能的车道箭头均为白色实线，箭头长 6m，线宽 0.3m，在进出口道处根据道路等级设置 2～3 组。本道路在人行道上全线做无障碍设计，并在人行横道布置触感材料和缘石坡道。

南北澳生态密林段

南北澳临海迎风段

图 8-66

图 8-66 路幅布置

3）路幅布置。南北澳段，规划长度5.6km，规划控制红线64m，近期实施断面双向六车道30.5m，分别为：16.75m绿化控制带＋12.25m机动车道＋6m中分带＋12.25m机动车道＋16.75m绿化控制带（含防洪堤观景漫步道）；远期实施断面为：7.75m绿化侧分带＋7m混合车道＋2m绿化边分带＋12.25m机动车道＋6m中分带＋12.25m机动车道＋7m观光车道＋7.75m防洪堤观景漫步道；其中k1＋400～k1＋460段机场用地采用箱涵下穿通道（图8-66）。

旅游观光道一号线：规划长度2.35km，规划控制红线11.5m，分别为：0.5m路肩＋4m车行道＋2.5m停车带＋4m人行道（图8-67）。

图8-67 旅游观光道一号线

旅游观光道二号线：规划长度1.8km，规划控制红线7m，分别为：0.5m路肩＋3m左车行道＋3m右车行道＋0.5m路肩。

观景漫步道：规划长度约6.5km，其中滨海大道k0＋000～k2＋300处为3.75m防洪堤观景漫步道，其余沿海岸线衔接顺岸坝顶布置（图8-68）。

图8-68 观景漫步道效果图

北连接线：规划长度约4km，规划控制红线15m，分别为：2m人行道＋1.5m绿化树池＋4m左车行道＋4m右车行道＋1.5m绿化树池＋2m人行道（断面图、平面位置示意图）。

北连接线分两条，北连接线1为起点接南北澳段动漫创意之都路口，终点接201国道锦江科技北路口，道路全长1977.846m；北连接线2为起点接临海南北澳起点延伸段，与北接线1中间十字交叉后，终点南接规划的长乐机场路，道路全长2932.054m。北连接线道路宽度规划为15m，行车道宽度为8.0m，两侧人行道宽度3.5m（含树池1.5m）。

南连接线：规划长度约1.3km，规划控制红线8m，分别为：0.5m路肩+3.5m左车行道+3.5m右车行道+0.5m路肩。

③ 道路工程竖向规划略。

④ 道路工程管线规划。设计范围为道路红线范围内之路面上的杆线，路下雨水管（沟）、污水管道、给水管道、电信管道、电力缆沟、燃气管道、中水管道、路灯电缆及交通信号电缆。

1）管线设计原则。

尽量满足规划道路上已有管线的布置要求，并作为进一步设计的依据。

尽量与各交叉道路上现有或已规划管线顺接。

断面布置尽量满足各管线安全净距要求和管线单位的习惯做法。

路灯电缆、交通信号监测缆布置于道路下最顶层。

燃气、电信、电力、给水、中水管道在排水管沟上通过。

雨、污水管（沟）在其他管线下通过，在符合排出口要求的前提下，尽量减少埋深。

管线交叉在一般情况下应遵守：小管让大管；支管让主干管；非重力流让重力流管；可弯曲管让不可弯曲管。

2）给水管道。根据《长乐空港南北澳片区控制性详细规划》中对本片区的给水规划，本次设计在南北澳路段全线道路西侧布置一根$DN250$的给水管，东侧布置一根$DN100$的给水管；在北连接线一的道路北侧布置一根$DN200$的给水管；在北连接线二的道路西（北）侧布置一根$DN300$的给水管；给水管道位置详见道路管线横断面图。沿线每隔120m布置预留横穿管。

3）雨水管道。设计暴雨径流量采用如下公式计算：

$$Q=\Psi\times q\times F\ \ (\mathrm{L/s})$$

$$q=\frac{1310.144\times(1+0.663L_g p)}{(t+3.929)^{0.624}}\ \ [\mathrm{L/(s\cdot hm^2)}]$$

$$t=t_1+mt_2$$

式中，Ψ为径流系数，取值0.67～0.68；F为汇水面积，hm^2；q为暴雨强度，根据福建省长乐市暴雨强度公式计算；p为重现期，取值1年；L_g为压强对数；

t_1为地面集水时间，min；t_2为管道内水流时间，min；m为管道空隙迟缓系数。

4）污水管道。本工程为为南北澳段道路、南连接线、北连接线一、北连接线二，共四条道路污水管道设计，各条道路污水管线的布置详见道路管线横断面图和污水管道设计平面图。根据《长乐空港南北澳片区控制性详细规划》对该片区的规划及道路竖向设计，污水管道收集道路两侧地块污水后，北连接线一、北连接线二及南北澳段道路北段（k0+000至k0+940）排入金峰污水处理厂；南北澳段道路南段（k0+940至终点）污水排入机场规划污水处理厂。污水管道布设在道路西侧绿化带下距道路边缘石3.5m处，沿线每隔250m布置预留管。

5）电力电缆。电力电缆沟布置详见道路管线横断面图。电力电缆穿越交叉路口时，应采用混凝土包封的$DN100$钢管，分层及并列布设，并于交叉口两侧设置电缆人井。路段内每隔100m左右预留$DN110$套管横穿支线供用地使用需要。

6）电信管道。电信管道（含联通及移动通信）布置详见道路管线横断面图。规划为6-ϕ110PVC管。电信管道穿越交叉口时应采用$DN110$套管并列敷设，路段内每隔100m左右

预留 $DN110$ 横穿支线供用地使用需要。

7）燃气管道。燃气管道设计布置在南北澳段道路西侧绿化带上，距离道路边线 6m，规划管径 $DN150$。场地用气预留 $DN80$ 管道接口，间隔约 200m。

8）路灯电缆。路灯电缆采用双侧布置在道路绿化带内，管位距离机动车道路缘石 0.6m。电缆采用钢套管埋设。

9）交通信号电缆。交通电缆布置在道路两侧绿化带内，管位距离机动车道路缘石 0.3m。电缆采用钢套管埋设。

10）中水管。布设于道路中分线绿化带下，距道路边线 1.5m 处。

⑤ 防风固沙系统规划。沿海防护林体系是沿海防灾减灾体系的重要组成部分，在消浪、护岸、水土保持、水源涵养、防风固沙、生物多样性保护等方面起着其他工程体系不可替代的作用。因此，沿海防护林体系是抵御沿海地区重大自然灾害、切实维护沿海地区生态安全和长治久安的需要。

指导思想：以维护生态安全、优化生态环境、提高人民生活质量为目标，以改善滨海地区生态环境、增强防护抗灾能力为主要目的，兼顾经济效益、景观效果，实行多树种科学布局，合理配置，带、网、片、点结合，建成适合长乐滨海的绿色生态屏障，保障人民生命财产安全。

1）绿化规划

区域种植条件分析：基地处于台风的多发地带，常年风沙较大，土壤含盐碱度较高，造林技术难度较大。但基地已拥有几片成气候的木麻黄、马尾松等防护林区，生长状态良好，因此，只要采取科学合理的植物培育技术，在此区域营造特色滨海道路绿化景观和海岸线防护林带是完全可行的。

种植规划原则：科学规划，合理布局原则，按照生态系统健康理论，仿照地带性自然群落的组成与结构进行树种配置，使森林生态系统获得最大的稳定性和效益，营造既满足防风护岸等生态功能要求，又具地方特色，富有节律变化的自然森林景观；因地制宜，适地适树原则，根据气候和土壤类型差别，海风、海雾等限制因素，明确各树种的生态特性和生态适应幅度，依据立地条件和灾害特点选择主要造林树种；生态优先，兼顾其他原则，坚持以海岸防护、实现抗灾减灾为目的，同时，在满足主体功能要求的前提下兼顾考虑具有更高观赏性的景观树种。

树种选择如下。

道路植栽设计：道路植栽设计采用具有抗风力强，耐盐碱的木麻黄、高山榕等作为主要树种，并在风力较小的地段搭配台湾栾树、刺桐、黄槿、风铃木等景观树种；灌木采用具有一定耐盐碱能力的火棘、厚叶石斑木、千头木麻黄、海桐、红叶石楠、红背桂、花叶假连翘、马缨丹、马鞍藤等色叶和开花植物，创造别具一格的海滨风情。

道路（创意发展段）植栽设计采用台湾栾树、风铃木等色彩丰富的开花树种，外围用具有抗风力强、耐盐碱的木麻黄；灌木采用具有一定耐盐碱能力的火棘、海桐、红背桂、花叶假连翘、马鞍藤等色叶和开花植物，营造出创意发展段的热烈缤纷的氛围。

道路（临海迎风段）植栽设计采用具有抗风力强、耐盐碱的木麻黄、高山榕、黄槿等景观树种，对临海段的特殊环境进行相应的适应，灌木采用具有一定耐盐碱能力的厚叶石斑木、千头木麻黄、海桐、红叶石楠、马缨丹、马鞍藤等色叶和开花植物，面朝大海，热带滨海风情魅力十足。

道路（生态密林段）植栽设计采用具有抗风力强，耐盐碱的木麻黄、高山榕、黄槿等景观树种；灌木采用具有一定耐盐碱能力的厚叶石斑木、千头木麻黄、海桐、红叶石楠、马缨丹、马鞍藤等色叶和开花植物，道路周边的绿化带运用较多的木麻黄创造一幅绿荫环绕的海滨风情。

海岸防护林带营造：海岸防护林带选择木麻黄作为先锋树种。沿海风沙土、沙荒风口、脱盐淤泥海岸或荒山岛屿均可作为木麻黄的造林地。沙坡地则种植藤本和仙人掌类植物，增强覆盖固沙作用。

2）防风固沙种植技术及养护措施

种植技术：植树季节应遵循自然规律，一般选择气候转暖、雨水增多的3、4月份，可增加植物成活率，沿海木麻黄防护林宜选用两年生大苗密植；改良土壤成分，可通过抬土整地、开沟筑垄、铺设盐碱隔离层等方法，降低盐分，增加土壤通透性，实现盐碱地土壤改良的良性循环；苗木定植后应合理灌溉抑制土壤返盐，采用围埝蓄水、人工浇水和蓄积雨水进行洗盐淋碱，保证植物正常生长。

植物养护措施：植物种植初期养护措施得当，可有效防止植物受损或死亡，提高造林成效。

滨海路绿化种植养护：采用竹编防护栏、乔木绑扎、立防护支架等措施，保护植物幼苗正常生长。

木麻黄种植养护：将木麻黄种植于修筑的顺岸坝内侧，并开沟排水，可抵挡风沙的冲击；顺岸坝以外的防护林，在临海一侧用沙袋或枝条建造防风墙，然后客土造林，提高造林成效。

地被植物种植防护：利用防浪拦沙堤，阻沙栅栏，蜂巢式固沙障，化学固沙剂和覆网等综合措施，稳定沙面，减小风沙流的危害改善沿岸地被植物生长环境。

⑥ 海岸线驳岸保护措施。长乐海岸线处于长江口与珠江口海岸线的正中，全年主导风向为东北风，风浪较大，因此，对海岸线的防护不容忽视。然而，海岸侵蚀防护是一个涉及多方面的系统工程，只有通过对岸线的变化、岸滩侵蚀速率的对比和剖面形态分析，近岸带水文泥沙现场的观测，判断目前的海岸侵蚀状态，才能对岸滩侵蚀数值进行模拟预测，为未来海岸防护工程方案提供模型数据。

滨海大道南北澳段有三种类型的海岸线：从环海大酒店沿南澳山至机场建设用地段，拥有成片木麻黄防护林的海岸线；机场建设用地至象鼻山段，连绵沙滩和农田鱼塘相接的沙质海岸线；象鼻山段，主要是由避风港、礁石和陡峭岩壁组成的岩石海岸线。

本规划将针对上述三种海岸线提出了一些基本措施作为未来发展的指导。

从环海大酒店沿南澳山至机场建设用地海岸线：现状成片的木麻黄林已经形成一堵可靠的风障墙，因此，对该片区的开发应尽量保留防护林，并在此基础上扩大藤本植物种植面积，进一步发挥防风固沙作用。

机场建设用地至象鼻山沙质海岸线：滨海大道的建设紧邻沙滩，受风沙侵袭和海浪冲击的风险很高，因此，该段将重点采取一系列工程措施为滨海大道提供一个安全的行车环境。首先，以高出百年一遇的年最高潮水位筑造防洪堤，作为第二道防线。其次，沿防洪堤外侧30～60m处修筑一条高出多年最高潮水位的顺岸坝，作为第一道防线。并在顺岸坝内侧种植木麻黄、马鞍藤等防风固沙植物，降低道路被风沙侵袭的风险。随着南北澳旅游开发的推进和成型，建议在该海域修筑防波堤，防波堤是从海岸伸向海中的屏障构筑物，可有效地阻止平行海岸沙土流失，将海滩划分为几个更加宜人分区。

象鼻山海岸线：现状为岩石岸线，建议该段通过现场观测，在较薄弱的岩壁岸线采用抛石的措施进行加固。

⑦ 防洪排涝规划

1）近期设计。城市道路需解决道路范围内的雨水，及道路两侧地块的雨水排放。本次设计雨水管道布置于混合车行道下，沿线每隔200m布置预留横穿管。本工程雨水管一般顺道路坡度排水，在道路相对低点的位置排向大海。近期的雨水系统共有7个雨水排放口排入大海。根据规划区的水文资料显示：规划区内多年平均最高潮水位为3.89m（黄海高程），50年一遇年最高潮水位为5.07m，该海域潮汛为有规则半日潮，周期从初一至十六。

规划区防洪标准按20～50年重现期考虑，地块堤防工程的防洪标准按防护区内防洪标准较高防护对象的防洪标准确定。区内防洪标准按50年，即5.57m设防。

设计道路最低点标高为8.11m，潮水不会倒灌入片区内部地块。

2）远期设计。因为本项目k1＋400～k2＋460段道路线形位于规划的长乐机场红线范围内，道路设计将该段道路远期改为下穿通道的形式处理，既能保证道路的正常通行又能保证机场的正常使用。为此该路段的雨水排放远期采用雨水深坑结合提升泵的方法排放，在下穿通道内共设置3座提升泵站。

3）防浪墙专项。本设计对临海沙滩段采用浆砌挡土墙配砌石护坡防护，防护的目的主要为抗风沙、抗海浪。根据现状已有的防浪防风堤所显示出来的效果来看，采用框体坡面防护的效果并不很好，因为斜坡面为海粉砂提供二次搬运的载体；在强台风的影响下，被卷起粉沙漫天飞舞，并堆积起来，形成流沙层。因此，本道路在临海段选用直立的挡土墙形成第一道天然屏障，在墙顶浆砌实体护坡，将卷起的粉沙挡在坡面上，经过坡面流下。挡土墙外根据海滩宽度，修建防沙林作为第二道天然屏障。

⑧ 夜景灯光规划（图8-69）

图8-69　夜景灯光规划

1）设计原则。道路照明设计必须满足车辆通行要求，本项目采用城市主干道的照明标准；道路照明除使道路表面满足亮度要求外，照度、亮度均匀，使驾驶人员视觉舒适，并能看清道路周围环境；根据道路的现状，合理选择灯具及其布置方式，力求做到与周围环境相协调；提倡绿色照明，选择高效光源及灯具。光源选用高压钠灯，色温约2000K，灯具效率不低于0.8，防护等级不低于IP65。灯具、灯杆耐腐蚀、强度高（能抵抗184km/h的风速）、造型美观耐用；道路照明采用带软启动功能的调压节能设备，一方面能节能，另一方面能延长路灯光源使用寿命，减少维护费用。

2）设计技术标准。车行道平均初始照度30lx；交叉口平均初始照度35lx；照度均匀度大于0.4；维护系数为0.7。

3）设计概要。道路照明工程设计范围为：共分为三段，分别为滨海大道南北澳段、南连接线段、北连接线段道路范围内的机动车道、非机动车道和人行道的照明设计。

根据道路横断分幅情况，本项目南北澳段采用单杆双挑的灯杆形式，双侧对称布置在设施带内；杆高10m，杆距为35m。车行道侧灯具选用：光源选用高压钠灯：NG-250W，人行道侧灯具选用：光源选用高压钠灯为NG-150（灯具样式由业主确定，灯具应满足设计要求）。

北连接线段道路采用单杆双挑的灯杆形式，双侧对称布置在设施带内；杆高 10m，杆距为 35m。车行道侧灯具选用：光源选用高压钠灯：NG-150W，人行道侧灯具选用：光源选用高压钠灯：NG-85（灯具样式由业主确定，灯具应满足设计要求）。

电源设置：根据设计负荷容量本工程分别于南北澳段 k1＋000、k2＋000、k3＋000 处左侧各设置 1 台 100kVA 箱式变压器 1 台路灯控制柜。在北连接线 k1＋000 处下侧各设置 1 台 100kVA 箱式变压器 1 台路灯控制柜。

缆线配置：路灯采用三相五线制照明线路，用跳接法方式一次性配线。电缆接头采用 DT 系列铜接线端子连接，压接法干包式绝级处理（从内到外依次粘二层 PVC 胶黏带、一层 PVC 相色带、一层 PVC 胶黏带，共四层胶带），其接线均在基座内进行，相间及相对地绝缘电阻：$R \geqslant 10M\Omega$。

选用 YJV-1kV 电缆供电，电缆采用套 PV63 管并铺 40cm 砂保护敷设，横穿及交叉口则套 SC63 镀锌管保护敷设。变压器和控制柜之间的连接线选用 YJV-1KV-4×120。

灯线采用：路灯功率 250W、150W、85W 的线芯截面均为 2.5mm。路灯采用就地式电容补偿，功率因数提高至 0.9 以上。熔断器配置：采用 RC1A-10A 插入式熔断器。NG-400W 采用 10A 熔丝，NG-250W 采用 6A 熔丝。

防雷与接地：为保证道路照明系统安全、可靠运行和人身安全，采用 TN-S 的接地系统。道路全长均敷设接地线（五芯电缆中的 PE 线芯）。每根灯杆处均设接地极，接地极用镀锌圆钢 Φ25mm×2500mm。PE 线在灯杆接地螺栓处用 BV-25 专用接地线与接地极可靠连接，接地电阻 $R \leqslant 10\Omega$。灯杆金属外壳、灯具金属外壳、箱式变压器金属外壳、路灯控制柜金属外壳、电缆井等的金属部件也都应可靠接地。

每盏灯 220V 供电，相序按 L1、L2、L3、L3、L2、L1 以便三相阻抗基本相同。

箱式变压器 10kV 进线电源侧加装避雷器，0.4kV 侧加装电涌保护器。

由于片区尚未形成，10kV 进线（YJV22-10kV-3×70）电源的连接需要供电部门的配合，进线长度按照每台变压器需 500m 暂列，施工时根据实际长度计量。

（7）工程投资估算　滨海路南北澳段、南连接线段、北连接线段路线总长度 11.859km，投资估算（建筑安装工程费用）总金额 2.085 亿元，其中滨海路南北澳段投资估算 16424.98 万元，南连接线投资估算 436.16 万元，北连接线一段投资估算 1527.98 万元，北连接线二段投资估算 2461.18 万元。

8.9 泉州滨海路市政景观工程规划设计

（设计：北京城市建设设计研究院　莫仁冬）

8.9.1 国内外滨海区景观道路发展趋势

（1）国外滨海区景观道路的发展　20 世纪 50 年代以来，随着世界性产业结构的调整，发达国家城市滨海地区经历了一场严重的逆工业化过程，近海岸原有工业区逐渐为以金融、信息等高新技术产业所取代，进而将城市滨海区建成一个兼顾工作、生活和娱乐的多功能城市用地。

阿布扎比滨海大道环绕着海岸线，总长 10 多千米，大道旁边不仅有高大的桉树、椰枣树和灌木树丛，还建有各具风格的小花园、绿草地和喷水池，与路旁的湛蓝大海融成一片，成为了阿布扎比一道靓丽的风景线（见图 8-70）。

多哈海滨大道 CORNICHE（见图 8-71）长约 10km，由南向北面成 C 形环抱着多哈湾。海滨大道中心点的海面上“椰树岛”，好似一颗翠绿的珍珠，镶嵌在碧波荡漾的多哈湾的海面上。大道中间有宽阔的绿地，种植着绿茵茵的草坪、常年盛开的鲜花和高大的椰枣树，与多哈湾湛蓝的海面相映成趣。

图 8-70　阿布扎比滨海大道

（2）国内滨海区景观道路的发展　国内以上海市浦东陆家嘴地区规划设计为先导，东部沿海、长江流域及珠江流域的各大城市相继组织了多次滨海区规划与设计的竞赛和咨询。城市滨海区开发建设正成为我国城市建设新的热点，各地也把建设良好滨海环境作为提升城市形象的重要手段，并以此来促进城市旅游业及经济贸易的发展。

(a)

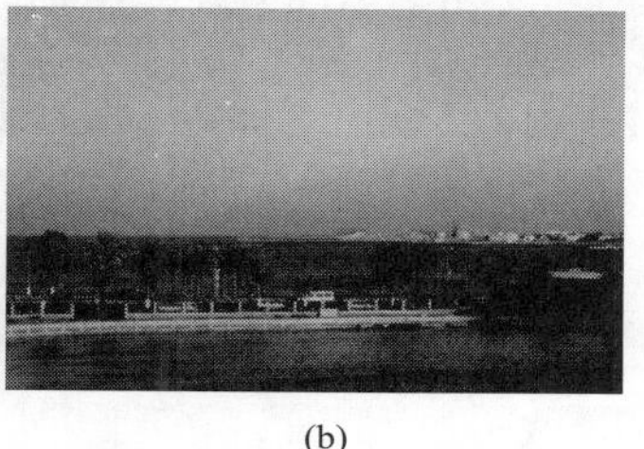

(b)

图 8-71　多哈海滨大道 CORNICHE

青岛滨海路充分利用了城市的自然滨海资源，展现了城市的特色和韵味。全长 12.8km，宽 44m，道路两旁各有 10m 的绿化带和 5m 的人行步道，被誉为全国最大、品位最高的环境艺术长廊。如图 8-72 所示。

(a)

(b)

图 8-72　青岛滨海大道

深圳滨海大道（见图 8-73）全长 9.66km。填海而成，双向 8 车道，中间设置绿化隔离带及两条辅助车道、行人道和休闲道。在其南侧修建数公里的休闲道、观景台及一座生态公园。

厦门环岛路（见图 8-74）全程 31km，宽 60m，双向 6 车道（含两条慢车道）。环岛路依山傍水，阳光、大海、沙滩、植被等天然资源构成了形态各异的富有厦门特色的滨海城市景观，体现了亚热带风光特色，形成著名的滨海风景旅游休闲区。

借鉴以上滨海大道的成功经验：采用自然与人工的完美结合，平曲结合的道路形态设计与自然岸线相协调，使沙滩、海景、优美岸线得以充分展现。依山傍水、顺应地形、平缓曲直的道路断面设计与背景采取灵活多变的手法，以利于观景。道路绿化设计以四季常青为目的，以大色块、大效果为主，既要保证道路整体风格的统一性，又要体现步移景异的特异性。在特殊路段结合有价值的古树名木做适当调整，尽量将其保留在道路绿地中；海岸线设计尽量保持海岸边原有的自然地貌，在落差大、岸线远的路段设置保持与自然协调的护坡、护岸。保留地方民俗景观和地方特色建筑，建造富有文化气息的滨海开放性空间并运用与环境相适应的雕塑小品点缀其间。体现人工的形式美、自然生态系统的循环之美，以及自然与人文协调的文化意蕴之美，展示海丝文化、闽南文化、创立惠安文化品牌。

(a)

(b)

图 8-73 深圳滨海大道

(a)

(b)

图 8-74 厦门环岛路

8.9.2 泉州滨海路规划功能定位

泉州市是福建省海峡西岸经济区建设的三大中心城市之一，在实现国家战略和福建省社会经济发展目标上具有重要作用。2009 年国务院明确提出支持泉州设立台商投资区，将泉州台商投资区纳入国家战略层面。2011 年提出统筹环泉州湾产业、港口、城市发展，拓展城市规模，增强城市的集聚辐射、综合服务功能等要求。滨海路（后渚大桥东桥头-崇武）位于泉州市台商投资区的海岸带上，贯穿湿地生态保护区、沙滩浴场区以及崇武古城区，沿线融合侨乡文化、海丝文化、惠女文化、妈祖文化、传统民俗文化、伊斯兰教文化、闽南文化等多种文化。

基于以上背景，滨海路（后渚大桥东桥头-崇武）应打造为一条突出泉州海岸带资源优势、具有鲜明泉州特色和独特性的著名旅游景观大道，以生活型、慢行为主，是泉州集旅游、生态、文化和经济发展的一条重要“纽带”，是未来连接和服务旅游文化的主要纽带和载体，是展示海岸特色、打造经典游线、拉动旅游发展的重要引擎。

8.9.3 泉州滨海路规划设计理念

在《崇武至秀涂滨海区域生态保护和景观旅游规划》规划中，将滨海路与城市环境景观三位一体与生态、文化、功能紧密联系，集休闲、娱乐、旅游、功能、生态、文化的发展规划理念。

① 生态理念——人工与自然共生　最大限度地保护与完善滨海路（后渚大桥东桥头—崇武）海岸带沿岸现状岛礁资源与景观资源，尽可能不破坏动植物原有的生态栖息地，突出其自然生态优势，进行空间环境的再创造。使人工与自然空间布局相辅相成，有机共生。同时，强调生态低碳规划理念：首先做到与自然共生的花园城市，随处可见的绿色生命；宁静城市，一觉睡到自然醒；柔和城市，能看到满天星星的夜晚；清洁城市，清爽而富有营养的空气；其次要与文化共生健康及可持续的生活方式，受尊重的历史文化气氛，管理层面的安全、善治和公平安享生活，天伦之乐的保障；最后与效率共生提升生命效率，高效、便捷改善生存绩效，节能、滋润、循环。

② 文化理念——现代与传统的融合。以现代化的科技和手段拯救，保护地域传统和文化底蕴，创新文化内涵。

③ 人本理念——功能与需求统一。利用当地独特的湿地，沙丘，海洋资源，塑造人们亲近自然，了解自然，以至思考自身的空间与场所。

④ 特色理念——特色与标识彰显。结合沿岸特有的景观特质，充分发掘风景资源与人文景观资源，突出特色性与标志性的展现，给人以过目不忘的感受。

滨海路后渚大桥东桥头—崇武段此次规划设计紧密融合上述规划设计理念，下面对滨海路的道路景观规划方案做进一步的深化。

（1）市政道路规划设计

① 区域交通组织设计。滨海路功能定位以慢行、旅游、观光为主，弱化其交通功能，利用与之平行的百东大道、东西主干道等快速路网分流滨海路过境流量；同时在滨海路北侧重新规划一条滨海大道作为交通性主干道分流滨海路道路北侧范围的地块交通；利用与滨海路相交的各路口，实现滨海路上慢进快出，从而实现滨海路的“慢行”功能。

② 道路平面规划设计

1）建立明确的道路通行结构，快车道，慢车道与人行道通过绿化景观的融入，使整个道路系统的关系更加明确。道路设计为“S”形的弯路形式，形成强烈的景观特色。限制车速，打造成为一个独具特色的慢行滨海通道。

2）以外部大环境为设计依托，以两侧的滨海大环境为设计基础，北邻城市建设区，南临漫长海岸线，形成独特的海滨景观体系，图 8-75 是道路平面设计效果图。

图 8-75　道路平面设计效果图

3）保护良好的景观视线，保持海滨景观视线的通透，更好的展现滨海景观特色。

滨海路平面线形设计尽量利用原沿海大通道现状走向，保留有价值的文化古物。根据现状地形特点及景观需要，对部分路段适当调整了线形，曲线化处理道路上下行车道和多功能辅路，间断加宽道路分隔带宽度，局部辅路线位外移到海边，与自然岸线相协调，使沙滩、优美岸线和海景得到充分展现。

白沙湾试验段是本次研究的重点区域之一，3.5km 延绵不断沙质松软的白色天然沙滩是该区域的主要特色，有可举办赛艇等海上赛事的阳光活力沙滩及可供游人观光休憩的天然海滨浴场。但现状滨海路紧邻天然沙滩，其景观性及可开发利用性得不到很好的体现，因此在该区域利用道路北侧 100m 的规划绿地将线位北移 50～100m，增大道路与沙滩间的腹地，利用腹地增加景观及服务设施用地，提升沙滩的开发利用价值。

③ 道路纵断面设计。纵断面设计尽量贴近原地面标高，充分利用现有旧路和绿化带，减少工程用土需求；处理好与北侧现状地势较低地块的衔接，利用北侧 20～50m 绿化带，坡面解决高差，对于沿线现有相交道路，将接顺需要的范围纳入本工程考虑，解决北侧沿线交通出行问题。南侧做好防洪堤与沙滩、绿地的衔接。对于在物流园区及白沙湾存在的 2 处现状道路低于防洪堤标高路段，设计时考虑抬高道路标高约 1m，确保能行车看海。

④ 道路横断面设计。横断面布置重点考虑道路景观的使用情况，结合地形地貌及周边用地性质，与周围的旅游景点相互呼应。以南北主干路为界，至起点主路为双向 6 车道，至终点主路为双向 4 车道（见图 8-76 和图 8-77）。

图 8-76　主路双向 6 车道断面型式

图 8-77　主路双向 4 车道断面型式

两侧设置双车道慢行多功能辅路，解决北侧地块出行和南侧慢行观海，临时休憩停车需要。根据景观需要，沿道路走向间断调整中央及两侧分隔带的宽度，设置了上下行车道错台断面，保证各车道在行车过程都看到海景，形成较多断面变化的路段。如图 8-78 所示。

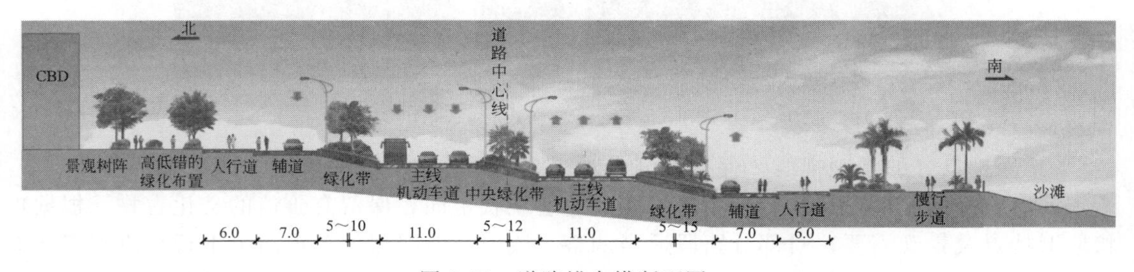

图 8-78　道路错台横断面图

在崇武古城段，为保护两侧现有文物建筑，取消两侧辅路。如图 8-79 所示。

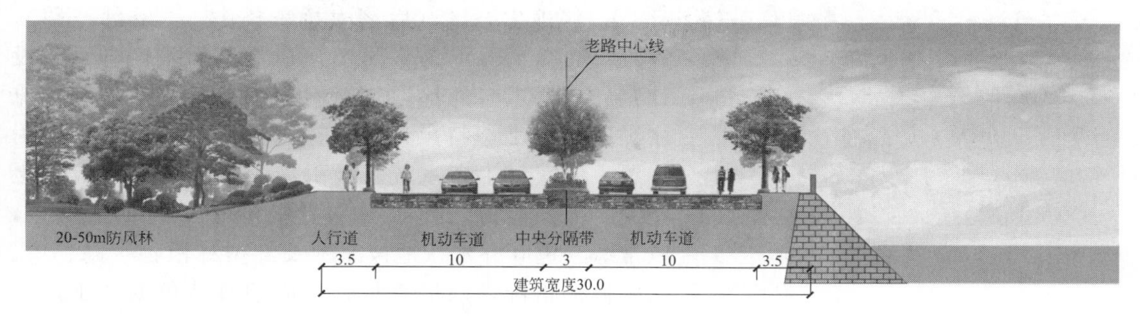

图 8-79　崇武古城段断面图

⑤ 完善沿线慢行系统及其他配套设施。在滨海路道路两侧设置完善的慢行系统及道路其他配套设施，包括观光慢行步道、非机动车道、过街系统、停车系统、各等级的休憩服务区以及全线的水上巴士系统等。如图 8-80～图 8-84 所示。

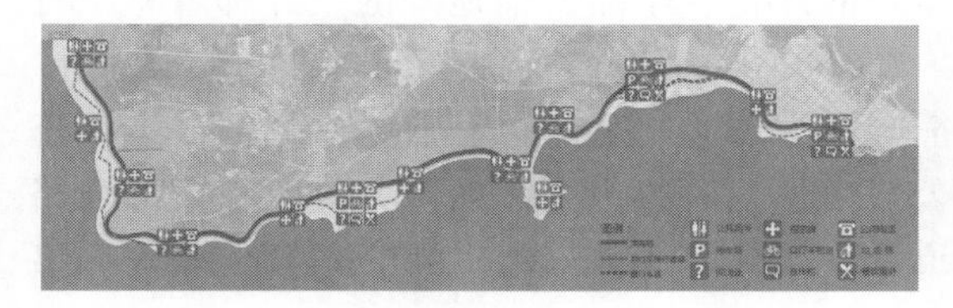

图 8-80　自行车游览道系统设计

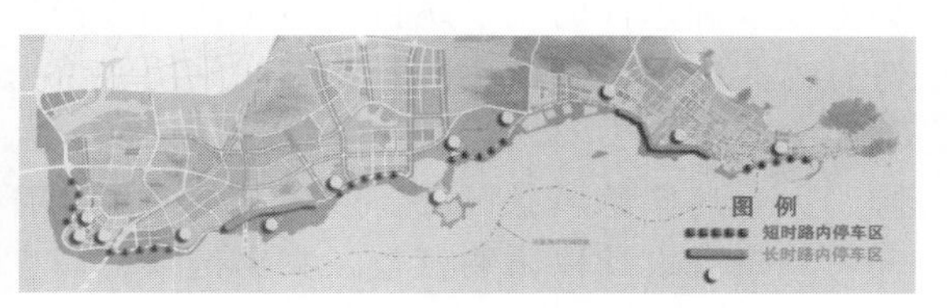

图 8-81　停车系统布置

图 8-82　过街人行天桥

图 8-83　过街人行通道

(a)　(b)　(c)

图 8-84　过街人行横道线

（2）景观规划设计

① 规划设计理念。“五型景观路，绚丽泉州湾”作为景观规划的设计理念，即将泉州滨海路景观规划成为一个高标准五型景观-艺术型、人文型、风情型、生态型、健康型，富具文化内涵、集自然生态、运动休闲、观光度假为一体的滨海旅游带。

② 设计方案。结合现状区域环境以“游客”为中心，以经济效益、环境效益及社会效益相统一为基准点，提出了多样性、公共性及局部区域立体化等景观设计原则，分区域进行设计。

1）景观分区设计。根据沿线的区域现状、人文条件对景观的功能区域进行划分，并赋

图 8-85 生湿地保护区

予其主题和功能。

a. 湿地生态区（后渚大桥东桥头——秀纬三路）。该段长约 3.7km，为泉州湾河口湿地保护区。景观设计充分结合现有滩涂，打造湿地生态景观路，利用滩涂湿地打造生态特色慢行道。绿化以“水岸叠绿”为主题，以恢复生态系统、吸引鸟类栖息，打造自然生态为目标，植物选择以树形挺拔的小叶榄仁为基调，以常绿、色叶乔木、地被灌木及红树林植物“高、中、低”群落搭配，层层叠加，形成独具特色的“水岸叠绿”的绿化景观效果（图 8-85）。

b. 时尚都市休闲区（秀纬三路—绕城高速）。该段长约 3.1km，规划为 CBD 泉州中央商务区。景观设计重在突出 CBD 核心区形象，打造都市一流的城市阳台，以多彩绚丽的植物景观烘托 CBD 繁盛景象。景观设计采用自然与人工相结合的手法，在轴线端部的城市广场上设置标志性的观景眺台，沿岸曲线式慢性步道的绿化、小品、铺地等的设计都着意于打造时尚、休闲、都市化的景观空间（图 8-86）。

c. 康乐运动体验区（绕城高速—张经 3 路）。该段长约 8km，周边规划有西山体育公园、大坠岛旅游风景区等。以规划的西山体育公园为依托，打造充满活力，健康绿韵的道路环境。景观设计以植物营造、突出健身林荫大道的氛围，采用榕属类植物为基调树种，突出“乡土榕荫”的绿化主题空间。

d. 活力阳光沙滩区——白沙湾试验段（张经 3 路—张经 12 路）。该段长约 3.5km，周边规划有蓝色经济区、月亮湖旅游核心区、海洋文化主题公园。该区段现状海岸除自然沙滩外，东面海岸以自然海礁石为主。自然风貌优越，视线通透，效果佳，可为游客提供海滨特色娱乐、观光活动的天然场所。景观设计上提炼滨海景观路、游艇码头、阳光沙滩这三大元素，打造海西唯一的沙滩活力岸线，打开泉州旅游又一新门户（图 8-87）。

图 8-86 CBD 广场

图 8-87 活力沙滩

2）绿化景观。绿化是滨海路景观设计上不可缺少的元素之一。适地适树，选植乡土树种，以抗风性强的耐盐碱的乡土植物作为骨架树种适当搭配高杆棕榈科植物为主。注重空间疏密、高矮层次的变化，花相、色叶、常绿植物的搭配，以体现四季有花、四季常绿的景观效果。整合梳理现状沙滩及岸线原有的植被，保留现状长势较好或已形成的良好效果的植被区域，适当散落地增加种植一些适合海边环境生长的黄槿、马鞍藤等植物，以丰富沙滩的景观效果。

3）海岸边界线景观设计。根据沿线不同区域在功能及防浪等级各异的情况下，设计了不同的边坡、护岸、挡墙的防浪堤形式。使其在防洪、防浪功能的前提下保证道路行驶的安全及景观场地的亲水性。对于海岸线距离道路较远的区域，采用绿化边坡处理与沙滩之间的衔接地带，以绿色植被固坡，通过乔灌木草皮之间的搭配，形成自然、生态的软质边坡；对于道路直接与海面相接的，采用消浪块、条石丁砌、直立式弧形护岸、直立式挡墙为主；对于局部港湾式的沙滩区域且可开发沙滩浴场的区段可建设台阶式的护岸形式，以便游客进出沙滩（图 8-88 和图 8-89）。

图 8-88 现状防浪墙

图 8-89 台阶式处理

③ 景观设计特色。将自然景观要素与人文景观要素进行了组织与塑造，通过与泉州现状旅游环境的结合开发，营造出具有时代感和地方文化特色的滨海旅游空间。泉州滨海路景观不仅会是城市功能需求的直接反映，还将是城市生态结构和人文结构的深层次综合体现，它将不仅是一个人工形式的美，还是自然生态系统和功能良性循环的美，是建立在人与自然相互协调发展之上的文化意蕴的美。

8.9.4 结语

泉州市滨海路规划设计以打造一条生态、自然、美观的城市滨海景观道路，以休闲旅游、景观绿化功能为主。全面体现“以人为本”的规划理念，完善配套各类交通配套设施，满足多种游客的出行和休憩需求。在断面上采用主辅路形式，利用辅路解决临时停车和观光的矛盾，缓解外来车辆和通勤车辆对滨海路造成的交通压力，避免道路堵塞。

城市滨海区是当前城市规划及城市开发中研究的热点，而滨海路景观带作为滨海区的重要组成部分，具有社会、景观、生态旅游等多种功能和作用，本节以泉州市滨海路的道路与景观规划设计方案为例，结合自身特点，探求城市滨海路景观带建设的最有效途径，以提高滨海城市的形象及滨海路道路和景观质量的可持续发展。

参 考 文 献

[1] 梁雪. 传统村镇环境设计. 天津：天津大学出版社，2001.

[2] 彭一刚. 传统村镇环境设计聚落景观分析. 北京：中国建筑工业出版社，1994.

[3] 魏挹澧等. 湘西城镇与风土建筑. 天津：天津大学出版社，1995.

[4] 毛刚. 生态视野：西南高海拔山区聚落与建筑. 南京：东南大学出版社，2003.

[5] 段进，季松，王海宁. 城镇空间解析：太湖流域古镇空间结构与形态. 北京：中国建筑工业出版社，2002.

[6] 白德懋. 城市空间环境设计. 北京：中国建筑工业出版社，2002.

[7] 洪亮平. 城市设计历程. 北京：中国建筑工业出版社，2002.

[8] 仲德昆等. 城镇的建筑空间与环境. 天津：天津科学技术出版社，1993.

[9] 冯炜，李开然. 现代景观设计教程. 杭州：中国美术学院出版社，2002.

[10] 刘永德等. 建筑外环境设计. 北京：中国建筑工业出版社，1996.

[11] 郑宏. 环境景观设计. 北京：中国建筑工业出版社，1999.

[12] 夏祖华，黄伟康. 城市空间设计. 第2版. 南京：东南大学出版社，1992.

[13] 吕正华，马青. 街道环境景观设计. 沈阳：辽宁科学技术出版社，2000.

[14] 王建国. 城市设计. 南京：东南大学出版社，1999.

[15] 金俊. 理想景观——城市景观空间系统建构与整合设计. 南京：东南大学出版社，2003.

[16] 周岚. 城市空间美学. 南京：东南大学出版社，2001.

[17] 梁雪，肖连望. 城市空间设计. 天津：天津大学出版社，2000.

[18] 王晓燕. 城市夜景观规划与设计. 南京：东南大学出版社，2000.

[19] 克利夫·芒福汀. 街道和广场. 北京：中国建筑工业出版社，2004.

[20] 李道增. 环境行为学概论. 北京：清华大学出版社，1999.

[21] 金广君. 图解城市设计. 哈尔滨：黑龙江科学技术出版社，1999.

[22] 李雄飞，赵亚翘，王悦，解琪美. 国外城市中心商业区与步行街. 天津：天津大学出版社，1990.

[23] [日] 芦原义信著. 外部空间设计. 第2版. 尹培桐译. 北京：中国建筑工业出版社，1988.

[24] [丹麦] 扬·盖尔、拉尔斯·吉姆松. 新城市空间. 第2版. 何人可，张卫，邱灿红译. 北京：中国建筑工业出版社，2003.

[25] 熊广忠. 城市道路美学——城市道路景观与环境设计. 北京：中国建筑工业出版社，1990.

[26] 俞孔坚，李迪华. 城市景观之路——与市长们交流. 北京：中国建筑工业出版社，2003.

[27] [日] 迟译宽著. 城市风貌设计. 郝慎钧译. 天津：天津大学出版社，1989.

[28] 黄海静，陈纲. 山地住区街道活力的可持续性——重庆北碚黄角枫镇规划构思. 城市规划，2000，(5).

[29] 张玉坤，郭小辉，李严，李政. 激发乡土活力 创建名城新姿——蓬莱市西关路旧街区改造设计方案. 城镇建设，2003.

[30] 单德启，王心邑. "历史碎片"的现代包容——安徽省池州孝肃街"历史风貌"的保护与更新. 城镇建设，2004.

[31] 陈颖. 川西廊坊式街市探析. 华中建筑，1996.

[32] 传统水乡城镇结构形态特征及圆形要素的回归. 城市规划会刊，2000.

[33] 金广君. 城市街道墙探析. 城市规划，1991.

[34] 金广君. 城市商业区的空间界面. 新建筑. 1991.

[35] 赵强. 再奏街巷的"乐章"——重庆现代街巷界面."凹凸"空间营造浅析. 城镇建设，2003.

[36] 美国格兰特·W·里德. 园林景观设计：从概念到形式. 郑淮兵译. 北京：中国建筑工业出版社. 2004.

[37] 王锐. 山城特色的街道空间——重庆原生街道空间浅析. 城镇建设，2001.

[38] 李琛. 侨乡城镇近代骑楼保护对策探讨. 城镇建设，2003.

[39] 任祖华，张欣，任妍. 英国的鹿港小镇. 城镇建设，2003.

[40] [日] 画报社编辑部编. 城市景观. 付瑶，毛兵，高子阳，刘文军译. 沈阳：辽宁科学技术出版社，2003.

[41] 德国景观设计. 苏柳梅译. 沈阳：辽宁科学技术出版社，2001.

[42] 宛素春，张建，李艾芳. 丰富城市肌理活跃城市空间. 北京：北京规划建设，2003.

[43] LUCCA ART AND HISTORY. ITALIA：CASA EDITRICE PLURIGRAF'，1997.

[44] 骆中钊，刘泉金. 破土而出的瑰丽家园. 福州：海潮摄影艺术出版社，2003.

[45] 王骏，王林. 历史街区的持续整治. 城市规划汇刊，1997.

[46] 彭建东，陈怡. 历史街区的保护与开发模式研究. 武汉大学学报（工学版），36（6）.

[47] 阮仪三，范利. 南京高淳淳溪镇老街历史街区的保护规划. 现代城市研究，2002.
[48] 车震宇. 保护与旅游开发. 城镇建设，2002.
[49] 刘艳. 城市老街区保护与更新的思索. 山西建筑，28 (12).
[50] 王景慧，阮仪三，王林. 历史文化名城保护理论与规划. 上海：同济大学出版社，1999.
[51] 单德启. 从传统民居到地区建筑. 北京：中国建材工业出版社，2004.
[52] 王晓阳，赵之枫. 传统乡土聚落的旅游转型. 建筑学报，2001.
[53] 单德启，郁枫. 传统城镇保护与发展议. 建筑科技，2003.
[54] 赵之枫，张建，骆中钊. 城镇街道和广场设计. 北京：化学工业出版社，2005.
[55] 胡长龙. 园林景观手绘表现技法. 北京：机械工业出版社，2010.
[56] [丹] S. E. 拉斯姆森著. 建筑体验. 刘亚芬译. 北京：知识产权出版社，2003.
[57] [日] 芦原义信著. 外部空间设计. 尹培桐译. 北京：中国建筑工业出版社，1985.
[58] [丹麦] 扬·盖尔 (JanGehl) 著. 何人可译. 交往与空间. 北京：中国建筑工业出版社，2002.
[59] [英] 克利夫·芒福汀 (J. C. Moughtin) 著. 街道与广场. 张永刚，陆卫东译. 北京：中国建筑工业出版社，2004.
[60] [加] 简·雅各布斯 (JanJacobs) 著. 美国大城市的死与生. 金衡山译. 南京：译林出版社，2005. 05.
[61] [美] 凯文·林奇著. 城市意象. 方益萍，何晓军译. 北京：华夏出版社，2001.
[62] 张勃，骆中钊，李松梅等编著. 城镇街道与广场设计. 北京：化学工业出版社，2012.
[63] 骆中钊著. 中华建筑文化. 北京：中国城市出版社，2014.
[64] 骆中钊著. 乡村公园建设理念与实践. 北京：化学工业出版社，2014.
[65] 李娜. 大连星海湾与黑石礁滨海路地区规划问题研究. 大连理工大学，2009 (6).
[66] 刘冰，刘陶冶，王牧. 国内滨海路景观带规划初探. 山西建筑，2012，38 (13)，8-9.
[67] 泉州市城乡规划局中国城市规划设计研究院. 泉州市城市总体规划 (2008—2030). 2008.
[68] 台商投资区管委会泉州市城乡规划局天津大学城市规划设计研究院泉州市城市规划设计研究院. 泉州台商投资区总体规划 (2010—2030). 2011.
[69] 湖南城市学院规划建筑设计研究所. 泉州市中心城区崇武、山霞组团分区规划. (2009—2030)
[70] 美国CA规划设计师事务所城典 (北京) 规划设计咨询有限公司. 崇武至秀涂滨海区域生态保护和景观旅游规划. 2012.
[71] 美国CA规划设计师事务所城典 (北京) 规划设计咨询有限公司. 崇武至秀涂海岸带资源环境保护和开发利用专项规划. 2011.